THINKING · EXPLORATION · CREATIVITY

Portfolio of Landscape Architecture Competition

思考·探索·创造

风景园林竞赛作品集

李雄　肖遥　著

中国建筑工业出版社

图书在版编目（CIP）数据

风景园林竞赛作品集 / 李雄，肖遥著 . —北京：中国建筑工业出版社，2019.12
（思考 · 探索 · 创造）
ISBN 978-7-112-24572-7

Ⅰ. ①风… Ⅱ. ①李… ②肖… Ⅲ. ①园林设计—作品集—中国—现代 Ⅳ. ①TU986.2

中国版本图书馆 CIP 数据核字（2019）第 286274 号

责任编辑：杜 洁 李玲洁
责任校对：张惠雯

思考 · 探索 · 创造
风景园林竞赛作品集
李雄 肖遥 著
*
中国建筑工业出版社出版、发行（北京海淀三里河路 9 号）
各地新华书店、建筑书店经销
北京富诚彩色印刷有限公司印刷
*
开本：960 × 1270 毫米 1/16 印张：18¼ 字数：650 千字
2019 年 12 月第一版 2019 年 12 月第一次印刷
定价：**198.00** 元
ISBN 978-7-112-24572-7
(34963)

(邮政编码 100037)

序一

北京林业大学风景园林学科建立 60 余年以来，以风景园林规划设计和园林植物两大领域为核心，贯彻科学技术和人文艺术高度融合的教育理念，通过设计实践，综合系统全面地培养学生。

设计竞赛是展示和检验学生综合设计水平的重要平台，其中一年一度的国际风景园林师联合会（IFLA）学生设计竞赛更是世界范围内最高水准的风景园林教育成就的展示。每次设计竞赛都会有针对性的主题，如 2017 年 IFLA 学生设计竞赛的主题："景观的力量——为社会公正而设计"；2018 年主题："弹性景观"；2019 年中国风景学会大学生设计竞赛主题："智慧营建"等。这些主题的提出，意在引导学生对城乡发展过程中风景园林学科和行业的前沿性问题进行关注与思考，启发思维，寻求创造性的解决问题的方案和策略。

北京林业大学园林学院的学生自 1988 年参加 IFLA 国际学生设计竞赛以来，获得 IFLA、IFLA 亚太区、中日韩、中国风景园林学会大学生设计竞赛等共计 205 个奖项，其中包括一等奖 23 项，获奖总量和获得一等奖的数量都处于世界领先水平。

园林学院的学生们在积极参加这些竞赛的过程中，展现了活跃深邃的思维，丰富的创造力以及历史文化传承和时代发展相融合的创新能力。这些学生在学校的学习过程中都受到了非常好的设计训练，不过学校的设计课程往往有严格的进度要求和一些特定的规则和限制，学生们发挥与尝试的空间会受到不少限制。参加竞赛使得学生们有机会摆脱教学中的一些约束，再加上竞赛经常是在主题下的虚拟题目，从选址到概念再到设计进程直至最后成图，整个过程非常开放，有无尽的可能，这会更加激发出学生的创造能力。由于竞赛的主题往往都具有综合性、敏感性和前沿性的特点，涉及的内容也会部分超出学校教学的范围，要完成好设计，学生们必须进行深入的理论研究和思考，这会拓展学生的视野，激励学生的创作欲望和设计个性，培养综合解决复杂问题的能力。另外，设计竞赛多是学生们组队完成，这为他们提供了合作的机会，培养了团队协作的精神。

在设计竞赛过程中，教师会从选题、设计推进到图纸表达进行针对性的指导，充分引导和激励学生。可以说，这些高水平的竞赛设计成果，体现了学生巨大的潜力与创造力，也归功于教师的辛勤启迪和谆谆教诲，更是园林学院深厚学科积淀的展现。

李雄教授执教 30 余年来，言传身教，为风景园林学界、行业培养了大量高素质人才。这本《风景园林竞赛作品集》是李雄教授即将出版的《思考·探索·创造》丛书中的第一本。本书总结收录了李雄教授指导的学生竞赛获奖作品 50 项。这些作品在设计理念、设计手法和图纸表达方面各有所长，展现了设计者优异的综合素养，对广大园林师生有重要的借鉴意义。

本书是李雄教授所取得的教学成果的阶段性总结，也是北京林业大学园林学院风景园林学科教育教学优秀成果的重要展示。为此，特执笔作序，对本书的出版发行表达诚挚的祝贺和期待。

王向荣

北京林业大学

2019 年 10 月

序二

幸识李雄教授于 20 世纪 80 年代初的肖庄，学生时代的李雄师兄既是学校叱咤于各种运动赛场的“体育明星”，也是一呼百应的学生领袖，更是屡受表彰的“学霸”级学长。印象最深的就是他速写本从不离身，即便是响塘、寨儿峪、萝芭地植树造林间歇，也从未间断将鹫峰描绘一番。这个好习惯，成为他后来工作和生活的一部分。我以为这对于他的风景园林教育、教学活动的影响是深远的。

李雄教授热爱风景园林教育事业，尽心竭力于风景园林一流人才培养和教学改革与创新，一直活跃在教学一线，亲身实践育人理念，成效卓著，所取得的教育教学、研究、实践成果令人敬佩不已。

《思考·探索·创造》丛书反映的是李雄教授从教 30 年关于产·学·研结合的思考与实践，《风景园林竞赛作品集》是《思考·探索·创造》丛书的第一本，总结收录了他指导的各类学生竞赛获奖作品 50 项。作品多尺度、多地域、多元化、多维度地覆盖了当代风景园林规划设计，折射出李雄教授对风景园林学科发展、风景园林建设实践和风景园林行业前沿、热点和焦点问题的及时关注和思考。

为便于读者阅读与思考，结集出版时邀请创作者对获奖作品补充了文字说明并重新排版，更加全面地再现了设计理念、思维过程和核心成果。相信以这种对作品思考、演绎、生成过程图文并茂的表达一定会传达出更多的思辨信息，开阔的思路、精妙的创意、精巧的构思、精美的表达，也定会给读者更多的启发，乃至产生思想和情感共鸣。

多年来北京林业大学园林学院在国内外一流的大学生设计竞赛中屡创佳绩，是兄弟院校一直以来学习的榜样。这与北京林业大学知行合一的教育传统、融合创新的教学理念、科学严谨的教学风尚、老师们的循循善诱、同学们的上下求索是密不可分的。谨此致以崇高敬意！

高　翅

华中农业大学

2019 年 10 月于武昌狮子山

自序

当时光跨入了 2018 年，心里总是惦念着一件事情。2018 年是我在北京林业大学园林学院从教的第 30 年，年底终于等到了期盼已久王向荣院长献上的花束和张敬书记颁发给我的纪念证书。30 年的教师生涯，真是弹指一挥间，心中百感交集、感触万千。

1981 年我考入北京林学院园林系园林规划设计专业，从小立志成为职业篮球选手的我，阴差阳错地跨入了风景园林学界。1985—1988 年，师从郦芷若先生继续硕士研究生学习。1988 年毕业留校任教于园林设计教研室，至今讲授园林设计课已整整 30 年。

30 年来，我完整地见证了北京林业大学风景园林学科和教育事业的蓬勃发展。从我入学时园林系的园林规划设计和园林植物两个专业方向，到 1986—1992 年的风景园林系和园林系，再到 1993 年 1 月，两个系合并成立了中国第一个园林学院。

30 年来，我曾担任园林学院的首任书记，主管教学副院长和院长。为传承和弘扬北林园林的传统、特色和优势辛勤耕耘、努力工作。非常自豪的是北林风景园林经过几代人的共同努力，无论是在规模上、还是质量上都居国内首位。在第三轮学科评估中位列第一，在第四轮学科评估中取得 A+ 的佳绩，在世界风景园林学界也具有重要的影响力。2018 年，北京园林学院在国内首次开展风景园林学科和专业的国际评估工作，由世界著名的风景园林专家学者构成的委员会做出的结论是“北京林业大学园林学院是世界上规模最大的风景园林教学科研机构，是世界上唯一以风景园林为核心，引领建筑、城市规划、区域规划、观赏园艺、旅游规划及管理的学院。北京林业大学风景园林学科已达到国际高水平地位、享有国际盛誉并产生了相当的国际影响力，在中国具有强有力的领导地位”。

30 年来，作为教师我最大的感悟是：教师最根本的工作就是要立德树人、教书育人。我也一直秉承这个理念，努力教书，努力工作。为此曾获得北京市教学名师荣誉称号，国家教学成果二等奖、北京市教育教学成果一等奖等多项教学奖励。

本书收录的是我从教 30 年来的教学成果，主要是我指导学生竞赛的获奖作品。具体为 2005—2019 年 IFLA、IFLA 亚太、中日韩、日本造园学会、中国风景园林学会和北京林业大学花园节竞赛奖项共计 50 项作品。包括：国际风景园林师联合会大学生设计竞赛（IFLA）：一等奖 4 项、二等奖 1 项、三等奖 1 项、荣誉奖 8 项。国际风景园林师联合会亚太区大学生设计竞赛（IFLA 亚太）：三等奖 1 项、荣誉奖 10 项。中日韩风景园林竞赛：荣誉奖 2 项。日本造园学会设计竞赛：二等奖 1 项、三等奖 2 项、优秀奖 1 项。中国风景园林学会大学生设计竞赛：一等奖 2 项、二等奖 3 项、三等奖 6 项、荣誉奖 6 项。北林国际花园建造节：一等奖 1 项、优秀奖 1 项。参赛类别以研究生为主，本科生为辅。本书重点突出、专业性强、便于阅读，对收录的获奖作品重新排版，并邀请竞赛获奖者补充文字说明，全面展示了其作品设计理念、思维过程和核心成果。希望能对风景园林专业师生有所裨益。

在此，我要由衷地感谢陈俊愉院士、孟兆祯院士等老一辈先生们对我悉心指导和关怀。衷心感谢我研究生的导师郦芷若、苏雪痕先生对我精心的培养。感谢园林学院各位同仁，谢谢你们帮协和支持。所有成绩的取得，凝聚了大家共同的心血。

最后，衷心地感谢带给我永恒快乐的学生们。教师工作最大的特点就是永远面对同样岁数的教育对象。我永远看到的是大一到大四、研一到研三、博一到博三同学不变的岁数和永远青春靓丽的面孔。是你们带给我太多工作的激情与快乐。有时也使我产生了太多的错觉和幻觉，以为自己还有一张青春永驻的脸和金刚不坏的身。其实我自己已经从 88 年刚当老师 24 岁的“雄哥”，成长为今天 55 岁的“雄爷”。

选择成为教师，我乐在其中。现在虽然工作非常繁忙，但每周给学生上课的时段始终是我最快乐的时光。面对学生可以让我专注，可以让我铭记做一名教师是我的初衷，是我无悔的选择，是我终身的职业。

李　雄

北京林业大学

2019 年 11 月

目录

IFLA 国际学生设计竞赛

IFLA 国际学生设计竞赛（IFLA International Student Design Competition）由国际风景园林设计师联合会（IFLA，International Federation of Landscape Architects）主办，每年举办一次，在 IFLA 世界大会（IFLA World Congress）期间公布获奖作品，是全球最高水平的风景园林设计学专业学生设计竞赛。

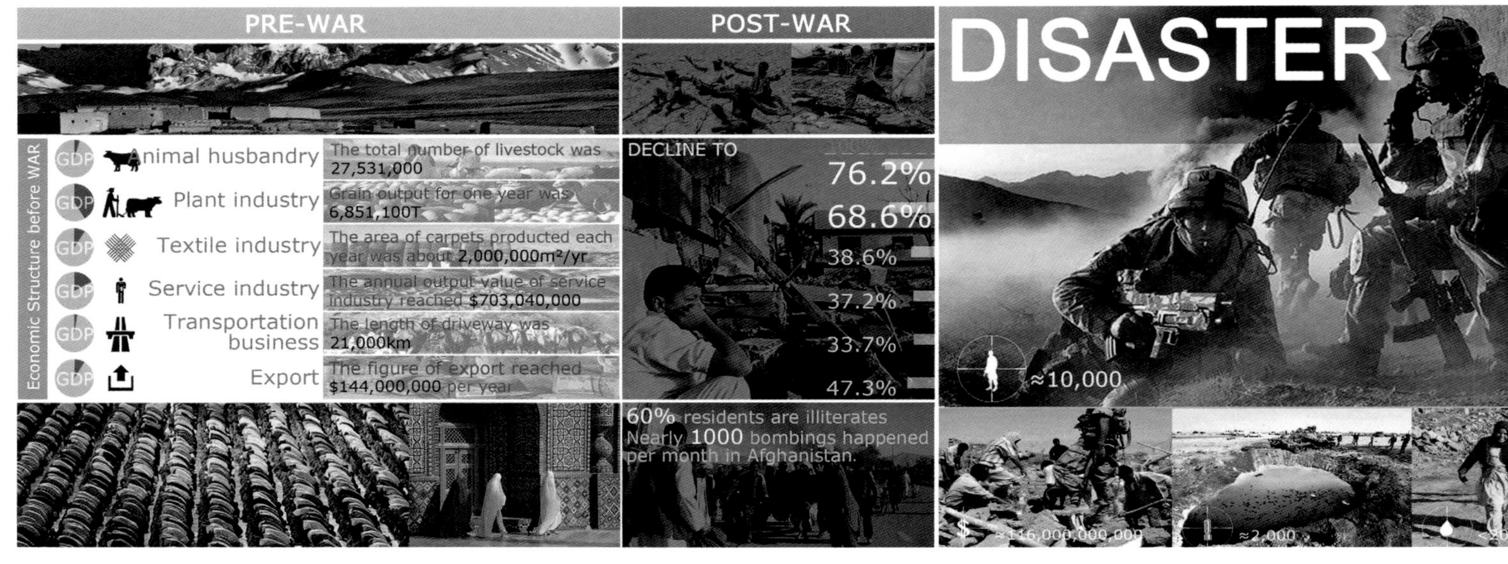

一等奖

BLUE PRAY
——Restoration of Golbahar Postwar Zone by New Water-centered Planning Mode
蓝色祈愿——以水系统恢复为中心的古尔巴哈战后规划模式

作　　者：肖　遥，张海天，刘济姣，林辰松，贾　瀛
指导教师：李　雄
奖项名称：2013 年国际风景园林师联合会大学生设计竞赛一等奖

随着科技的发展和战争的不断升级扩大，大规模战争对城市生态、经济、人文的影响愈加恶劣。这种变化致使人类的生存环境质量与安全感、归属感下降。

古尔巴哈位于阿富汗境内卡比萨省和帕尔旺省的交界处，地属温带大陆性气候，年温差、日温差大，干燥少雨，蒸发量大。两次阿富汗战争和国内的权利斗争对当地的生态、经济、人文景观造成了毁灭性的破坏。古尔巴哈东南部在战时是一个美军基地，出于基地的安全防御目的，古尔巴哈地区的植被被完全破坏，城市失去外围的生态屏障。

方案通过规划与景观设计手段，结合跨学科理论，构建了古尔巴哈地区地上地下空间的蓝色基础设施。最终实现以水系统恢复为中心的可持续发展规划模式，探讨了可随时间变化、有助于灾后重建的分阶段规划与景观恢复方法。

问题与策略

在经历了战争这一巨大灾难后，古尔巴哈地区主要面临的问题为生态环境恶化、经济产业崩溃和人文环境缺失。在战后恢复进程中，严重的环境污染、恶劣的气候条件以及薄弱的基础设施是影响当地生态、经济、人文恢复的主要制约因素。

古尔巴哈地区沿河发展，形成如今的带状城市格局，说明河流在该地区居民的生产与生活中起着至关重要的作用。因此，洁净、稳定的水源是保障生态环境和农业基础的关键，也是促进人文环境健康稳定的重要保障。

2013 2015 2017 2019 After

ESTABLISHING THE SYSTEM

Environment recovery

Soil

Plants

Animals

Economy recovery

Agriculture

Manufacture

Service industry

Community recovery

Faith

Landscape

Trade

Education

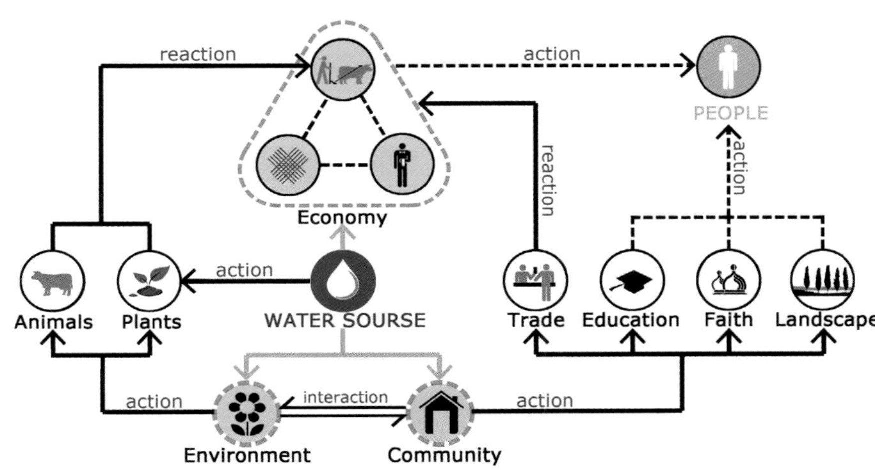

“坎儿井(karez)系统”由竖井、暗渠、明渠三部分组成。设计从弹坑开始按一定坡度向上游掏挖暗渠，进入蓄水层并尽可能延伸，让蓄水层中的地下水不断渗入暗渠并沿渠流出。竖井用于运送开挖的泥沙，并保证通风，方便检修。明渠直接连接灌溉系统，灌溉农田。新的蓝色基础设施内部水体主要来自于北侧雪山融水和潜水层地下水；利用战争遗留的人防设施作为暗渠使用，将弹坑改造为取水点，节省了人力、物力和财力；大部分设施位于地下，不受季节、风沙影响；水分蒸发量小，流量稳定，并且可以利用重力势能自流灌溉；凉爽水汽从竖井到达地面，可以改善周边的小气候，为创建城市新景观提供了保障；水体在暗渠持续流动更新，保证了一定的自洁能力；系统中的水最终流入河流，保证了水资源在自然循环中的完整利用。

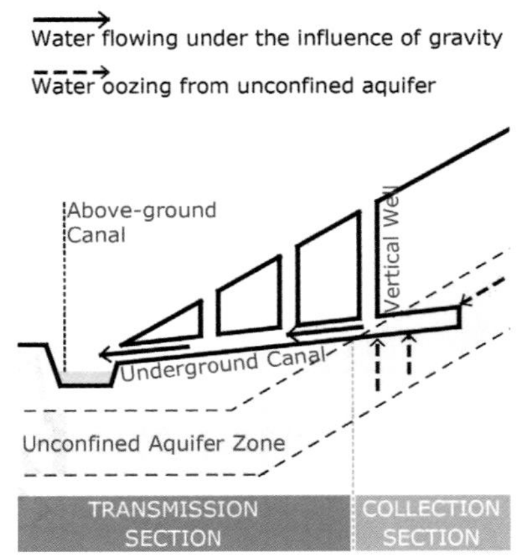

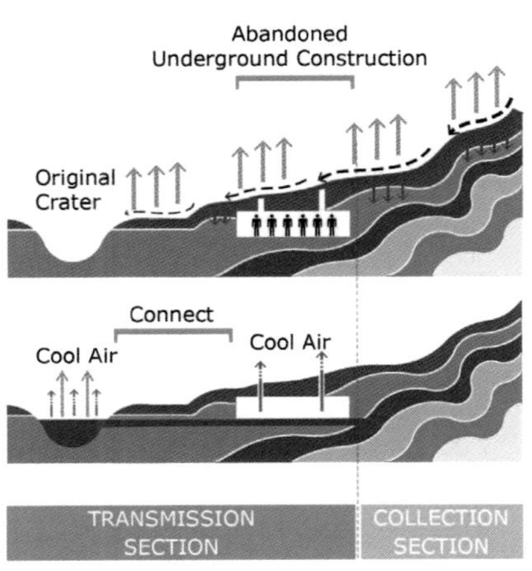

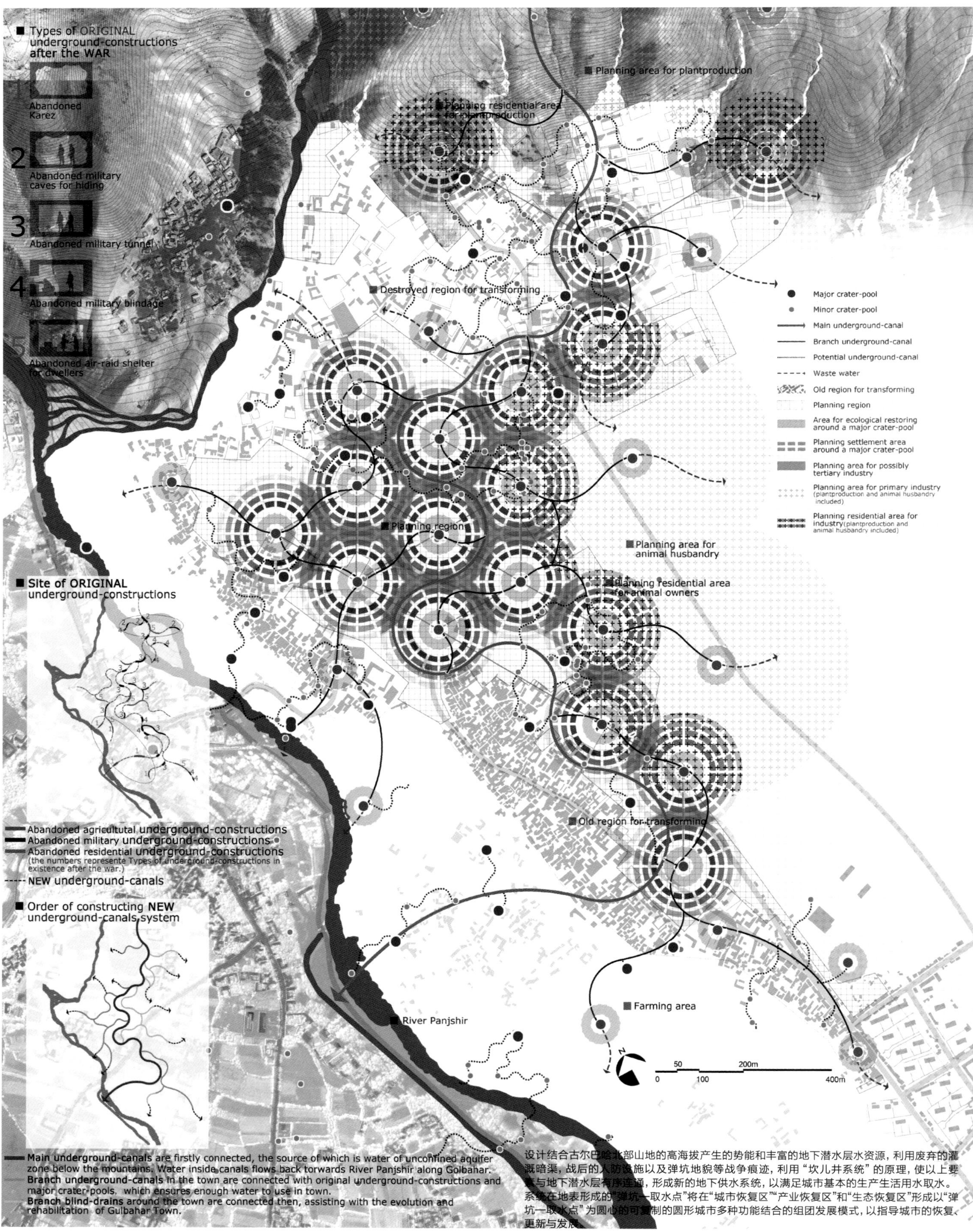

设计结合古尔巴哈北部山地的高海拔产生的势能和丰富的地下潜水层水资源，利用废弃的灌溉暗渠，战后的人防设施以及弹坑地貌等战争痕迹，利用“坎儿井系统”的原理，使以上要素与地下潜水层有序连通，形成新的地下供水系统，以满足城市基本的生产生活用水取水。系统在地表形成的“弹坑—取水点”将在“城市恢复区”“产业恢复区”和“生态恢复区”形成以“弹坑—取水点”为圆心的可复制的圆形城市多种功能结合的组团发展模式，以指导城市的恢复、更新与发展。

时间演化过程图

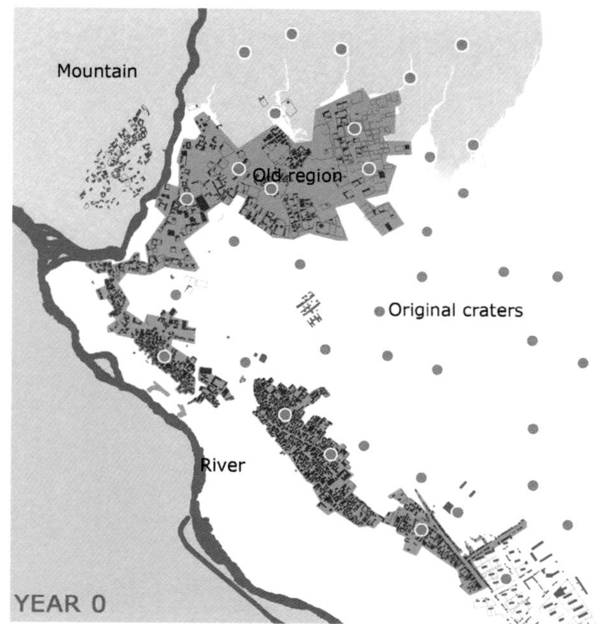

战争结束后，遗留下数千个洞穴、隧道、沟渠和人工修建的堡垒，也有一些地道式堡垒就在山的表层，深度约为 10~30 英尺 (304.8~911.4cm)。除此之外，该地区还有密集轰炸过后地表遗留的数量众多的巨大弹坑。

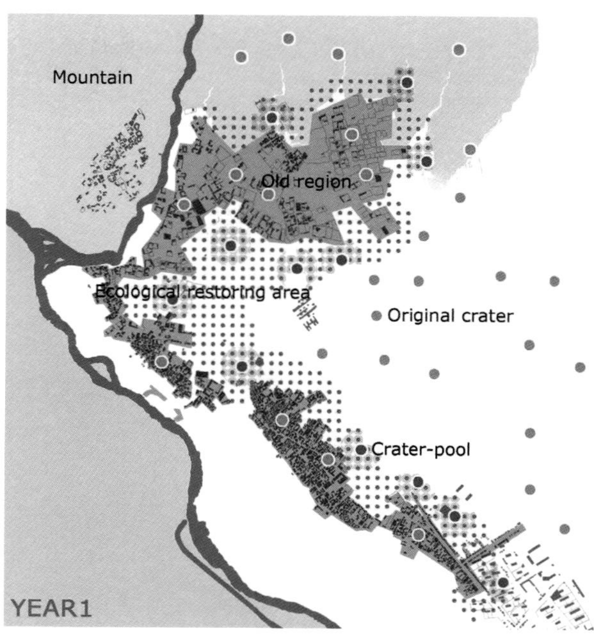

当地下水系统形成后，系统尽头的“弹坑一取水点”将成为半地下半开放的空间，形成湿润的小气候。地下管网内的水分可以将上方的土壤浸润，一些野生植物会以这些点为中心向外自然生长，形成具有一定规模的植被层，恢复被密集式轰炸破坏的土壤结构，使其逐渐改善至适宜种植。

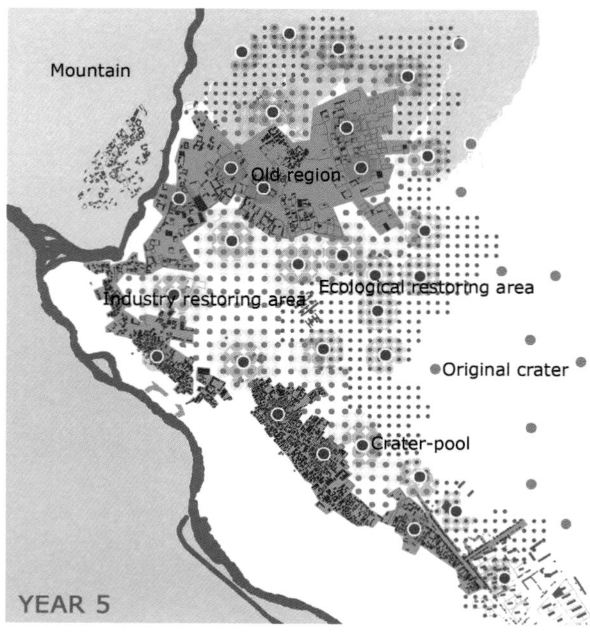

当“弹坑一取水点”周边的生态环境恢复到一定程度，良好的植被状况和小气候条件将吸引居民至此开展第一产业生产活动，并以这些“弹坑一取水点”作为主要用水水源。

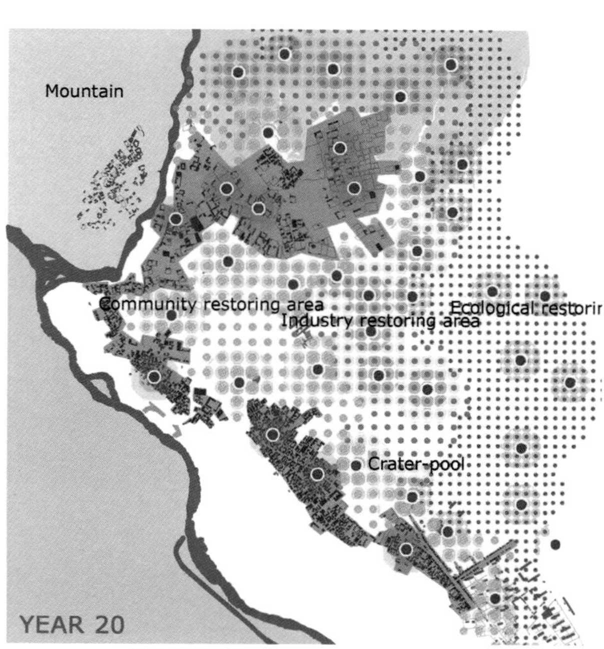

生产力基本恢复之后，产生的经济效益一部分会被用来对这些汲水点稍加改造，为城市公共空间提供良好的小气候和景观中心，使其成为城市生态、经济恢复和发展的源动力。

空间演化过程分析

生态恢复

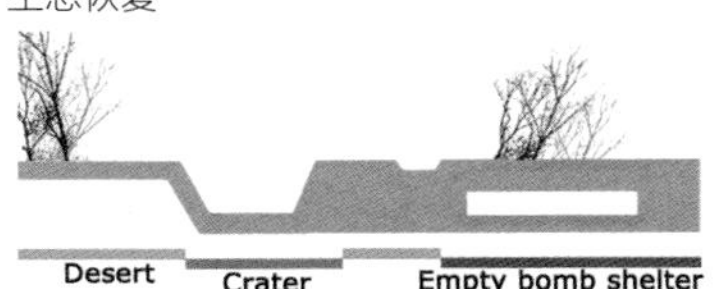

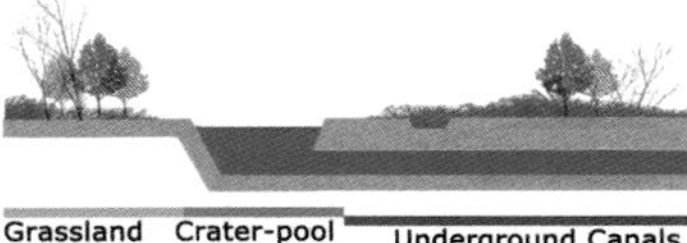

“坎儿井”系统首先在城市内部与城市外围一定范围开始运作，城市外围将逐步恢复植被，在该区域形成“生态恢复区”。湿润的小气候初步改善各个弹坑水池周边的生态环境，使之适于第一产业的发展。

产业恢复

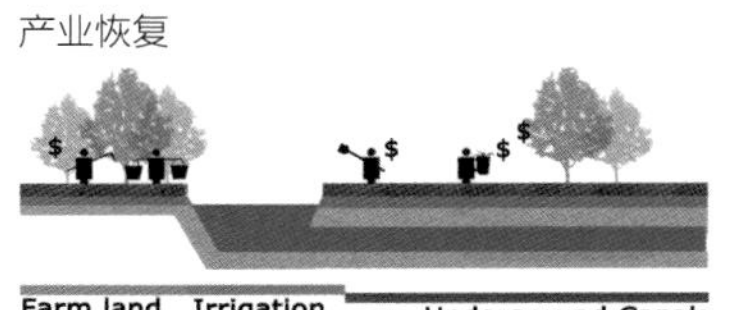

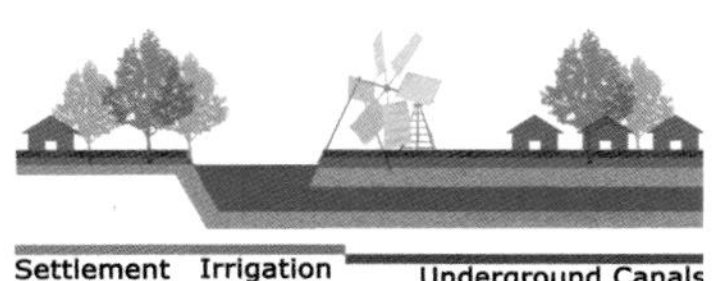

当城市外围的“生态恢复区”运作稳定，并自发形成初步规模的农业产业活动时，该区域将成为“产业恢复区”，并带动居民的迁入，形成初级聚落。与此同时，城市近郊区域开始进行系统运作，形成“生态恢复区”。

城市恢复

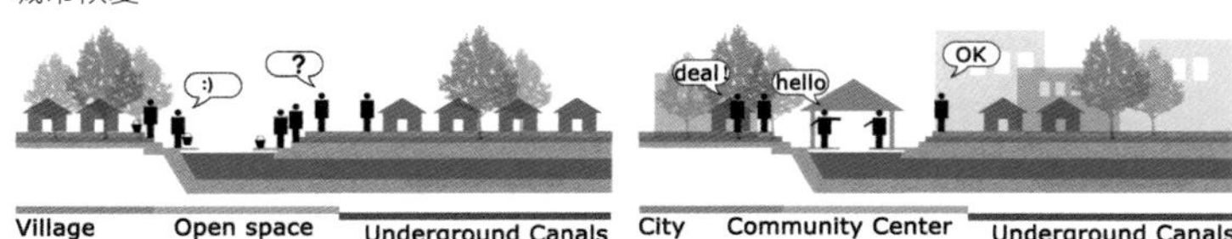

当城市外围“产业恢复区”运作稳定，随着人口的增加和环境的改善，较为成熟的城市体系逐渐形成，此时原有取水点可改造成为城市中的景观公共空间，该区域发展为“城市恢复区”。城市近郊区域的“生态恢复区”发展为“产业恢复区”。城市远郊区域此时依照需求开始进行生态恢复，为农业活动及聚落形成打下基础。

效果图

DAILY WATER POINTS

Clothe Clean

Vegetable Clean

Drinking Water

FOR WASHING AND DRINKING

空间演化过程分析及效果图

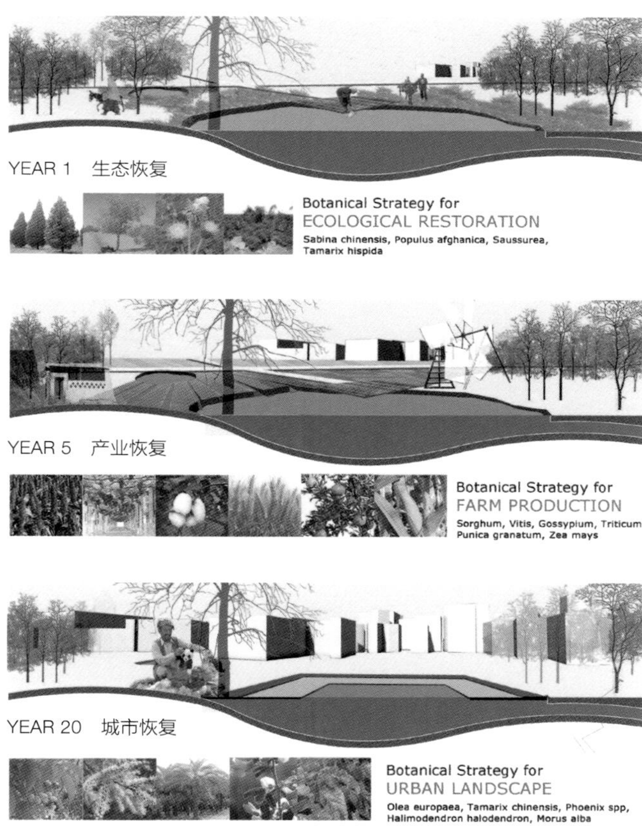

ACHING AND COMMUICATION AROUND WATER

FOR LANDSCAPE

FOR RELAXING AND ENJOYING

WATER LANDSCAPE FOR RECRE

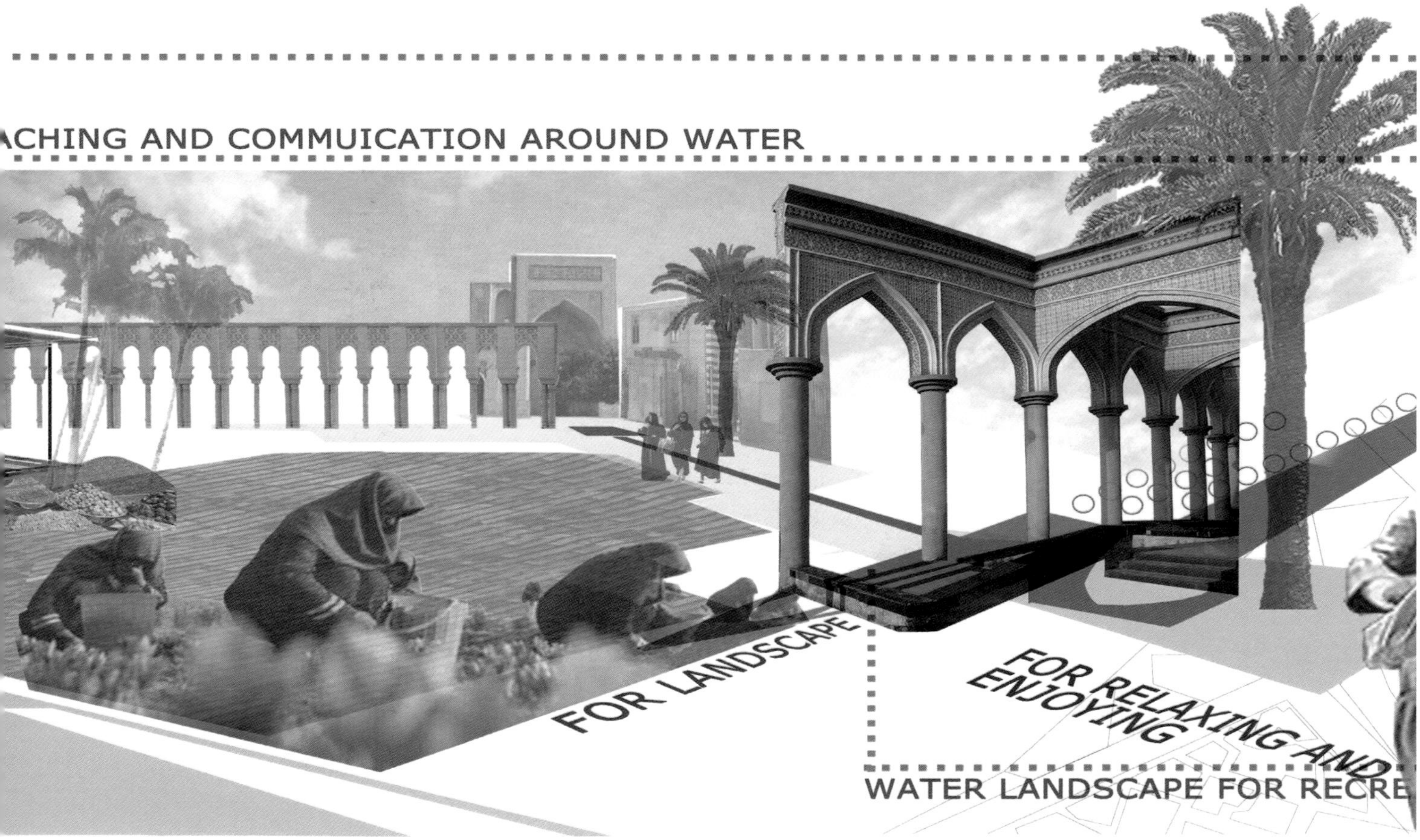

SAVING AN ENDANGERED OLD TO

Saving an Endangered Old Town along the Yellow River
——A Harmonious Revitalization of Qikou Old Town
黄河边即将消失的活遗址——碛口古镇的保护与和谐再生

作　　者：白桦琳，杨忆妍，郝　君，王乐君，王南希
指导教师：李　雄
奖项名称：2010 年国际风景园林师联合会大学生设计竞赛一等奖

本方案位于中国山西省临县碛口古镇。为呼应“和谐共荣——传统的继承与可持续发展”的竞赛主题，选址为一个独特的“活”的遗址，而非已经荒废或与人的生活完全隔离的遗址。碛口古镇因黄河第二险滩“大同碛”而得名，是古代黄河水运与中原陆运的商贸重镇，黄河文化、黄土文化与晋商文化融合于此，繁荣的经济带动了碛口多行业的发展，形成了一个有着独特建筑形式和城市结构的小城。碛口古镇背山面河，由 3 条主街和与之垂直的 11 条石巷构成，在碛口兴盛时自东向西分为东市、中市和西市三个部分。在近现代，综合现状分析得出碛口古镇需要解决的主要问题有：植被严重缺失；水土流失严重；交通不便；居民生活水平低；城市格局及建筑损毁严重、保护及修缮不到位；与黄河亲和度低、利用度低。方案对场地采用“保护—更新—再生”的方式，分段、分情况对古镇进行保护和更新，希望未来的碛口能够保护与传承的特质有：“巷巷相通，院院相连”的城市格局、依山势而上的建筑形式、独具特色的乡土材料、和谐的邻里关系以及面河靠山的生活方式。这些古镇原有的场地特质将被生活化的再生到新建的区域中，串联起古镇的历史与未来。

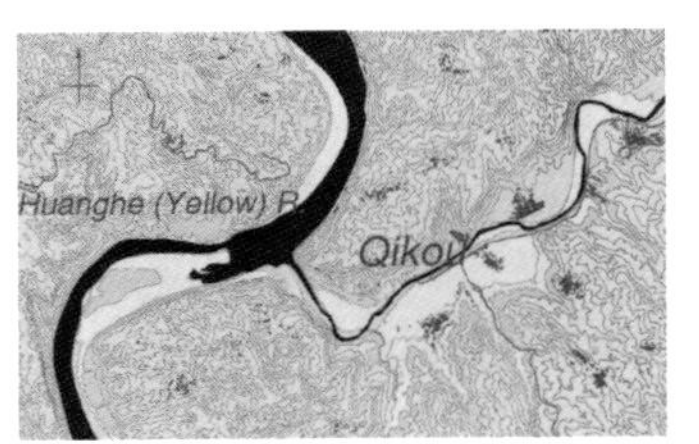

N ALONG THE YELLOW RIVER

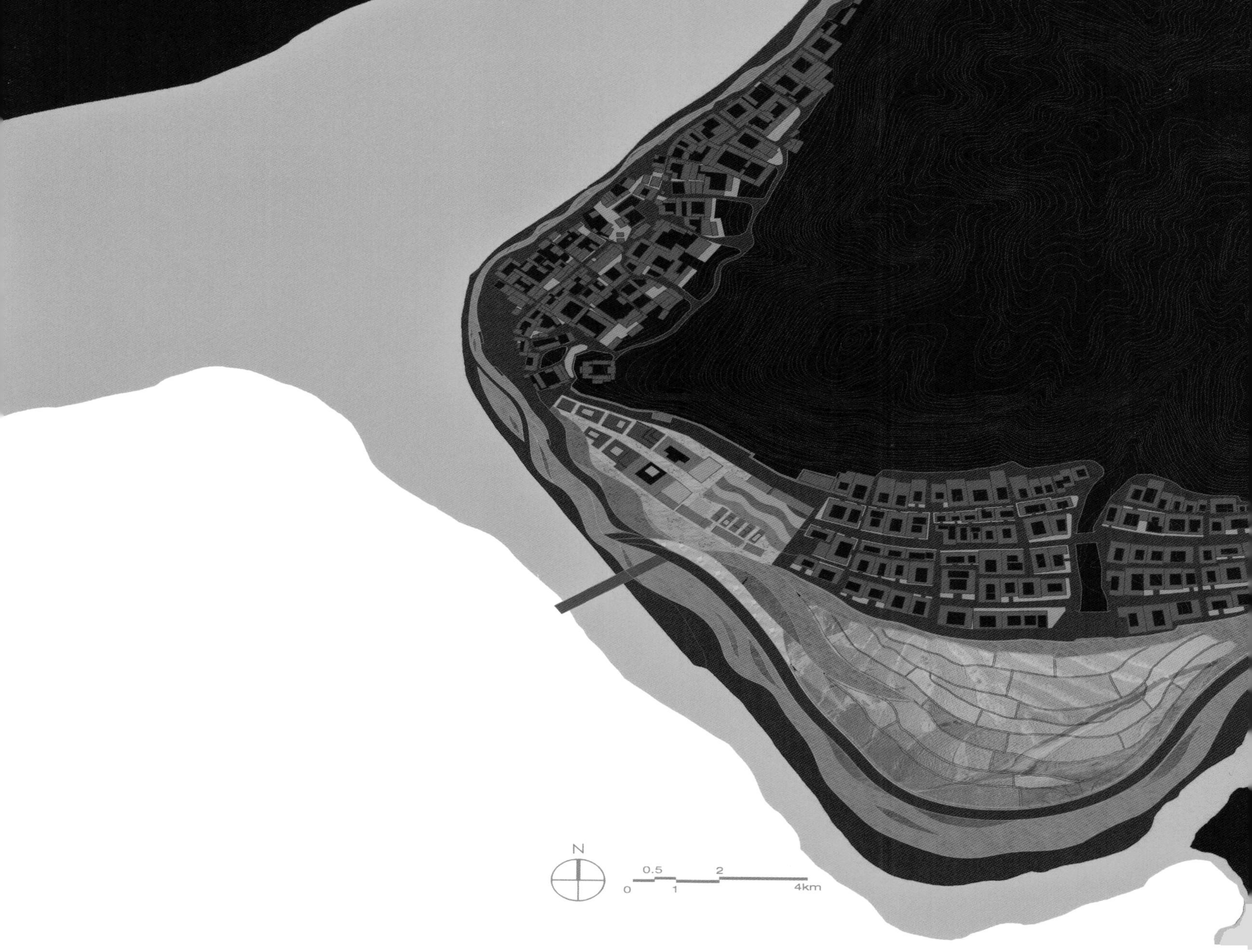

N

0 0.5 1 2 4km

碛口镇历史演变分析

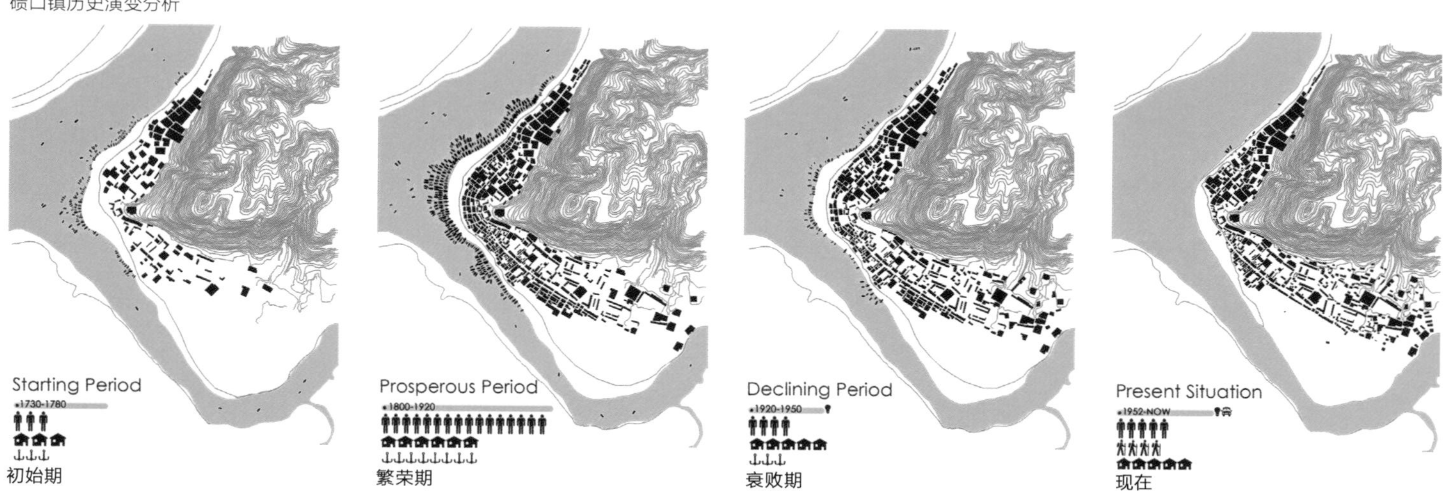

水系统规划
还原生态河道，对河岸及水体轻微污染进行治理，保持黄河周围环境生态平衡。

农田系统规划
整合原有乱占河滩的低产农田与破碎农田，在新村与河滩间的过渡区及山脚开辟新的梯田。

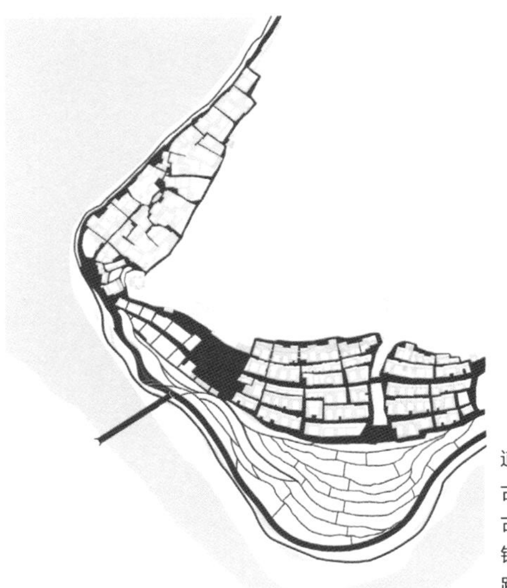

道路系统规划
古镇区与外界相连的通路不介入古镇内部，设置缓冲区域连接古镇与新城。古镇内部保持原有道路体系，但在尺度上要满足现代社会交通的需要。

建筑系统规划
古镇区以修旧如旧为原则对现状良好的古建进行修复与加固；过渡区对建筑遗址通过景观化的手段进行转换；新村建筑要满足居民生活需要并延续古镇建筑风貌和布局。

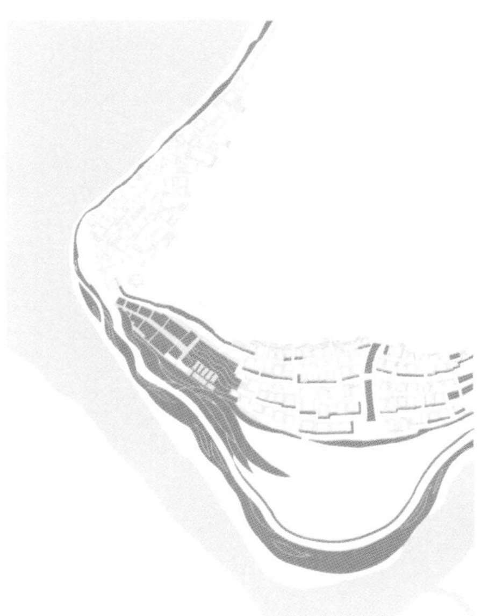

绿地系统规划
古镇区要最大限度增加绿地面积；景观过渡区大部分由绿地组成；新村将规划出完善的绿地系统；通过绿地系统将 3 个区域连成一个整体。

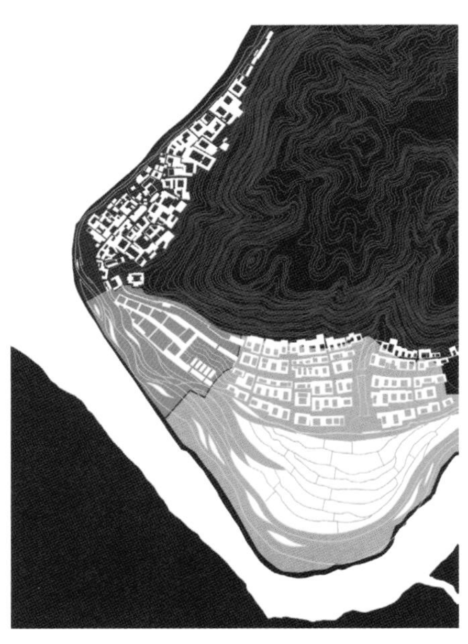

整体结构分区规划
古镇风貌保存良好的中西市街——保护；建筑损毁严重、环境脏乱的东市街——更新；黄河河滩新建的西头村——再生。

建筑肌理
保留古镇区域的道路网络和现有的建筑，重点设计景观空间和模式。

道路肌理
将庭院和街道联系起来，营造和谐的社区，方便居民的出行。

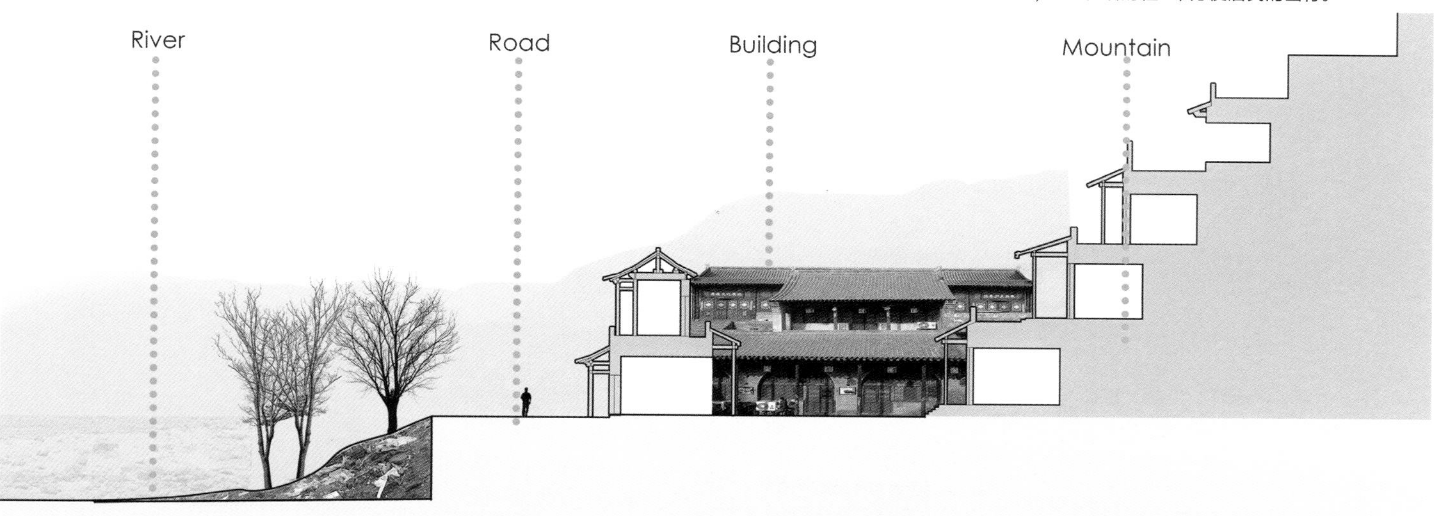

聚落与山体的关系
通过剖面来表达建筑和山体的关系，整个城市的建设依山就势，顺应自然环境。

场所特征的生活化表达

古镇区

将现状保存较完好的中西市街建筑及城市肌理进行修缮保护，还原古镇商业市街面貌。保留窑院建筑屋顶绿化的原生态景观特色，并增加绿化。码头及直壁驳岸部分进行重整，创造梯级生态景观，加强与其他区域的线性联系和古镇与黄河的竖向联系。

景观过渡区

此区域古建筑与古城格局几乎消失，作为保护区与再生区的更新连接部分，也是古镇对外交通的终端，兼具游人集散与居民休闲的功能。过渡区以休闲绿地为主，利用古镇原有场地遗址作为广场，保留部分完好院落改建成展示空间，将具有地方特色的乡土材料及文化符号应用到景观之中，同时增加趣味设施以弥补缺少的儿童嬉戏空间。

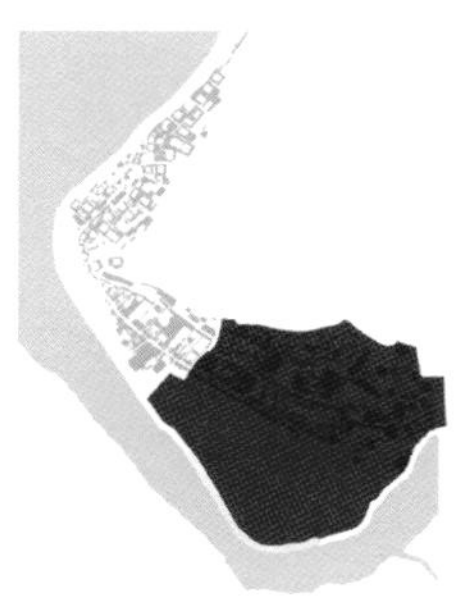

新西头村

新西头村将作为碛口古镇新居民主要的生活区域，沿用古镇城市肌理和建筑形式，将新村融合在山体和黄河之间，完善生活基础设施，整体增加绿化。古镇与黄河旅游体验、黄土地特色农业将是居民未来的主要经济来源，新的经济模式与好的生活条件将吸引古镇及周边居民回流，背井离乡将成为过去。

The Green Shelter
——Street Corridors as Green Infrastructure for Wind Preventing Sheltering
绿色的避风港——作为绿色基础设施的防风避风廊道

作　　者：张云路，苏　怡，刘家琳，鲍沁星，张晓辰
指导教师：李　雄
奖项名称：2009 年国际风景园林师联合会大学生设计竞赛一等奖

本方案的选址位于中国新疆维吾尔自治区喀什。喀什地处新疆西北部，东临塔克拉玛干大沙漠，地势由西南向东北倾斜，城市完全暴露于从东面而来的风沙之下。干燥恶劣的风沙天气成为喀什环境的一个核心问题，老城居民生活、出行、交往和城区商业活动受到严重的影响。喀什老城经济发展的核心——巴扎集市（商业活动）的运营也受到了一定阻碍，造成失业等一系列社会问题。

针对喀什严重的风害问题，在干燥炎热的气候条件下，以科学的防风抗风手段对老城进行环境规划与设计，构建覆盖全城的防风避风基础设施。此基础设施由防风植物及土坯构筑物共同构成，旨在改善老城风环境的同时，解决老城严重缺乏友好室外空间的现状。该方案关注人与环境二者之间的关系，创造出“避风港”空间作为老城可持续发展的“激活器”，在老城的更新和绿色基础设施的建设中，改善并创造符合老城特性的人的行为以及生活方式，从而积极适应气候变化。

设计总面积

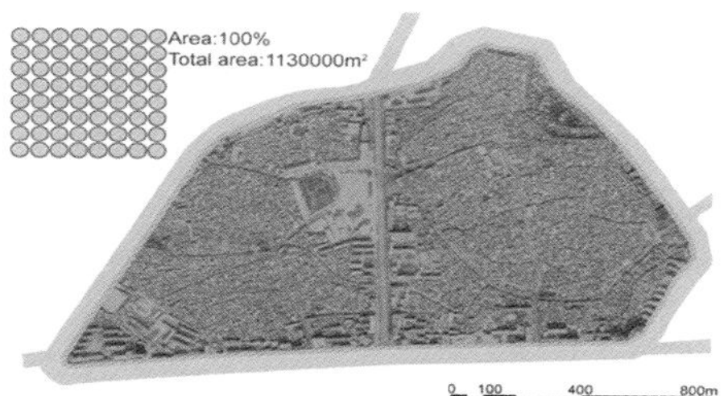

注：图例从上至下依次为面积占比、总面积

建筑总面积

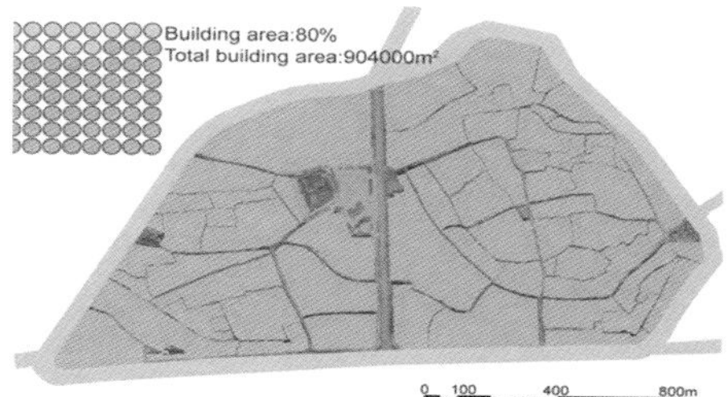

注：图例从上至下依次为建筑面积占比、建筑总面积

交通总面积

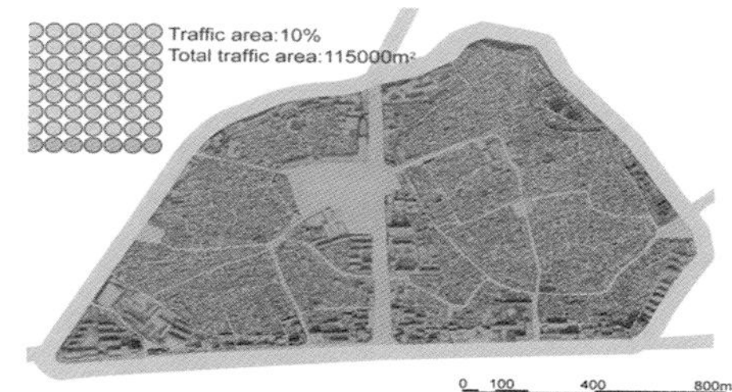

注：图例从上至下依次为交通面积占比、交通总面积

公共空间面积

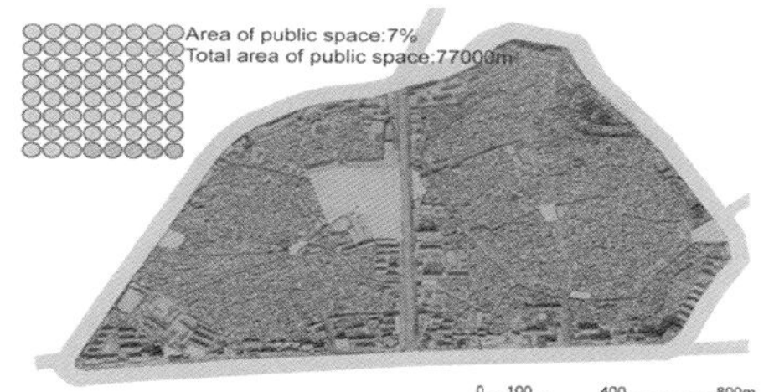

注：图例从上至下依次为公共空间占比、公共空间总面积

私人空间面积

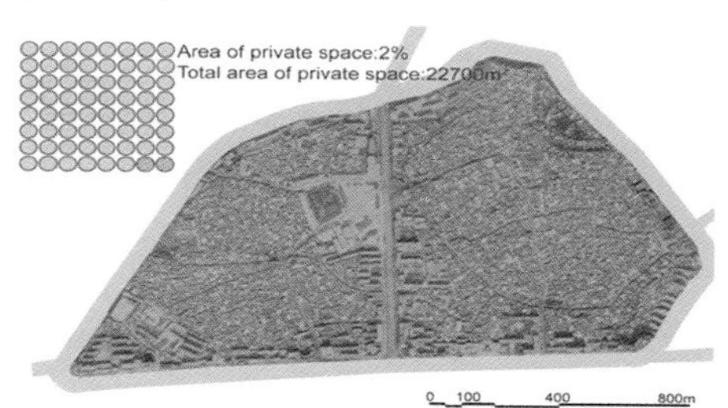

注：图例从上至下依次为私人空间面积占比、私人空间总面积

绿地总面积

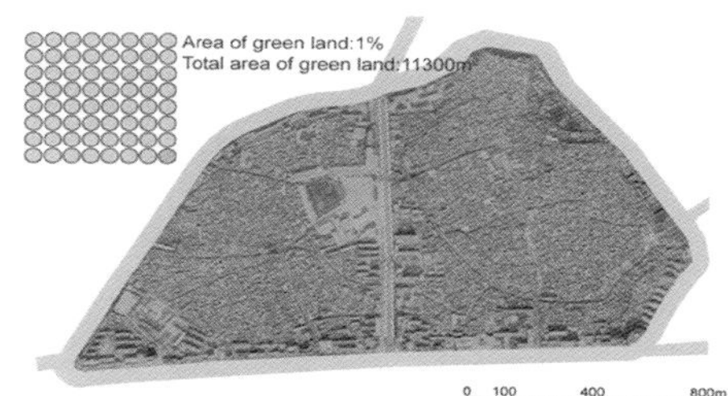

注：图例从上至下依次为绿地面积占比、绿地总面积

人均交通面积

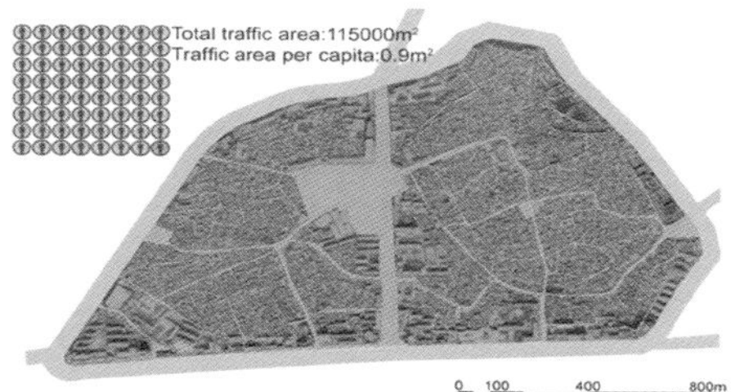

注：图例从上至下依次为交通总面积、人均交通面积

人均公共空间面积

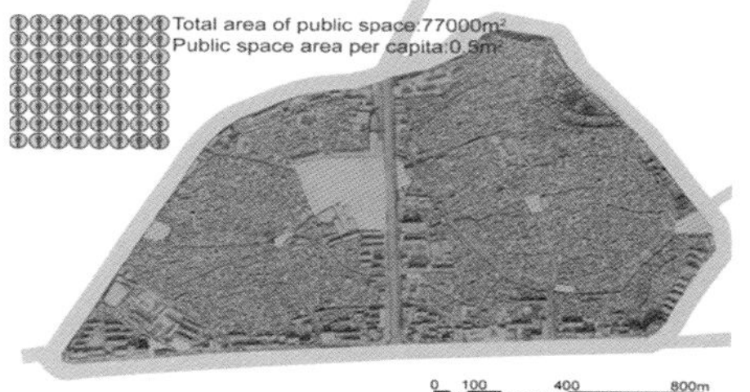

注：图例从上至下依次为公共空间总面积、人均公共空间面积

人均绿地面积

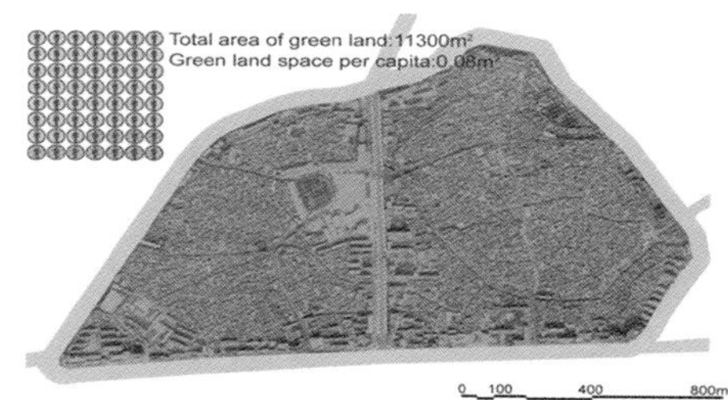

注：图例从上至下依次为绿地总面积、人均公共绿地面积

防风原理分析

植物防风原理分析

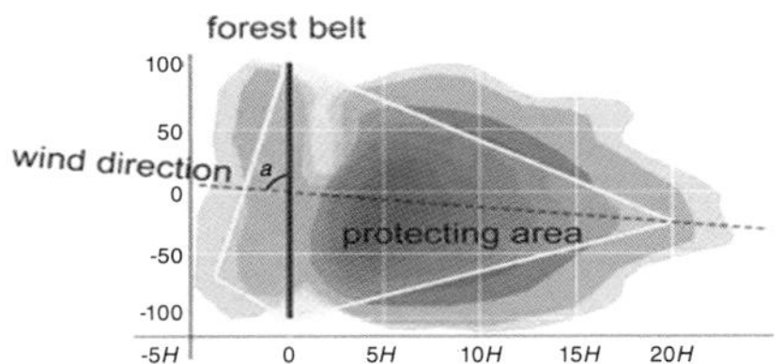

林带防风区域

小气候的改变主要是在林带背风面 2.5*H* ~ 20*H*（*H* 为林带高度）范围内形成一个主要风速降低区。

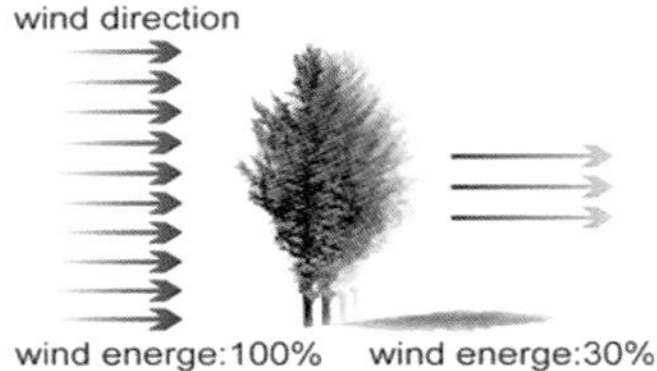

林带疏透度

单行林带疏透度控制在接近 30%，防风效应最佳。

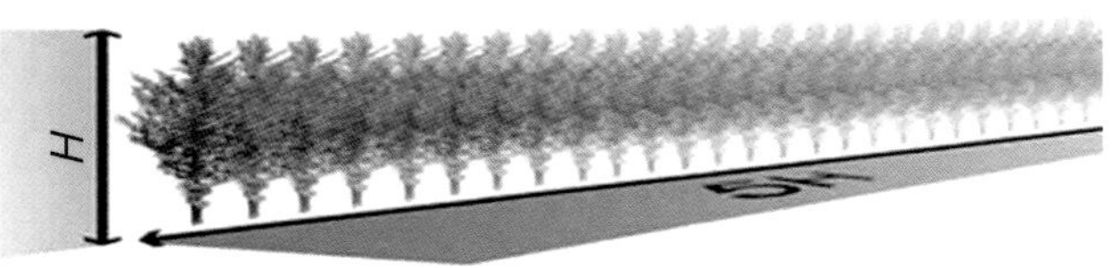

林带长度

在其他条件基本相近的情况下，长度较窄的林带相比宽林带具有更好的防护效应。因此我们构筑的基础设施中，每段的宽高比控制在 5 之内。段间有一定的间隙，确保其达到较好的防护效应。

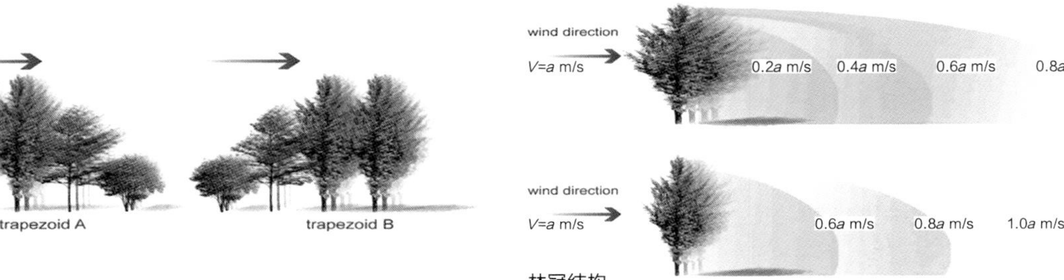

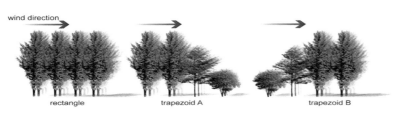

林带横截面

相关研究表明，在成排栽植的植物群落中，横截面为梯形，且迎风面植被层较低的栽植方式比矩形的栽植方式具有更好的防护效应。当植被成排栽植时，可以应用此原理。

林冠结构

单株树背风面存在风速减弱区，其水平距离可以达到 4 倍树高的距离，树高不变而冠幅减小时，风速减弱区变小。所以植物冠幅大小直接影响到防风效应。*V* 为风速，*a* 为实时风速，单位为 m/s。

单体构筑物防风分析

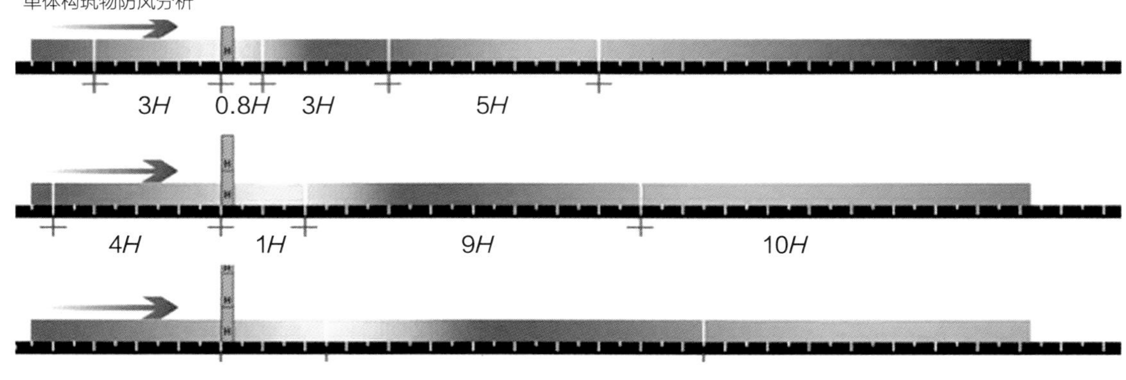

孔隙度变小后，防风设施顶部的风速急剧增强，最高风速增大。防风设施前风速减弱的范围增大，栅栏后的旋涡区变小，而且旋涡区后的弱风区变短。这说明单面实墙并不一定具有最佳的防风效应，适宜的墙体疏密度有助于增加其防护效应。因此在具体设计中，构筑物的局部可以加入镂空墙体的设计，且镂空墙体疏密度可以调整到具有最佳效益的数值。

高度不同构筑物防风效应分析

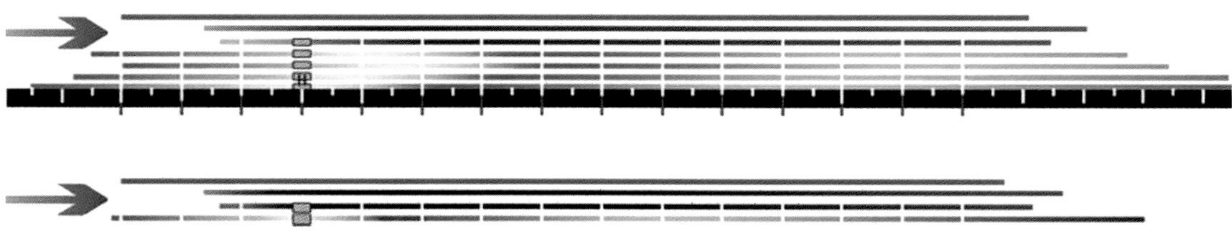

随着高度的增高，防风设施前和设施后的弱风区域增大。漩涡范围增大，漩涡后的弱风区范围也增大。这说明相对较高的墙体有更好的防风效应，但考虑到构筑物的介入对周围环境的影响，构筑物的高度不会超过老城中民居建筑的高度，并且与人体尺度相适宜，后来我们将构筑物的高度确定在 2.5m 左右。

单体构筑物防风效应分析

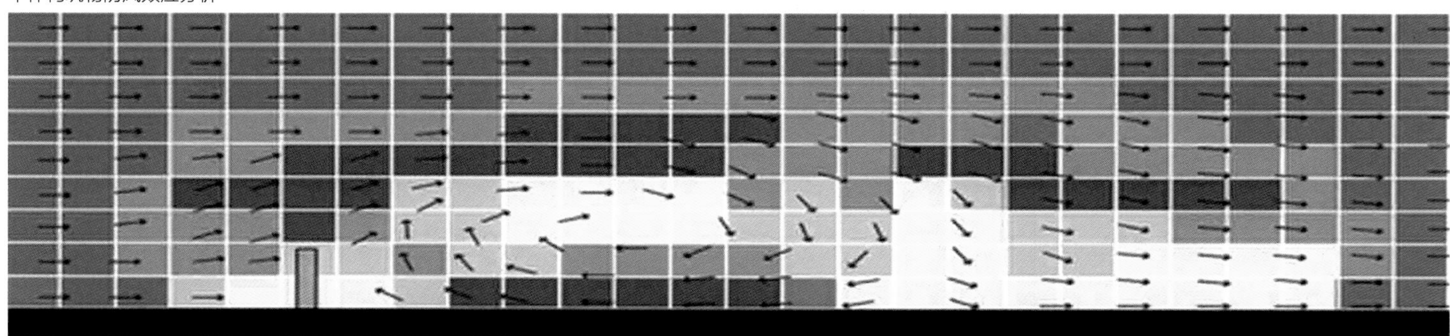

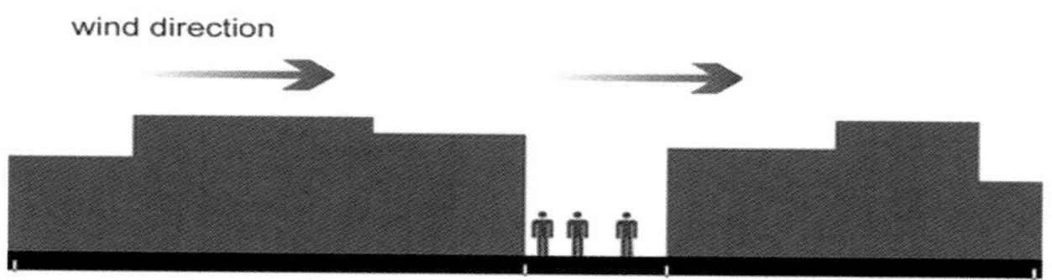

原有街道

老城中原有街道非常狭窄，存在人流和机动车流相互干扰的矛盾

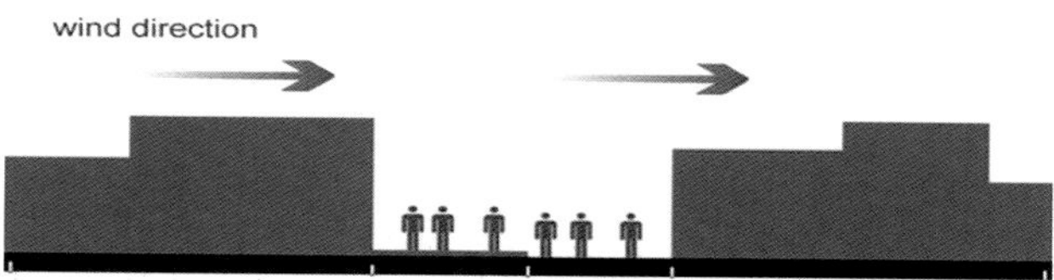

拓宽原有街道

将临街的第一排建筑拆掉，以尽量小的干预方式介入防风避风绿色基础设施

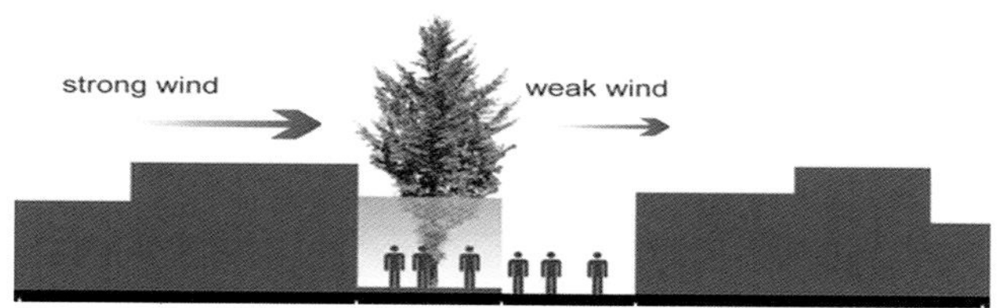

防风避风绿色基础设施的介入

防风避风绿色基础设施兼备防风和避风两大功能用途

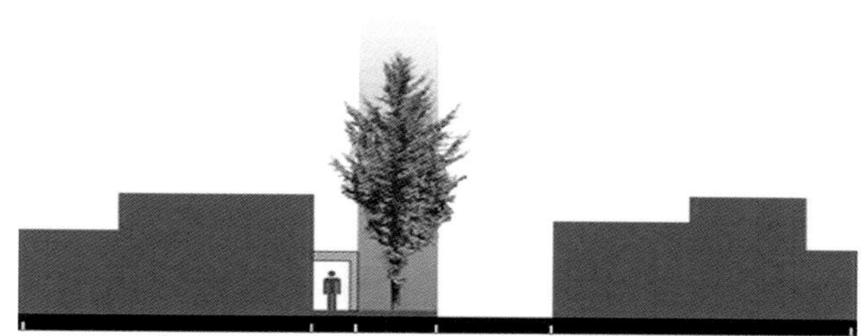

休息空间介入形式

原有建筑—避风廊道—植物防护体系—街道—原有建筑

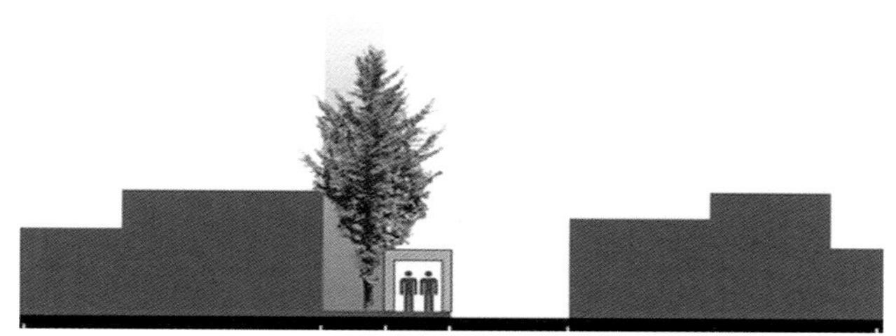

交流空间介入形式

原有建筑—植物防护体系—避风廊道—街道—原有建筑

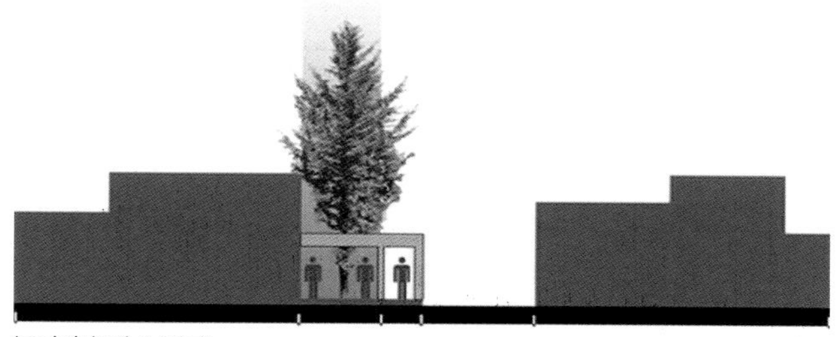

运动空间介入形式

原有建筑—植物防护体系—内聚运动空间—避风廊道—街道—原有建筑

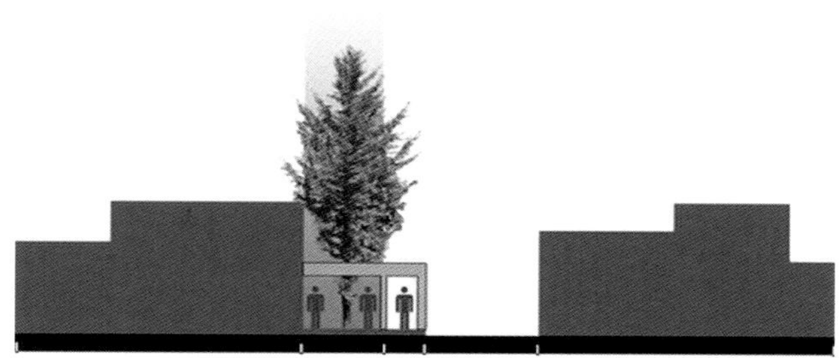

交易空间介入形式

原有建筑—植物防护体系—内街道空间—避风廊道—街道—原有建筑

集会空间介入形式

原有建筑—植物防护体系—避风廊道—广场空间—植物防护体系—原有建筑

低调介入的五类空间设计

休息空间设计

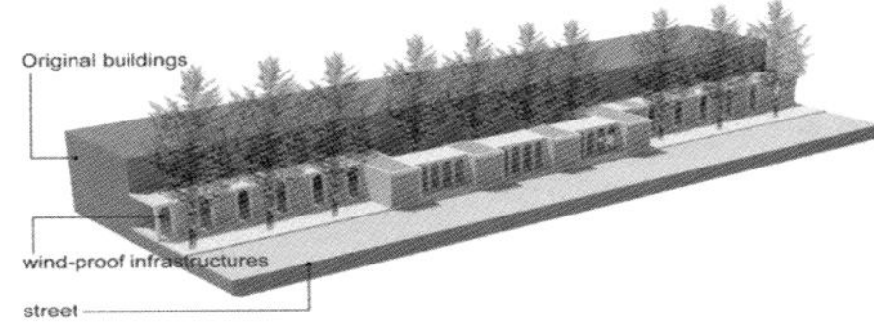

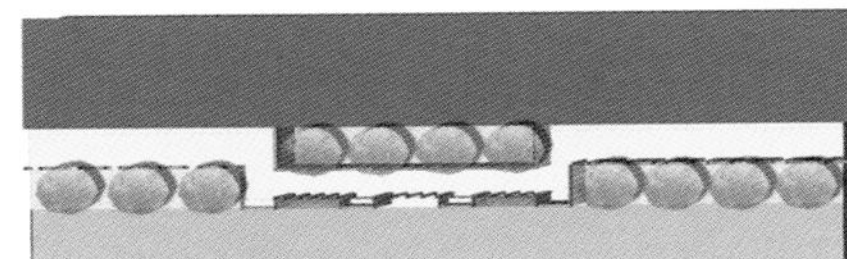

交流空间设计

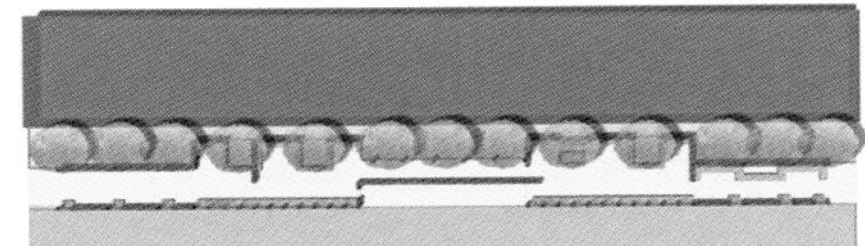

运动空间设计

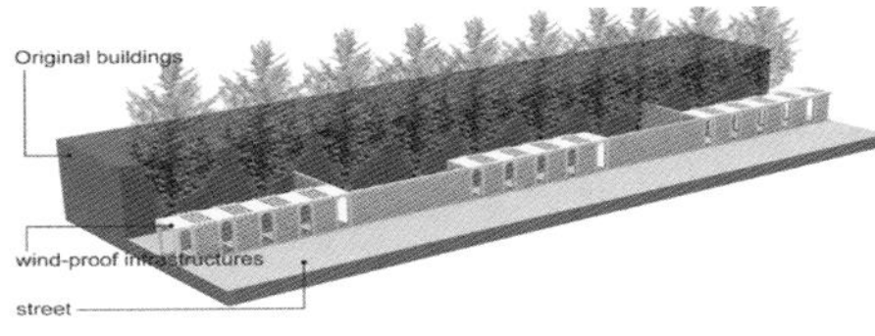

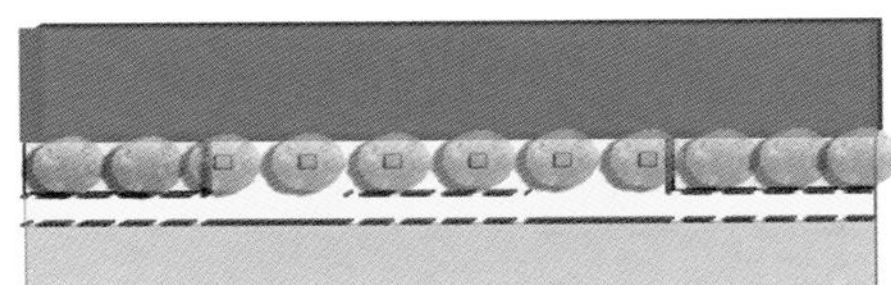

交易空间设计

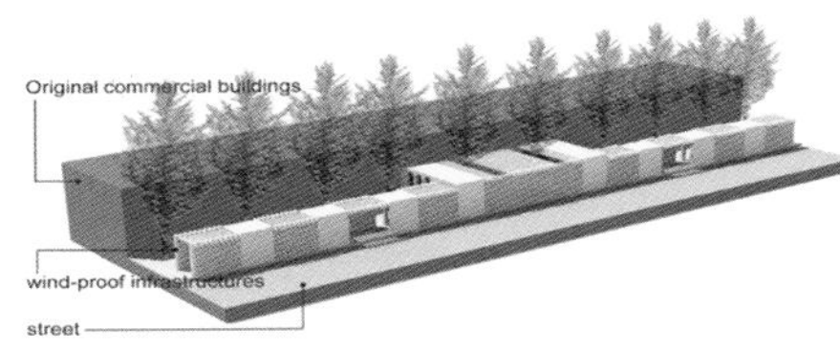

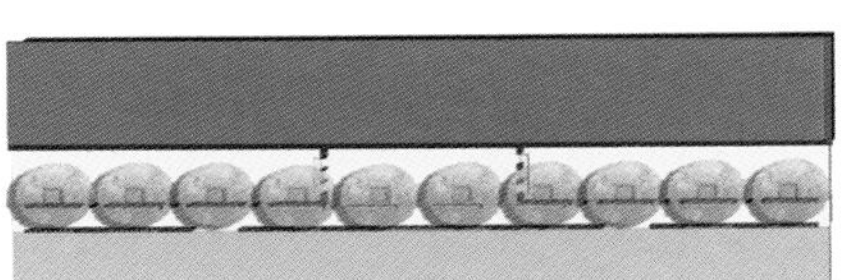

集会空间设计

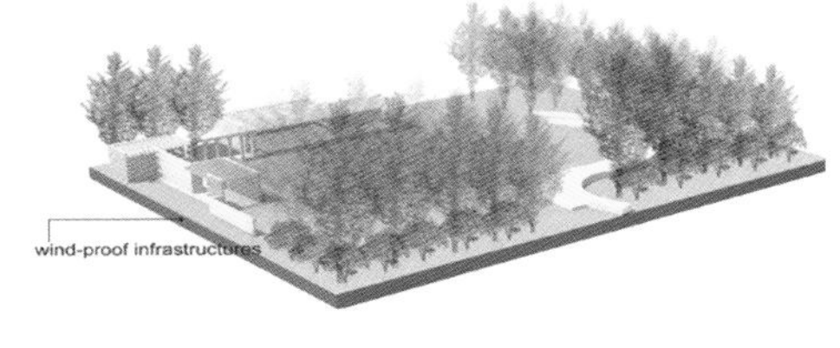

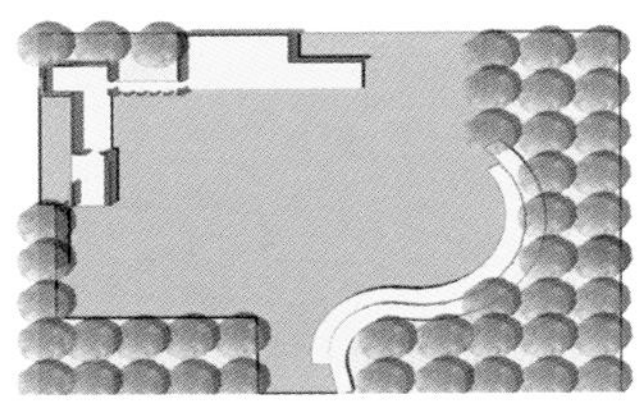

休息空间效果图

休息空间（适合 1 ~ 2 人参与）：原有的狭长街道缺乏基本的休息设施和停留空间。密实的建筑围合使得街道略有些朴素刻板，缺乏生气。在防风避风设施中提供休息功能是为了引导过往人流的停驻，提供较为静谧的休憩场所，向街道中注入人文氛围，使廊道成为街道生活的发生器。

交流空间效果图

交流空间（适合 3 ~ 5 人参与）：由于当地建筑的内向性，原有老城中的邻里之间日常交流沟通是在街道上进行的。避风廊道的设立不但可以满足避风的功能，同时搭建起了居民沟通交流的桥梁，使街道具有了产生温情氛围的可能性。

运动空间效果图

运动空间（适合 5 ~ 10 人参与）：较为开阔的场地设计是为了便于开展一系列的日常运动，居民可以在此锻炼身体，孩子们在此嬉戏追逐。避风廊道、挡风植物和原有建筑的围合和遮挡为运动开辟了良好的环境，这里绿色茵茵，阳光温和，风速小，气温适宜。

交易空间效果图

交易空间（适合 10 人以上参与）：喀什的巴扎（集市）有着悠久的历史，规划设计恢复特色的专业性街巷，构建绿色基础设施，保证大风天气里居民的日常交易活动，同时为游客提供参观体验的场所，展示维吾尔民族手工技艺和生活习俗，发展精美的手工艺产品、传统小吃、旅游纪念品等特色旅游产品，形成历史街区新的景观。

集会空间效果图

集会空间（适合群体参与）：在这里，除了进行清真寺的集体礼拜，歌舞、斗羊、斗鸡、斗狗和摔跤等传统娱乐项目也都在集会空间中上演，也鼓励说书、卖唱和各种杂耍等活动，丰富老城生活。广场上民间艺人演绎着维吾尔民族的古老传说和史诗，这是许多优秀的非物质文化遗产得以流传的直接途径。

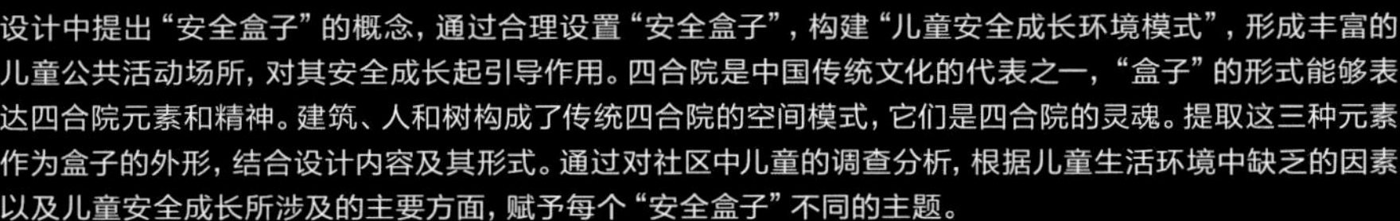

设计中提出“安全盒子”的概念，通过合理设置“安全盒子”，构建“儿童安全成长环境模式”，形成丰富的儿童公共活动场所，对其安全成长起引导作用。四合院是中国传统文化的代表之一，“盒子”的形式能够表达四合院元素和精神。建筑、人和树构成了传统四合院的空间模式，它们是四合院的灵魂。提取这三种元素作为盒子的外形，结合设计内容及其形式。通过对社区中儿童的调查分析，根据儿童生活环境中缺乏的因素以及儿童安全成长所涉及的主要方面，赋予每个“安全盒子”不同的主题。

SAFETY BOX
——The Safe Mode of Children's Development in Traditional Community of Beijing
安全的盒子——北京传统社区儿童发展安全模式

作　　者：余伟增，高若飞，耿　欣，魏菲宇，高　欣

指导教师：李　雄，梁伊任，章俊华

奖项名称：2005 年国际风景园林师联合会大学生设计竞赛一等奖

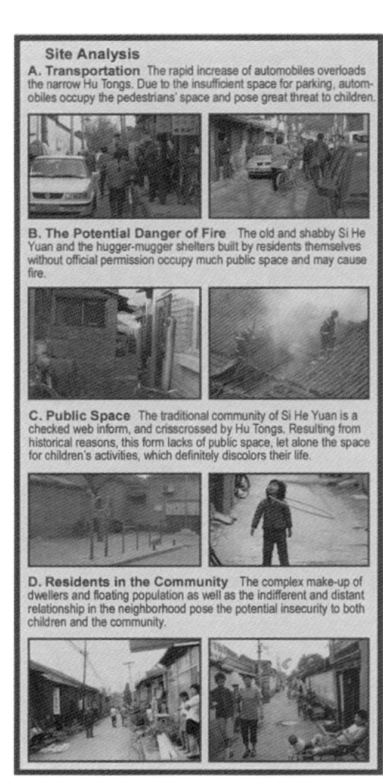

北京菊儿胡同作为北京传统胡同社区中的一部分，极具民族特色，是中国传统文化的代表之一。但在现代居住方式的影响下，胡同和四合院组成的居住空间产生了诸多问题：狭小的胡同空间内，机动车的行驶和随意停放、大量年久失修的四合院和随意搭建的棚屋对生活在其中的儿童健康和安全构成了巨大的威胁；公共空间的缺失使得孩子们的活动空间不得不集中在拥挤的胡同之中；社区中众多的出租房屋，服务设施凌乱，居住与商业并存，导致人员结构复杂，人际关系日趋冷漠，增加了儿童的不安全因素。

本方案通过对儿童安全的重新诠释，以北京菊儿胡同为载体，希望由安插在胡同中的一系列的“安全盒子”构成“儿童安全成长模式”一方面能够解决传统社区中儿童的安全问题，另一方面在传统社区的文化和生活方式得以延续的同时满足现代生活方式的需求，更重要的是通过一系列“安全盒子”发挥作用，以儿童为纽带，恢复和谐的社区邻里关系，给杂乱的旧社区注入新的秩序，使之更加安全与和谐。

DESIGN CONCEPT

The designers of this blueprint believe that **children's safety issue is not only confined to the physical hurt, more important, it exists during the whole process of children's development.** From the above analysis,the children's safety issue can be divided into two aspects: the existing insecure factors which may hurt children physically and the absence of the favorable environment which can guide the children grow healthily.

1. Reducing the existing insecure factors which may hurt children physically

The underground transportation system is advocated and implemented on the busiest HuTongs in order to reduce the number of automobiles on the road.More underground carparks should be built to decrease the potential transportation dangers.With the improvement of transportation system and pulling-down of shabby shelters in the community, the probability of fire can be diminished ignificantly.

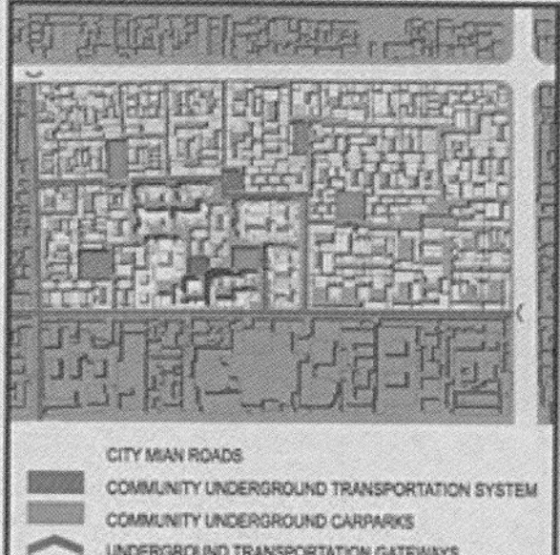

2. Establishing "The Safe Mode of Children's Development"

The designers put forward the concept of "**Safety Box**" and "**the Safe Mode of Children's Development**" is formed after putting the boxes in the appropriate places and guiding the children's growth. The specific procedure is as follows:

(1) Choose the appropriate places to build these boxes after conducting a survey of children's habits of playing and analyzing the transportation, the protection of the present building as well as the protection of plants.

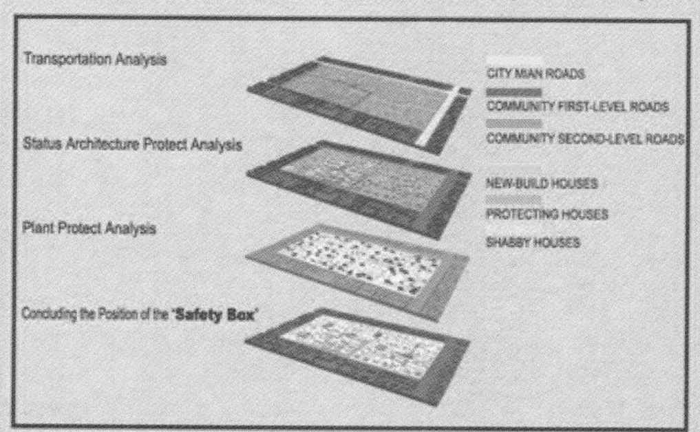

(2) Endow each box with a theme according to the conditions which are needed and the essential issues in the process of children' s development. The themes of altogether nine **safety boxes** are: adventure, nature I, nature II,sports, character, cooperation, intelligence, imagination and moral.

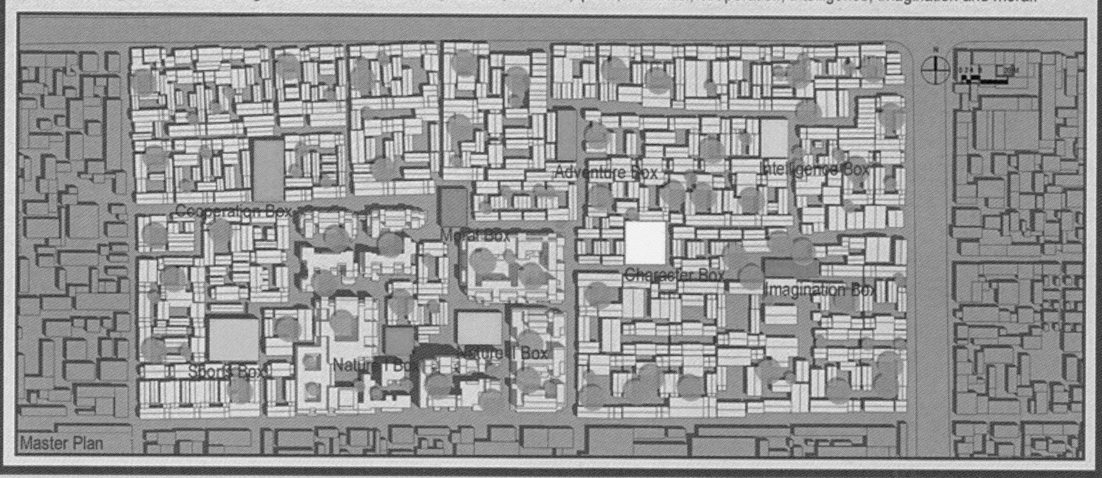

Master Plan

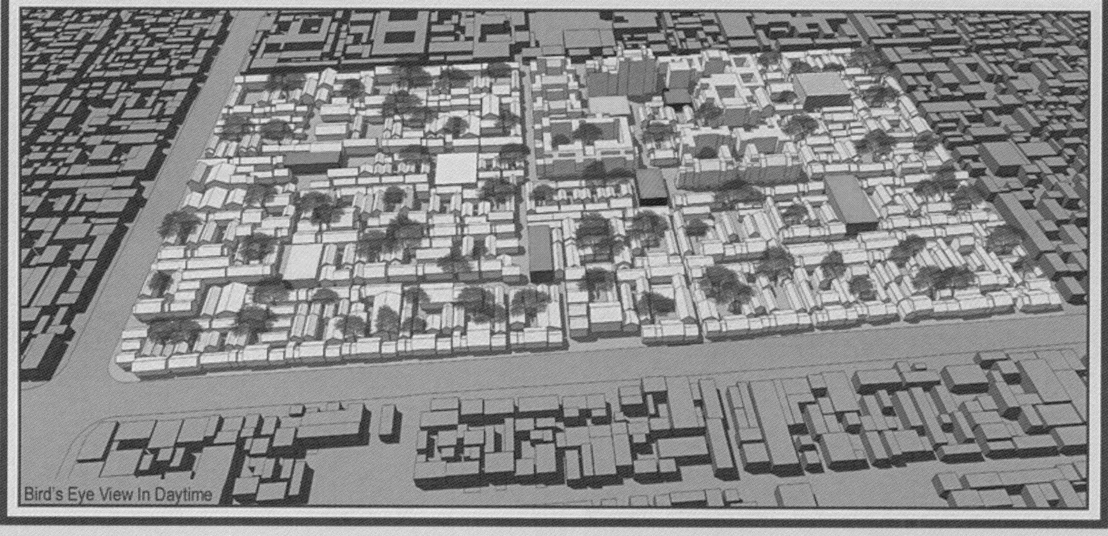

Bird's Eye View In Daytime

安全的盒子详细设计

智慧盒子

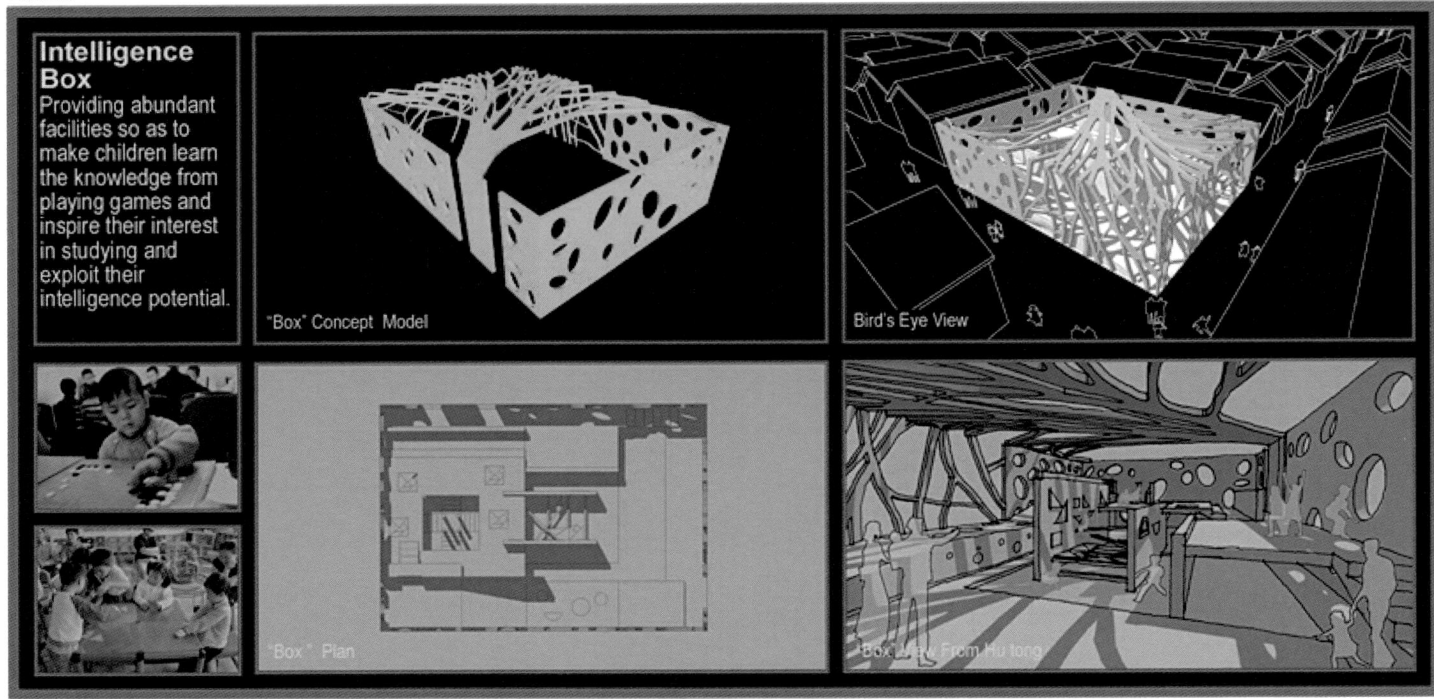

Intelligence Box
Providing abundant facilities so as to make children learn the knowledge from playing games and inspire their interest in studying and exploit their intelligence potential.
"Box" Concept Model
Bird's Eye View
"Box" Plan
"Box" View From Hu tong

通过富有趣味的儿童活动设施使儿童在游戏活动中学到知识，激发他们的学习兴趣和智力潜能。在游戏中设置不同的障碍，每一个障碍都需要孩子们用智慧的手段想办法解决，每个问题的解决方法可以是多种的。通过游戏充分发挥孩子们的聪明才智，使他们懂得在遇到困难和危险时，如何想办法克服。

协作盒子

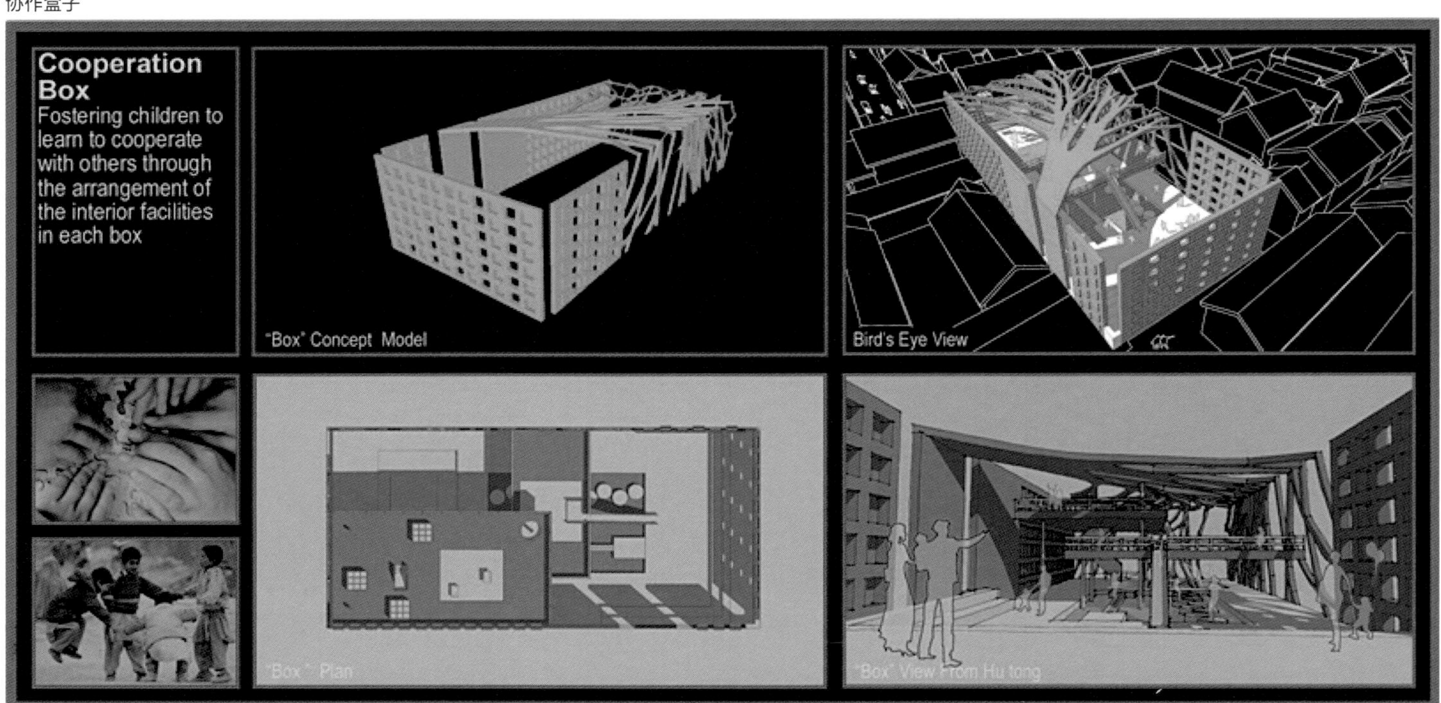

Cooperation Box
Fostering children to learn to cooperate with others through the arrangement of the interior facilities in each box
"Box" Concept Model
Bird's Eye View
"Box" Plan
"Box" View From Hu tong

现代的独生子女缺少互相协作的精神，通过盒子内部活动的安排促进儿童互相帮助。比如传统游戏中的跷跷板、秋千、拓展游戏中的浮桥等，使儿童在游戏活动中学会与他人互相关心和合作。

个性盒子

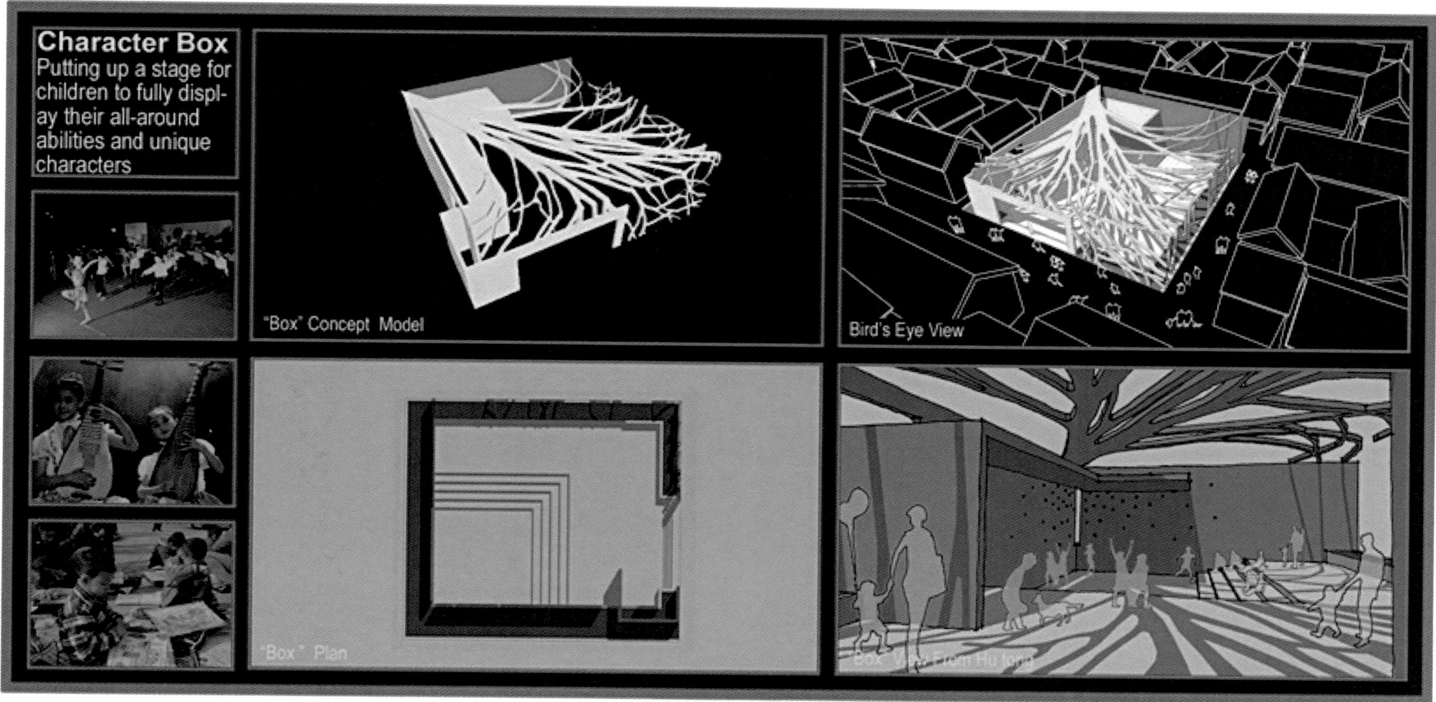

建立一个室外的大舞台，给儿童一个展示才艺和个性的空间，同时也提供一个互相交流的场所。在这种沟通和交流中，不仅培养孩子们的个性，同时也加强了邻里之间的了解和沟通。

想象力盒子

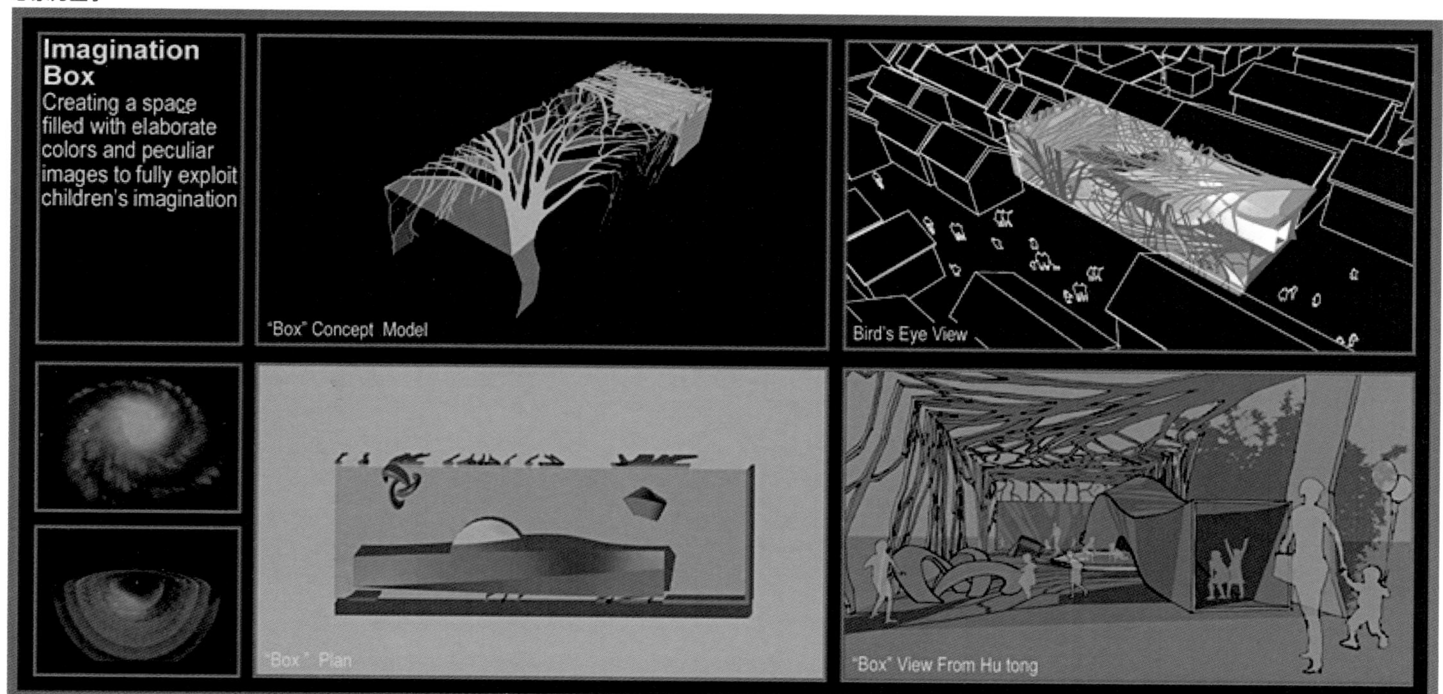

通过营造一个充满梦幻色彩和奇特造型的场所来激发儿童的想象力。在场地中设置梦幻通道，通道的扭曲、镜面反射以及设置的奇幻影像，如宇宙、星象等，给孩子们一个无限遐想的空间。

安全的盒子详细设计

自然盒子

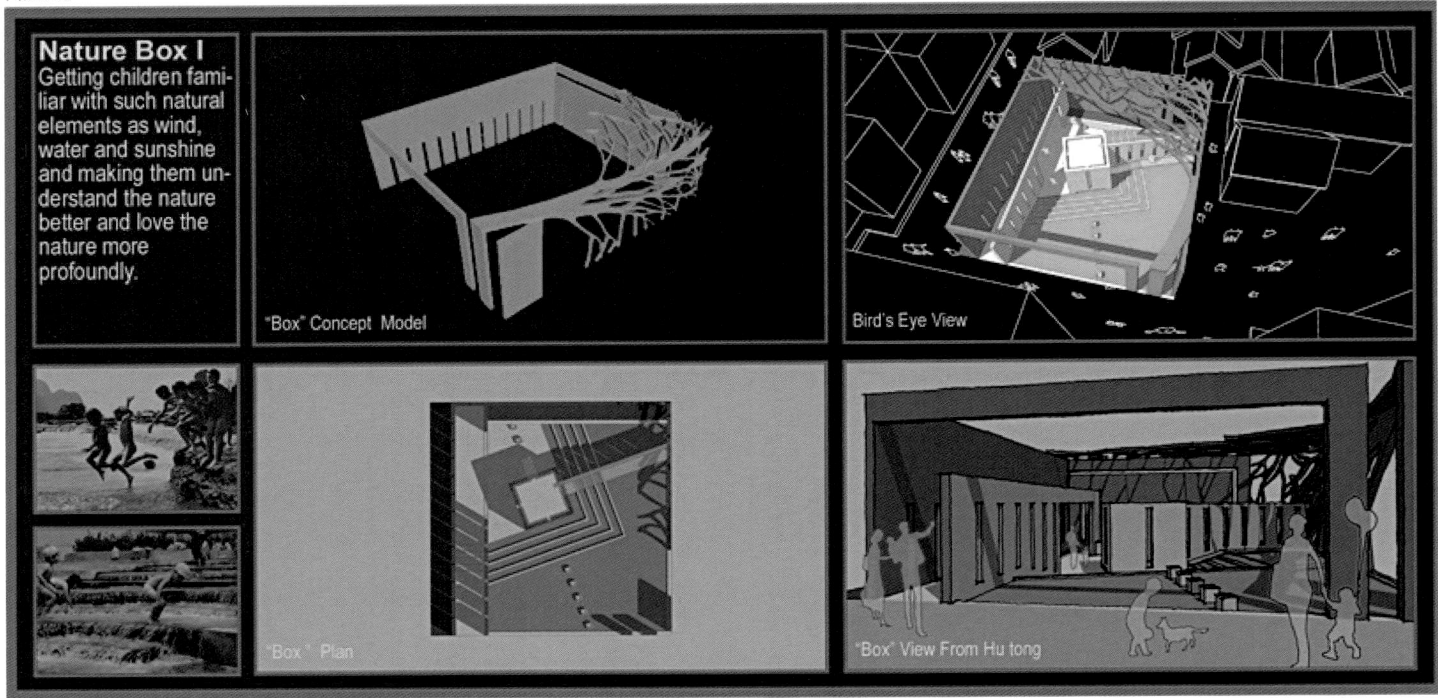

Nature Box I
Getting children familiar with such natural elements as wind, water and sunshine and making them understand the nature better and love the nature more profoundly.
"Box" Concept Model
Bird's Eye View
"Box" Plan
"Box" View From Hu tong

对于四合院这样一个人口和建筑密度极高的居住形式，孩子们对自然的认识极度匮乏，同时他们对自然充满强烈的渴望，一棵大树就可以成为他们关注的焦点。所以我们利用相互关联的两个盒子充分展示这个主题，通过对风、水、阳光、植物等自然元素的提炼，使孩子们能够了解自然、热爱自然、珍惜自然、向往自然。

冒险盒子

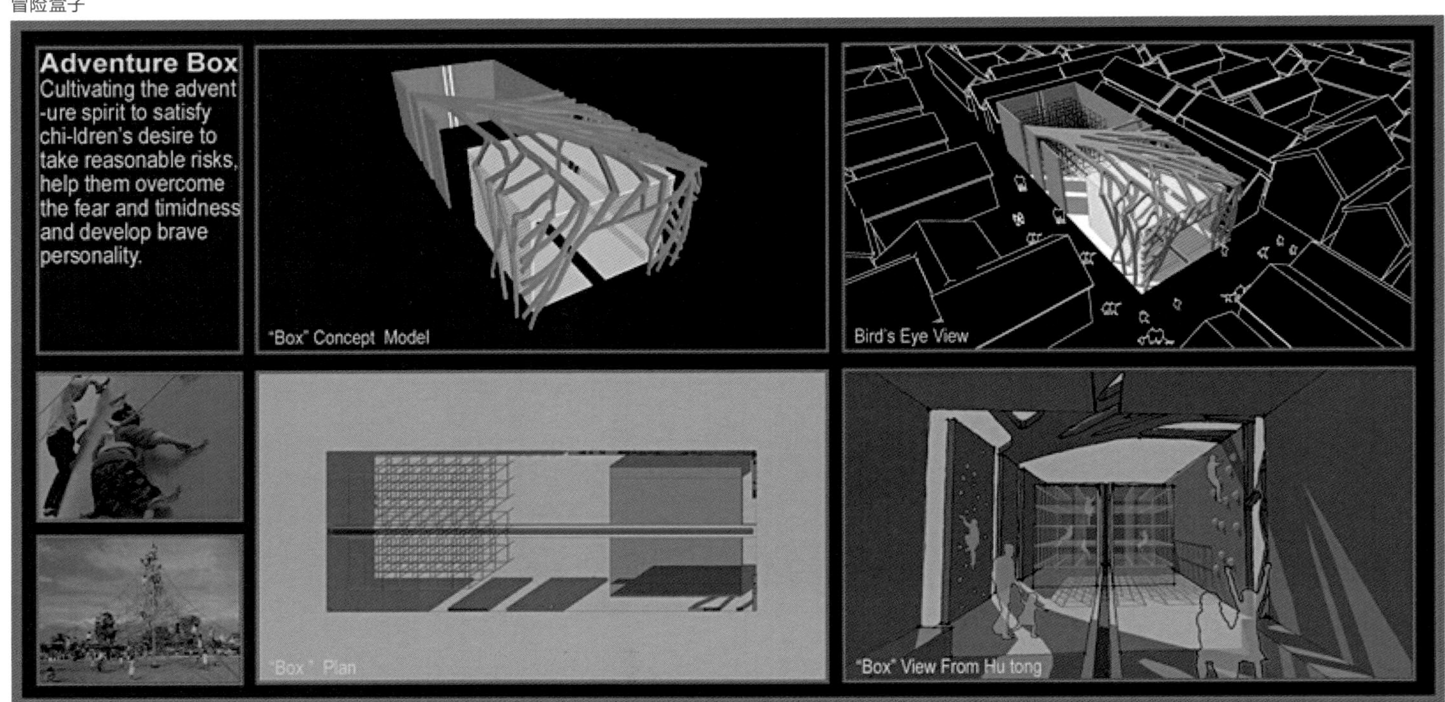

Adventure Box
Cultivating the advent-ure spirit to satisfy chi-ldren's desire to take reasonable risks, help them overcome the fear and timidness and develop brave personality.
"Box" Concept Model
Bird's Eye View
"Box" Plan
"Box" View From Hu tong

培养冒险精神对于儿童安全至关重要，在这个主题中我们设置了攀岩等活动，在各种冒险活动中，需要孩子们克服畏惧心理，树立自信心，不怕艰险，勇往直前。当然在冒险活动中我们设置了有效的保护措施，也使孩子们在冒险活动中了解自我保护的重要意义，学会自我保护的方法。

运动盒子

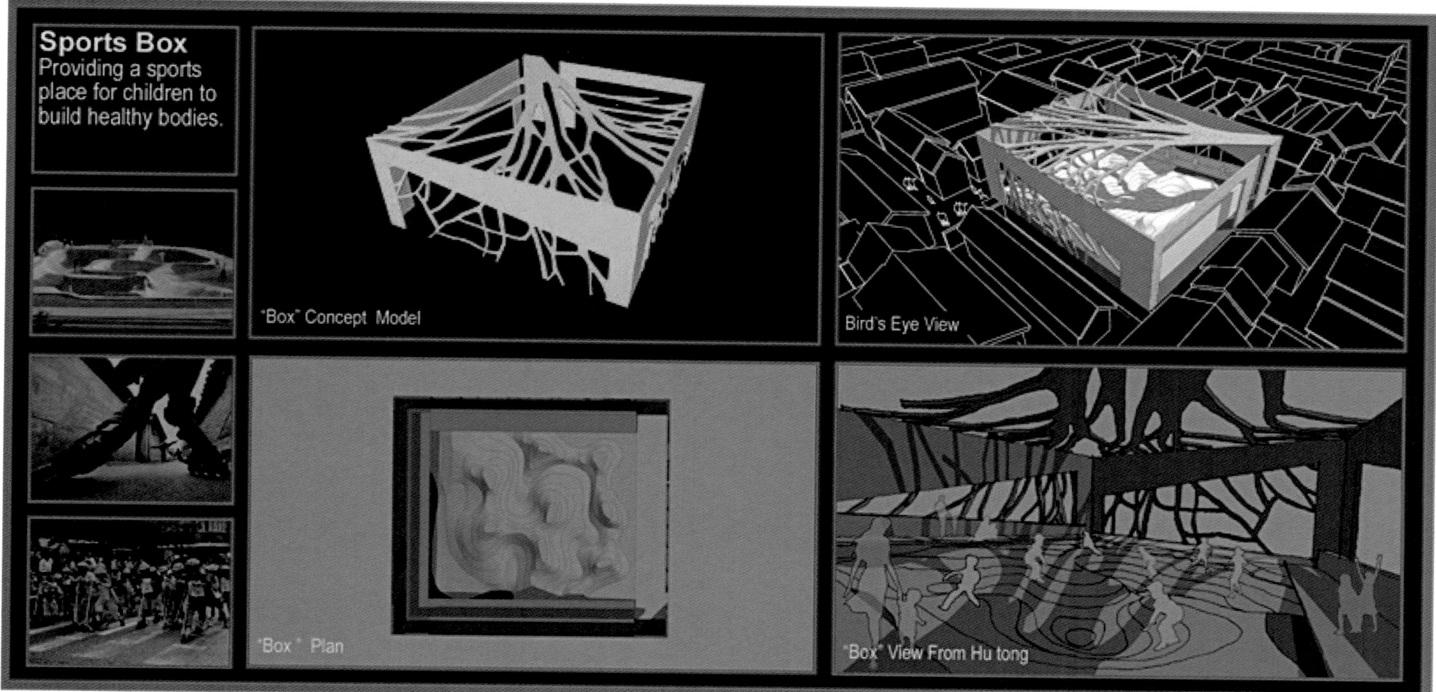

通过营造特定的儿童运动场所，达到锻炼身体、提高身体素质的目的。利用地形分割空间，孩子们可以凭借自己的想象力，充分利用不同的有趣地形进行轮滑、捉迷藏、跑、跳等运动。同时，缓和的坡道和弹性材质也可以为残障儿童提供简单的活动场所，使他们能和普通孩子一起健康地成长。

道德盒子

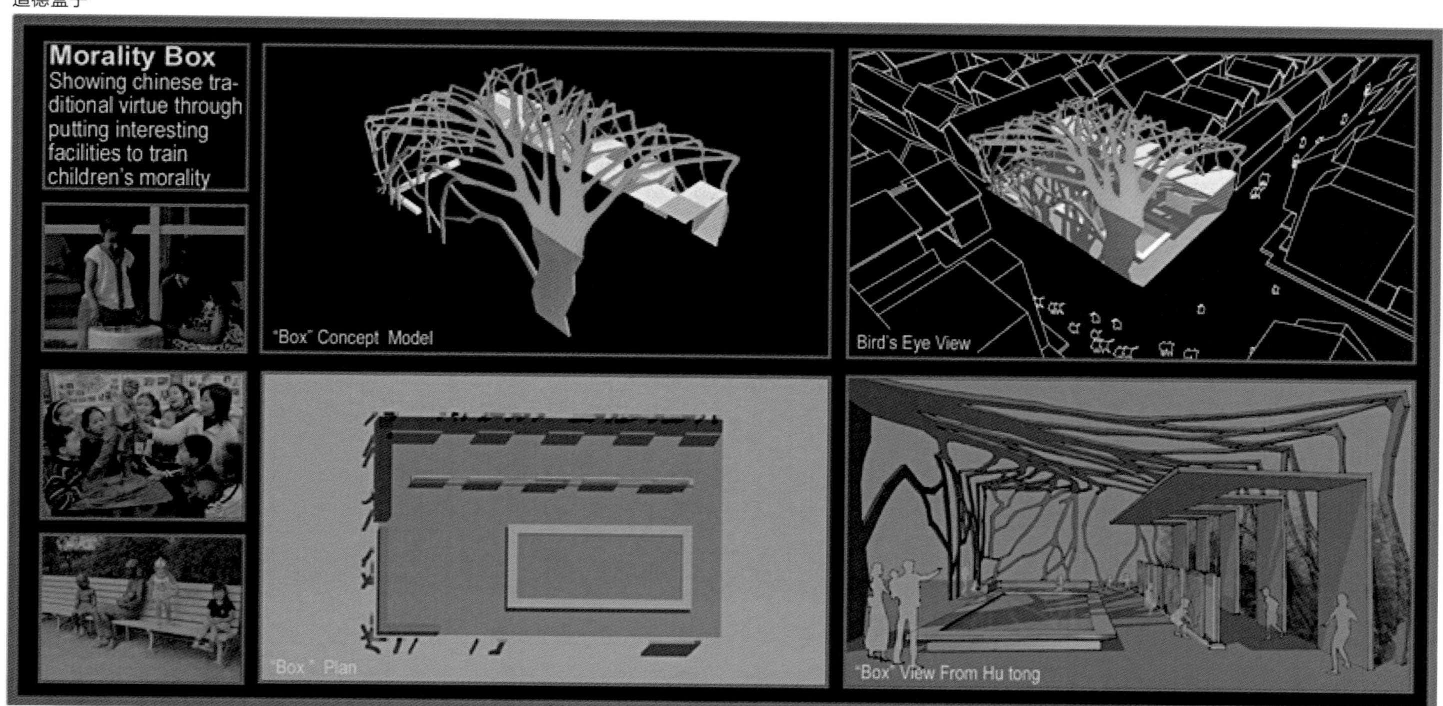

通过中华民族传统美德的展示，培养儿童良好的道德品质。虽然生活在复杂的社会和人群中，但是通过观看展示过程中父母对传统美德故事的讲解，可以培养孩子们分辨是非的能力，同时增进孩子与家人之间的感情。

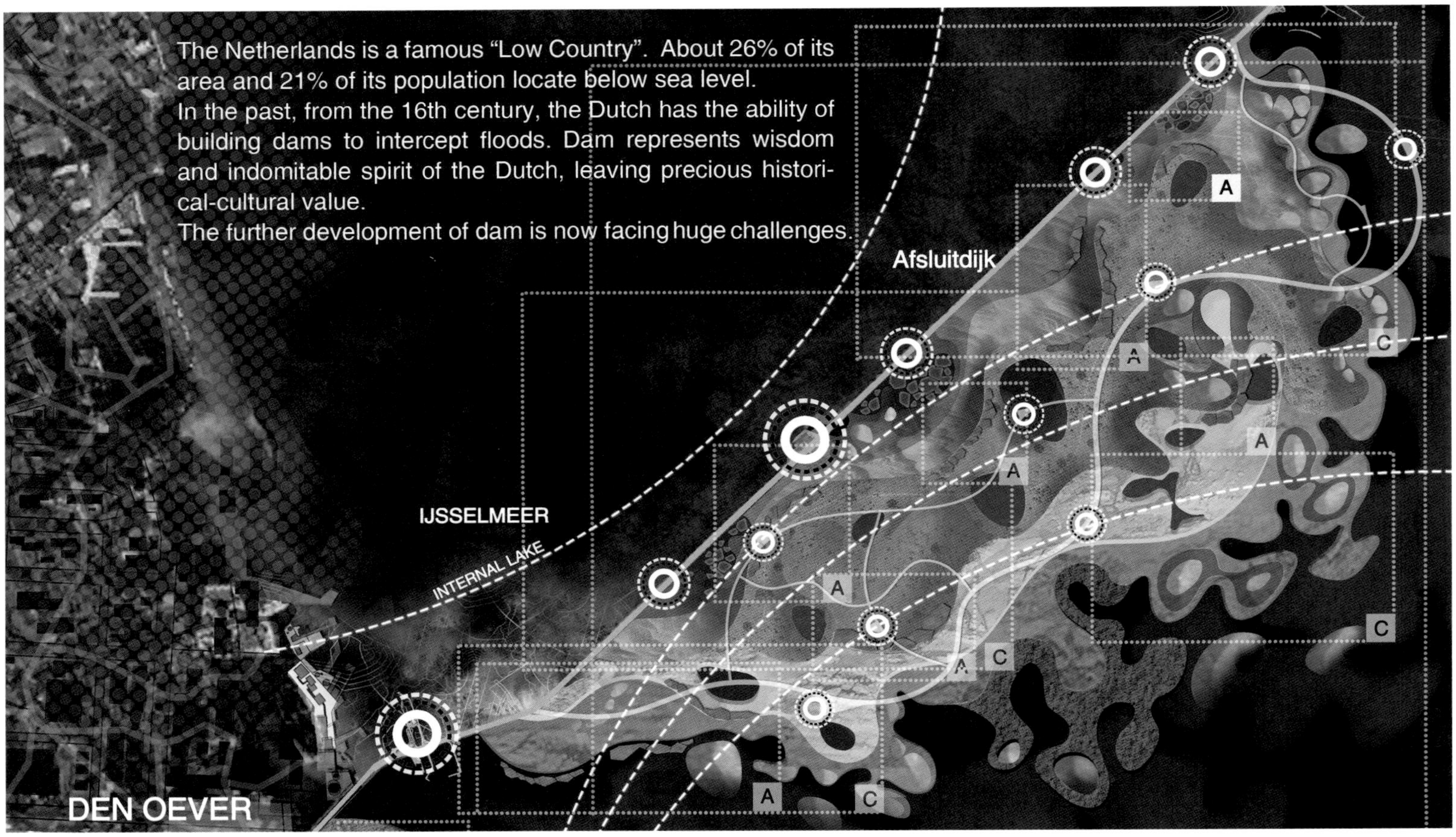

The Netherlands is a famous "Low Country". About 26% of its area and 21% of its population locate below sea level.
In the past, from the 16th century, the Dutch has the ability of building dams to intercept floods. Dam represents wisdom and indomitable spirit of the Dutch, leaving precious historical-cultural value.
The further development of dam is now facing huge challenges.

Afsluitdijk

IJSSELMEER

INTERNAL LAKE

DEN OEVER

A A A A A A A C C C C

二等奖

Growing Dam
——To Construct a Multi-level, Dynamic Growing and Sustainable Green-blue Infrastructure in Afsluitdijk, Netherlands
生长的堤坝——在荷兰阿夫鲁戴克构建多层次动态生长的可持续蓝绿基础设施

作　　者：吴　然，胡　楠，刘　玮，李婉仪，魏翔燕
指导教师：李　雄
奖项名称：2015 年国际风景园林师联合会大学生设计竞赛二等奖

荷兰是有名的低地国，面积小，人口密度极高。约 26% 的国土面积和 21% 的人口位于海平面以下，最低在海平面以下 7m。从 16 世纪时，荷兰人就开始建造堤坝、水闸，形成一整套防洪系统，进而围海造陆，开拓如今 17% 的国土面积。先进的拦洪造堤技术，令荷兰人引以为豪。堤坝代表了他们的聪明智慧与不屈精神，留下了宝贵的历史文化记忆。

几个世纪以来，荷兰人一直生活在堤坝背后。随着近百年来全球气候变暖、海平面上涨（到 2100 年荷兰海平面预计上升 35~85cm），传统的堤坝加建做法不仅磨灭了堤坝百年来的历史文化、毁坏了生态环境，同时对物资十分匮乏的荷兰造成了极大的经济压力。因此，我们希望建立一种"新堤坝"，它可以尊重堤坝历史、保护生态环境，同时发挥经济效益。

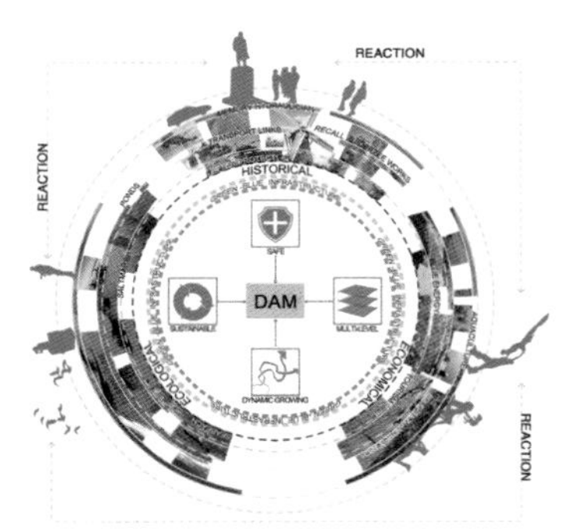

设计分析

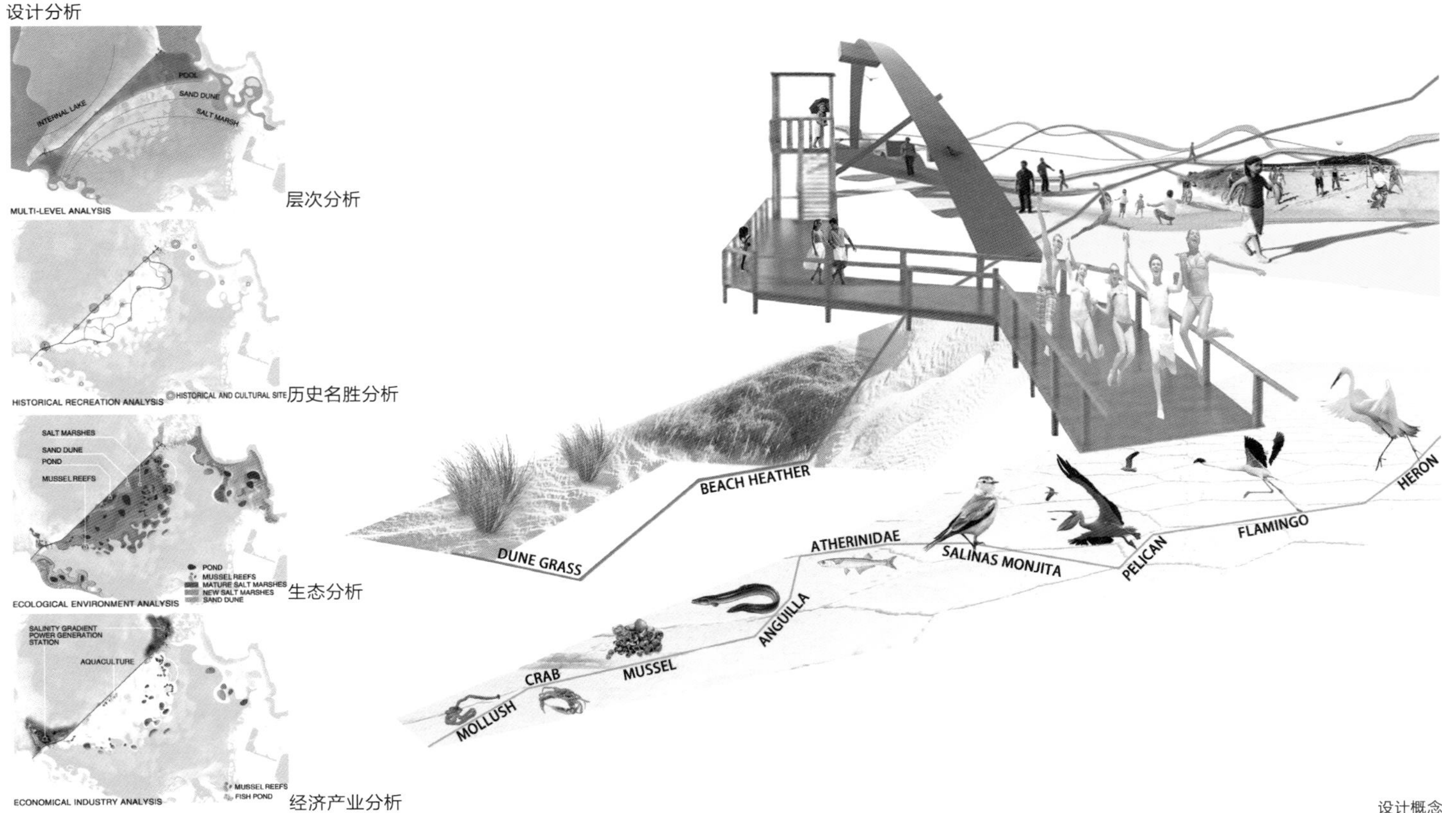

层次分析

历史名胜分析

生态分析

经济产业分析

设计概念

概念解读

对“堤坝”提出新的概念，旨在构建一个具有可持续的多层次动态生长的生态堤坝，它是一个全新的蓝绿基础设施。

“新堤坝”是安全的，能够有效解决海平面上升带来的安全挑战。

“新堤坝”是尊重历史的，能够最大限度地保留传统堤坝这个荷兰“符号”，并重新定位它的未来，赋予它新的价值。

“新堤坝”是生态的，能够基于盐沼植物和沙丘形成多层次的绿色堤坝，创造多样化生境，承载多种生态系统。

“新堤坝”是动态、可持续的，能够灵活应对自然变化，整合多种产业功能。

鸟瞰图

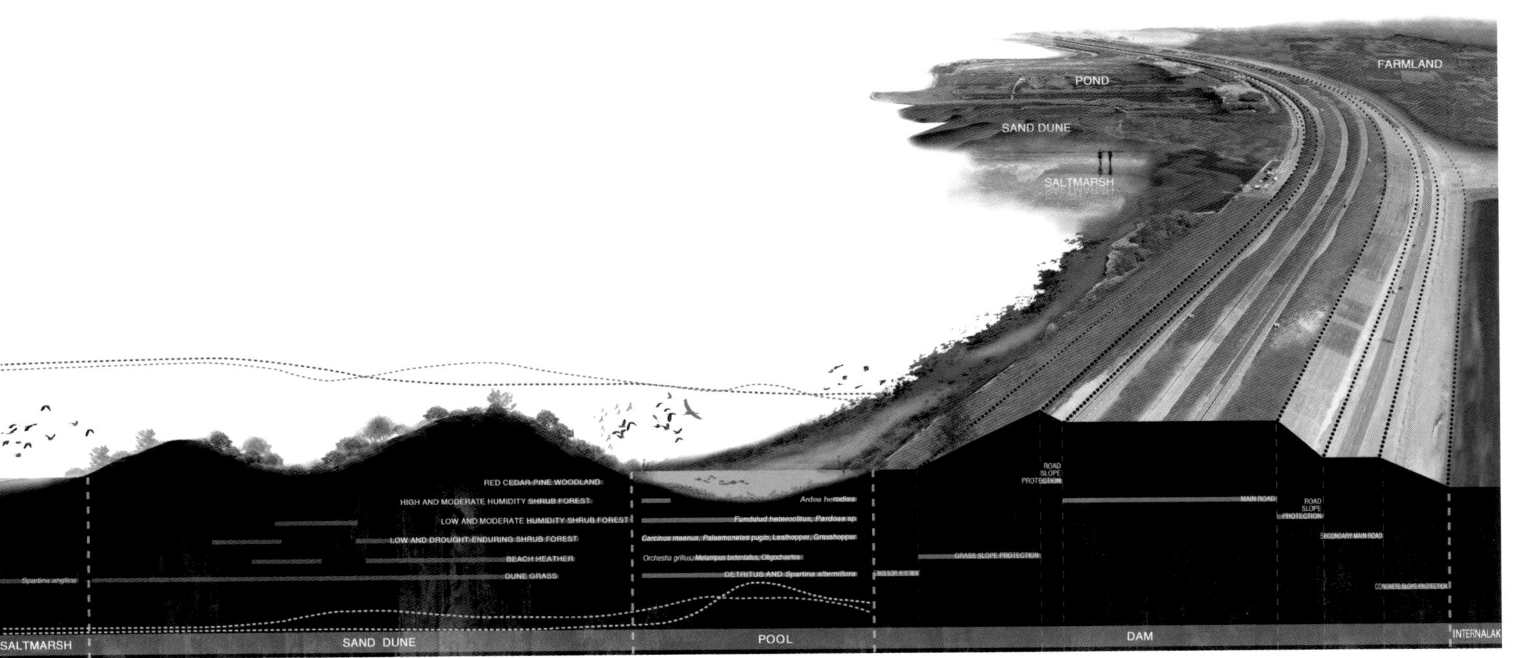

新堤坝的形成与发展

总平面图

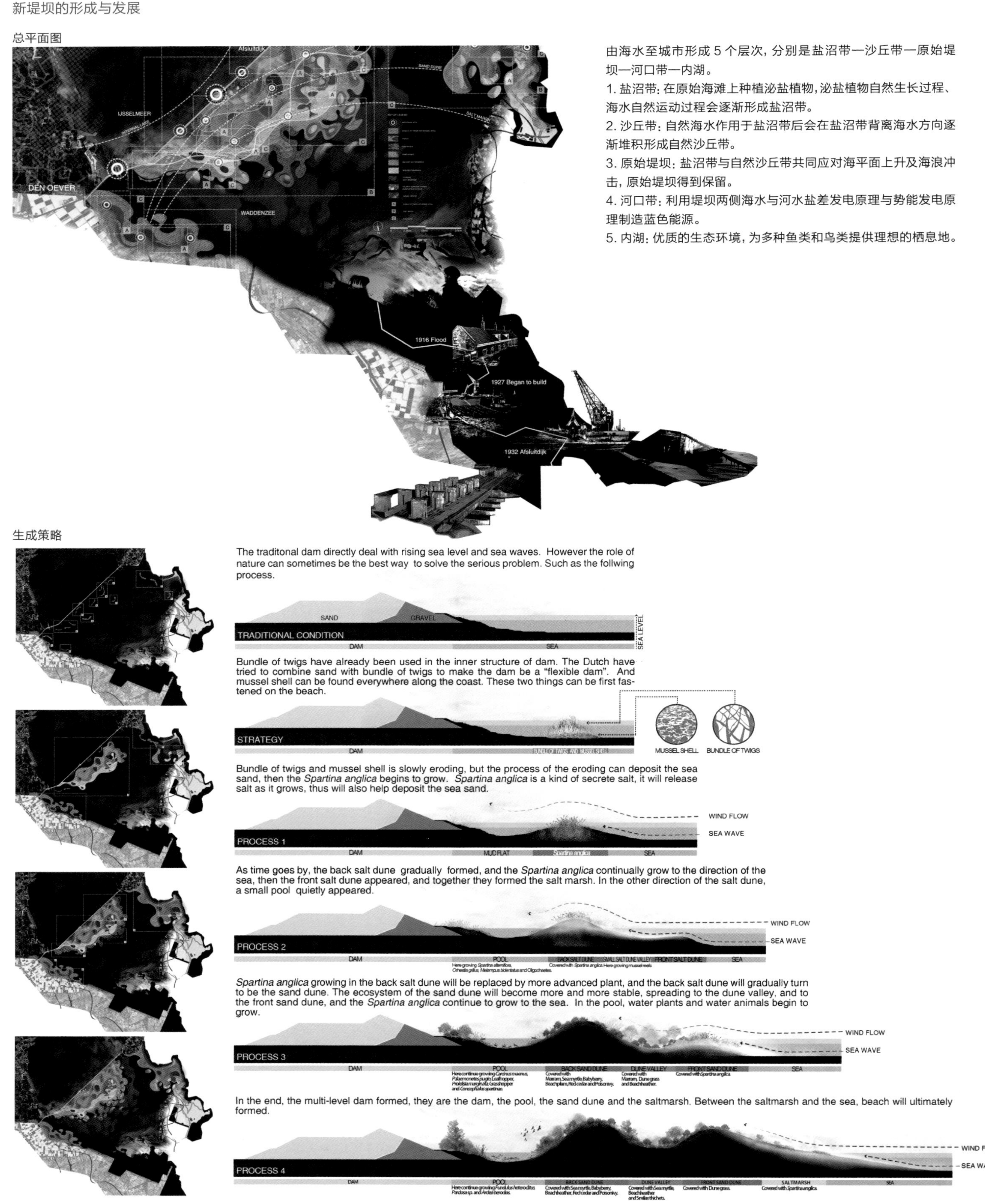
Afsluitdijk
SAND DUNE
SALT MARSH
IJSSELMEER
DEN OEVER
WADDENZEE
1916 Flood
1927 Began to build
1932 Afsluitdijk
生成策略
The traditonal dam directly deal with rising sea level and sea waves. However the role of nature can sometimes be the best way to solve the serious problem. Such as the follwing process.
SAND
GRAVEL
TRADITIONAL CONDITION
DAM
SEA
SEA LEVEL
Bundle of twigs have already been used in the inner structure of dam. The Dutch have tried to combine sand with bundle of twigs to make the dam be a "flexible dam". And mussel shell can be found everywhere along the coast. These two things can be first fastened on the beach.
STRATEGY
DAM
MUSSEL SHELL
BUNDLE OF TWIGS
Bundle of twigs and mussel shell is slowly eroding, but the process of the eroding can deposit the sea sand, then the Spartina anglica begins to grow. Spartina anglica is a kind of secrete salt, it will release salt as it grows, thus will also help deposit the sea sand.
WIND FLOW
SEA WAVE
PROCESS 1
DAM
MUD FLAT
Spartina anglica
SEA
As time goes by, the back salt dune gradually formed, and the Spartina anglica continually grow to the direction of the sea, then the front salt dune appeared, and together they formed the salt marsh. In the other direction of the salt dune, a small pool quietly appeared.
WIND FLOW
SEA WAVE
PROCESS 2
DAM
POOL
BACK SALT DUNE
SMALL SALT DUNE VALLEY
FRONT SALT DUNE
SEA
Spartina anglica growing in the back salt dune will be replaced by more advanced plant, and the back salt dune will gradually turn to be the sand dune. The ecosystem of the sand dune will become more and more stable, spreading to the dune valley, and to the front sand dune, and the Spartina anglica continue to grow to the sea. In the pool, water plants and water animals begin to grow.
WIND FLOW
SEA WAVE
PROCESS 3
DAM
POOL
BACK SAND DUNE
DUNE VALLEY
FRONT SAND DUNE
SEA
In the end, the multi-level dam formed, they are the dam, the pool, the sand dune and the saltmarsh. Between the saltmarsh and the sea, beach will ultimately formed.
WIND FLOW
SEA WAVE
PROCESS 4
DAM
POOL
BACK SAND DUNE
DUNE VALLEY
FRONT SAND DUNE
SALTMARSH
SEA

由海水至城市形成5个层次，分别是盐沼带—沙丘带—原始堤坝—河口带—内湖。

1. 盐沼带：在原始海滩上种植泌盐植物，泌盐植物自然生长过程、海水自然运动过程会逐渐形成盐沼带。

2. 沙丘带：自然海水作用于盐沼带后会在盐沼带背离海水方向逐渐堆积形成自然沙丘带。

3. 原始堤坝：盐沼带与自然沙丘带共同应对海平面上升及海浪冲击，原始堤坝得到保留。

4. 河口带：利用堤坝两侧海水与河水盐差发电原理与势能发电原理制造蓝色能源。

5. 内湖：优质的生态环境，为多种鱼类和鸟类提供理想的栖息地。

历史文化类场地设计

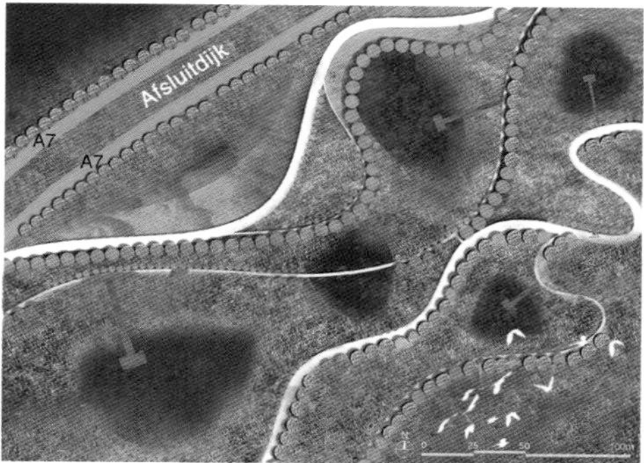

生态保护类场地设计

经济生产类场地设计

历史文化类场地剖面

生态保护类场地剖面

经济生产类场地剖面

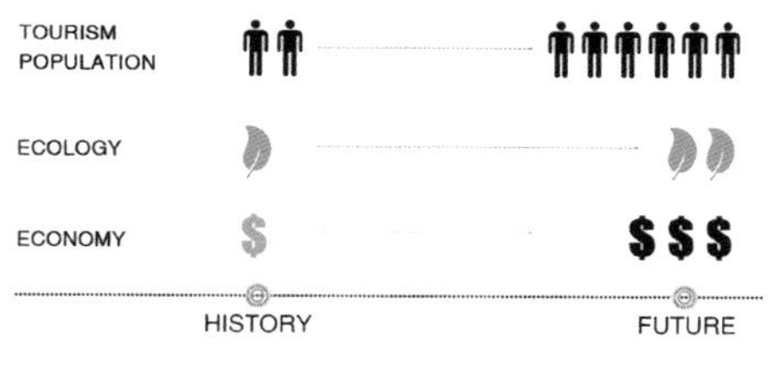

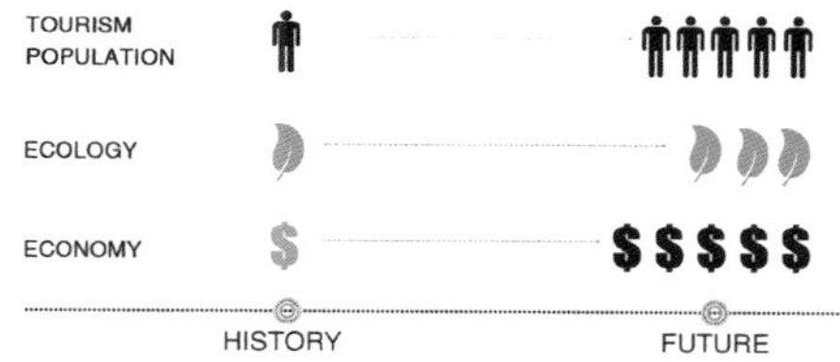

历史文化类场地效果图

保留堤坝上现存历史文化类景观，在纪念碑、构筑物周边设计广场及休闲空间，不仅有助于保留大坝的历史记忆和场所精神，而且通过聚集人气、吸引游客，拉动当地经济发展。

生态保护类场地效果图

树枝和蚌壳能够使海沙沉积，促进植物生长，植物的自然演替促进大坝和盐沼的形成，为动植物营造理想的栖息地，保证生物多样性，构建稳定的生态系统，为人类创造亲近自然的机会。

经济生产类场地效果图

建设盐差发电站生产蓝色能源，不仅可用于生产，也可用于旅游观光，鱼塘养殖可以开展钓鱼等娱乐活动，增加当地居民收入。蚌壳不仅能保护海岸线、增加生物多样性，而且还能为人们提供美味的食物，实现经济的可持续发展。

新堤坝的动态演变

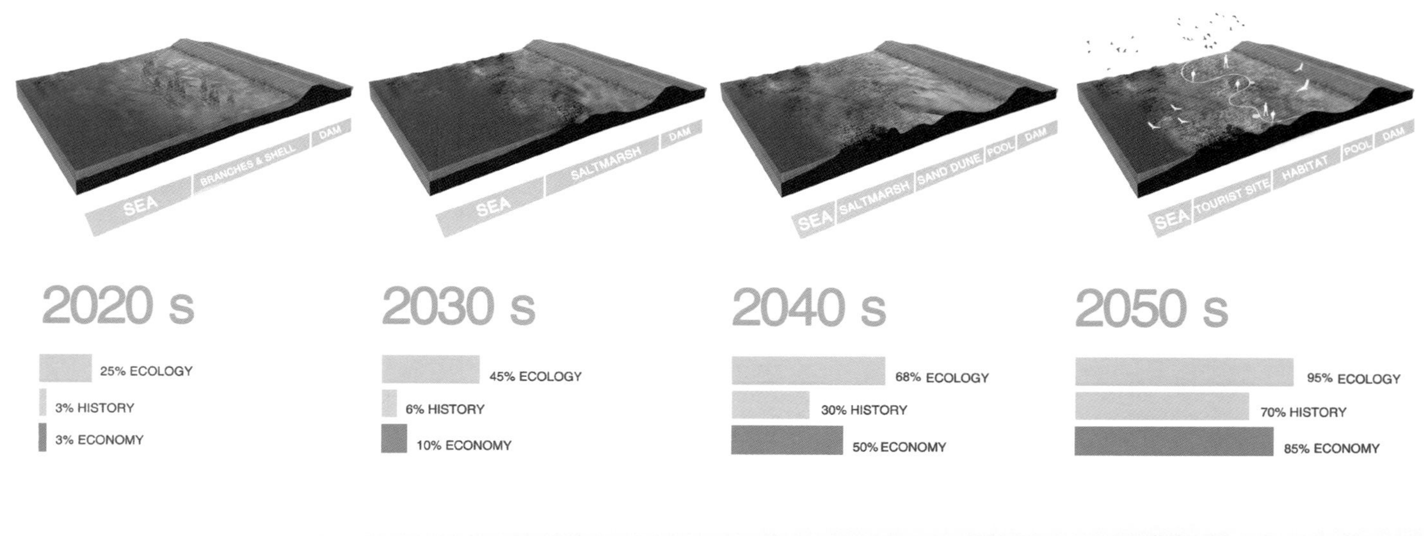

SEA
BRANCHES & SHELL
DAM
SEA
SALTMARSH
DAM
SEA
SALTMARSH
SAND DUNE
POOL
DAM
SEA
TOURIST SITE
HABITAT
POOL
DAM
2020 s
25% ECOLOGY
3% HISTORY
3% ECONOMY
2030 s
45% ECOLOGY
6% HISTORY
10% ECONOMY
2040 s
68% ECOLOGY
30% HISTORY
50% ECONOMY
2050 s
95% ECOLOGY
70% HISTORY
85% ECONOMY

B
SALTMARSH
plant
animal
tour
sport
A
HISTORICAL LANDSCAPE
monument
tour
education
sport
E
ROAD
sport
SEA
SHALLOW SEA
SALTMARSH

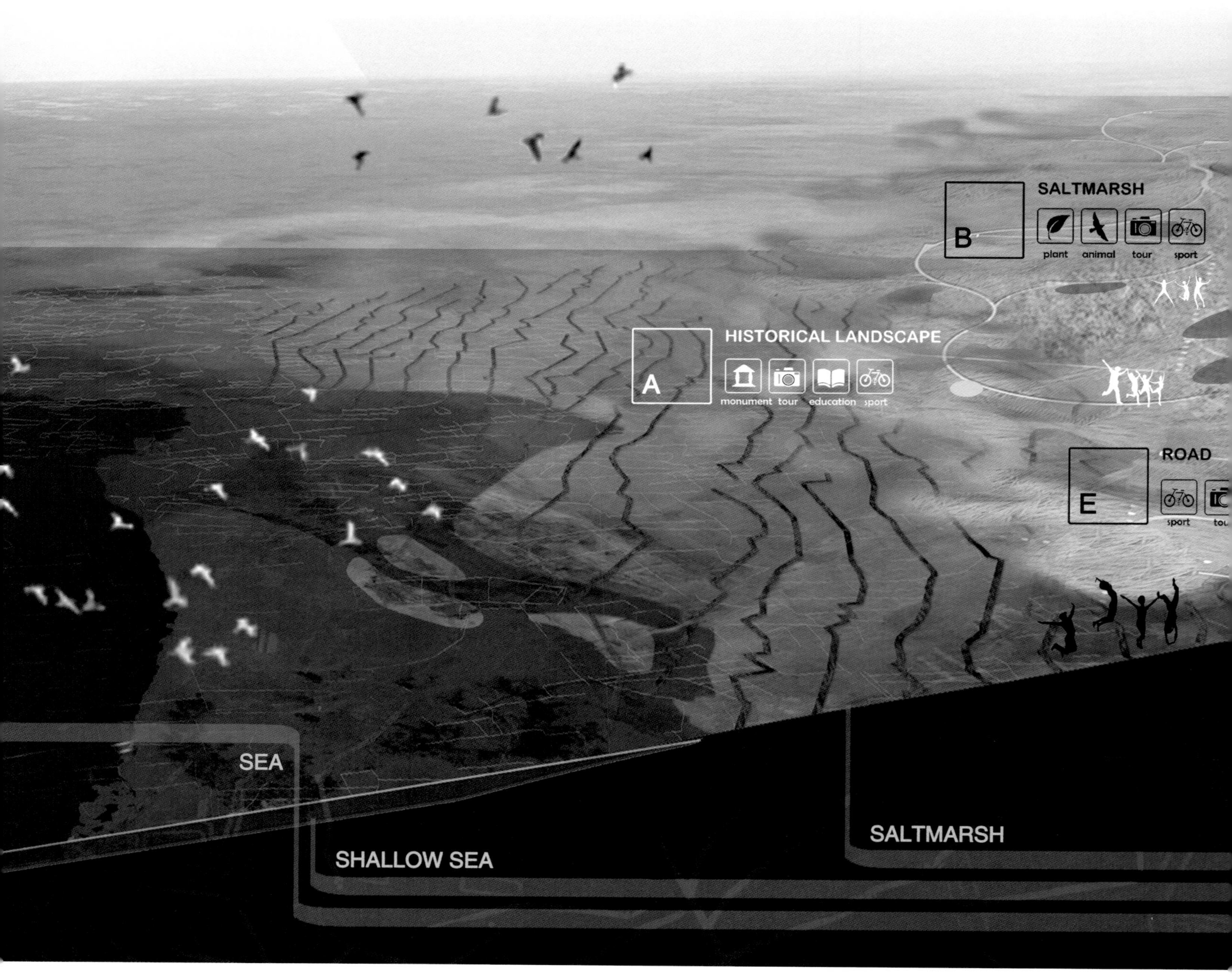

未来的 1~5 年，“新堤坝”已基本建立，不仅具备保障人居安全、保留堤坝历史的能力，同时对于海域、植物、动物生态环境的恢复与可持续发展具有积极意义。
未来的 5~20 年，“新堤坝”自然生长，功能与设施将不断完善。盐沼带已经可以承受骑马、乘马车、步行的交通方式以及游泳、野餐、构筑沙堡、钓鱼等娱乐活动，旅游业的引进将刺激区域经济与社会效益。
未来的 20~50 年，“新堤坝”的规模与影响力将逐步发展壮大。结合蓝色能源的实践与发展，可对外开展荷兰的水利工程历史、气候变化、能源以及当地的生态环境方面的教育和宣传。

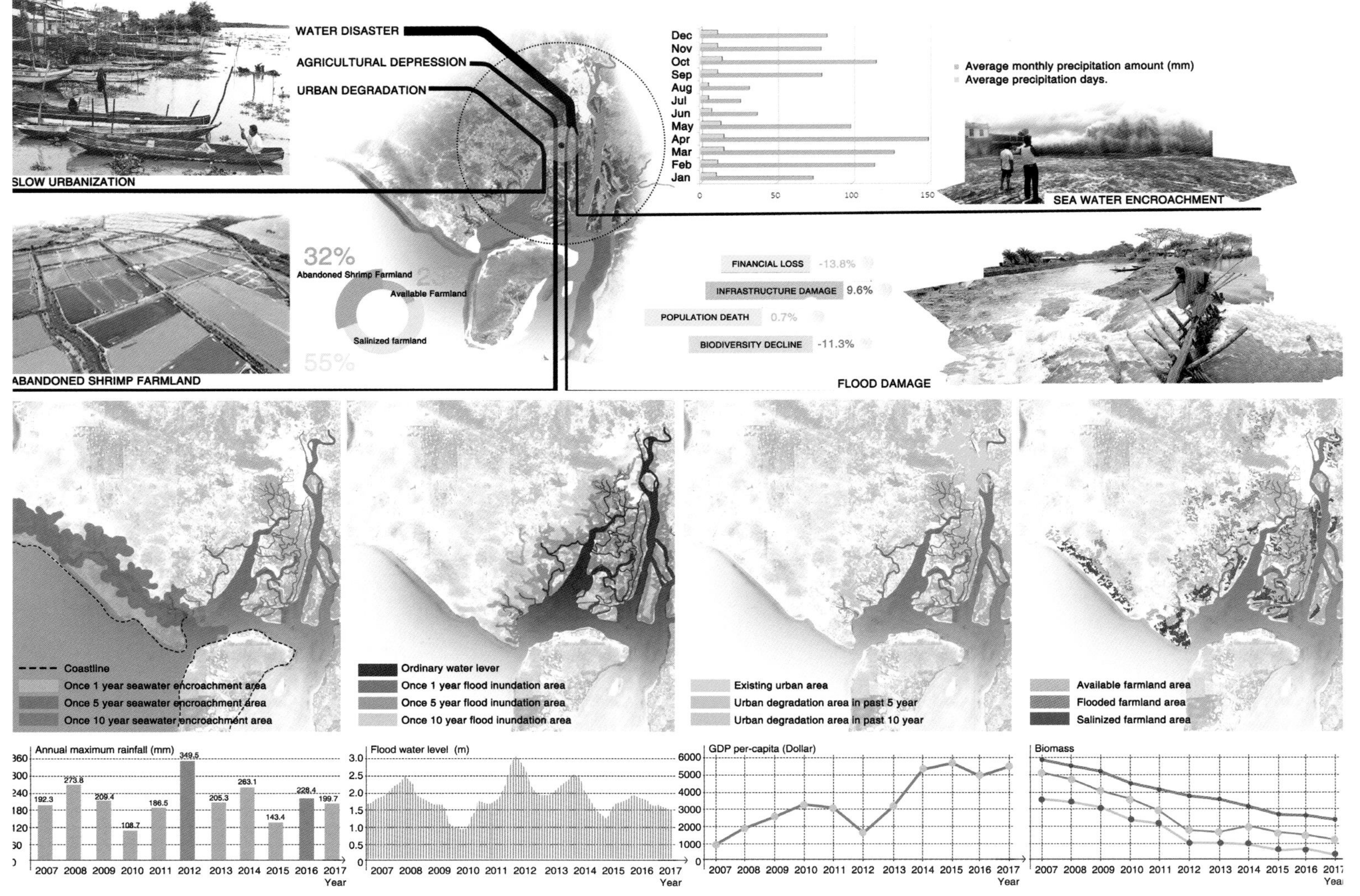

三等奖

Blue Barrier
蓝色屏障

作　　者：葛韵宇，李婉仪，邵　明，叶可陌，王宇泓

指导教师：李　雄

获奖名称：2018 年国际风景园林师联合会大学生设计竞赛三等奖

瓜亚基尔市位于南美洲厄瓜多尔，濒临太平洋瓜亚基尔湾，被称为“太平洋的滨海明珠”。近年来，瓜亚基尔饱受海平面上升引发的海水倒灌和盐碱化和季节性洪水泛滥所带来的困扰。土地盐碱化导致了大量农田被废弃；严重的洪水造成了严重的经济损失，滨海明珠逐渐暗淡。

本设计尊重自然的力量，建立了一个良好的自然循环系统，在解决城市问题的同时，提供了城市发展的可能——径流带来的上游泥沙在废弃田地沉积，形成次生林带和原生湿地，提供了城市扩张的空间余地；经过引导的海水在限定的洼地内汇集蒸发，增加土壤和水体的盐碱度，为白虾养殖业提供了天然良好的环境，以求促进瓜亚基尔经济的转型。

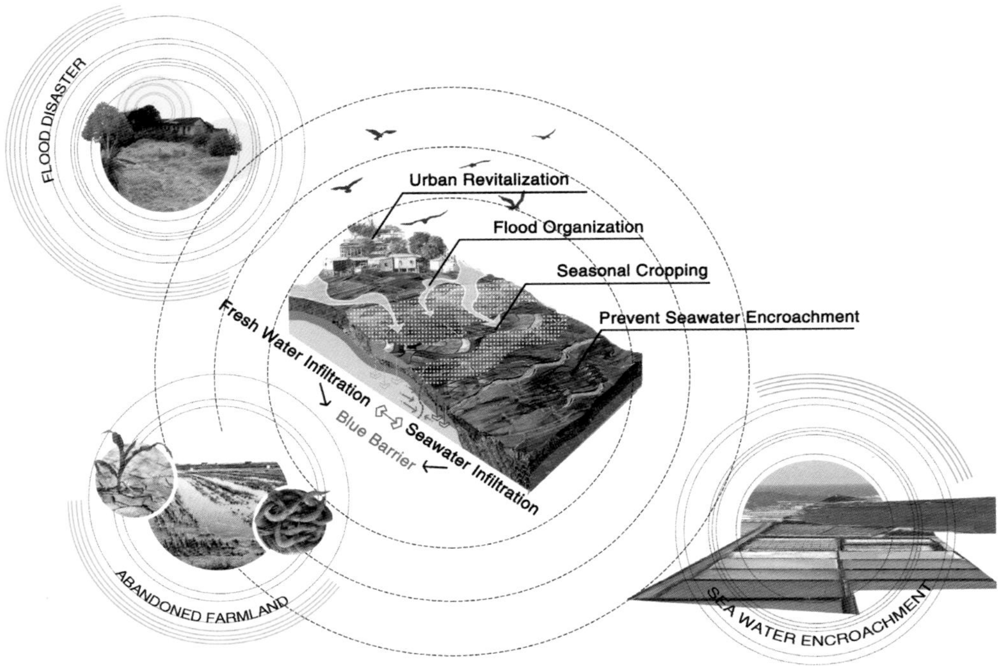

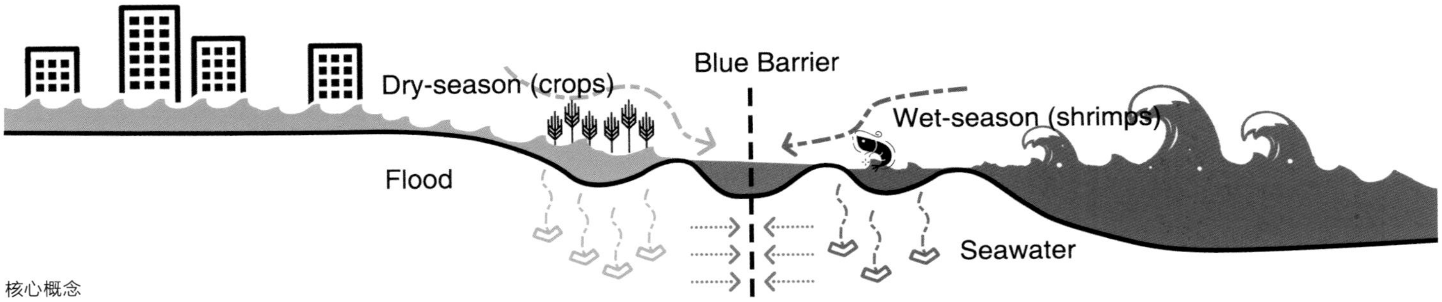

FLOOD DISASTER
Urban Revitalization
Flood Organization
Seasonal Cropping
Prevent Seawater Encroachment
Fresh Water Infiltration
Blue Barrier
Seawater Infiltration
ABANDONED FARMLAND
SEA WATER ENCROACHMENT

Blue Barrier
Dry-season (crops)
Wet-season (shrimps)
Flood
Seawater

核心概念

设计尊重自然的力量，建立了一个良好的自然循环系统——在现状因盐碱化严重而废弃的瓜亚基尔耕田基础上进行地形整理，形成若干层级的洼地，通过将城市雨洪引入废弃田地形成的洼地区域，对洪水径流进行存蓄利用的同时，利用瓜亚基尔高渗透性土壤特性，促使淡水径流在限定的洼地范围内下渗，以形成渗透阻咸缓冲区，利用淡水海水间的浓度差，有效地将海水入侵区域向内海侧推移，同时缓解海水入侵和城市雨洪两个问题。

ISSUES
STRATEGIES
SIGNIFICANCE
FLOOD
SEAWATER
URBAN
runoff organization
water restorage
resist seawater
salt resistance
farmed shrimp
resist flood
seasonal cropping
dry season
wet season
abadoned farmland reuse
ECONOMY
ECOLOGY
SOCIETY
tourism
agriculture
fishery
Bio-diversity
population quantity
habitat
safety
urbanization
PEOPLE

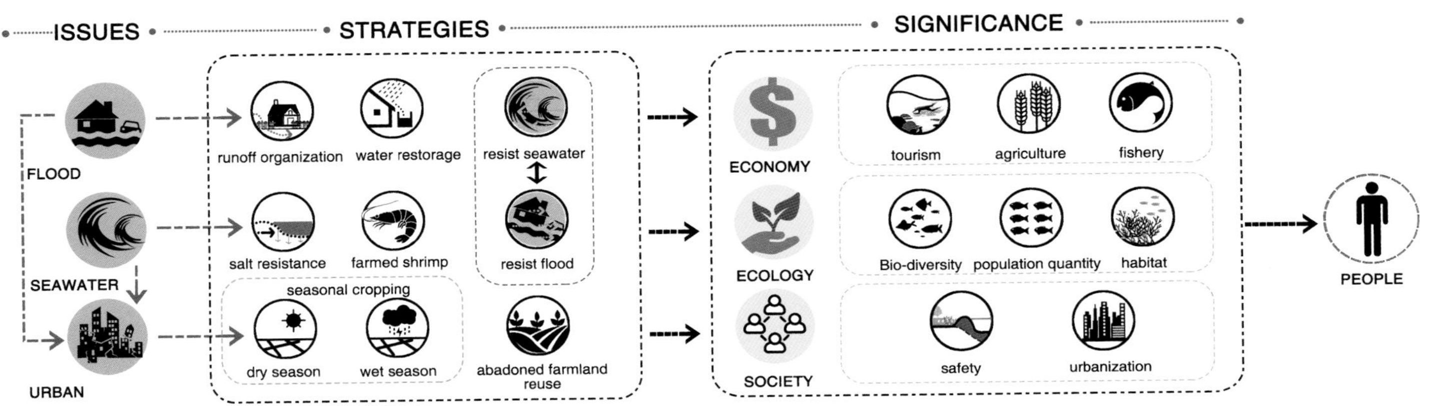

技术路线

良性自然循环系统的构建，可以缓解海水入侵和城市雨洪的问题，并产生三方面效益。经济上，能够带动旅游业、发展农业和渔牧业；生态上，能够丰富生活多样性，增加生物的数量和质量，同时也能为各类生物提供高质量的栖息地；社会上，利用废弃的农田用地重新建造，为居民提供安全的、城市化的居所。

设计演替阶段

STEP1：雨洪径流引导

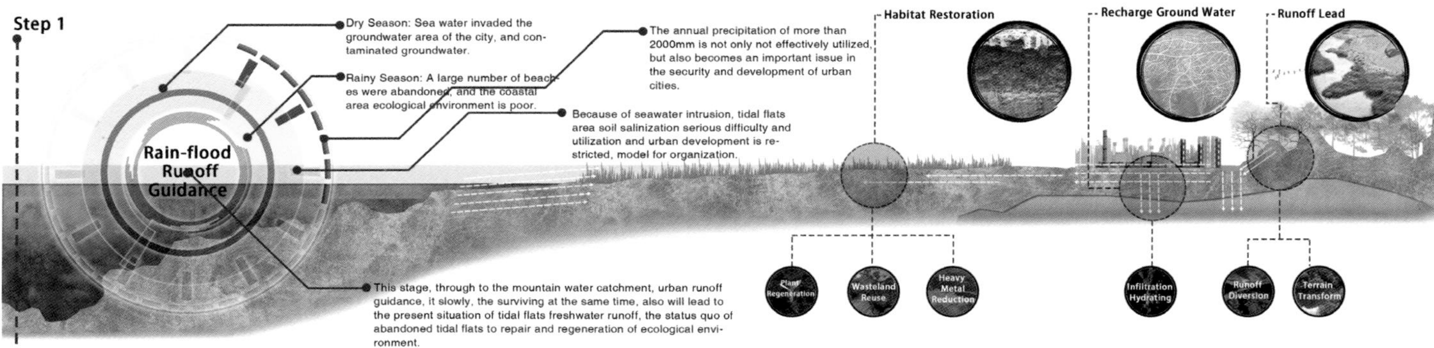

Step 1
Rain-flood Runoff Guidance
Dry Season: Sea water invaded the groundwater area of the city, and contaminated groundwater.
Rainy Season: A large number of beaches were abandoned, and the coastal area ecological environment is poor.
The annual precipitation of more than 2000mm is not only not effectively utilized, but also becomes an important issue in the security and development of urban cities.
Because of seawater intrusion, tidal flats area soil salinization serious difficulty and utilization and urban development is restricted, model for organization.
This stage, through to the mountain water catchment, urban runoff guidance, it slowly, the surviving at the same time, also will lead to the present situation of tidal flats freshwater runoff, the status quo of abandoned tidal flats to repair and regeneration of ecological environment.
Habitat Restoration
Recharge Ground Water
Runoff Lead
Plant Regeneration
Wasteland Reuse
Heavy Metal Reduction
Infiltration Hydrating
Runoff Diversion
Terrain Transform

STEP2：形成阻咸屏障

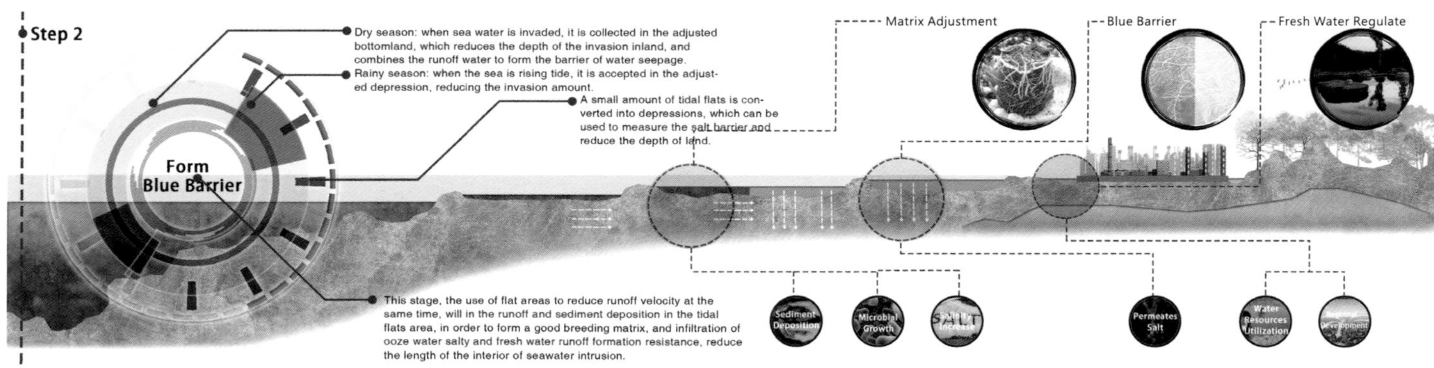

Step 2
Form Blue Barrier
Dry season: when sea water is invaded, it is collected in the adjusted bottomland, which reduces the depth of the invasion inland, and combines the runoff water to form the barrier of water seepage.
Rainy season: when the sea is rising tide, it is accepted in the adjusted depression, reducing the invasion amount.
A small amount of tidal flats is converted into depressions, which can be used to measure the salt barrier and reduce the depth of land.
This stage, the use of flat areas to reduce runoff velocity at the same time, will in the runoff and sediment deposition in the tidal flats area, in order to form a good breeding matrix, and infiltration of ooze water salty and fresh water runoff formation resistance, reduce the length of the interior of seawater intrusion.
Matrix Adjustment
Blue Barrier
Fresh Water Regulate
Sediment Deposition
Microbial Growth
Permeates Salt
Water Resources Utilization

STEP3：区域生态调整

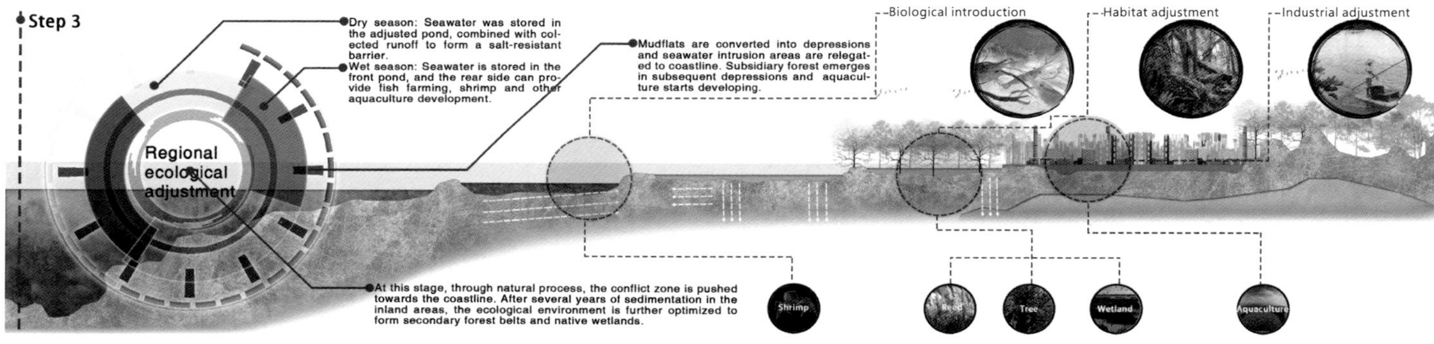

Step 3
Regional ecological adjustment
Dry season: Seawater was stored in the adjusted pond, combined with colected runoff to form a salt-resistant barrier.
Wet season: Seawater is stored in the front pond, and the rear side can provide fish farming, shrimp and other aquaculture development.
Mudflats are converted into depressions and seawater intrusion areas are relegated to coastline. Subsidiary forest emerges in subsequent depressions and aquaculture starts developing.
At this stage, through natural process, the conflict zone is pushed towards the coastline. After several years of sedimentation in the inland areas, the ecological environment is further optimized to form secondary forest belts and native wetlands.
Biological introduction
Habitat adjustment
Industrial adjustment
Shrimp
Reed
Tree
Wetland
Aquaculture

STEP4：城市发展推进

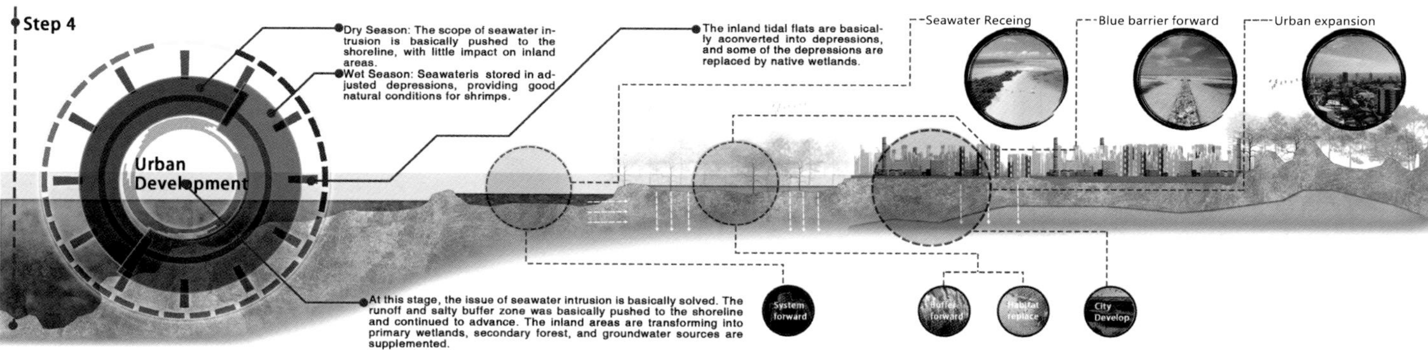

Step 4
Urban Development
Dry Season: The scope of seawater intrusion is basically pushed to the shoreline, with little impact on inland areas.
Wet Season: Seawateris stored in adjusted depressions, providing good natural conditions for shrimps.
The inland tidal flats are basically aconverted into depressions, and some of the depressions are replaced by native wetlands.
At this stage, the issue of seawater intrusion is basically solved. The runoff and salty buffer zone was basically pushed to the shoreline and continued to advance. The inland areas are transforming into primary wetlands, secondary forest, and groundwater sources are supplemented.
Seawater Receing
Blue barrier forward
Urban expansion
System forward
Buffer forward
Habitat replace
City Develop

第一阶段

场地现为山脉底部凹地，每年超过 2000mm 的降水带来了大量的山洪径流。同时，海水涨落增大了大面积滩涂的开发难度，海水入侵使滩涂区土壤盐碱化严重且利用困难。具体表现为，旱季的 7~11 月，海水发生大面积入侵城市地下水区域，侵占污染地下水资源导致土地盐碱化现象严重。雨季的 12 月 ~ 次年 6 月，海平面涨落达到 5~10m，大量滩涂地处于荒废状态，近海生态环境恶劣。

Phase 1

第二阶段

将滩涂少量转化为洼地，入侵海水及积蓄径流在洼地内接触，内侧淡水洼地形成阻咸屏障，降低海水入侵的陆地纵深。

具体表现为，旱季的 7~11 月，海水入侵时被收纳于调整后的洼地，降低入侵内陆纵深，同时结合径流蓄水形成阻咸渗水屏障。在雨季的 12 月 ~ 次年 6 月，海平面涨落达到 5~10m，海水涨潮时被收纳于调整后的洼地，降低入侵水量。

Phase 2

第三阶段

滩涂大量被转化为洼地，海水入侵范围被退后至近海岸，后续洼地区域出现次生林带，出现养殖业发展区域。

具体表现为，旱季的 7~11 月，海水入侵时被收纳于调整后的洼地，结合径流蓄水形成阻咸渗水屏障，降低入侵内陆纵深。在雨季的 12 月 ~ 次年 6 月，海平面涨落达到 5~10m，海水涨潮时被收纳于前置洼地，后侧洼地提供养鱼、虾等养殖业发展可能。

Phase 3

第四阶段

内陆滩涂基本均已转化为洼地，部分洼地自然演替为原生湿地，城市在次生林和湿地区域得到扩张的环境基础。

具体表现为，旱季的 7~11 月，海水入侵范围基本推至岸线，对内陆基本无影响。在雨季的 12 月 ~ 次年 6 月，海水涨潮时被收纳于调整后的洼地，提供养虾业良好的自然条件。

Phase 4

总体设计

节点设计平面图

注：图例各行从左至右依次为现状农田，低渗透型盐水池，现状道路，径流方向，现状建成区，净水池，高渗透型盐水池，规划道路，阻咸洼地，渗透阻咸缓冲区。

效果图

鸟瞰图

第一阶段，在入海口上游通过基础竖向整理将径流进行引导，接入滩涂区域，利用径流自然力将滩涂区域进行清理净化，恢复基本生境条件。

第二阶段，通过对滩涂区地形的调整，形成可以将引导后的洪水径流在滩涂区域进行储存的空间，利用平缓地区降低径流流速的同时，将径流内泥沙在滩涂区域沉积，以形成良好的养殖基质，同时下渗的淡水径流形成阻咸渗水带，降低海水入侵内陆的纵深。

第三阶段，通过引导自然演替过程，将海水与淡水间冲突区域向海岸线方向推进，内陆地区经过若干年泥沙沉积过程，生态环境进一步优化，形成养殖业发展区域和次生林带与原生湿地。

第四阶段，海水入侵倒灌问题基本得到解决，径流阻咸缓冲区基本推至岸线附近，随时间继续向海内推进，内陆区域基本已转化为原生湿地、次生林带、地下水源得到补充，同时城市发展得到扩张的余地空间，良好的自然循环系统得以形成。

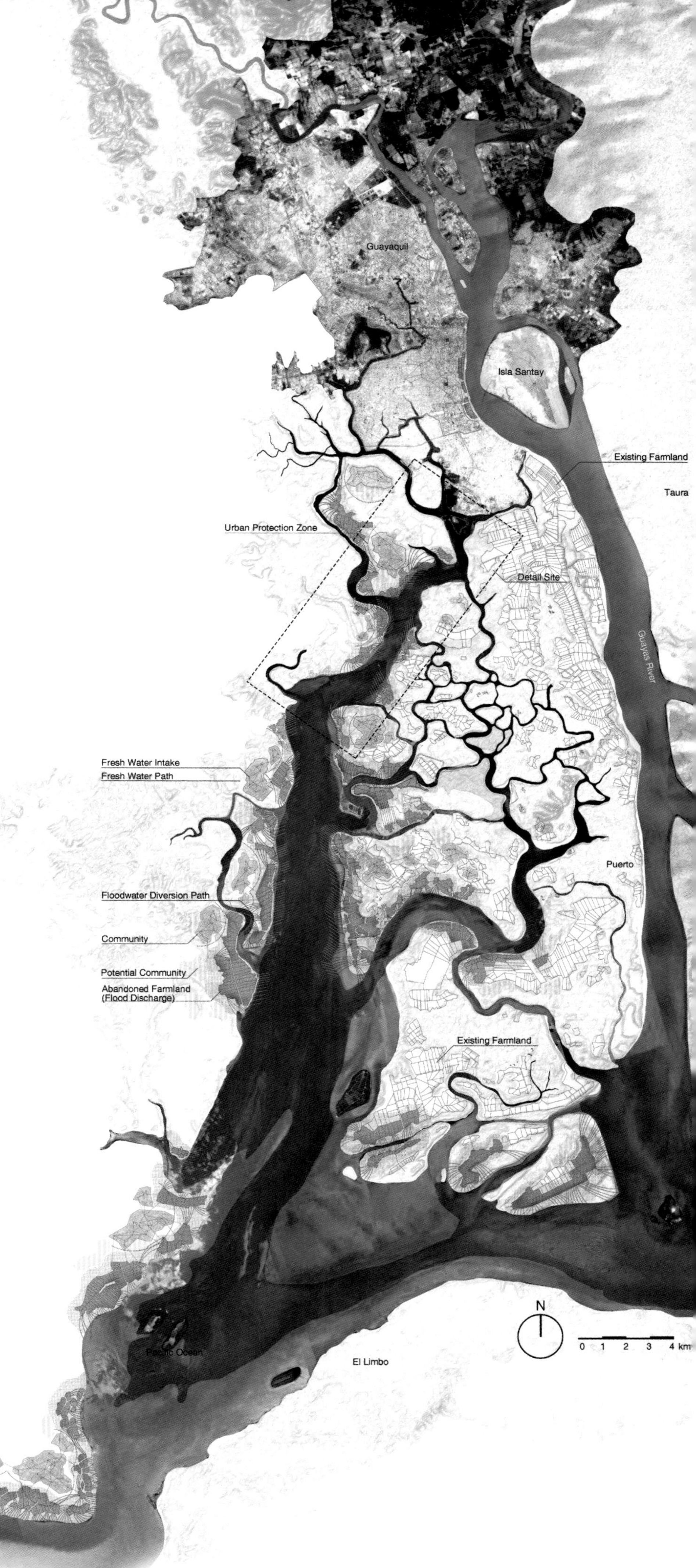

棉花循环利用系统示意图

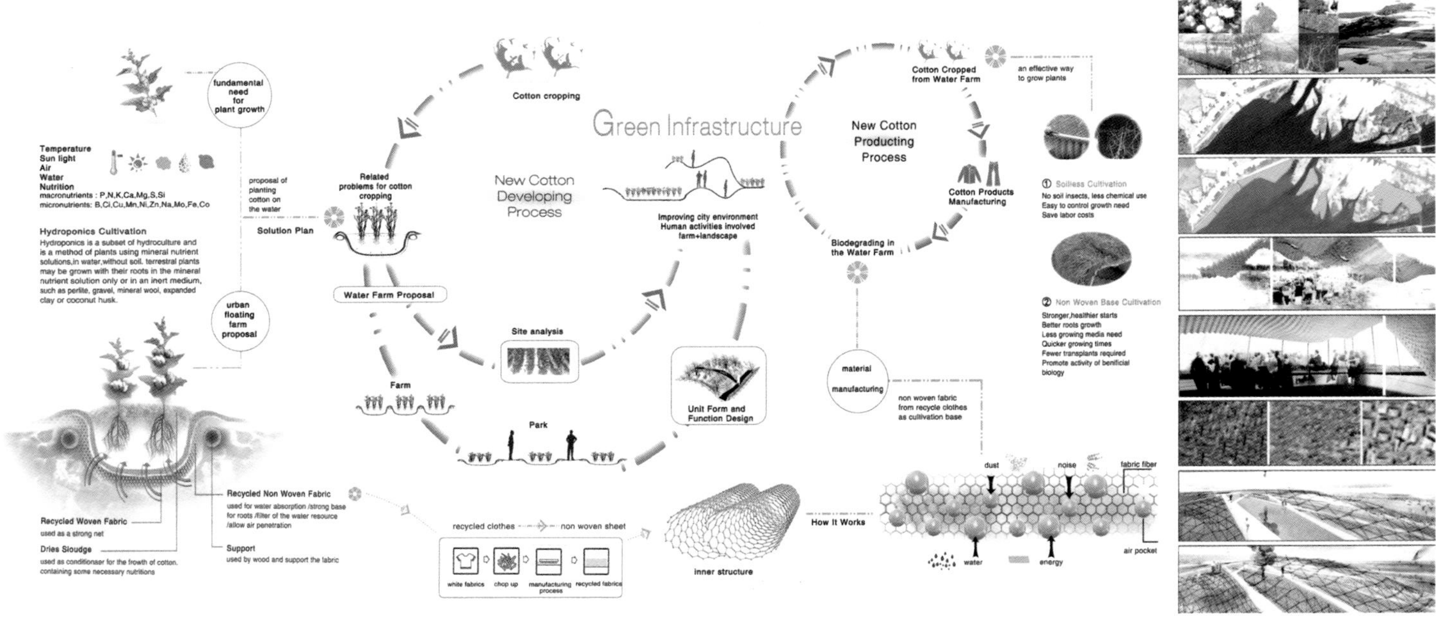

荣誉奖

COTTON BAY
——A Sustainable Landscape Approach of Optimizing the Cotton's Urban Flow
棉花湾——棉花在印度孟买城市景观建设中的可持续利用模式探索

作　　者：董雪霏，李骁逸，李婉仪

指导教师：刘志成，钱　云，李　雄

奖项名称：2014 年国际风景园林师联合会大学生设计竞赛荣誉奖

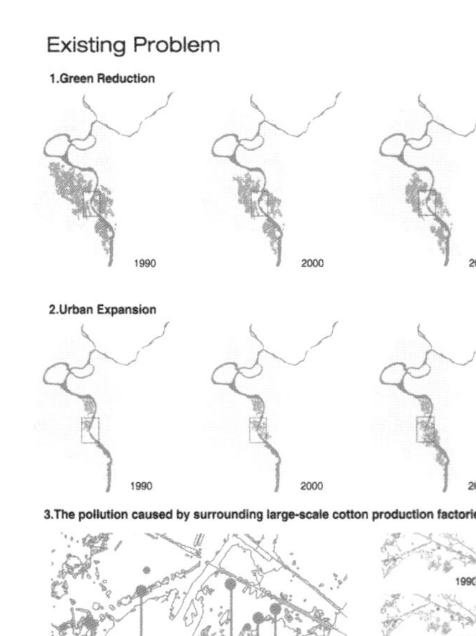

孟买是世界第二大棉花生产地及第一大棉花出口消费地，由于经济水平和硬件设施所限，导致棉花的生产及棉布制作产生了大量的问题：①灌溉中的水浪费，②栽培过程中的水污染，③棉布生产过程中的水污染，④棉布利用终期随意丢弃以及没有注意再利用。

设计以素有棉花港之称的孟买作为研究对象。作为世界上人口最多的城市之一，孟买目前的环境限制主要在于严重的人口压力和有限的资源之间的不平衡。另外，资源的可持续利用效率低、基础设施薄弱也是影响当地生态、经济、人文恢复的主要制约因素。作品以设计出一个城市中以棉布的再利用为主导的，节约能源的，结合经济、农业、政治等相关社会问题的，材料循环的，有意思的建筑空间为最终解决方案。通过景观设计的手段，构建了棉花的可持续利用新模式，借此缓解城市发展的危机。

设计目标及策略

研究表明，棉衣废料可以转化成无纺布，作为棉花的种植原料运用于种植田的培养基中。设计将棉花种植田转移到了城市边界的水面上，既解决了灌溉过程中的水浪费问题，又能更好地利用棉质材料辅助种植，实现了资源的循环利用。以种植田为单元，结合人们的活动需求，塑造出多样的景观空间，将农场转型成为一个水上生态公园。而将“以棉布生棉花”的种植模式加以推广，结合当地的经济、能源、农业等各种社会问题，普及至孟买甚至其他适合的印度地区，最大程度改善城市发展中出现的棉布消费过度的境况，进而构建全民的棉花生态循环链条。

整体规划设计思路

广泛采用“生产—科普—能源回收”相结合的方式，赋予棉花种植产业更多层次的利用方式。

利用滨水的肥沃土壤以及水上种植池，形成具有综合效应的可循环棉花种植基地。其中，邻近城市的主要空间用于棉花的景观化种植，形成观光体验农业片区，重在展示棉花的可观赏性同时兼顾棉花生产；地形多样、空间丰富的东北部主要用于棉花新品种的研发，种植空间的变化利于各类棉花品种的实验种植；棉花循环利用模式展示区和城市 DIY 棉花农场主要借助棉花纤维的回收形成可循环种植基质，为更多作物的种植提供空间；棉花产业的科普展示区域旨在深化孟买市民对于城市的支柱产业——棉花产业的认识与了解。

多种类型的活动空间剖面图

规划总平面图

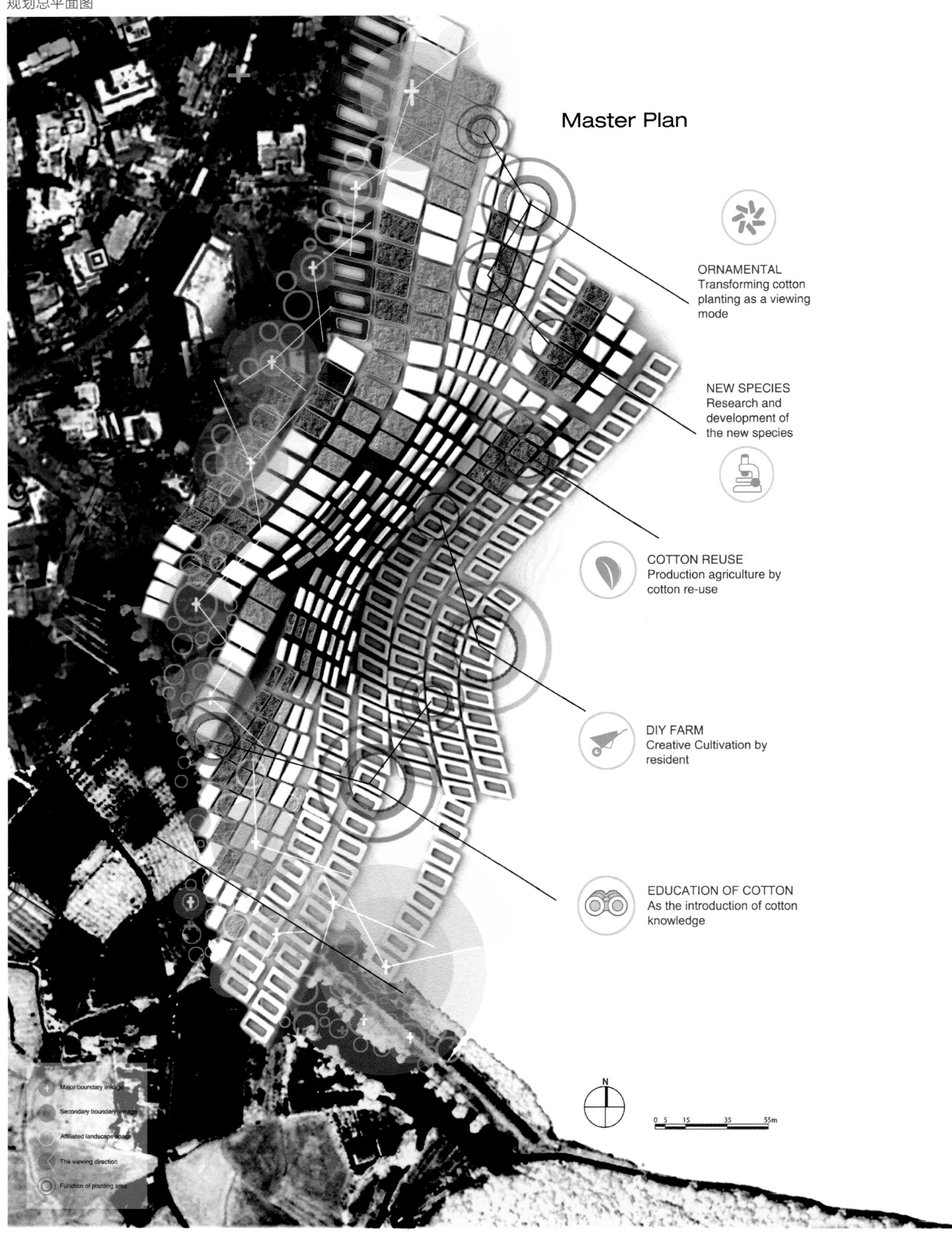
Master Plan
ORNAMENTAL
Transforming cotton planting as a viewing mode
NEW SPECIES
Research and development of the new species
COTTON REUSE
Production agriculture by cotton re-use
DIY FARM
Creative Cultivation by resident
EDUCATION OF COTTON
As the introduction of cotton knowledge
Major boundary linkage
Secondary boundary linkage
Affiliated landscape space
The viewing direction
Function of planting area
N
0 5 15 35 55m

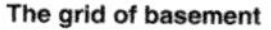

The grid of basement

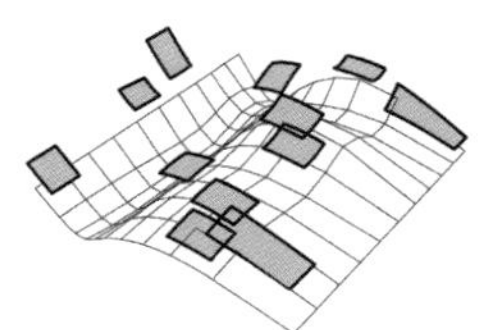

The basement will be divided into different size of cubes, then each cube defines its function according to their places in the grid. And use cotton soil to create a suitable form for activities.

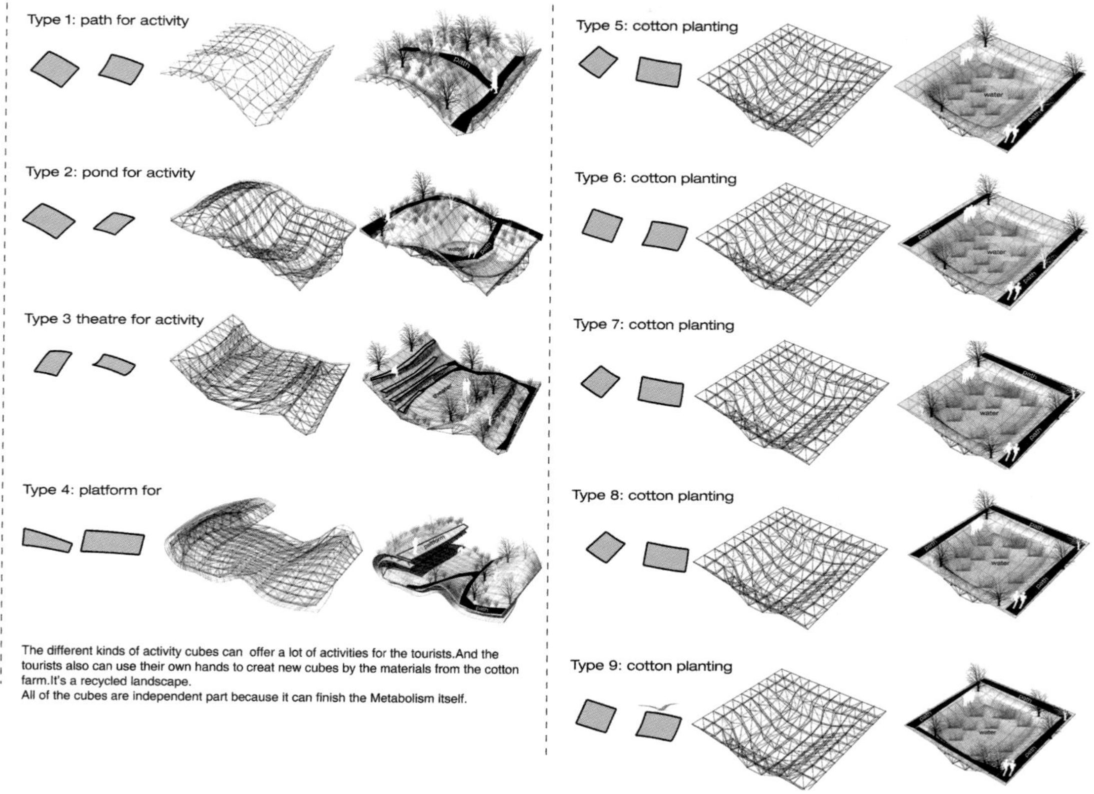

棉花生态生产原理

“以棉布生棉花”的生态生产原理包括两部分：一是棉花的种植原理；二是棉花的生产利用原理。

种植方面，通过水培漂浮育苗法，即不使用土壤，而是用含有营养物质的培养基作为植物生长基础，创造水上棉花农场。农场的棉花培养基主要由 4 种材料构成：被回收处理后得到的无纺布纤维作为最重要的材料，起到了水源吸收与过滤、根系支撑和允许空气渗透的作用；回收得到的纺布形成网状的支撑槽，使培养基中有足够的空间保证根系生长；干泥用作棉花的生长容器，其中含有所需的营养元素；培养槽的两端分别用木棍作为漂浮的支撑。在此基础上以种植田为单位，模拟出不同形态的结构，形成功能多样的景观分区，将人的活动与农场相结合，最终设计为一个综合的水上生态公园。

生产利用方面，通过水上农场得到的棉花可作为棉衣的生产材料进行加工利用，而废弃的棉衣可通过搅碎、分解、生物降解等工序得到无纺布。无纺布主要由网状的纤维结构和球状的气囊构成，不同大小的气囊颗粒可吸收噪声、能量、灰尘及水源，而网状纤维结构负责储存，作为下一轮棉花生长的重要原料来源。至此形成了整个棉花生长的循环链条，实现了废弃棉衣的再利用。

Bird Eye View
Phased Implementation
2014
2017
2020
After
The different kinds of planting cubes include all kinds of patterns of the path ,range f to four.So,the planting cube can make up different routes for tourists visiting this pla learen the knowledge of the cotton.

COAST OF HOPE
——Construct a Multifunction Self-Recovery Coast in Banda Aceh, Indonesia
希望的海岸——在印度尼西亚班达亚齐构建多功能的自我修复海岸

作　　者：吴　然，张　威，牛　琳，白　净，胡　楠
指导教师：李　雄，刘晓明
奖项名称：2013 年国际风景园林师联合会大学生设计竞赛荣誉奖

海啸是人类历史上最具毁灭性的灾难之一，它曾经吞噬了大面积的土地，摧毁了无数的房屋建筑，夺去了数百万人的生命，面对海啸，人类茫然。

印度尼西亚位于亚洲东南部，地跨赤道，其 70% 以上领地位于南半球，是亚洲唯一一个南半球国家，有着典型的热带雨林气候。印度尼西亚由太平洋和印度洋之间 17508 个大小岛屿组成，处在环太平洋地震带中，是一个多地震的国家，海岸线 35000km。

设计地块位于印尼班达亚齐的海岸，现状用地主要包括：水体、城市建筑、红树林、交通、农田鱼塘五类，并且分析了 2004 年灾前、灾后及现状对比，能够直观地看出其变化过程。

本次设计旨在印尼构建一个能够抵御海啸的多功能的自我恢复海岸，希望在灾难面前有所作为，同时也积极探讨风景园林设计在人类抗灾、防灾、灾后重建中应承担的责任和作用。

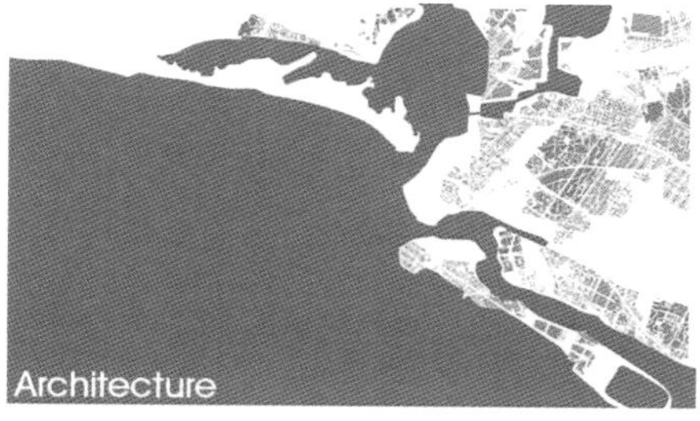

为解决居住问题，在由海洋到城市的方向上以安全距离建立“城市建筑—架空建筑—漂浮建筑”连体模式，既满足城市发展需求，也降低了海啸的影响。

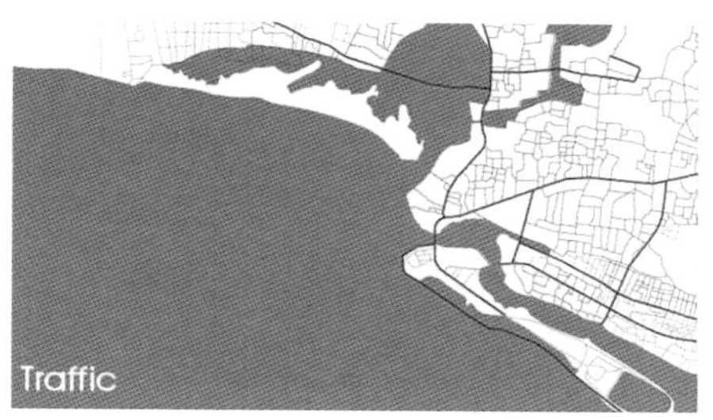

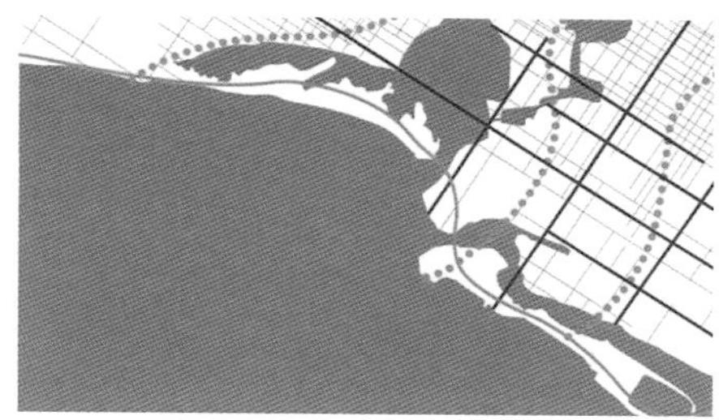

为解决城市交通问题，合理规划主干道及次干道，同时建立由海边通往城市内部的逃生通道。

为解决海啸预警，在沿海一带设立警报装置与水袋墙搭配，既可以第一时间提醒游客做好逃生准备，又可以在海啸来临时及时对其进行防护。

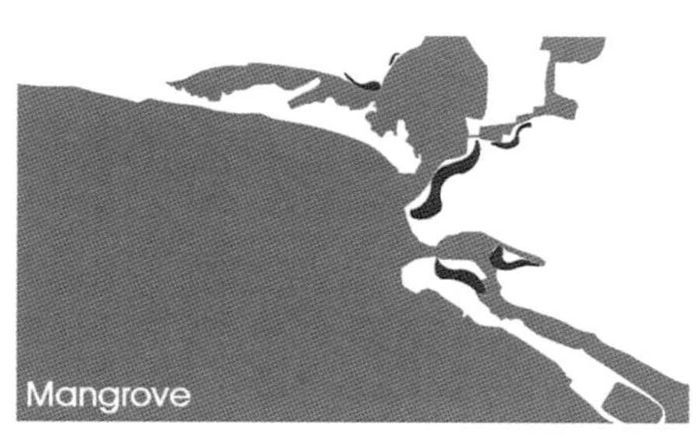

为解决防护问题，在沿海一带大面积种植红树林，利用它盘根错节的发达根系和茂密高大的强健枝体来有效地滞留陆地来沙，抵御风浪袭击，减少近岸海域的含沙量，为城市良性发展提供保障。

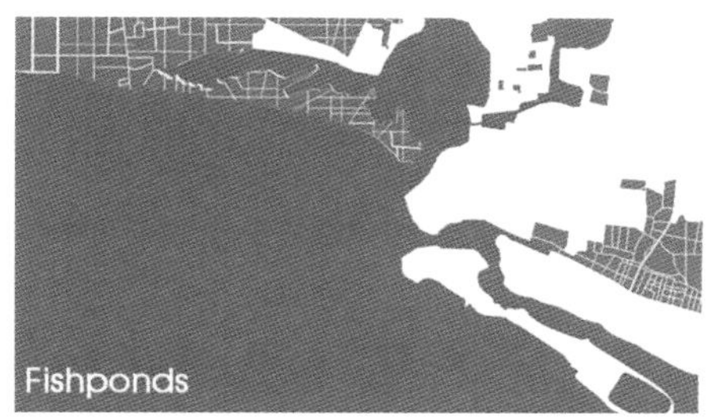

为解决经济问题，结合红树林与交通体系建立一条农田、鱼塘带，以便推动渔业发展，增强城市经济能力。

动态分析

建设动态分析

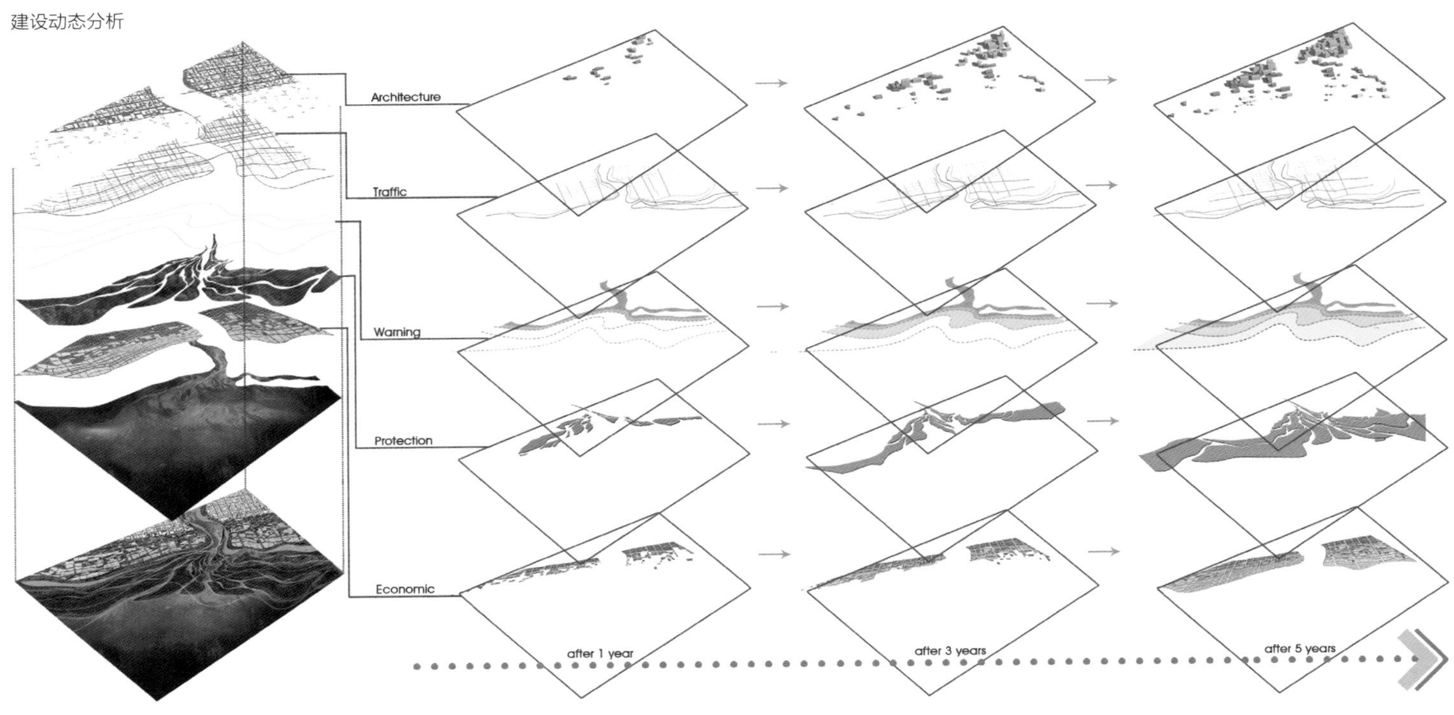

防御建设

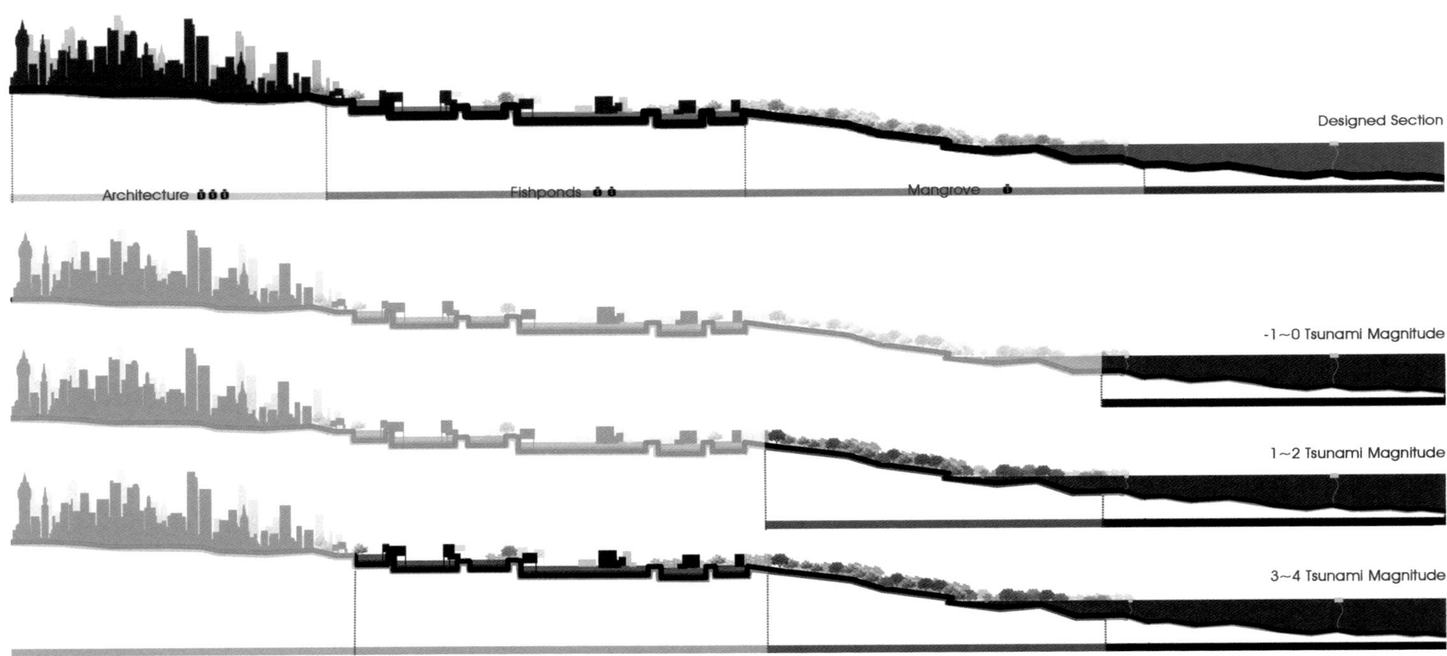

建筑层面：在灾后第一年以发展沿海一带的架空建筑为主，辅助发展城市建筑，可基本满足难民的生活需求，并有效预防海啸的二次袭击；在灾后第三年大量发展城市建筑，增加居住建筑，同时建立适量的漂浮建筑；在灾后的第五年，城市建筑基本完全恢复，架空建筑区域稳定，漂浮建筑适量增加。

交通层面：灾后一年重点恢复城市交通，建立基本的逃生通道。三年内将交通逐步向海岸农田、鱼塘带延伸，五年内延伸至红树林生长带。最终形成健全的道路体系以及完整的绿色逃生通道，建立一个广义的绿道体系。

预警层面：该阶段在靠近陆地处设立三条与水袋墙结合的艺术化预警带，不仅具有预警及防护功能，还形成优美的大地景观艺术。

防护层面：该阶段恢复红树林生长带。

经济层面：灾后一年少量建设农田，三年内在一定的防护体系保障下逐步建设农田和鱼塘，恢复经济，五年后形成完整的经济生产带，既发展城市经济，又能在海啸来临时提供一条缓冲带，以减少对城市建筑的破坏。

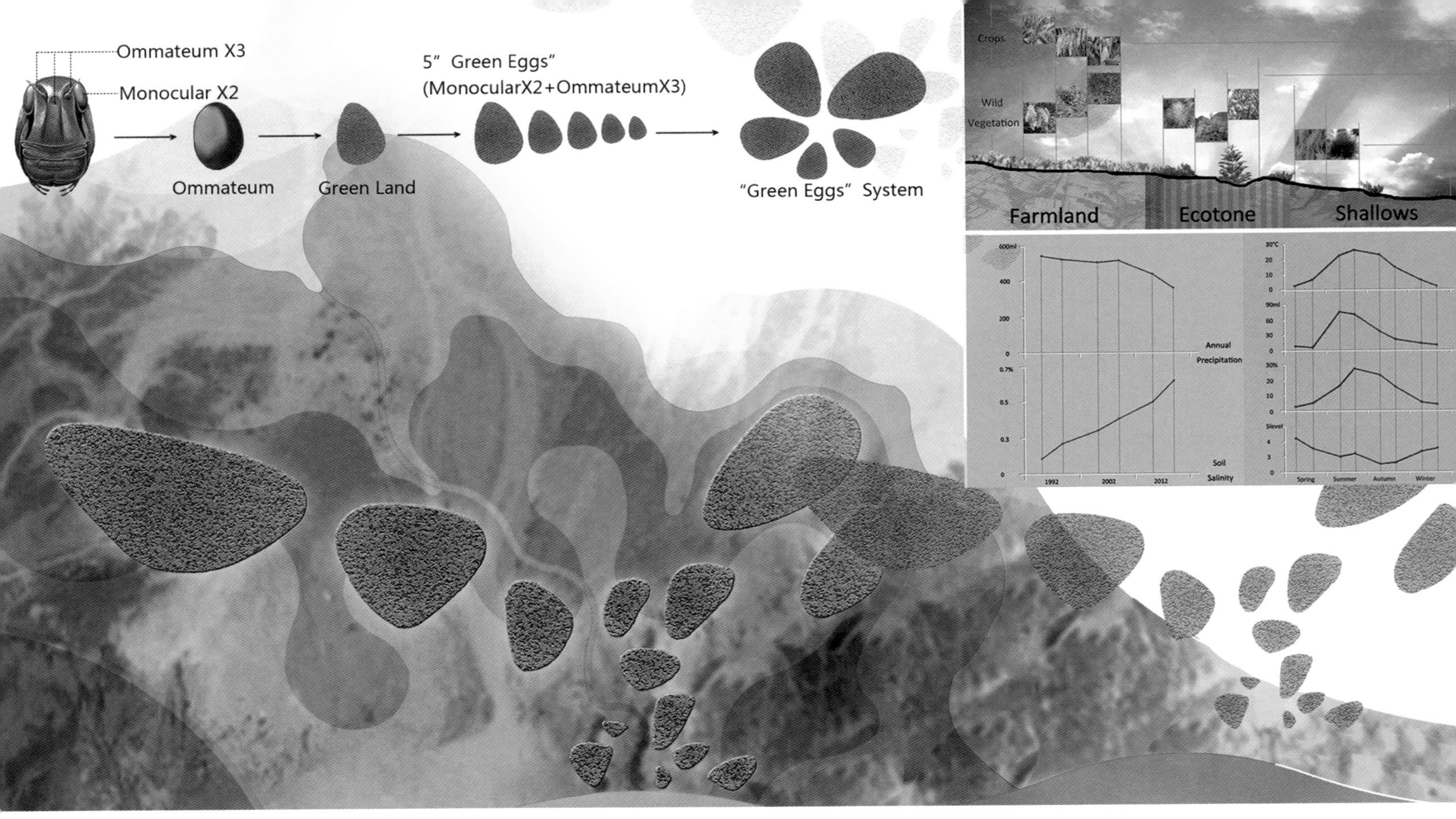

Expending "Green Eggs"
——The Shallows Transformation After the Locusts Plague
“绿蛋”——蝗灾后的滩涂地改造

作　　者：庞瑀锡，刘　淼，刘欣雅，田　芸，马盟雨
指导教师：李　雄
奖项名称：2013 年国际风景园林师联合会大学生设计竞赛荣誉奖

蝗灾是由蝗虫引起的一种危害最严重的爆发性生物灾害，从古至今长时间威胁着人类的发展。蝗灾爆发时，大量的蝗虫聚集、迁飞，啃食植物、稻田，所过之处一片荒芜。蝗灾严重破坏农作物，引发粮食短缺，对农业生产造成极大的损失，同时破坏城市景观，造成植物的衰败及土地的荒废。

本设计希望利用风景园林的手法，在重建与修复蝗虫受灾地的同时，从蝗虫发源的滩涂荒地入手，通过在该地区建立一种生长的景观单体，涵固土壤水分，改善生态环境，唤回生物多样性，逐步改变蝗虫栖息地的生境，抑制蝗虫繁殖，减少蝗灾发生的可能性。景观单体形取自蝗虫“复眼”的结构，它可以随意组合，并且能够为人类提供游憩和科普的空间。随着时间的推进，这类单体将扩展成为若干完整的沿海绿带，对曾经受灾的田地形成保护网，并随着黄河三角洲滩涂沉积地的扩展而蔓延，形成一种风景式新滩涂地。

希望在未来，智慧社区可以主动创造更多积极的生活场所，统筹环境、文化、经济，有利地促进人居环境的可持续发展。

平面分析图

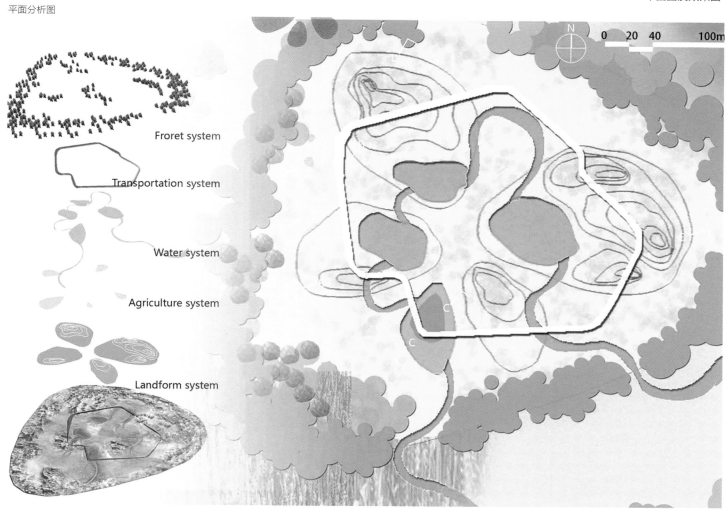

Froret system

Transportation system

Water system

Agriculture system

Landform system

N

0 20 40 100m

“绿蛋”为一种动态的复合结构，由绿地、植物、道路、水系、农田五部分组成，每个组成部分都具凹凸起伏的地势。在增加地区的观赏性的同时，低洼的地形可以储水。出现大雨或洪涝灾害时，一定程度上减少灾害对于农田及城市的冲击，起到保护作用。

效果图

动态分析

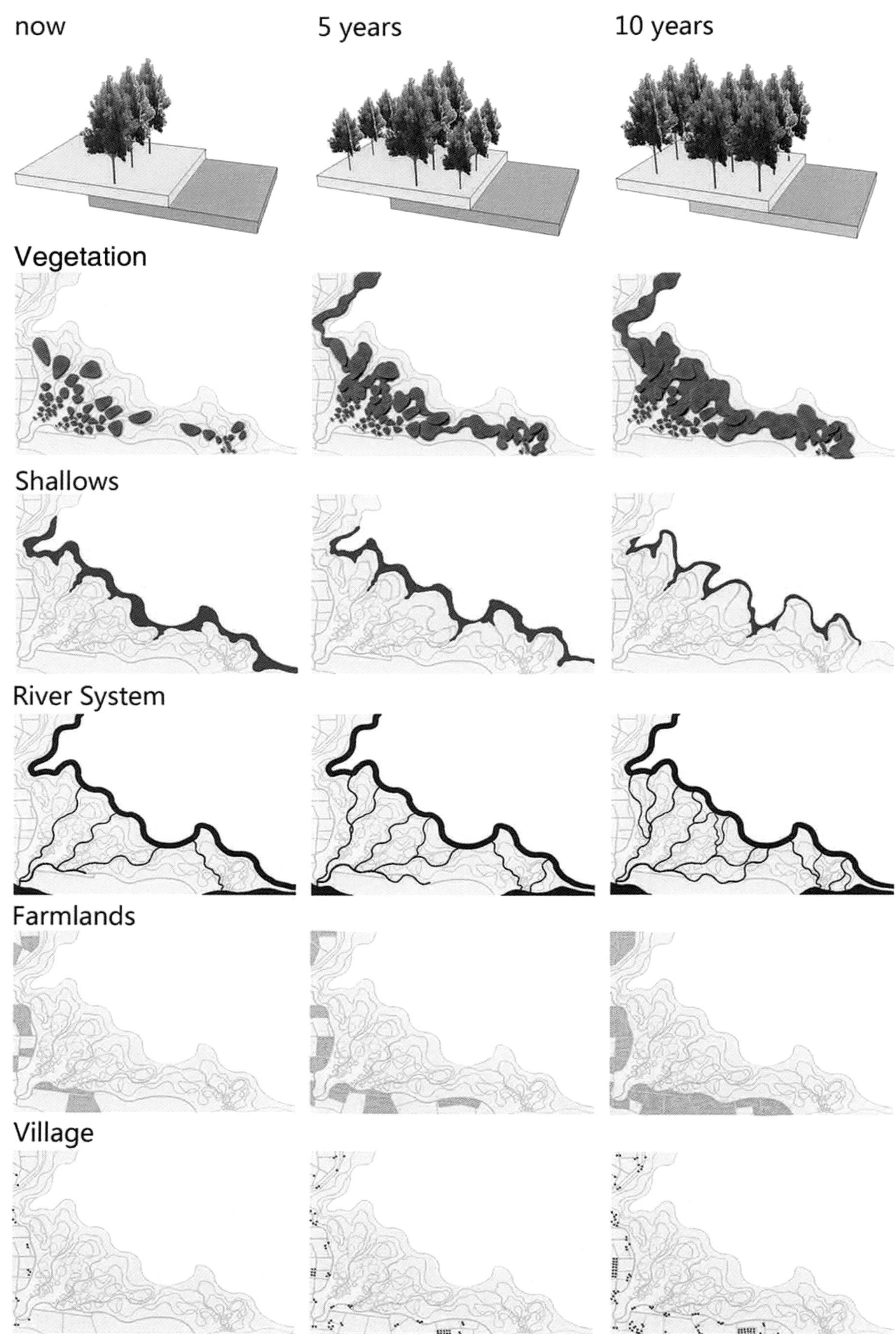

"绿蛋"不仅起到临时绿化的作用，更像是一颗孕育新生命的"蛋"。随着黄河淤积面积的扩大，将会有更多的绿色植物在这里生长，最终形成一个绿色的网络，从而抑制蝗虫的繁殖。

功能分析图

随着新型景观滩涂的构建，更多的绿地逐渐形成，抑制了蝗虫的生长，留存了季节性水塘，为人与动物提供了更多的空间。

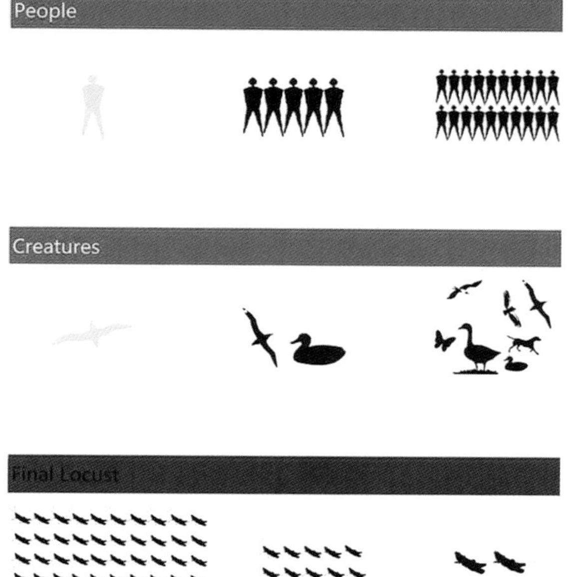

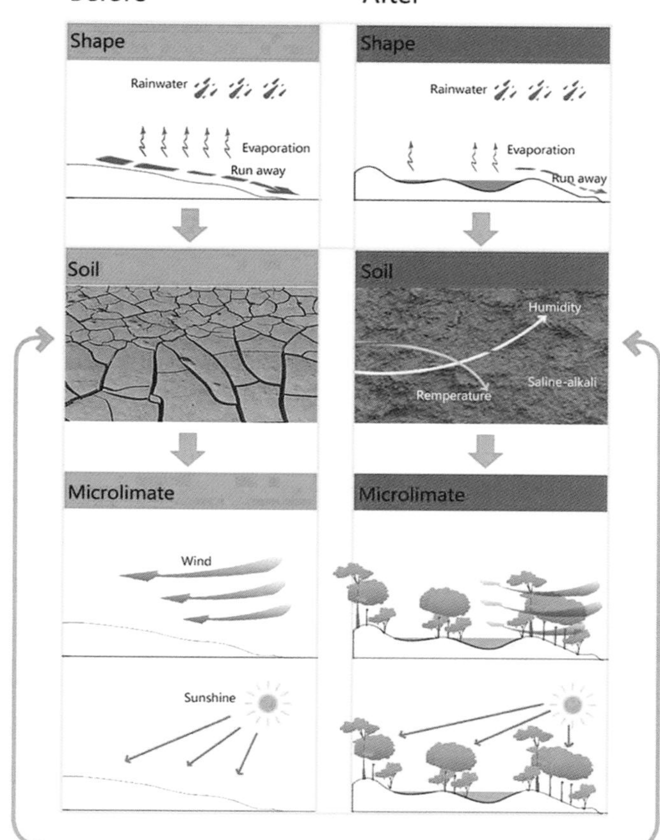

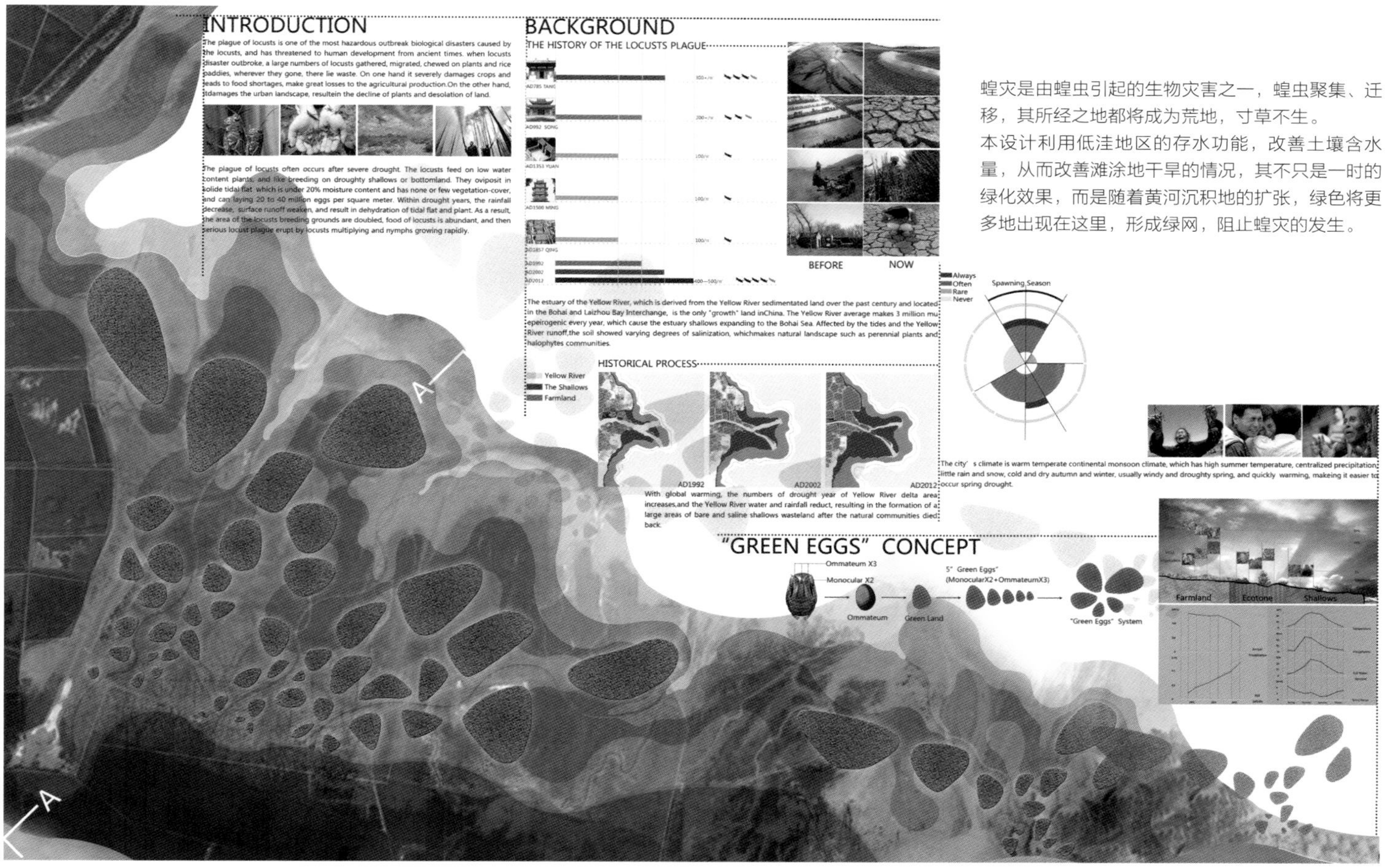

INTRODUCTION

The plague of locusts is one of the most hazardous outbreak biological disasters caused by the locusts, and has threatened to human development from ancient times. when locusts disaster outbroke, a large numbers of locusts gathered, migrated, chewed on plants and rice paddies, wherever they gone, there lie waste. On one hand it severely damages crops and leads to food shortages, make great losses to the agricultural production.On the other hand, itdamages the urban landscape, resultein the decline of plants and desolation of land.

The plague of locusts often occurs after severe drought. The locusts feed on low water content plants, and like breeding on droughty shallows or bottomland. They oviposit in solide tidal flat which is under 20% moisture content and has none or few vegetation-cover, and can laying 20 to 40 million eggs per square meter. Within drought years, the rainfall decrease, surface runoff weaken, and result in dehydration of tidal flat and plant. As a result, the area of the locusts breeding grounds are doubled, food of locusts is abundant, and then serious locust plague erupt by locusts multiplying and nymphs growing rapidly.

BACKGROUND

THE HISTORY OF THE LOCUSTS PLAGUE

AD785 TANG
AD992 SONG
AD1353 YUAN
AD1500 MING
AD1857 QING
AD1992
AD2002
AD2012

BEFORE NOW

The estuary of the Yellow River, which is derived from the Yellow River sedimentated land over the past century and located in the Bohai and Laizhou Bay Interchange, is the only "growth" land inChina. The Yellow River average makes 3 million mu epeirogenic every year, which cause the estuary shallows expanding to the Bohai Sea. Affected by the tides and the Yellow River runoff,the soil showed varying degrees of salinization, whichmakes natural landscape such as perennial plants and halophytes communities.

Always
Often
Rare
Never
Spawning Season

HISTORICAL PROCESS

Yellow River
The Shallows
Farmland

AD1992 AD2002 AD2012

With global warming, the numbers of drought year of Yellow River delta area increases,and the Yellow River water and rainfall reduct, resulting in the formation of a large areas of bare and saline shallows wasteland after the natural communities died back.

The city' s climate is warm temperate continental monsoon climate, which has high summer temperature, centralized precipitation little rain and snow, cold and dry autumn and winter, usually windy and droughty spring, and quickly warming, makeing it easier to occur spring drought.

"GREEN EGGS" CONCEPT

Ommateum X3
Monocular X2
Ommateum
Green Land
5" Green Eggs"
(MonocularX2+OmmateumX3)
"Green Eggs" System

Farmland Ecotone Shallows

A A

蝗灾是由蝗虫引起的生物灾害之一，蝗虫聚集、迁移，其所经之地都将成为荒地，寸草不生。

本设计利用低洼地区的存水功能，改善土壤含水量，从而改善滩涂地干旱的情况，其不只是一时的绿化效果，而是随着黄河沉积地的扩张，绿色将更多地出现在这里，形成绿网，阻止蝗灾的发生。

Vanish or Revive
——Sewing Cracks on the Ground and Saving Our Faith
消亡还是重生：缝合大地的裂痕，拯救我们的信仰

作　　者：达周才让，刘　阳，张婧婍，毛祎月，郭　星
指导教师：李　雄
奖项名称：2013 年国际风景园林师联合会大学生设计竞赛荣誉奖

近年来，自然灾害严重影响了我们的生活环境。地震是一种频繁发生并造成重大破坏的自然灾害，它不仅破坏了地表，而且引起次生灾害，如火灾、洪水、水污染、地表断层、塌陷等。此外，它还带来了深刻而持久的心理创伤，对人的生理、认知、情绪、行为等方面造成了严重的影响。

方案位于玉树地区结古镇，位于青海省西南部。此地区平均海拔超过 4200m，河网密集，植被稀少。是典型的高寒生态系统，生态环境脆弱。且规划区域大多数居民是皈依佛教的提比坦人，有丰富的民族文化，其中最具地域特色的是马尼石刻，居民在石刻上雕刻或堆砌了丰富多彩的文化符号。因此这个生态脆弱的地区一旦发生自然灾害，后果将是严重且不可估量的。

本次设计将藏族文化、生态保护及景观融于设计中，以重新构建一个完整的复合型、动态型的景观生态体系，从而预防和减轻自然灾害所带来的灾难。

平面图

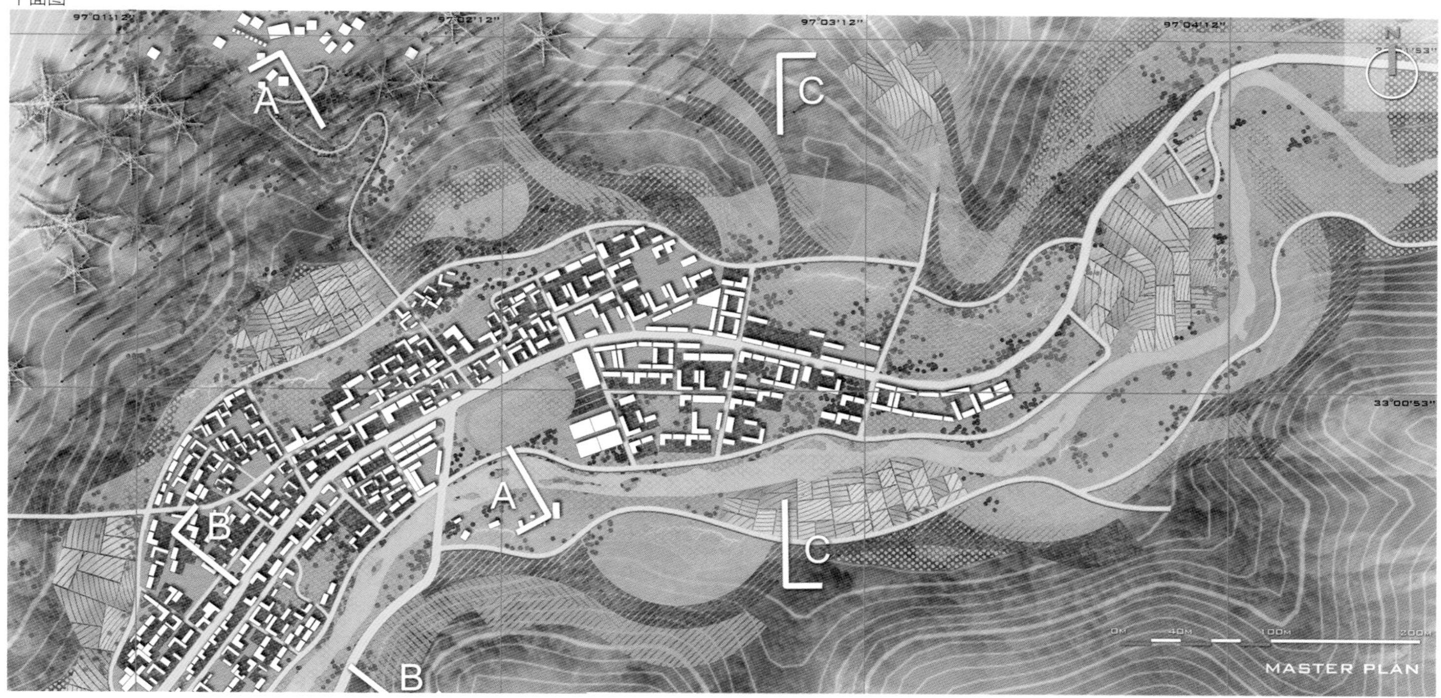

防灾绿色系统由两点、两带和多桥组成。其中，两个中心点分别是位于河流和山脉之间的一所小学和北山上的一座佛寺，二者提供了两个大型的防灾绿地。

绿地作为城市的“柔性”空间，在城市防灾减灾和灾后重建中具有重要的功能。结合城市基础设施建设，形成完整的绿色体系，有助于完善生态保护体系，解决生态、城市发展、人民心理等方面的问题。随着绿地系统的不断完善，一个安全、高效、舒适的城市绿地系统逐渐形成，它能够在灾害发生时，为人们提供应急避难和组织救援。

平面图分析

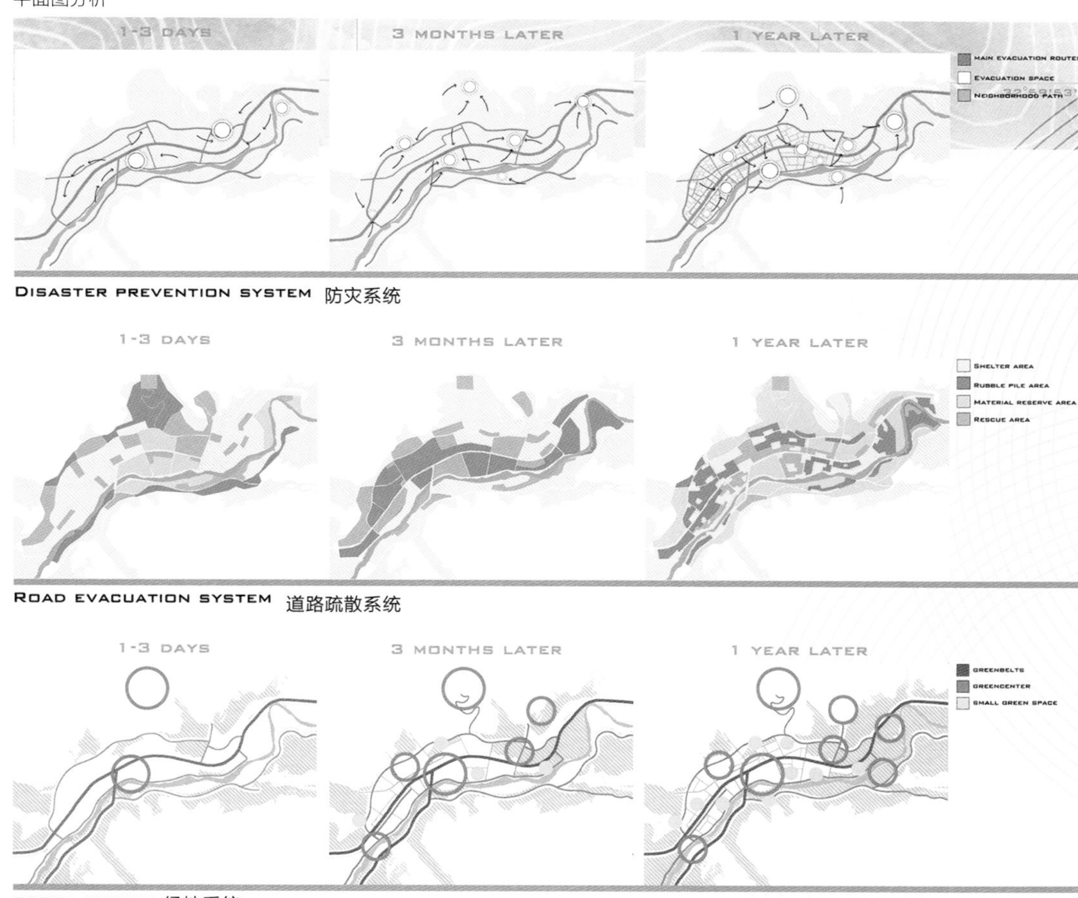

剖面分析

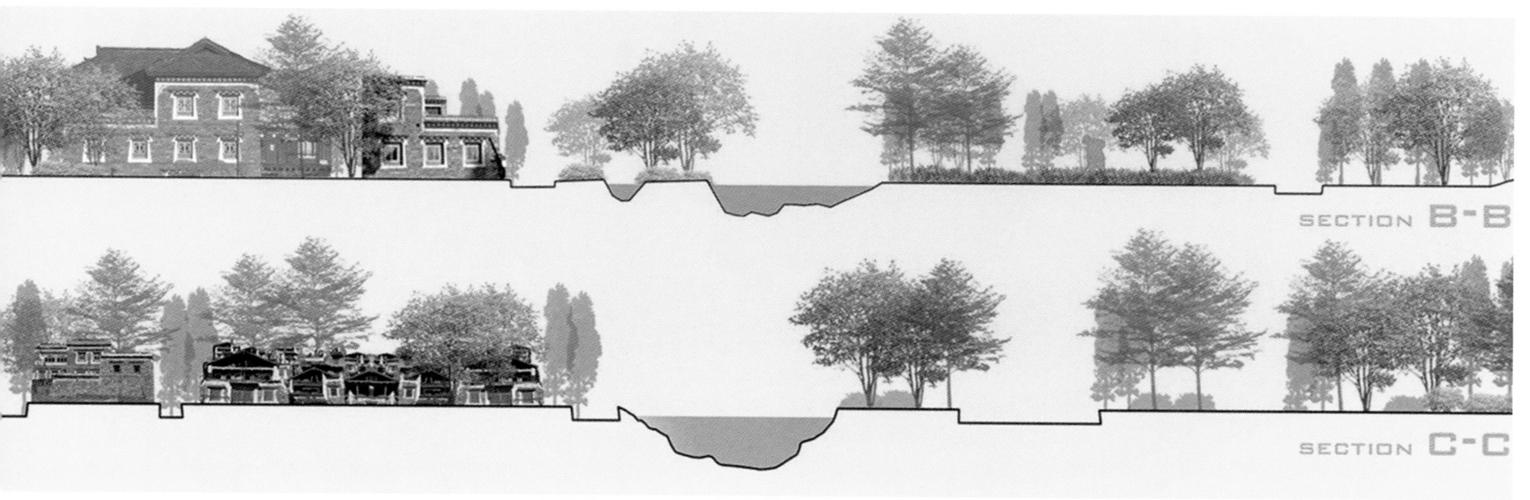
SECTION B-B
SECTION C-C

SECTION A-A

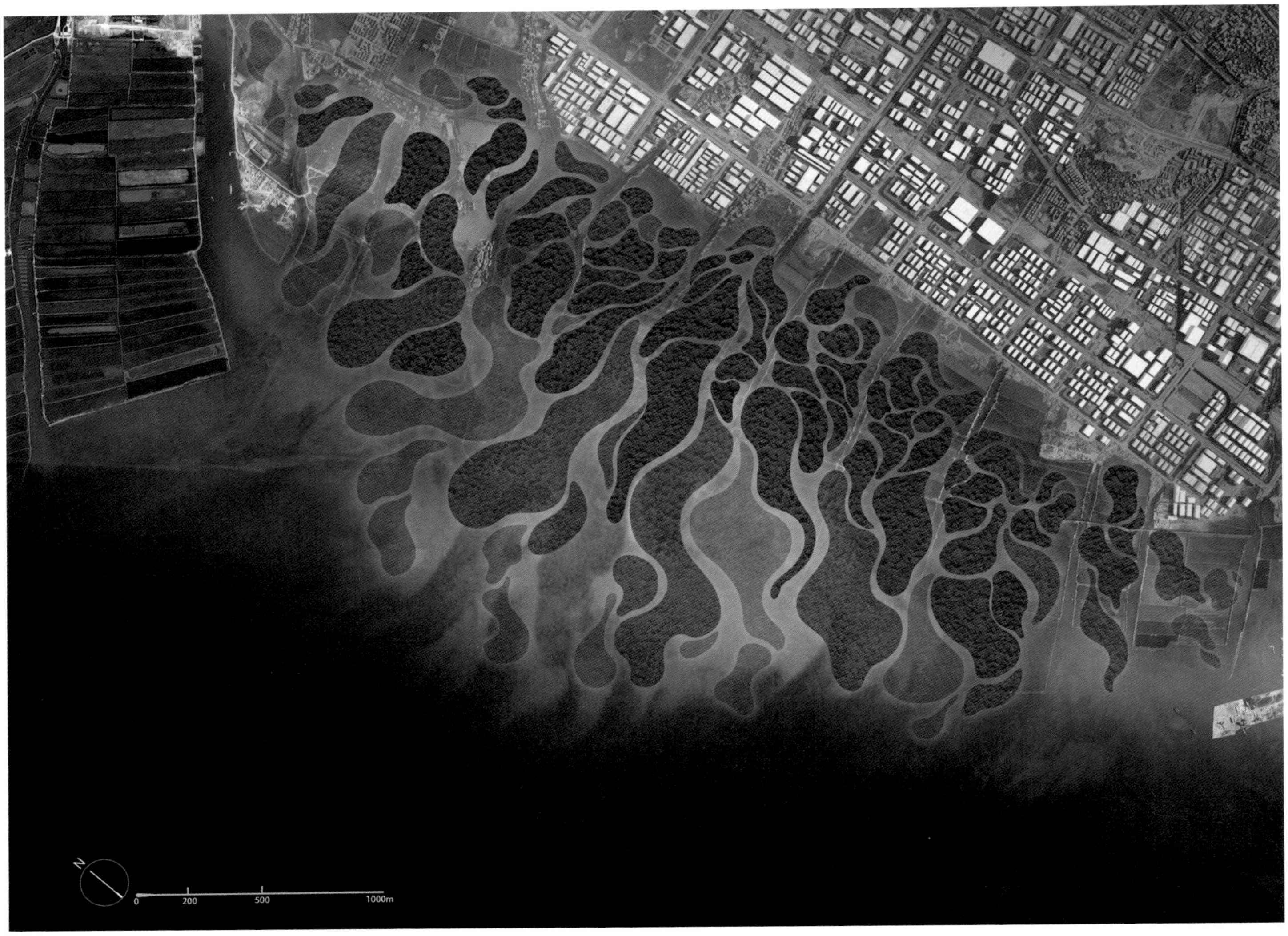

Growing Boundary
——Sustainable Recovery of the Mangrove at Pearl River Delta
生长的边界——珠江三角洲红树林可持续性修复

作　　者：闫　晨，吴　然，薛　敏，李　旸，胡承江
指导教师：李　雄
奖项名称：2011 年国际风景园林师联合会大学生设计竞赛荣誉奖

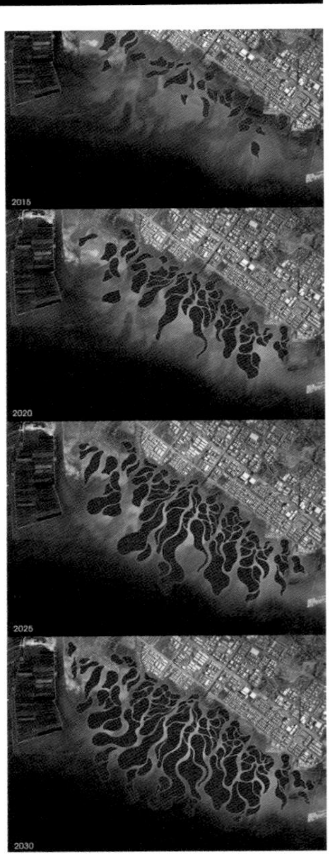

深圳位于中国南方珠江三角洲东岸，隶属我国广东省，全市土地总面积为 1953km²。深圳是我国第一个经济特区，是一个具有一定国际影响力的新兴现代化城市。随着城市化的进程加速，在过去的 20 年里，深圳市的面积不断扩大。人类为了满足生产需求，围海造田养殖鱼虾。为了获取更多的经济价值，大量砍伐红树林，侵占城市与海洋的边界。

红树林具有重要的生态效益。它发达的根系具有防风消浪、促淤保滩、固岸护堤的功能。但是由于近年来珠江三角洲东岸红树林的消失，深圳市屡遭台风侵袭，虾塘也遭受到海浪的不良影响。方案将依据风景园林的手段，在不影响当地渔业生产的基础上，恢复原有的红树林，创建一个结合生产和生态的可持续发展模式，在珠江三角洲形成“生长的边界”，应对自然灾害，推动城市发展。

设计策略

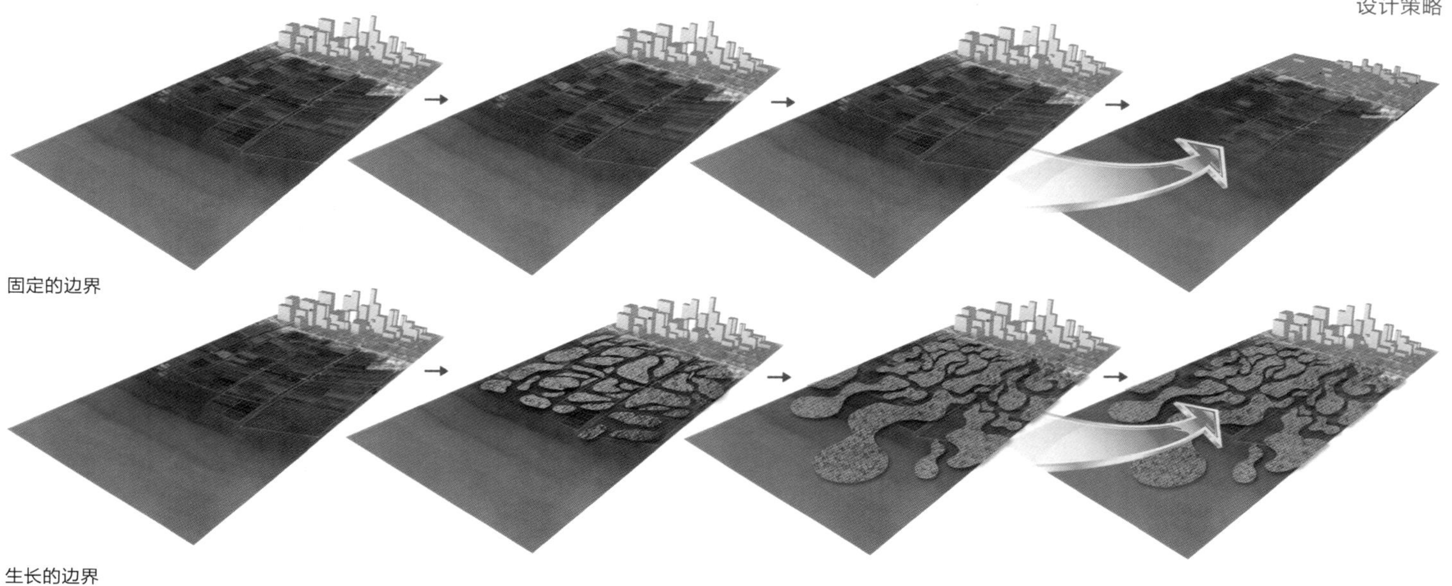

固定的边界

生长的边界

现状用地分析表明，如今红树林的面积和城市用地的面积比例失调，红树林占地面积和虾塘的面积比例失调。城市边界的发展很不协调。如果可以使红树林、虾塘和城市用地均衡发展，达到“动态平衡”，就可以实现一种可持续的发展模式。

基围（land-based enclosure）养殖系统是利用天然种苗和天然饵料实现低投入、低产出且可以由农户承包的自给自足式的粗放养殖系统。它的具体做法是，四周由略高起的土堤围成养殖塘，养殖塘内部由若干人工疏浚的水道相连，水道之间为滩地。在这种简单的系统里，滩地可供红树林生长，水道用于养殖鱼虾。将旧箩筐填满泥土，与木桩一起阵列围出一个较适合红树林生长的区域，涨潮时海水带来的淤泥就沉积在该区域内，这样不仅能提高滩面高程、增大潮间带的面积，同时也减少水淹时间和潮流的冲击。

鸟瞰图

交通分析

对外交通联系

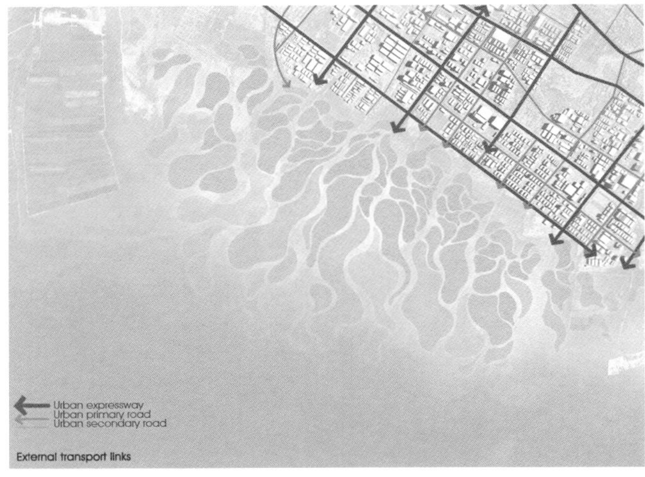

对外交通联系依附于深圳市交通体系，规划调整后的交通主要分为城市外环路、城市快速路和城市主次干道。为城市边界与城市内部提供了便捷的交通联系。

内部交通联系

生长的红树林边界内部交通体系，主要由与城市交通体系相连通的边界主次干道、满足海上交通的水路航线、满足生产作业需要的虾塘道路和服务游憩区域的园路组成。综合考虑城市边界可持续发展的目标，为红树林、虾塘和城市用地的均衡发展提供必要条件。

剖面图

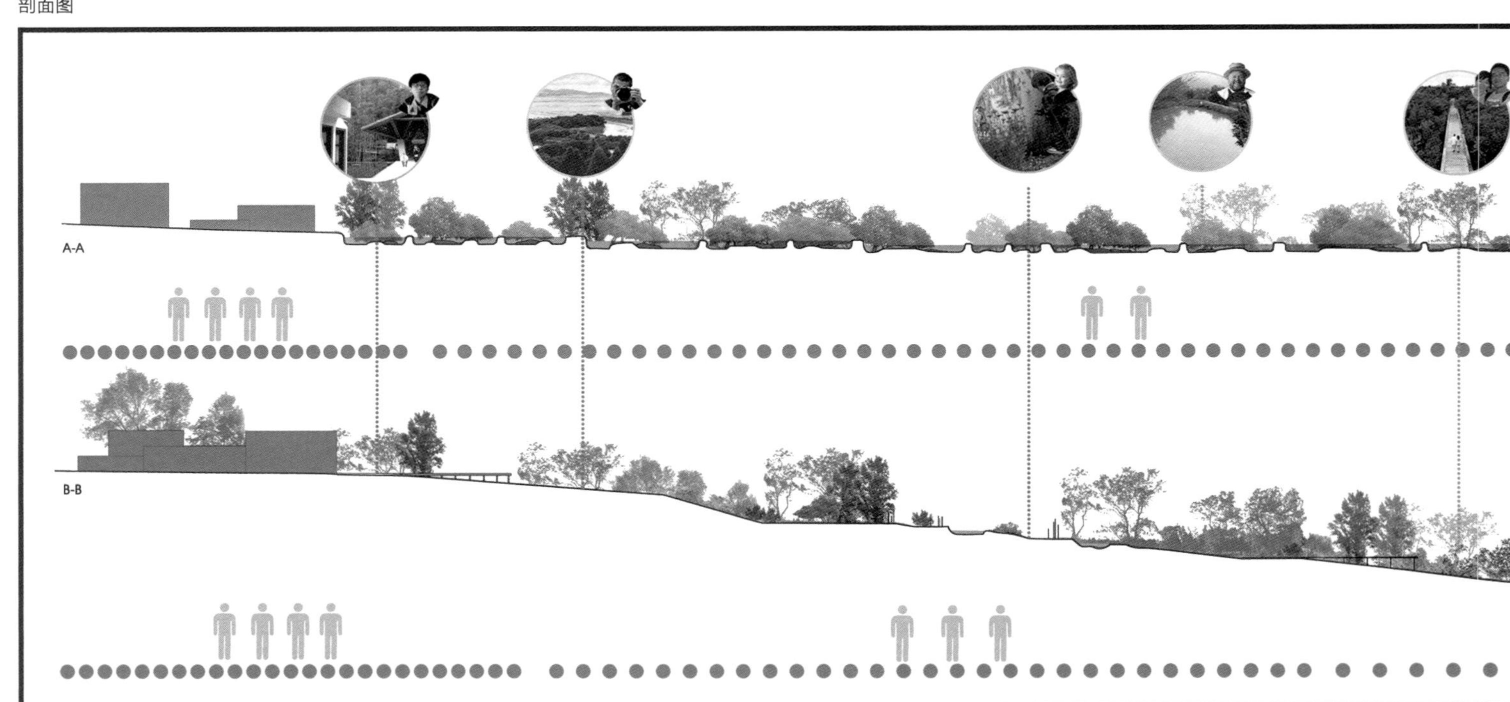

辅助设施

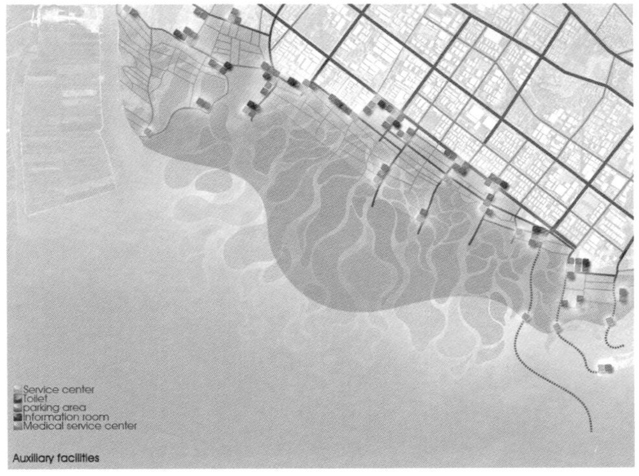

为更好地满足生长的城市边界的发展和生活使用需求，系统地组织安排辅助设施。根据功能分区，因地制宜地在使用率较高的游憩区安排配套的服务、医疗、问询、公共卫生间和停车场，同时兼顾生产区需求，部分安排医疗、服务。保护区为方便养护设有极其少量的设施服务。

功能分区

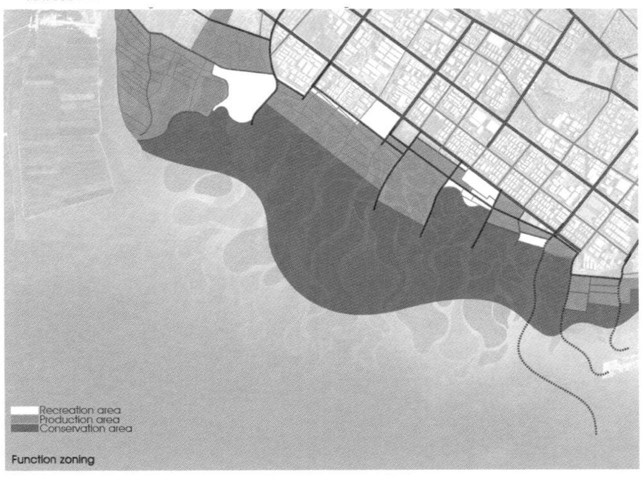

根据城市的用地类型和红树林的生长周期，我们把靠近城市的绿地及公园改造为结合红树林景观和文化的休闲区，把原有的农田和改造后的虾塘作为生产区，把浅海岸适宜红树林繁衍和生长的滩涂区域作为保护区。

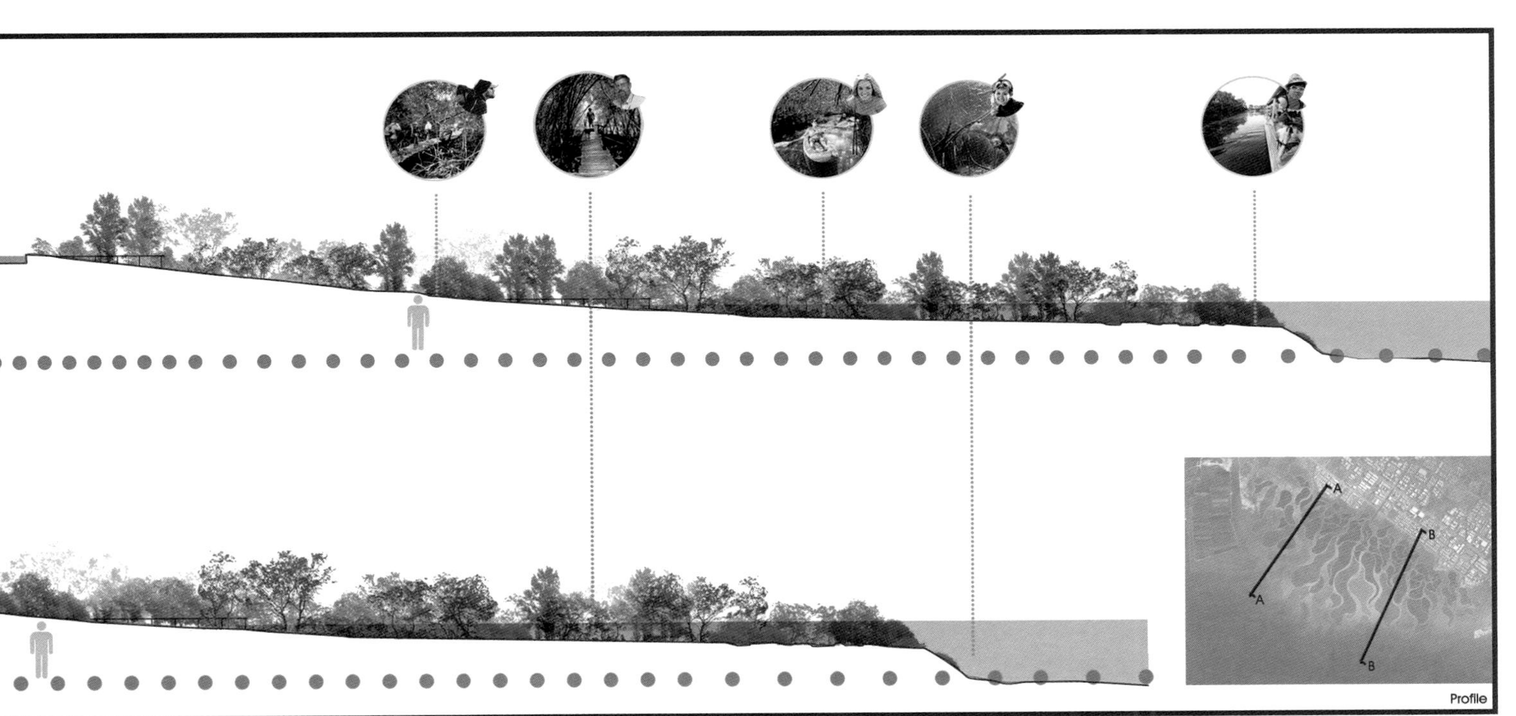

分区详细设计平面图

游憩区

游憩区主要分布在城市边界处，与城市相连接，作为城市向自然过渡的第一道防线。在这些公共绿地中，关于红树林的科普知识以生动有趣的形式展示给游客，使游客能在游乐观景的同时受到教育，了解到红树林防风等不同作用，同时游憩区作为城市绿廊，丰富和提升了城市边界的色彩和活力。

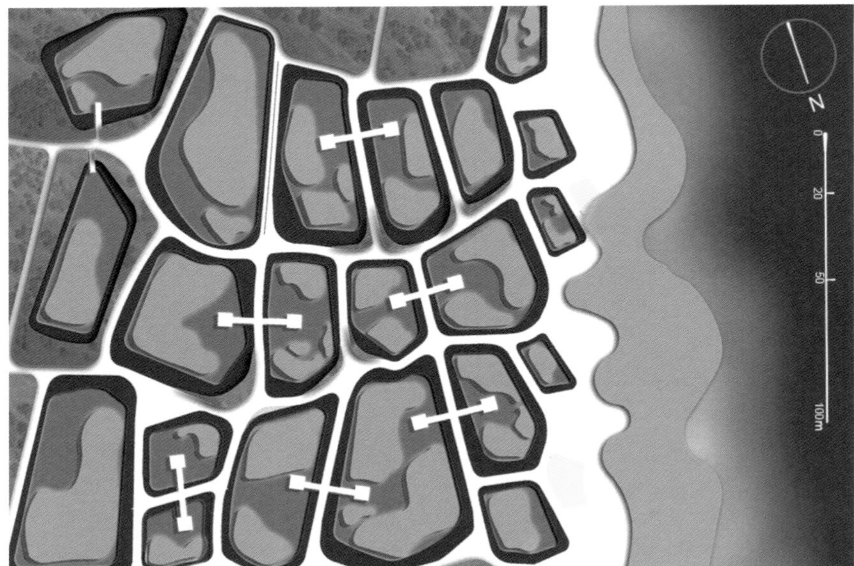

生产区

出于对地块经济效益方面的考虑，在保留虾塘的基础上优化其环境，增加运作模式，寻找到红树林和虾塘共生互利的生存方式。在利用天然资源的同时获得经济利益，生产区作为向红树林群落过渡的一个阶段性区域，人为地协调人类与自然的矛盾，达到一种共生的生态平衡。

保护区

红树林的保护区域拥有最少的人工干预、最少的设施设计和严格的人口控制，以保障其正常天然地生长，游客可以乘坐游艇接触红树林，还可以在近海岸潜水观察千姿百态的红树林根系动物等。另外，设计了一条穿越红树林的步道，供少量游人以及科研人员使用。

Recreation area

Production area

Conservation area

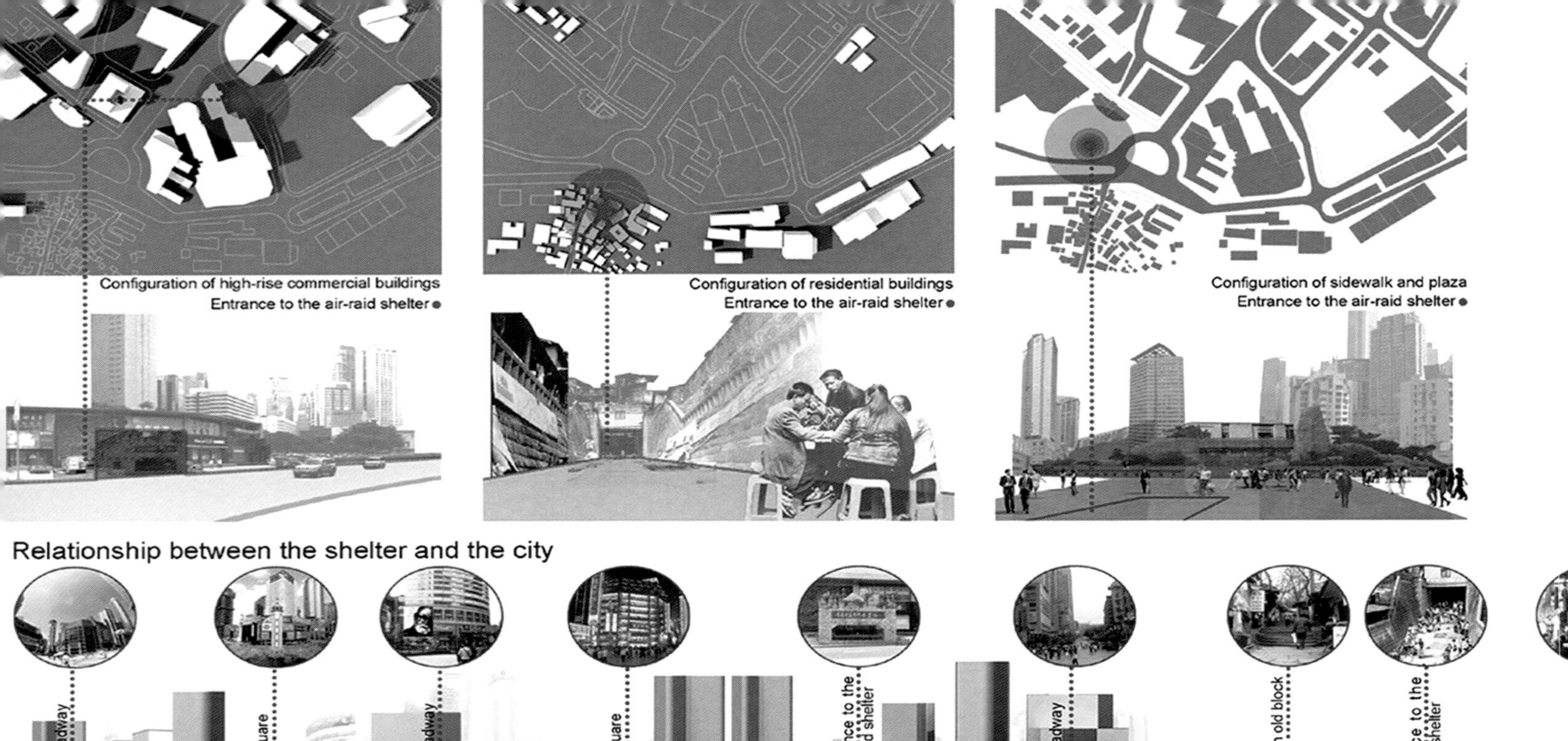

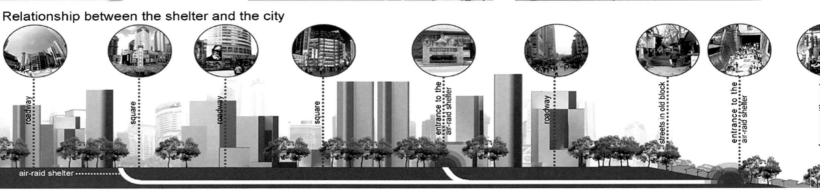

The Buds of Memory in the City
——The Preservation and Rehabilitation of Jiaochangkou Air-Raid Shelter Tragedy Historic Site
城市中的记忆之芽——校场口惨案隧道遗址的保护与更新

作　　者：刘家琳，李　萍，朱时雨，张雪辉，卢　亮
指导教师：李　雄
奖项名称：2010 年国际风景园林师联合会大学生设计竞赛荣誉奖

本方案位于我国重庆市渝中区校场口。本次竞赛的主题为“和谐共荣——传统的继承与可持续发展”。“校场口空袭大隧道惨案”是抗日战争时期重庆遭遇的最严重的惨案，他与第二次世界大战期间发生的伦敦惨案和南京大屠杀有着同样重要的历史纪念意义。重庆共有 755 处抗日战争发生地，仅有 17% 的抗日战争遗址被完好地保护。校场口空袭大隧道代表了这一系列的历史纪念地。这一类的历史遗址都是城市发展的历史，是城市记忆的一部分，应该成为下一代人的记忆。方案旨在传播遗址的精神，让人们主动感知空间的存在，从而保护和传承城市的历史记忆。基于对地下原址的保护，提出了一个全新的纪念性景观设计方法，并非用传统的纪念碑形式，而是希望用一种亲切温和的方式复述城市的重要历史事件，创造出一种新的场所精神。同时，为了缓解当地夏季炎热湿度大的气候条件，本设计也结合城市功能，创造了一个相对舒适的小环境。综合历史记忆与当下需求，方案探讨了新型纪念性景观的塑造模式，让城市中的记忆之芽开枝散叶，荫蔽后人。

重庆极端气候分析

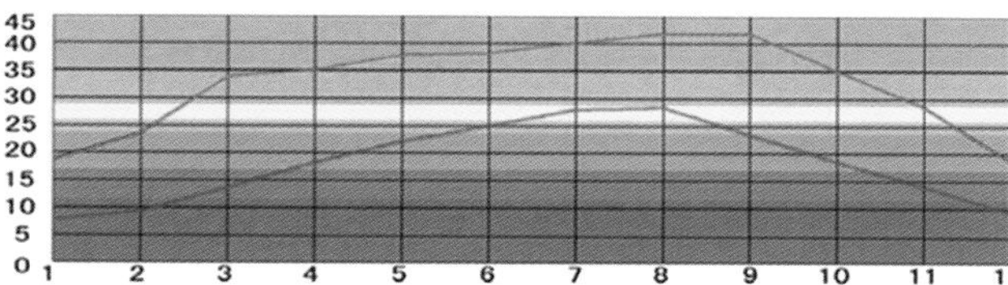

构筑物功能性设计

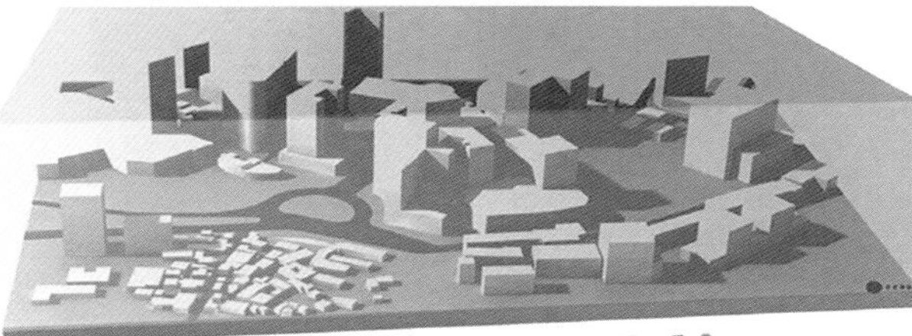

炎热天气
重庆是中国“四大火炉”之一，热岛效应比其他地区都显著。

设计前的公共空间热岛效应
在市政中心的街道缺乏休闲和遮阴设施，公共空间气温很高。

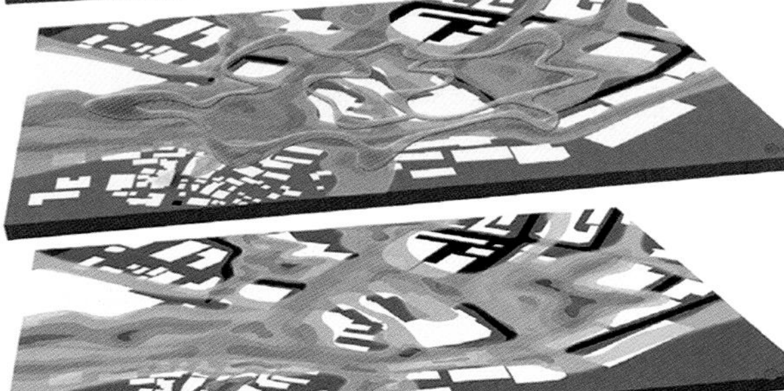

放置功能性的构筑
以城市街道和广场为基础，增加提供荫凉休闲空间的构筑物。

设计后的公共空间热效应
构筑物加强了舒适环境的边界，凉爽空间大幅度增加。

功能类型

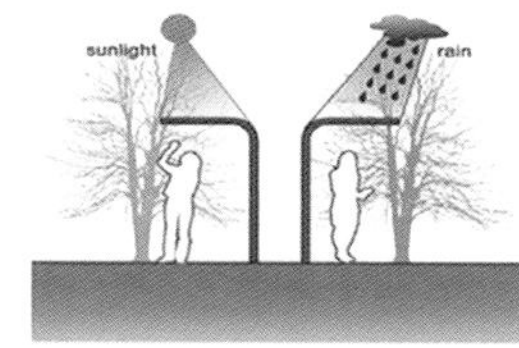

遮阴功能

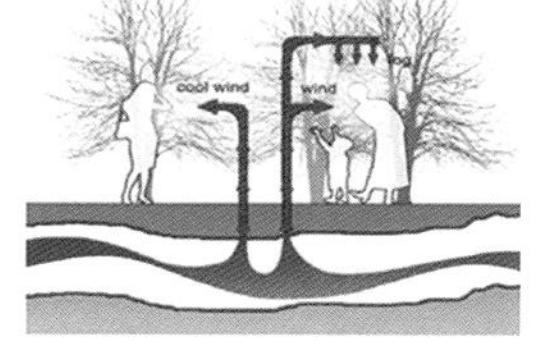

降温功能

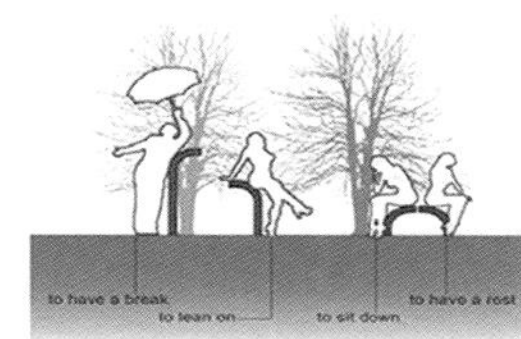

娱乐功能

构筑物纪念性设计

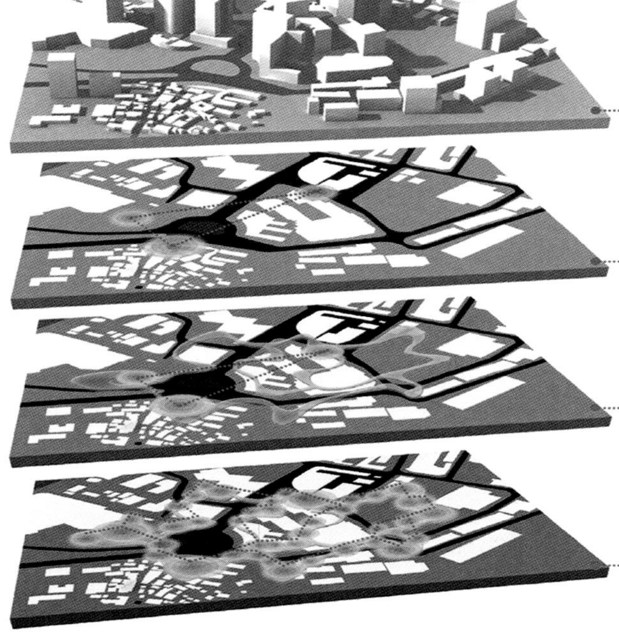

周边环境
在历史遗迹的顶部是一个典型的城市商业中心。

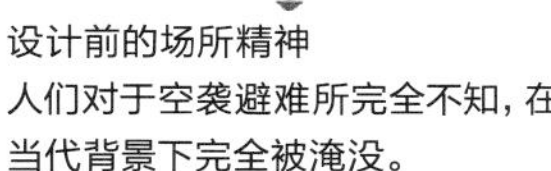

设计前的场所精神
人们对于空袭避难所完全不知，在当代背景下完全被淹没。

放置记忆性的构筑物
以城市街区和广场为基础，加入纪念性景观形成线性空间，连接三个空袭避难所的入口。

设计后的场所精神
构筑物能够体现场所精神，使人们感受到地下历史遗迹的存在，从而联想起城市历史事件。

感知类型

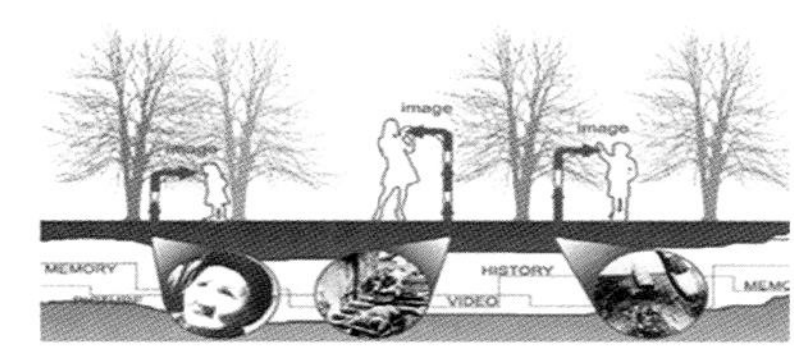

视觉感知

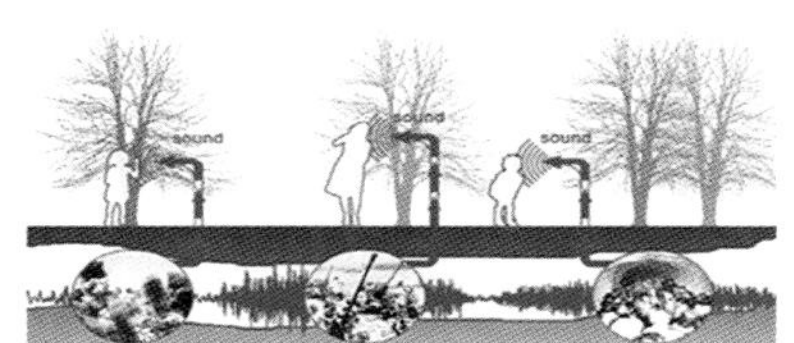

听觉感知

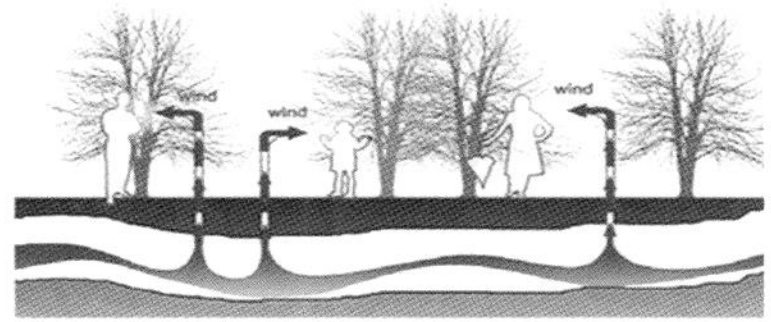

触觉感知

保护和传承历史场地记忆的方法：

1. 保护历史场地的原貌，不做任何破坏或者干扰；
2. 在回应原有场地的基础上做设计，重建场所精神；
3. 加强新设计场地的精神，传播场所的存在感；
4. 与城市环境相融合，与城市功能相结合。

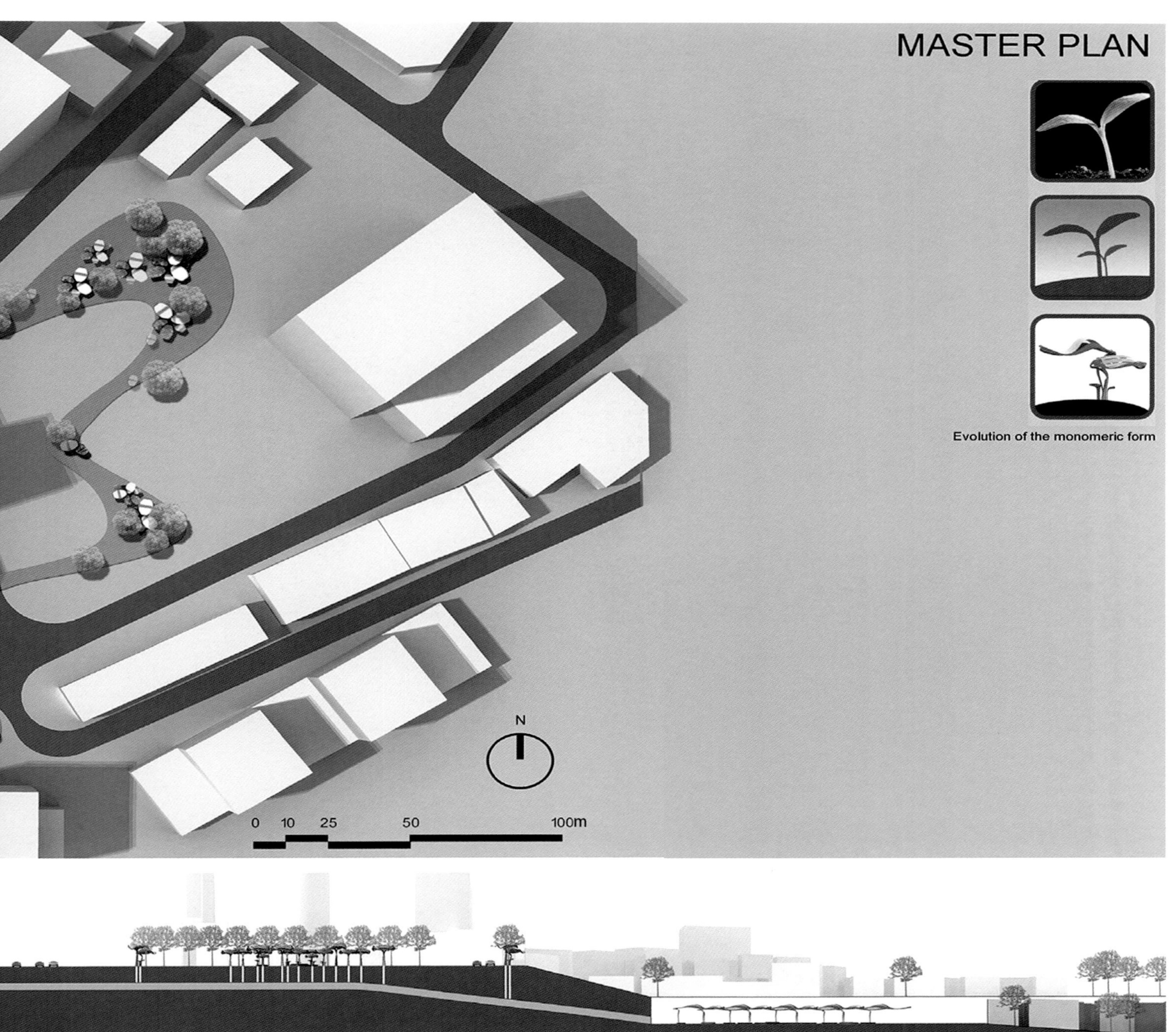
MASTER PLAN
Evolution of the monomeric form
N
0
10
25
50
100m

点状构筑物配置模式

这类构筑物分布在相对狭窄的街道和小环境的场地。由于周边环境的限制，这些构筑物的尺度相对较小，一般都由 1~2 个单体组成。在特定的距离内，不同的构筑物单体反映着不同的体验和功能。

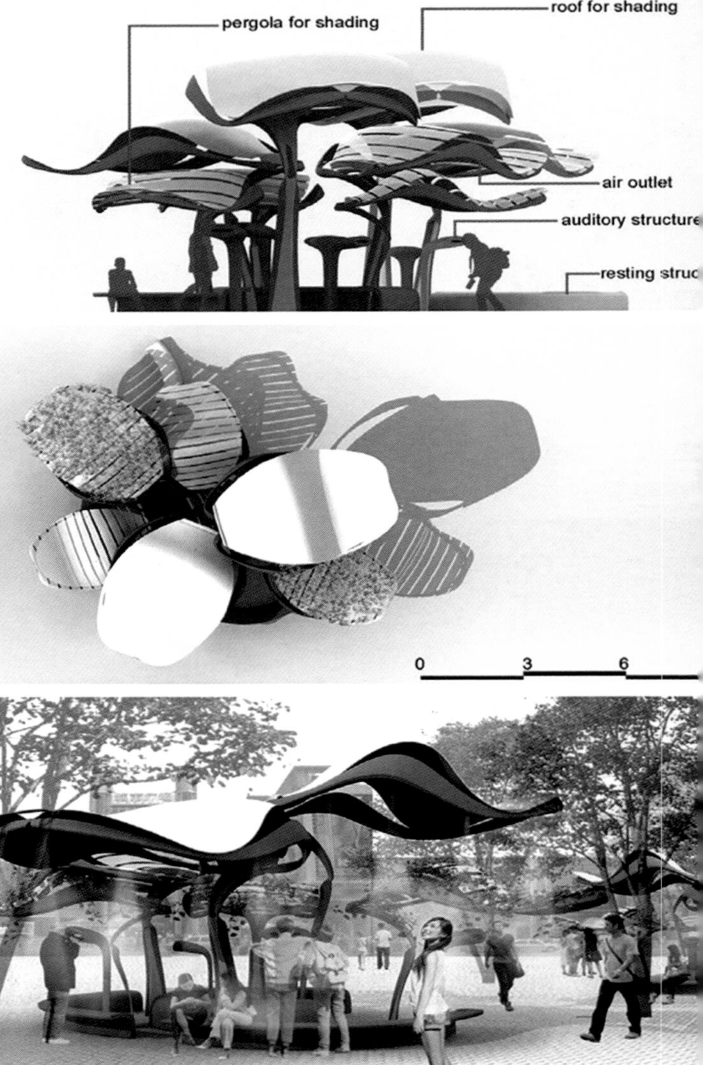

丛状构筑物配置模式

丛状配置的模式主要位于广场空间。在这类场地内，这些构筑物通常是以组团形式出
个组团是组合不同功能和感觉的单体，成为广场上聚集人群的开放空间。路过此处的
感受到地下场地的存在，同时，这个丛状的构筑物组团也能够形成一个相对舒适的小环

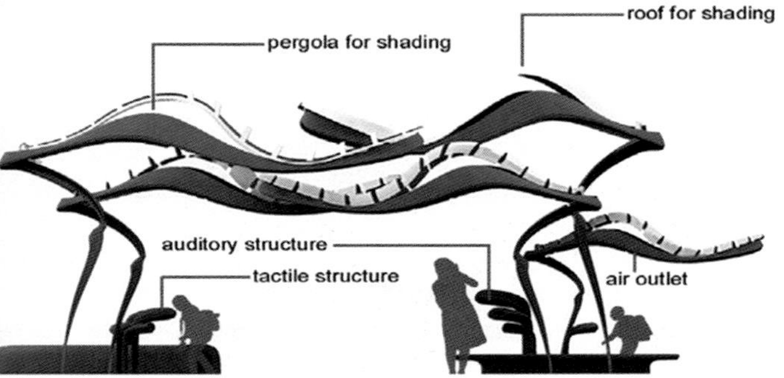

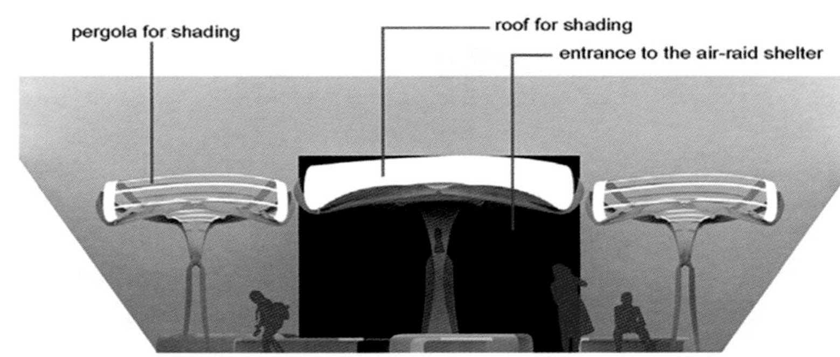

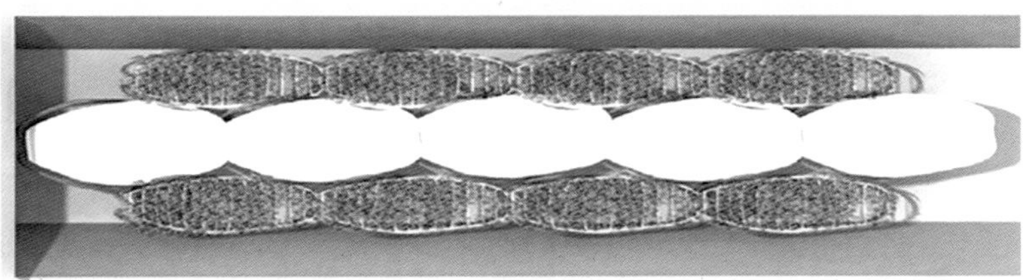

构筑物配置模式

构筑物一般放置于相对开敞的街道，能够形成一个遮蔽通道。人们可以在底下休息，享凉。在与构筑物互动的同时，也能够了解到重庆在抗日战争时期的历史。当然，场地回一直持续下去。

避难所入口处构筑物配置模式

作为最终的目的地，人们由其他的构筑物引导至避难所入口。这里也是最大的构筑物分支密集区域。这个开敞空间的天花板延伸了避难所的信息，遮阴窗帘可以作为一个屏幕。人们对于历史遗迹的感知影响力在这里达到最大。

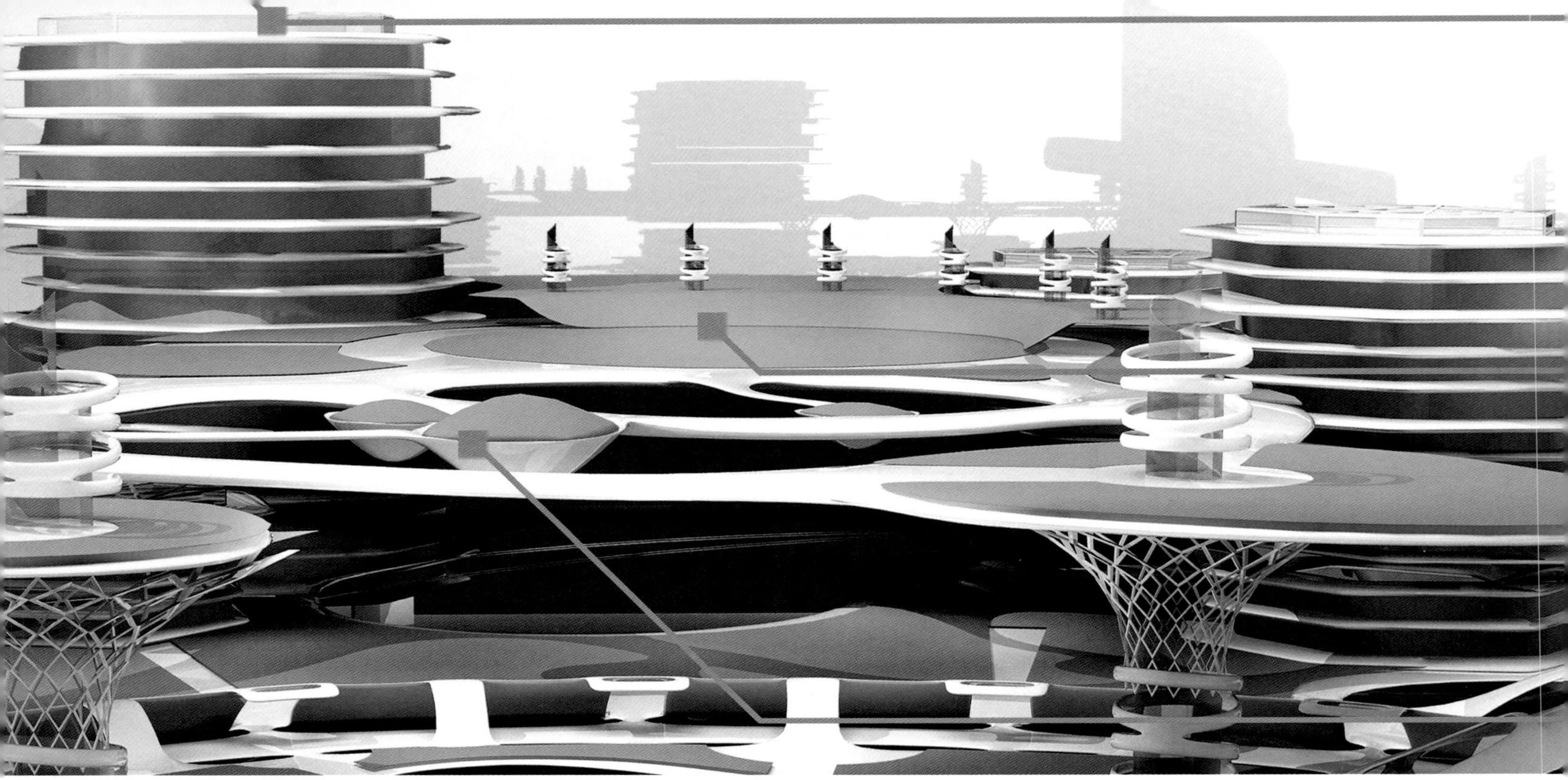

Vital City of Tomorrow
——Turn Grey Infrastructure Green, and Gudie People Closer to the Landscape
明日的活力之城

作　　者：李　然，李昱午，李冠衡，白桦琳，杨忆妍
指导教师：李　雄
获项名称：2009 年国际风景园林师联合会大学生设计竞赛荣誉奖

本方案位于北京市城区东六环中部，属于北运河榆林庄段，约 1.2km^2。现代城市中主要的灰色基础设施包括消耗性能源设施、传统道路交通设施、传统地下管网设施、非生态的水利设施等，传统的灰色基础设施面临现代城市规模的极速扩张时明显缺乏张力，引发了环境污染、交通问题、城市内涝、气候变化等严重问题。针对现今城市中灰色基础设施系统对人类和自然的割裂甚至是破坏，我们大胆设想了一种立体结构的绿色基础设施系统，提出将灰色基础设施向绿色基础设施转化并引导人类更亲近自然。方案选取了一段大部分时段干涸的运河与水坝，京杭运河在这个地段对于雨洪消纳已经失去了弹性，干旱与洪涝在这个区域地矛盾并存着；同时，由于地块位于京津冀三角的核心区域，是未来城区向东发展的必经之地。规划利用运河及其连通的其他灰色基础设施，作为新绿色基础设施系统的基础框架，包括交通系统、管道系统、给水排水系统、能源设施等多个方面，构建的城市模型中，整个绿色基础设施先于传统基础设施进行规划建设，故将这座城市称为“明日活力之城 (Vital cities of tomorrow)”。

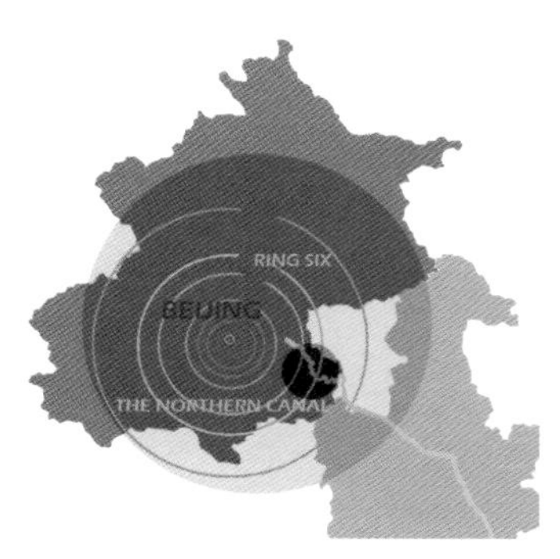

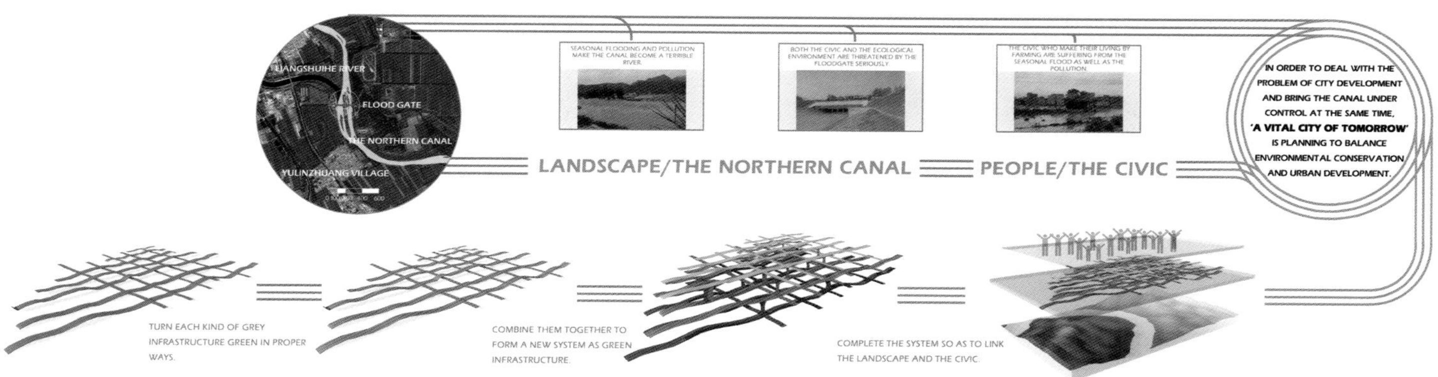

新型城市组团概念解析

灰色基础设施对景观和人的影响很大。因此，正在建设一种新的城市规划模式，将灰色基础设施变为绿色。这种将绿地与灰色基础设施相结合的方式，形成了一个完整的、圆锥形的绿色基础设施体系，可以有效地建设土地紧张的城市，这种城市发展模式为人工灰色基础设施注入了新的活力，形成了一种和谐的社会形态。它与景观共享，融入市民的日常生活，不仅保证了优化的绿色基础设施，而且从生态角度指导了城市的未来。新系统不同于传统基础设施的最大区别就是它在竖向空间中的复合性，这个多层复合系统中，城市空间分为不同的层级和不同的交流距离，不同层级与区域的生活模式以及对城市和人类产生的影响也不同，总之将城市与自然融合渗透，使之成为绿色的有机整体。

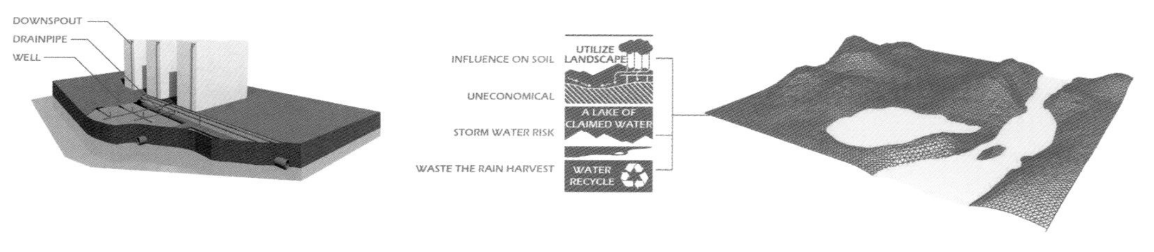

地面自然层

是对原有灰色基础设施的转化，最大程度恢复地表自然环境与生态系统，将城市对自然的影响降到最小，原有的硬化河道、水坝等都将进行生态恢复，该层次中的基础设施与自然隔离。

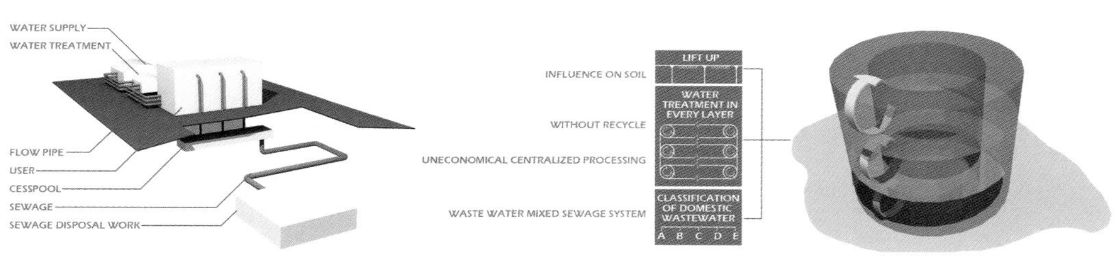

地下层

是未来城市的基础，空间层次的增加使地下基础结构也相应地扩大，为了尽量减少工程开挖对地表自然层的影响，地下层会包含未来城市中垃圾处理、污水处理、管网系统、物流及部分工业等对环境影响较大的内容。

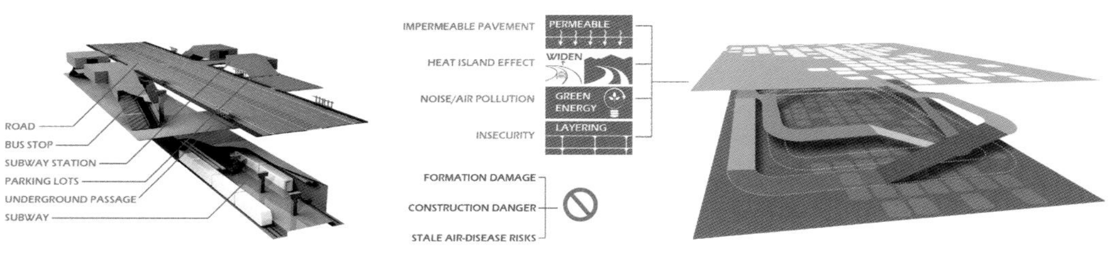

空中交通网

是一个多层复合的立交层，连接城市中所有的功能层，采用清洁能源高效有序地组织交通。根据城市组团设置交通接驳点，从三维空间保证交通畅通，复合网状结构的交通系统会提供更多交通路线的选择。

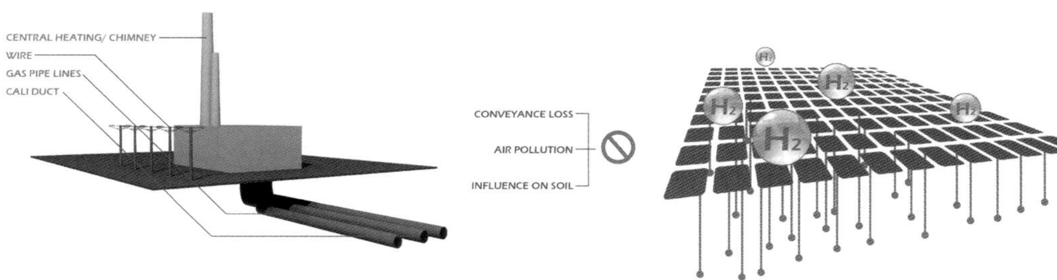

人工自然层

是位于未来城市最顶层的空间，位于城市组团的上层，是一个未来城市居民享受室外生活的主要区域。人工自然层将人类对自然影响较大的活动与地表原生态自然环境隔离，又不影响居民享受阳光与自然空间。

未来城市组团结构分析与发展演变

未来城市组团发展演变

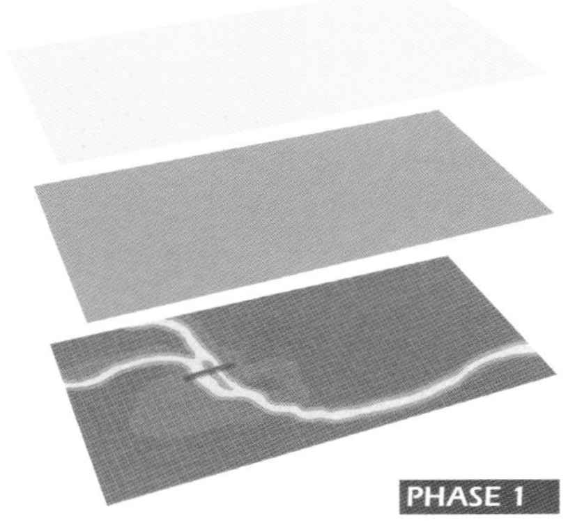
PHASE 1

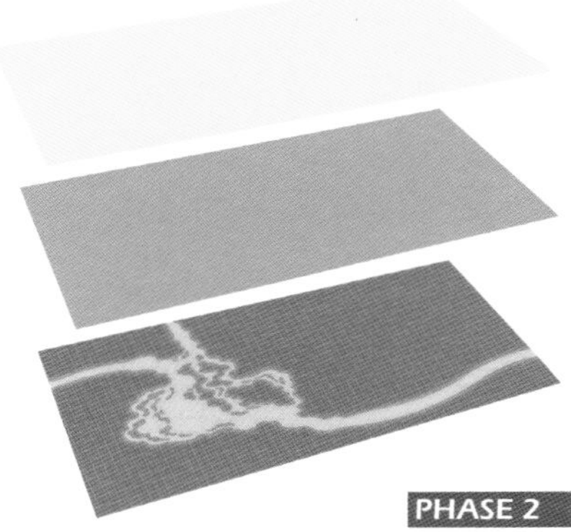
PHASE 2

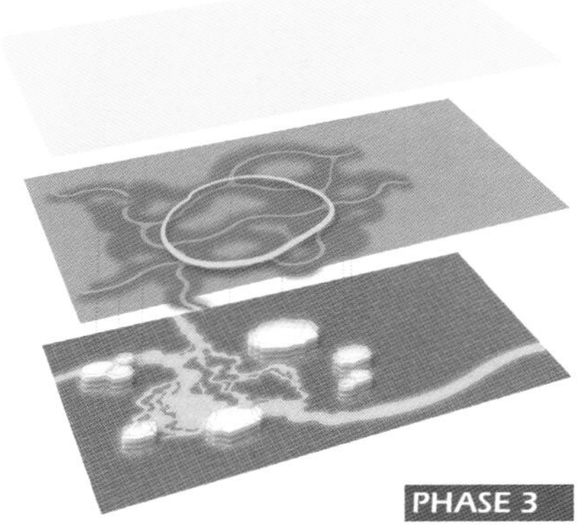
PHASE 3

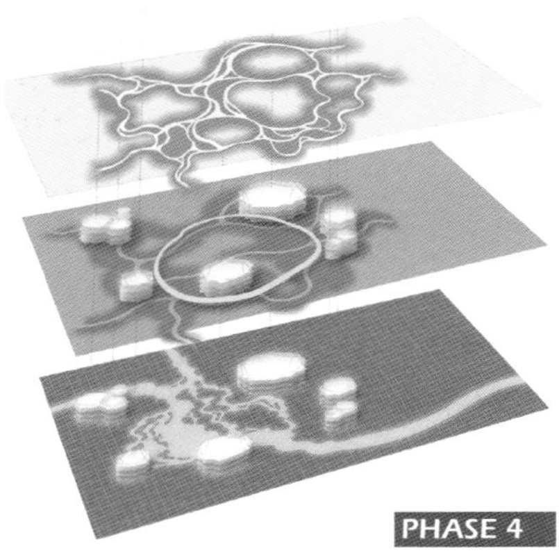
PHASE 4

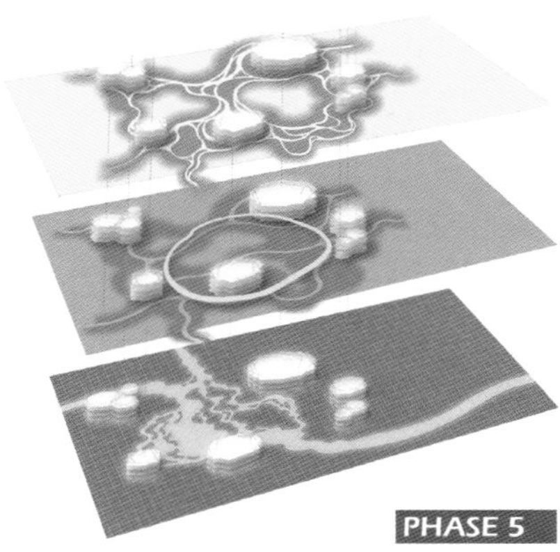
PHASE 5

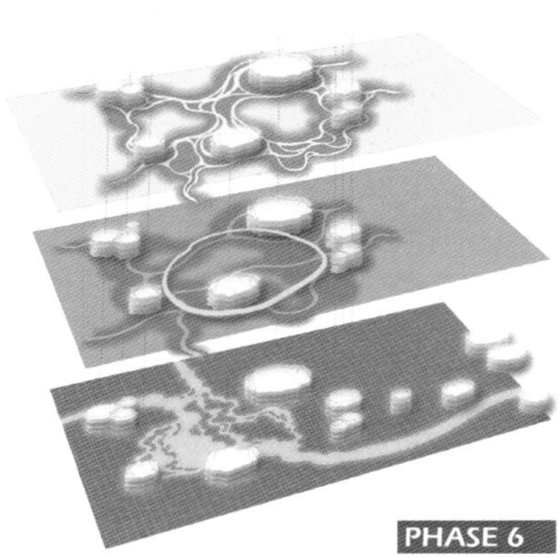
PHASE 6

未来城市组团竖向结构分析

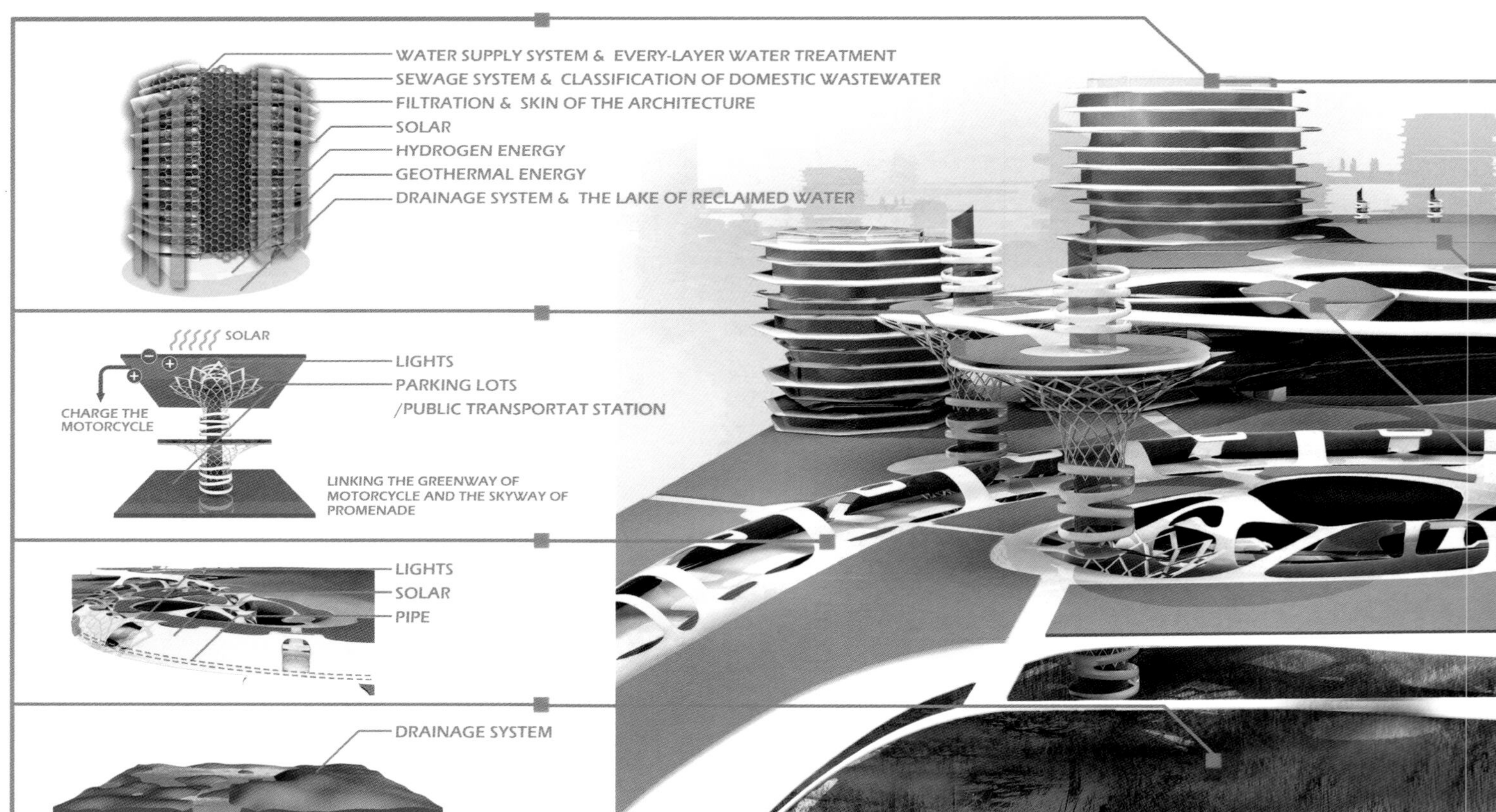
WATER SUPPLY SYSTEM & EVERY-LAYER WATER TREATMENT
SEWAGE SYSTEM & CLASSIFICATION OF DOMESTIC WASTEWATER
FILTRATION & SKIN OF THE ARCHITECTURE
SOLAR
HYDROGEN ENERGY
GEOTHERMAL ENERGY
DRAINAGE SYSTEM & THE LAKE OF RECLAIMED WATER
SOLAR
CHARGE THE MOTORCYCLE
LIGHTS
PARKING LOTS
/PUBLIC TRANSPORTAT STATION
LINKING THE GREENWAY OF MOTORCYCLE AND THE SKYWAY OF PROMENADE
LIGHTS
SOLAR
PIPE
DRAINAGE SYSTEM

未来城市组团效果图

承担城市中居民居住生活功能的空间是一种由大型柱状建筑群形成的城市组团，每个组团经过规划会有固定的生活功能承载力，组团与组团之间的距离相对均质，组团与四个立体层次连接，形成复层网状结构。这种柱状的建筑集群，每一座建筑都具有多种新能源利用系统、水处理、生活垃圾处理的微循环处理系统，对这些功能的拆分将会提高对能源及污染处理的效率，并且减轻城市整体能源设施以及环保系统的压力。每个建筑组团都是一个微型城市，复合多种生活功能，使居住的居民生活更为便捷。相对固定的生活范围与较短的通勤距离会让工作与生活更加轻松，人们可以有更多的时间与家人相处，家庭与邻里关系更加亲密。人与自然的距离不再需要几个小时的车程开到郊区，而是城在自然中，自然在城市里。

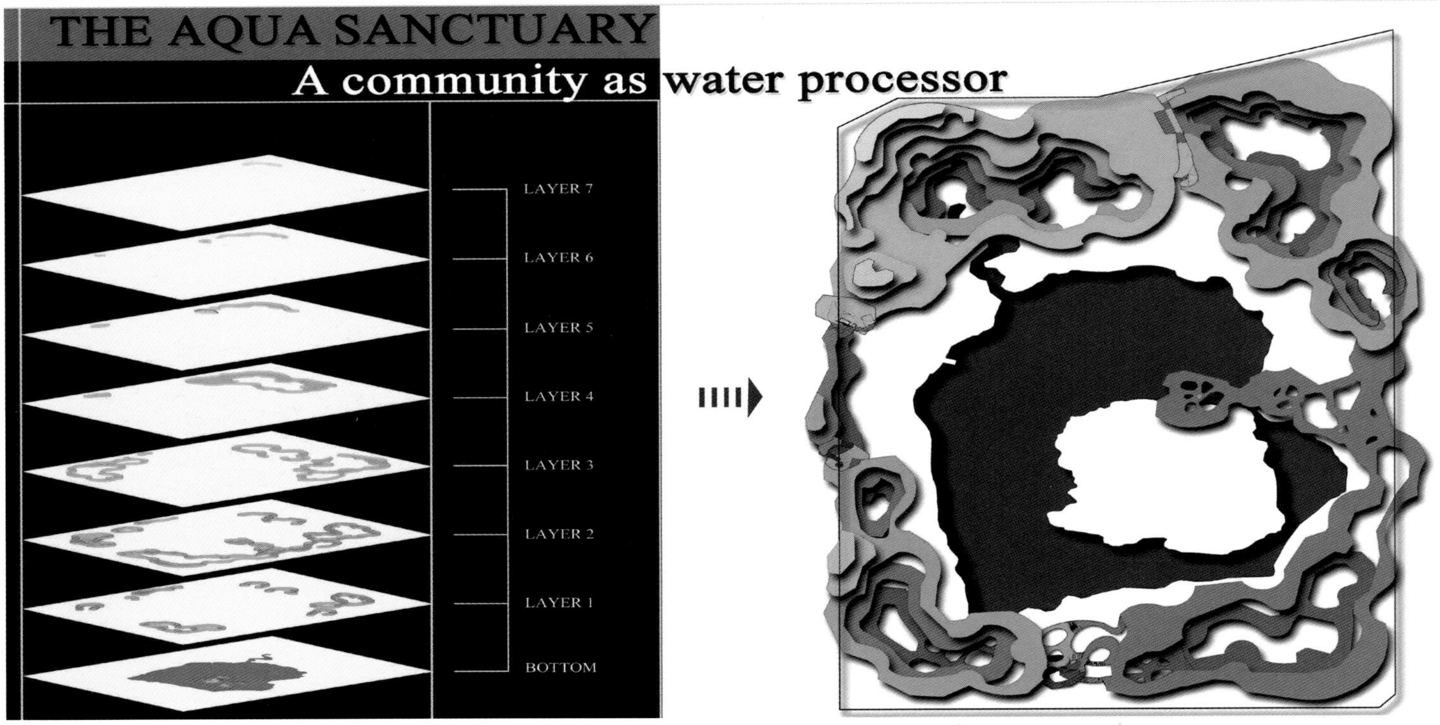

THE AQUA SANCTUARY
A community as water processor

LAYER 7
LAYER 6
LAYER 5
LAYER 4
LAYER 3
LAYER 2
LAYER 1
BOTTOM

THE AQUA SANCTUARY
——A Community as Water Processor
水的庇护所——身为水处理器的社区

作　　者：苏　怡，鲍沁星，李昱午，张云路
指导教师：李　雄
奖项名称：2008 年国际风景园林师联合会大学生设计竞赛荣誉奖

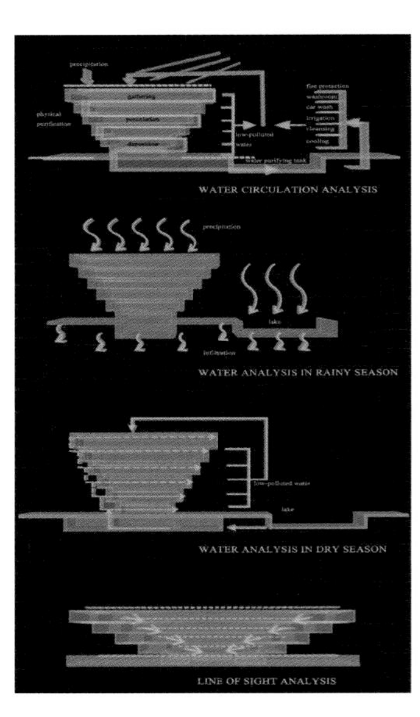

自然界的水无时无刻不在进行循环，从而维持整个生态系统的平衡与稳定。但是现代城市生活在某种程度上破坏了水循环，造成了水污染、洪水、干旱、地表水短缺、温室效应等一系列问题，严重威胁了人类的生存。人们越来越紧迫地需要水，但与此同时，生活在城市社区中的人们与自然中的水接触的机会却越来越少，人与人之间的关系也越来越淡漠。北京团结湖南北里社区于 20 世纪 20 年代发展起来，曾经这里热闹繁华，但是如今却面临缺水和人际关系淡漠的情况。我们希望通过设计“水的庇护所”，将水从物质上和精神上带回人们的日常生活，让城市社区不仅仅是生存之所，也形成可以净化、创造再生水资源的微循环系统，并增进人与水、人与人之间的互动与交流。

屋顶净化水过程示意图

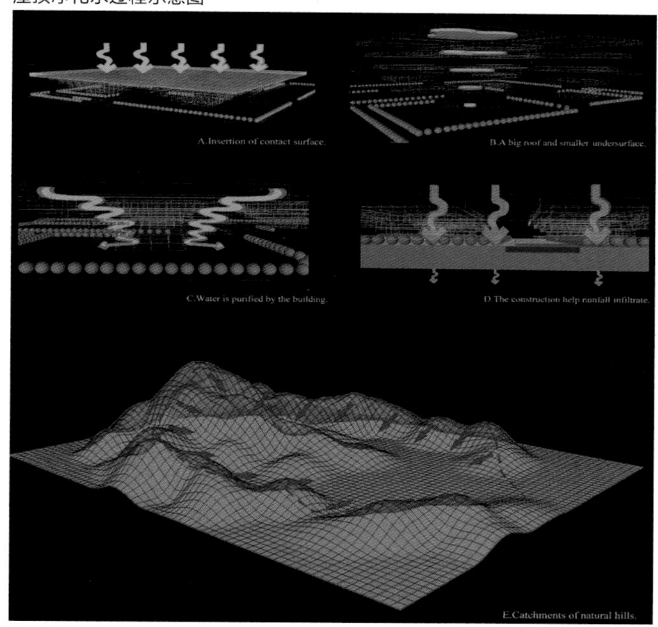

A 置入连接面　　B 大型屋顶和逐渐收缩的下层屋面　　C 建筑净化水体
D 利于水体下渗的结构　　　　E 自然山体汇水

四合院开放空间演变分析

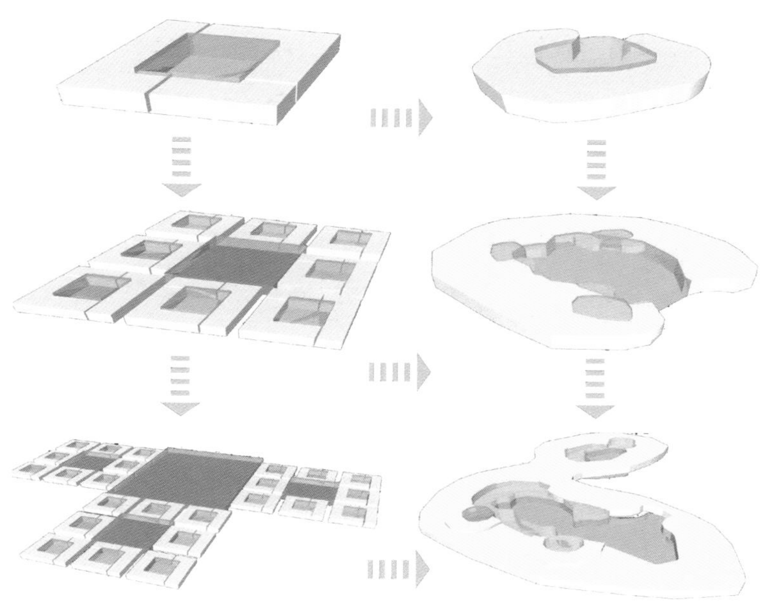

传统四合院建筑有利于促进人与人之间的沟通，创造和谐健康的生活环境。
通过单元空间的复制与组合形成多层级的水净化收集

地面交通分析

雨水收集分析

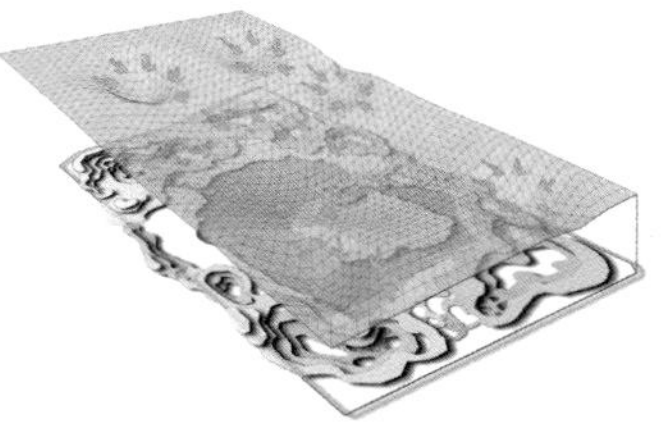

绿核分析

风向分析

总平面图

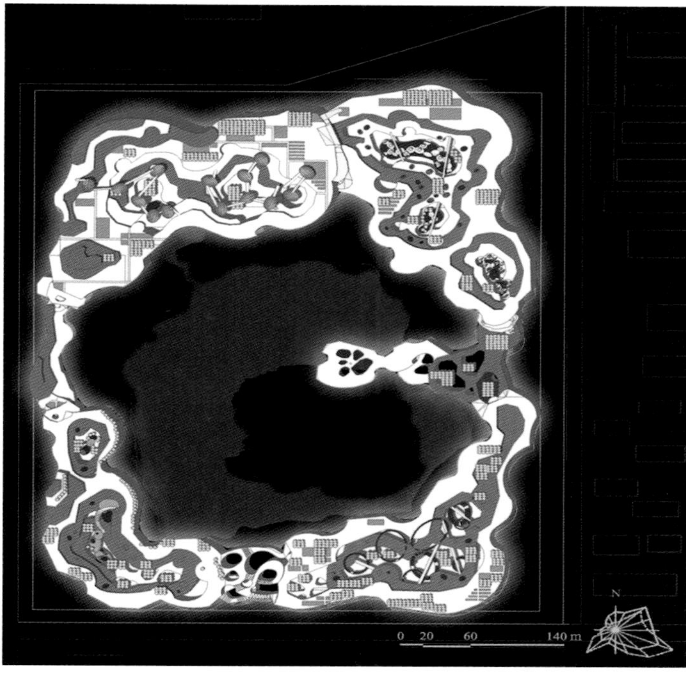

五个“绿核”详细设计

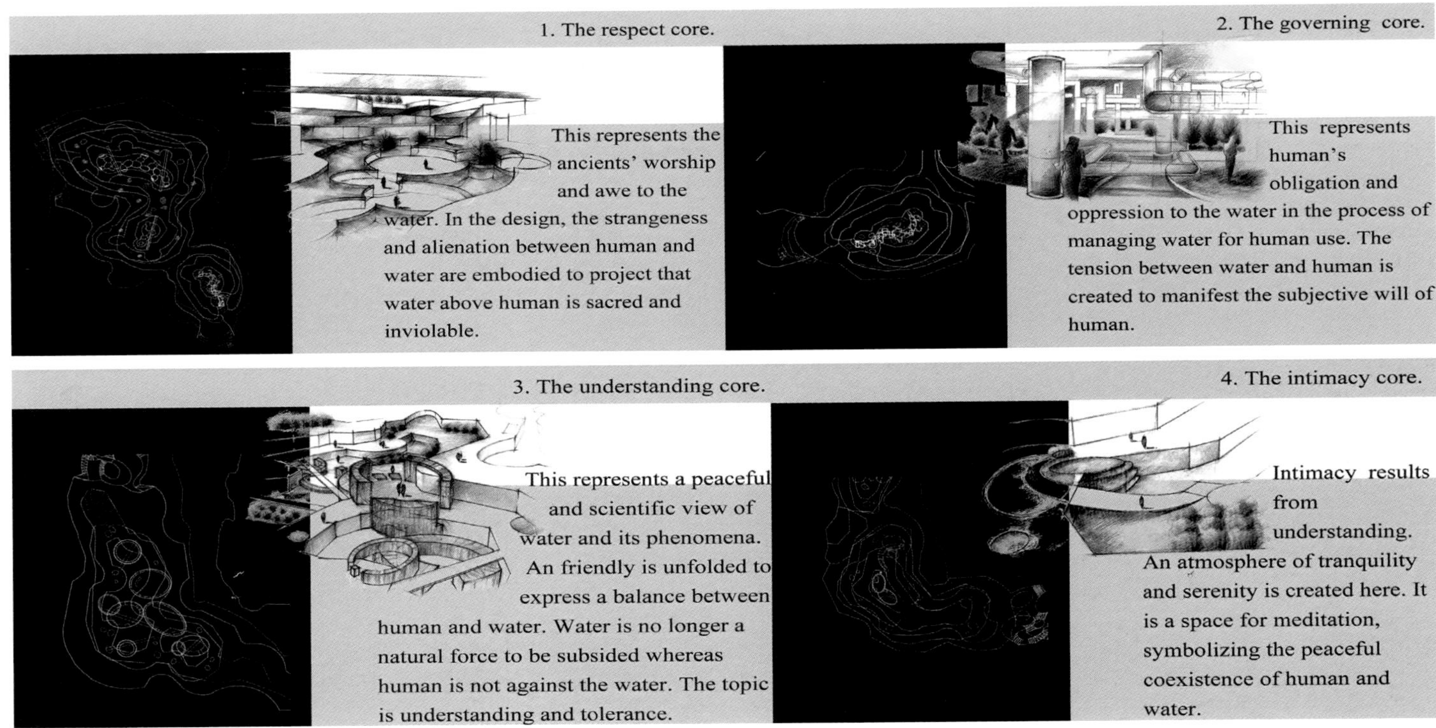

1. The respect core.
This represents the ancients' worship and awe to the water. In the design, the strangeness and alienation between human and water are embodied to project that water above human is sacred and inviolable.
2. The governing core.
This represents human's obligation and oppression to the water in the process of managing water for human use. The tension between water and human is created to manifest the subjective will of human.
3. The understanding core.
This represents a peaceful and scientific view of water and its phenomena. An friendly is unfolded to express a balance between human and water. Water is no longer a natural force to be subsided whereas human is not against the water. The topic is understanding and tolerance.
4. The intimacy core.
Intimacy results from understanding. An atmosphere of tranquility and serenity is created here. It is a space for meditation, symbolizing the peaceful coexistence of human and water.

剖面图

THE AQUA SANCTUARY

A community as water processor

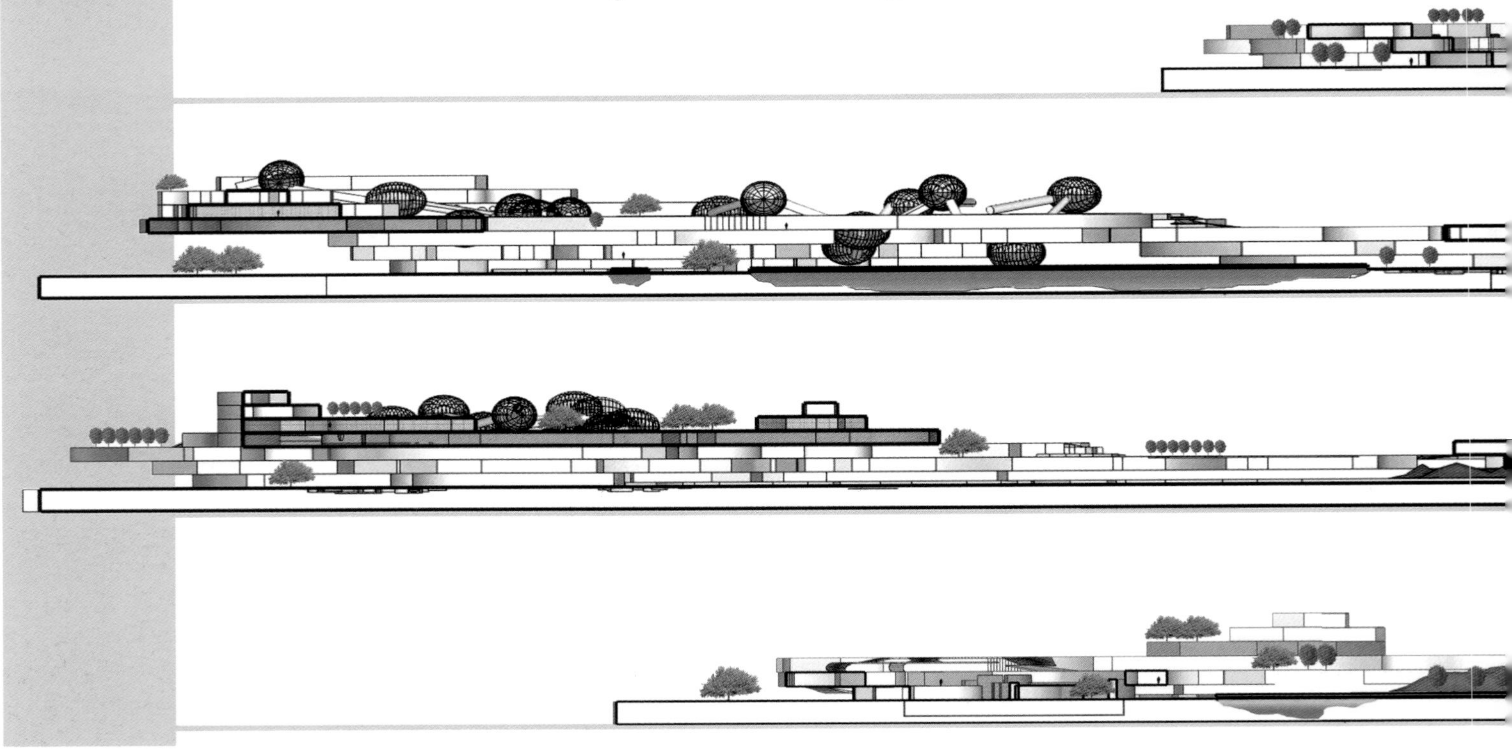

五个“绿核”展现了人与水关系发展的五个阶段：
1. 敬畏绿核：通过设计水在人之上表达水的神圣与不容侵犯。
2. 管理绿核：体现人对水的控制与利用，人与水的关系变得紧张。
3. 理解绿核：在此人们以平静、科学的视角看待水，体现人与水的互相理解与包容。
4. 亲密绿核：通过营造宁静的环境氛围，体现人与水的关系由于相互理解走向和谐。
5. 和谐绿核：人们顺应水的特性对其合理利用，从而形成人依赖水、水庇护人的良性互动。

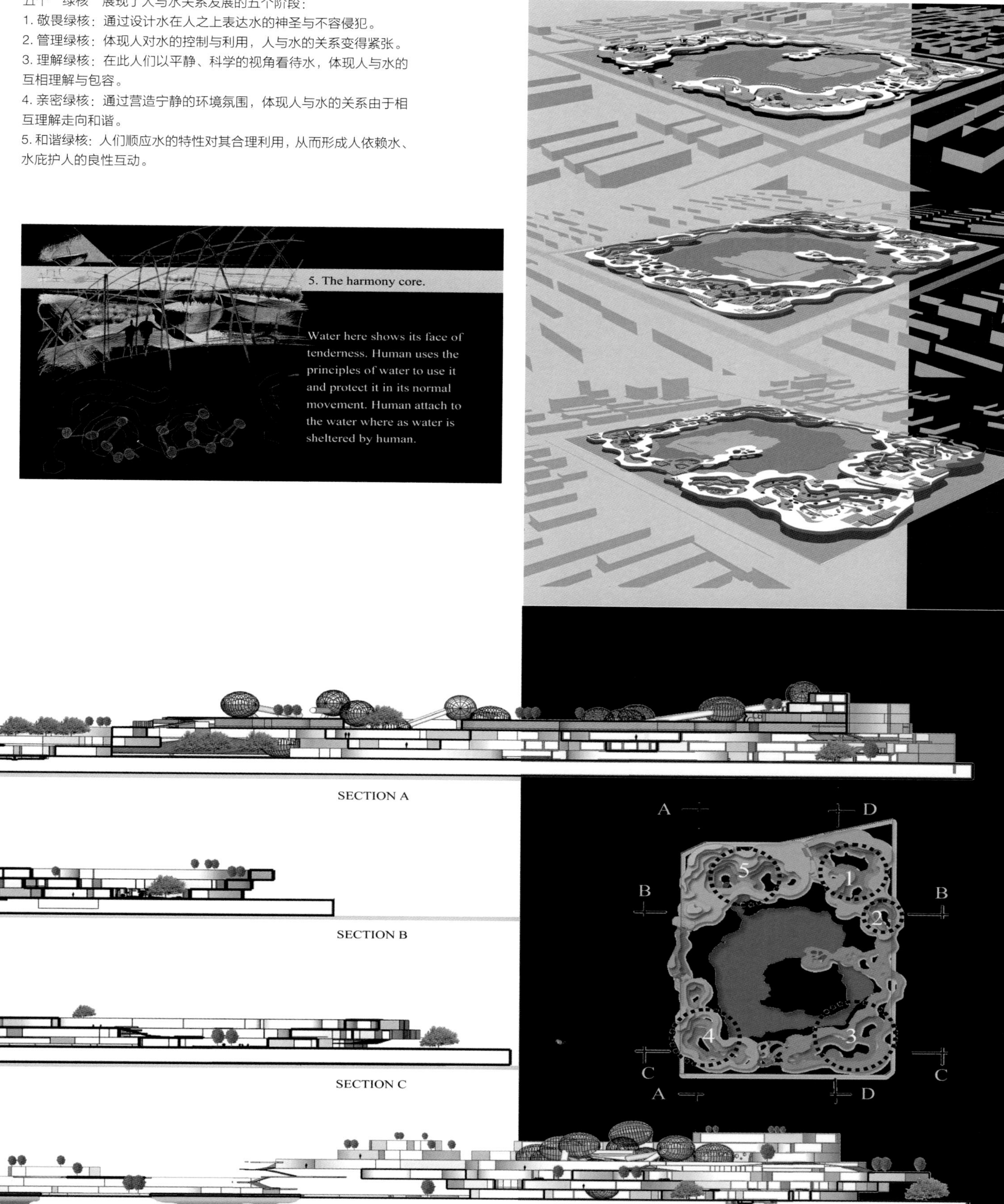

5. The harmony core.
Water here shows its face of tenderness. Human uses the principles of water to use it and protect it in its normal movement. Human attach to the water where as water is sheltered by human.
SECTION A
SECTION B
SECTION C
A
D
B
B
C
C
A
D
1
2
3
4
5

IFLAAPR

IFLA 亚太地区学生设计竞赛

IFLA 亚太地区学生设计竞赛（IFLA Asia Pacific Region Student Design Competition）是为配合 2012 年 10 月在中国上海召开的 IFLA 亚太区会议，由国际风景园林师联合会亚太地区（IFLA-APR，IFLA Asia Pacific Region）和中国风景园林学会（CHSLA，Chinese Society of Landscape Architecture）共同指导和举办的大学生设计竞赛。举办竞赛的目的是对风景园林专业学生完成的优秀的环境设计作品给予认可。

三等奖

TOMORROW VILLAGE
——Village Renewal & Innovation under the Concept of ZED (Zero Energy Development)
未来的村庄——在“零能源消耗”理念下的村庄更新

作　　者：张雪辉，郝　君，黄　灿，王　乐
指导教师：李　雄
所获奖项：2011 年国际风景园林师联合会亚太区大学生设计竞赛三等奖

受人类活动影响，中国用于农业生产的土地资源正在逐年减少。工业污染、房屋建造、过度放牧、废弃物污染和掠夺式耕种，使灌溉水源日益减少、大量耕地越来越趋向贫瘠和荒漠化。人类对土地资源掠夺式的开发利用，破坏了地表生态系统，导致人与土地的关系日趋恶化。

作者选取了一座正在逐渐走向没落的古村落——杨家峪，将包括农田、果林、养殖、水、建筑、公共空间在内的土地利用单因子逐一分析，发现该村落存在土地贫瘠、污染严重、资源浪费等问题，人与土地的关系不和谐，迫使着乡村发展模式的改善。

设计基于人与土地关系的分析，提出“零能源消耗”这一设计理念。零能源是指能源产出与消耗相持平，通过建立水处理系统、废弃物利用系统、土壤碳循环系统，使人和土地的关系由索取转变为循环利用，使村庄由能量消费型转化为能量平衡型。

设计通过水处理系统、废物利用、土壤碳循环系统的建立，提出一种未来村庄的发展模式，在重现美丽的乡村景观的同时，实现土地的可持续发展，使人与土地能够和谐相处。

人与土地关系图

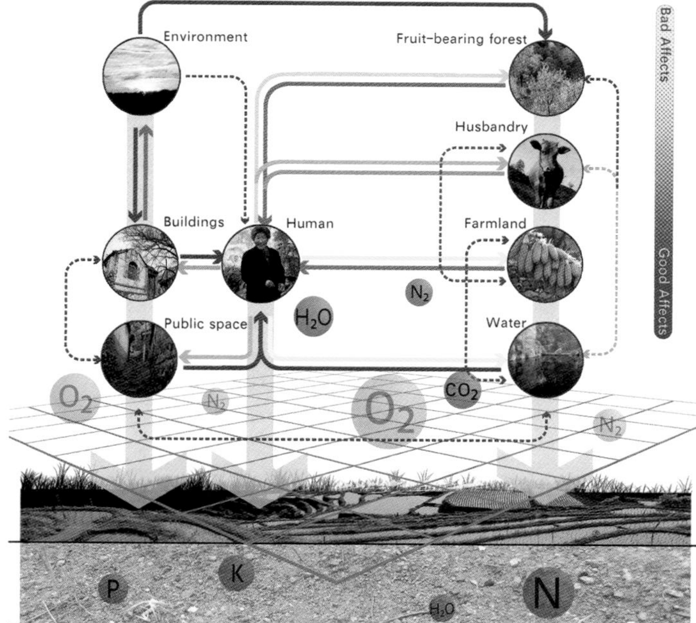

能量流动图

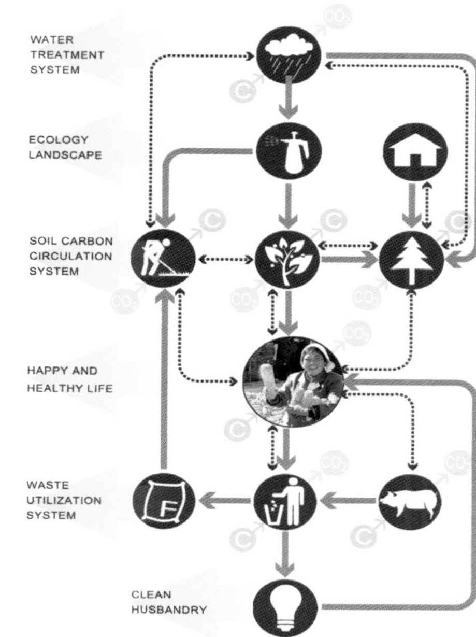

设计提出了该地区人类对土地利用的六个因子：农田、果林、养殖、水、建筑、公共空间。根据它们对土地的影响进行分析，这六个因子与人类活动、土地本身一起，构成了人类与土地相互作用的网络关系图。

基于人与土地关系的分析，提出“零能源消耗”这一设计理念，通过建立水处理系统、废弃物利用系统、土壤碳循环系统，使人和土地的关系由索取到循环利用，使村庄由能量消费型转化为能量平衡型。

三大技术手段

水处理系统要求建立雨水收集系统，将净化后的雨水用于农田灌溉；将自然排水系统与日常生活的结构相结合，节省地下水资源。

废物利用强调餐厨垃圾、农作物秸秆通过高温好氧扩培，产出微生物菌剂，用于土壤改良；养殖废水、生活粪水通过沼气发酵，产生能量供炊事、供暖、照明和气焊等。改变对牲畜粪便的处置，用于有机堆肥发酵，提高有机肥效，改良土壤。

土壤碳循环系统通过改变耕作方法，降低土壤容重，提升土壤有机质含量，增加土壤碳储量；减少化肥用量使氧化亚氮排放减少；在非林地上植树造林，将大量的二氧化碳从大气中吸收储存为生物质碳、土壤碳或收获林产品的碳。

Technological Measure

Before

Establish the rainwater collection system. The rainwater flows through the clean-up plant and then to be used in the farmland irrigation. Integrate natural systems and processes within the fabric of everyday life to save groundwater resources.

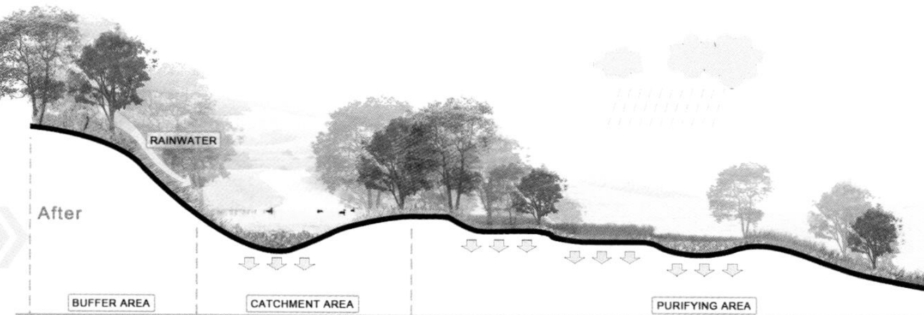

Water Treatment System

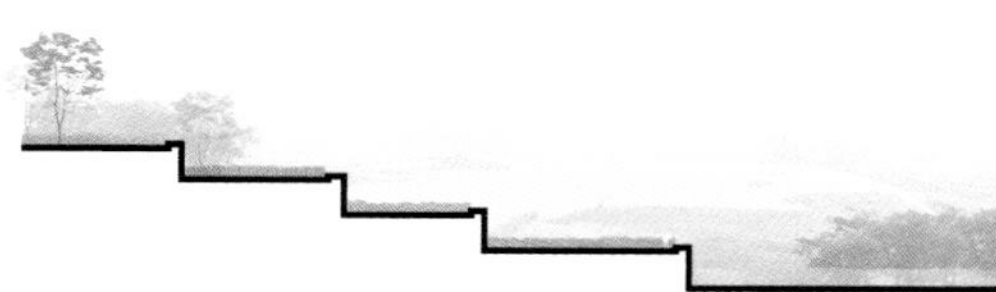

Before

Change the method of cultivation, reduce soil bulk density, and increase organic substances content and carbon storage in soil.
Reduce fertilizer use in order to cut the emissions of Nitric Oxide.
Absorb the amount of carbon dioxide from the atmosphere by planting on non-productive forest land and store the carbon as biomass carbon, soil carbon and forest products of carbon.

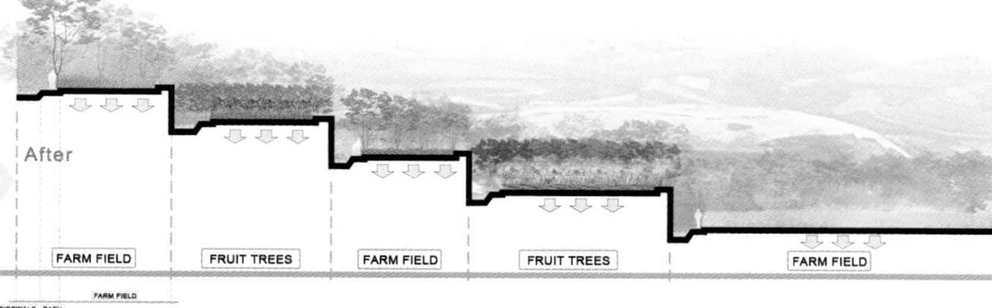

Soil Carbon Circulation System

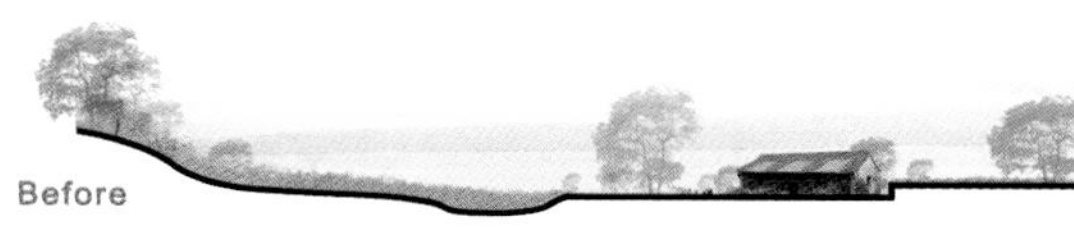

Before

The Food Waste and agricultural straw resources can be composted through high- temperature aerobic composting process. The compound Microorganisms can improve soil conditions.
The Breeding wastewater and muck water can be transformed into energy through the technology of biogas anaerobic fermentation. The energy can be used for cooking, heating, lighting and geo-drilling etc.
Change the way of disposal of animal waste. They can be used on organic solid waste for composting in order to improve soil conditions.

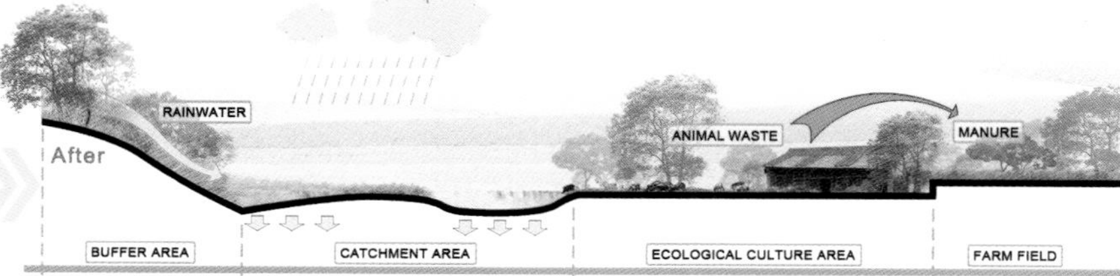

Waste Utilization System

分析与规划

规划平面图

以杨家峪为例，提出一种未来村庄的零能耗发展模式，在重现美丽的乡村景观的同时，实现土地的可持续发展，使人与土地能够和谐相处。

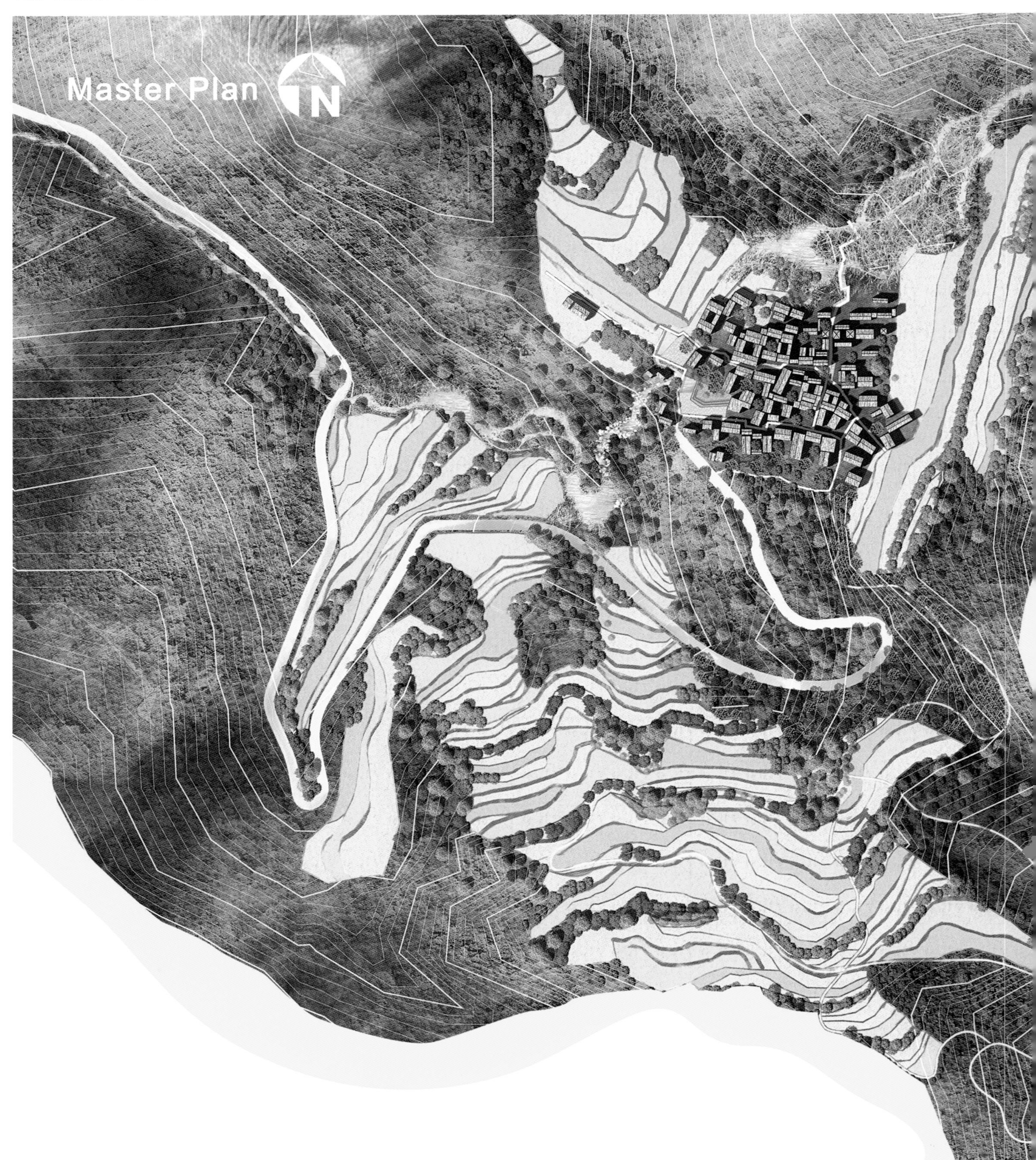

土地利用分析

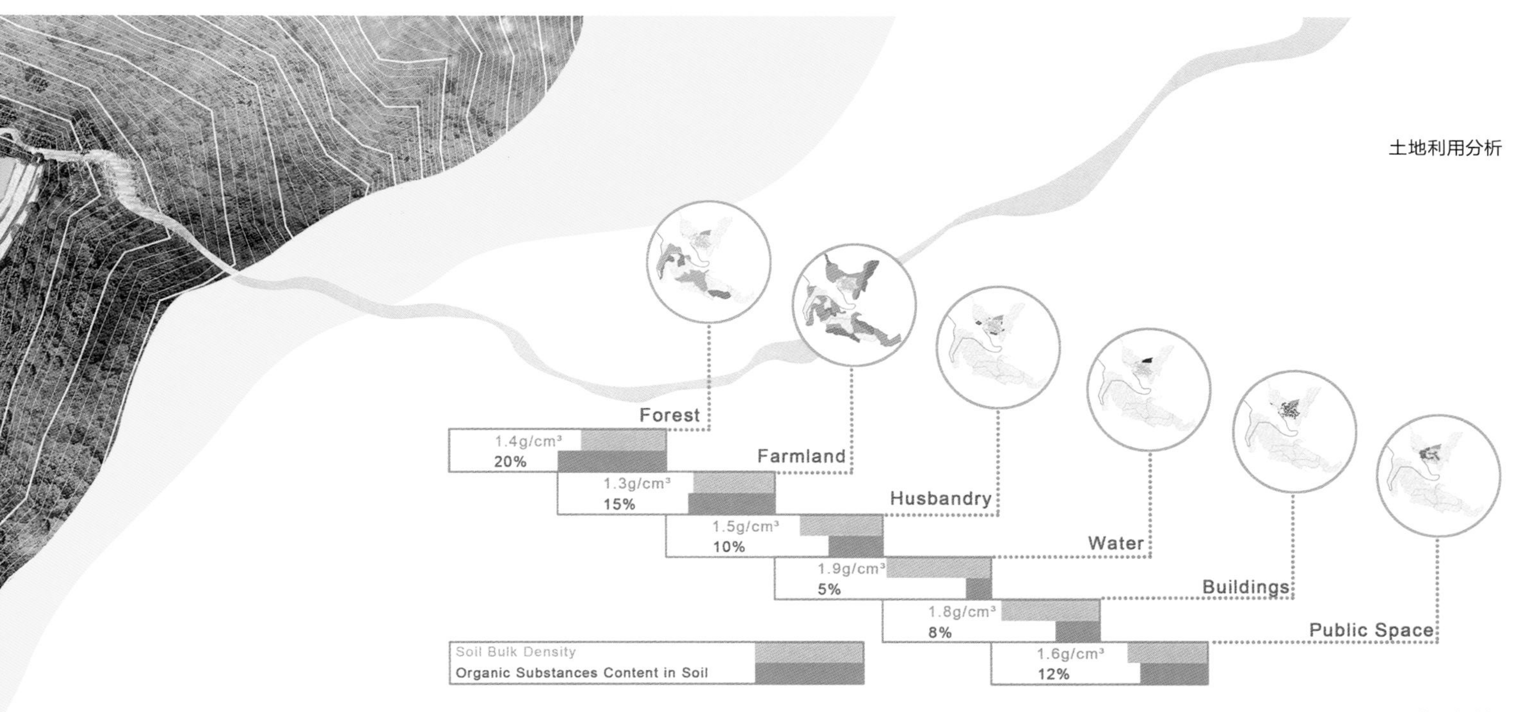

人群活动分析

六项单因子分析

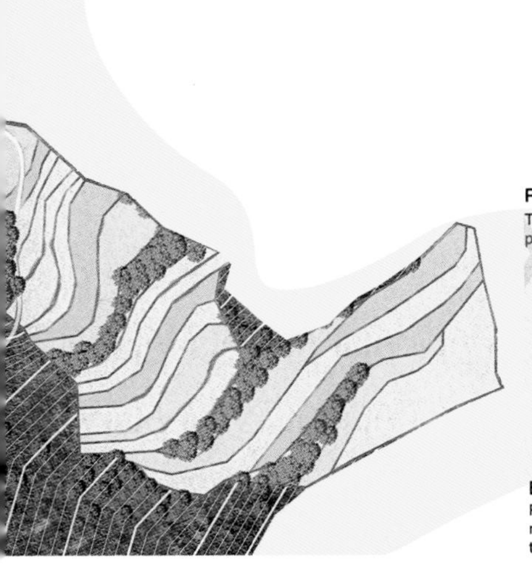

Public space
The space are wasted and the garbage pollution problem is serious.

Water
Tap water is the main source for living, there are no rainwater-collection units.

Fruit-bearing forest
Fruit-bearing forest are on the mountains terraced field. The walnut and wild apricot are mainly planted.

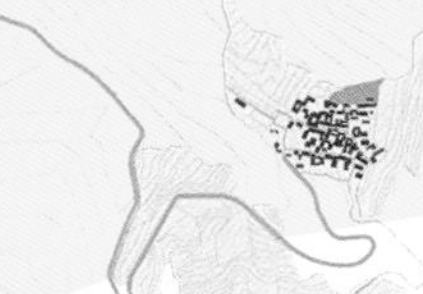

Buildings
Part of the old buildings are destroyed and the materials of new buildings are not beneficial to the environment .

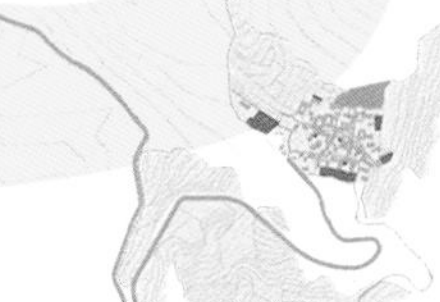

Husbandry
Husbandry scatters around the village. Such as sheep, pigs, chicken, cows, and the animal excrements are waste.

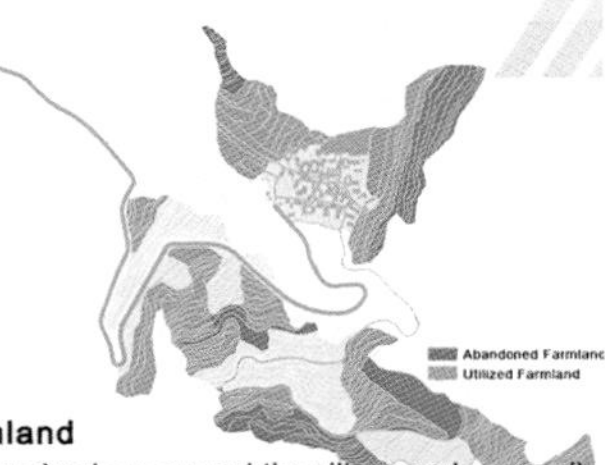

Farmland
The farmland are around the village and poor soil fertility. The millet and the corn are mainly planted.

效果与鸟瞰

效果图

Fruit-bearing forest landscape
果林

Public space
公共空间

鸟瞰图

建立水处理系统、废弃物利用系统、土壤碳循环系统，使人和土地的关系由索取到循环利用改变，使村庄由能量消费型转化为能量平衡型。

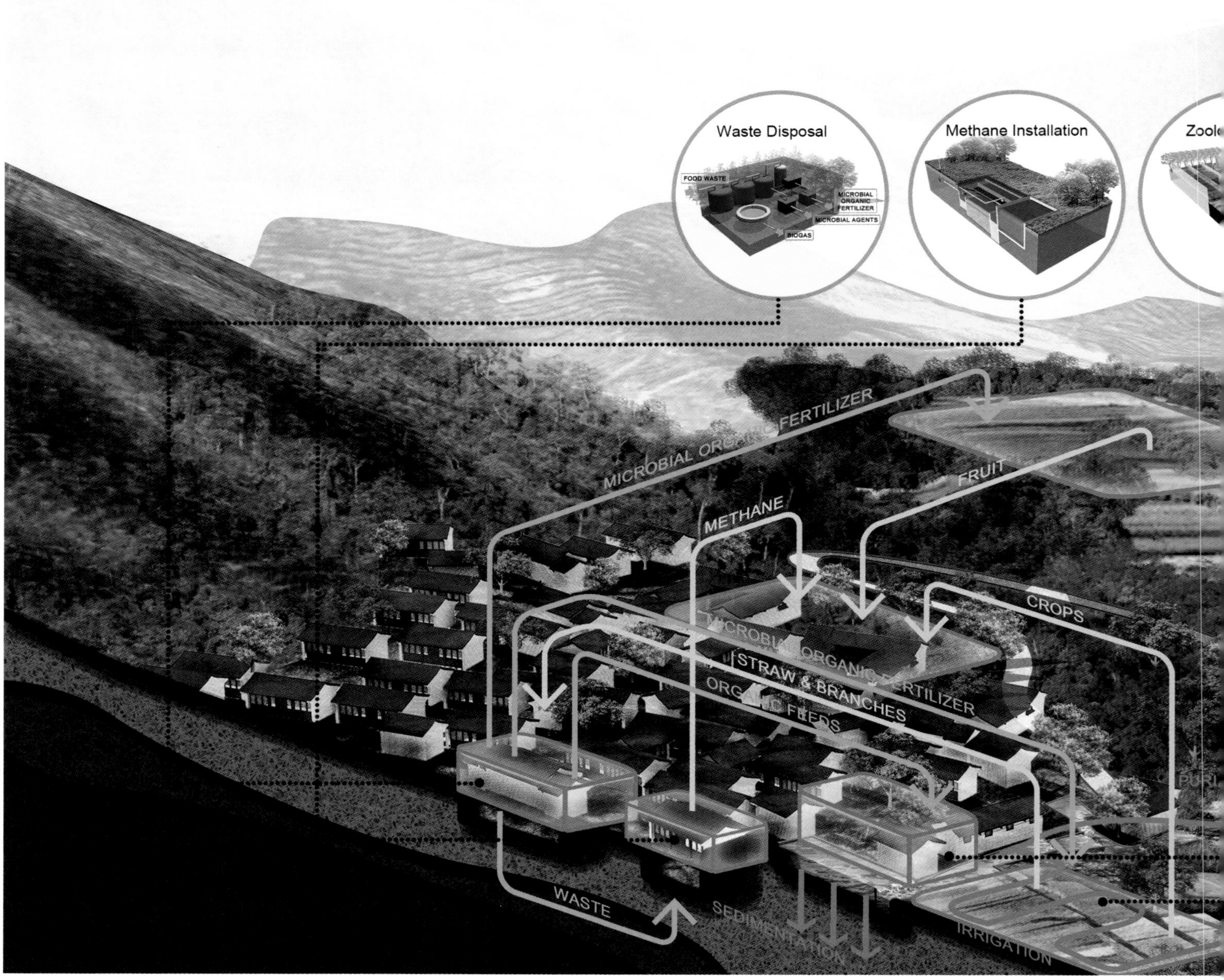

Farmland landscape
农田

Water landscape
水体

Ecological Cropping

BE FRIENDS WITH THE FLOOD

——Land-sharing Plan for Ecological and Culture Sustainability in Estuary Area, Dang Noi, Vietnam

与洪水为友——越南河口地区生态和文化可持续发展的土地共享计划

作　　者：李方正，刘昱希，郭祖佳
指导教师：李　雄，肖　遥，林辰松
奖项名称：2017 年国际风景园林师联合会亚太区大学生设计竞赛荣誉奖

针对越南河口地区社会经济衰退、洪水泛滥、海平面上升以及土地盐碱化和水土流失的问题，规划借助传统农耕模式中抵御洪水的生态智慧，去解决区域盐碱化的问题，构建新的土地共享策略。

策略主要包括：利用淤泥改良盐碱地，构建土壤循环体系；利用红树林加固土壤；最终将淤泥转为稳定台丘。

规划还对河口地区生态和文化的可持续发展进行策划，主要包括：第一，针对不同修复阶段的土地利用模型进行分期规划；第二，依据洪泛周期与耕作周期，进行季节性种植规划，引导农业发展。

场地位于越南河口地区，主要存在以下问题：

（1）本地社会经济的衰败；

（2）洪水泛滥以及海平面上升

（3）洪水泛滥造成的土地盐碱化与水土流失

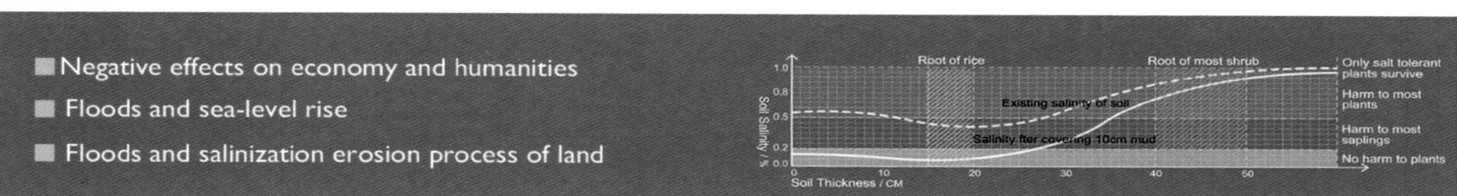

逻辑框图

规划借助传统农耕模式中抵御洪水的生态智慧，去解决区域盐碱化的问题，构建新的土地共享策略。

策略主要包括：利用淤泥改良盐碱地，构建土壤循环体系；利用红树林加固土壤最终将淤泥转为稳定台丘。

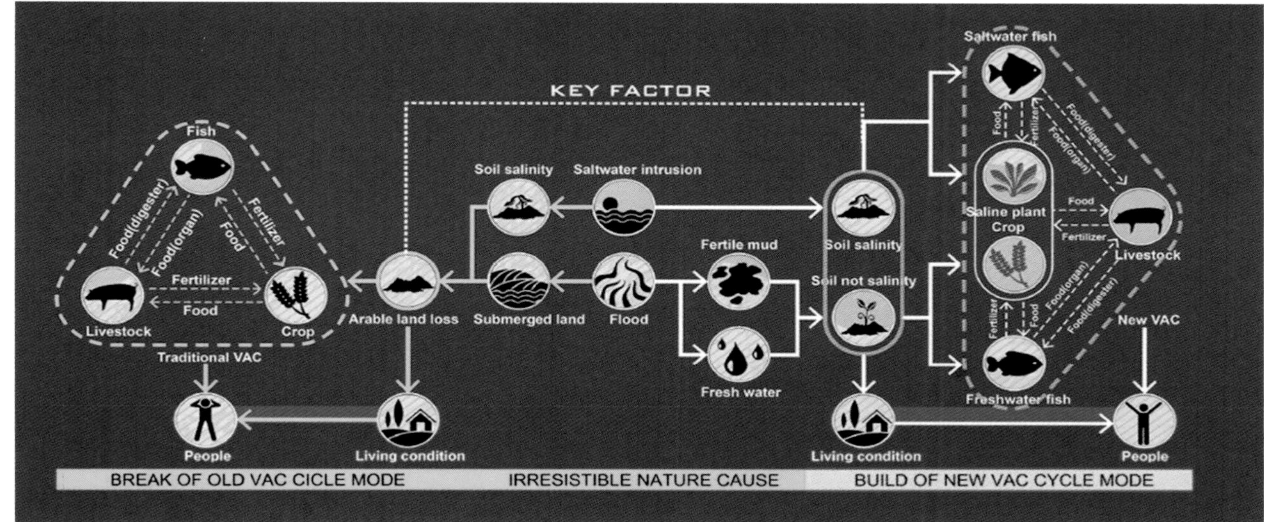

总平面图

图例从上至下依次为汇水路径、水与泥沙的汇流路径、洪水淹没区域、耐盐碱作物、红树林、泥丘、农田区、水产养殖池塘和住宅区。

KEY of LEGEND

- Water Flow Path
- Flow Path with Water and Mud
- Salinity level
- Flood Area
- Salt-tolerant Crops Area
- Mangrove Planting Structure
- Mud Mound
- Farmland area
- Aquaculture Pond
- Residence

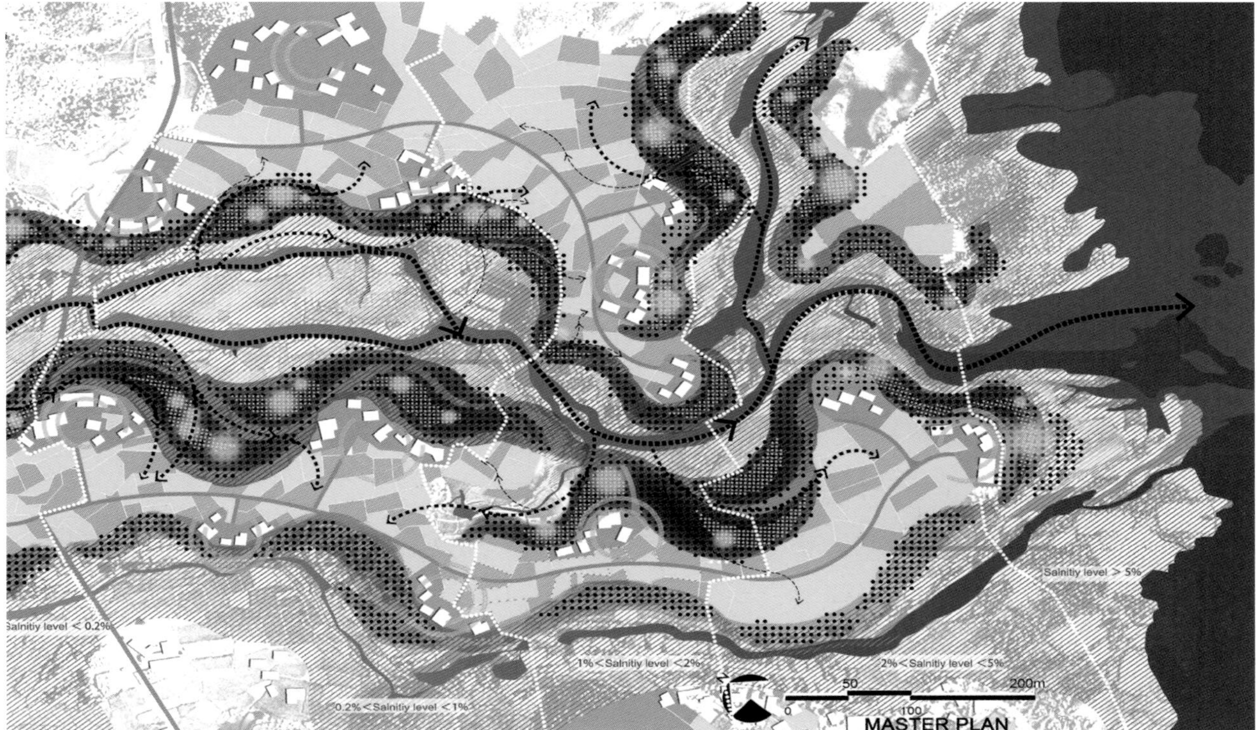

规划构想

土地利用策略图

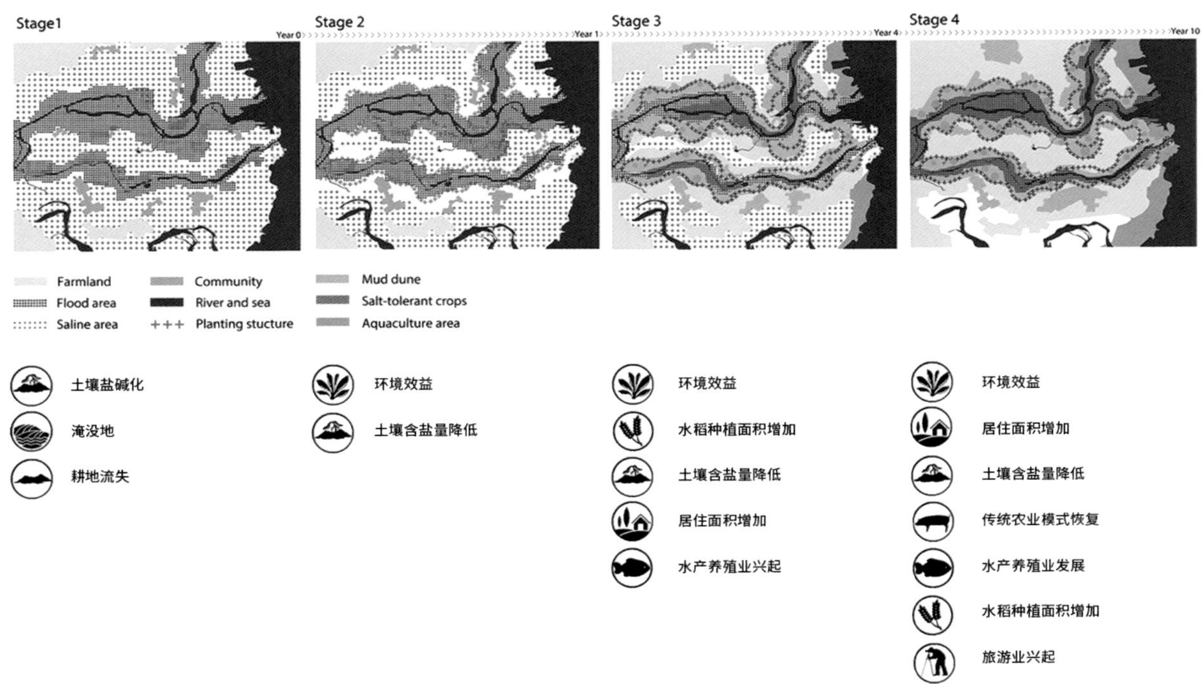

图例每列从上至下依次为农田区、洪泛区、盐碱区、社区、水体、种植结构、沙丘、耐盐碱作物种植区和水产养殖区。

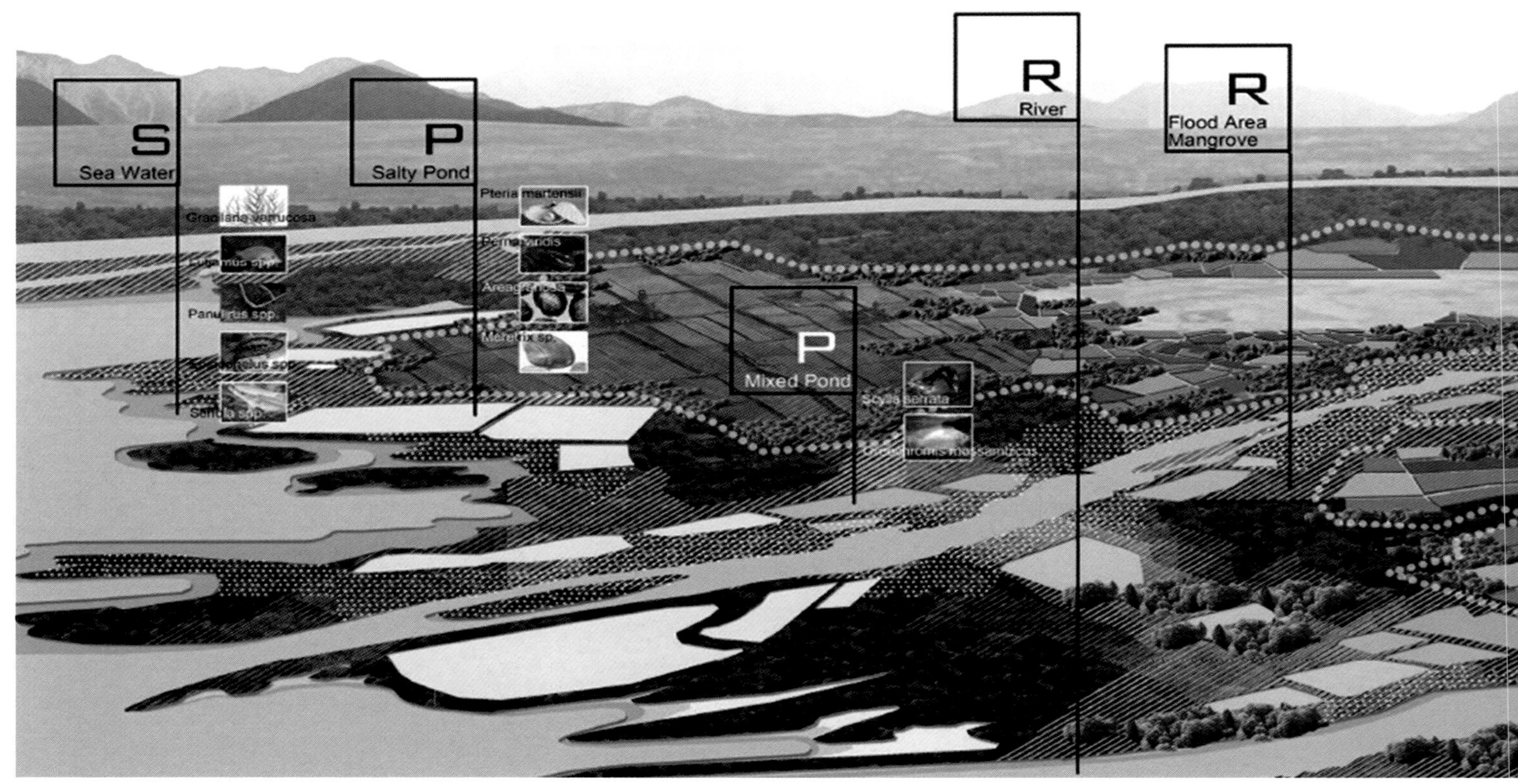

季节耕种策略图

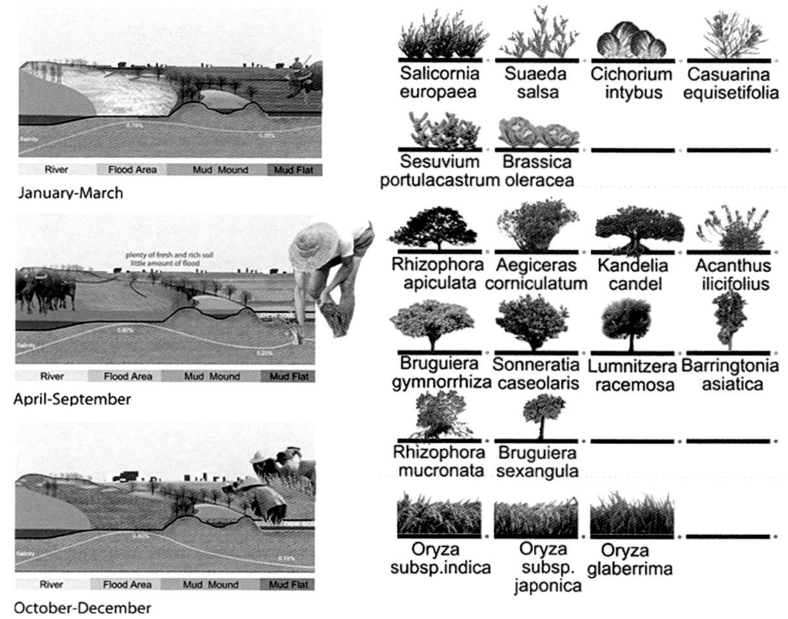

季节性的耕种策略：
基于洪泛周期与耕作需求，确定了季节性的种植策略，并对树种进行了规划。分 1~3 月、4~9 月、10~12 月，在水体、洪泛区、山丘和滩涂地四个不同的区域，根据水位变化策划不同的生产生活方式。

鸟瞰图

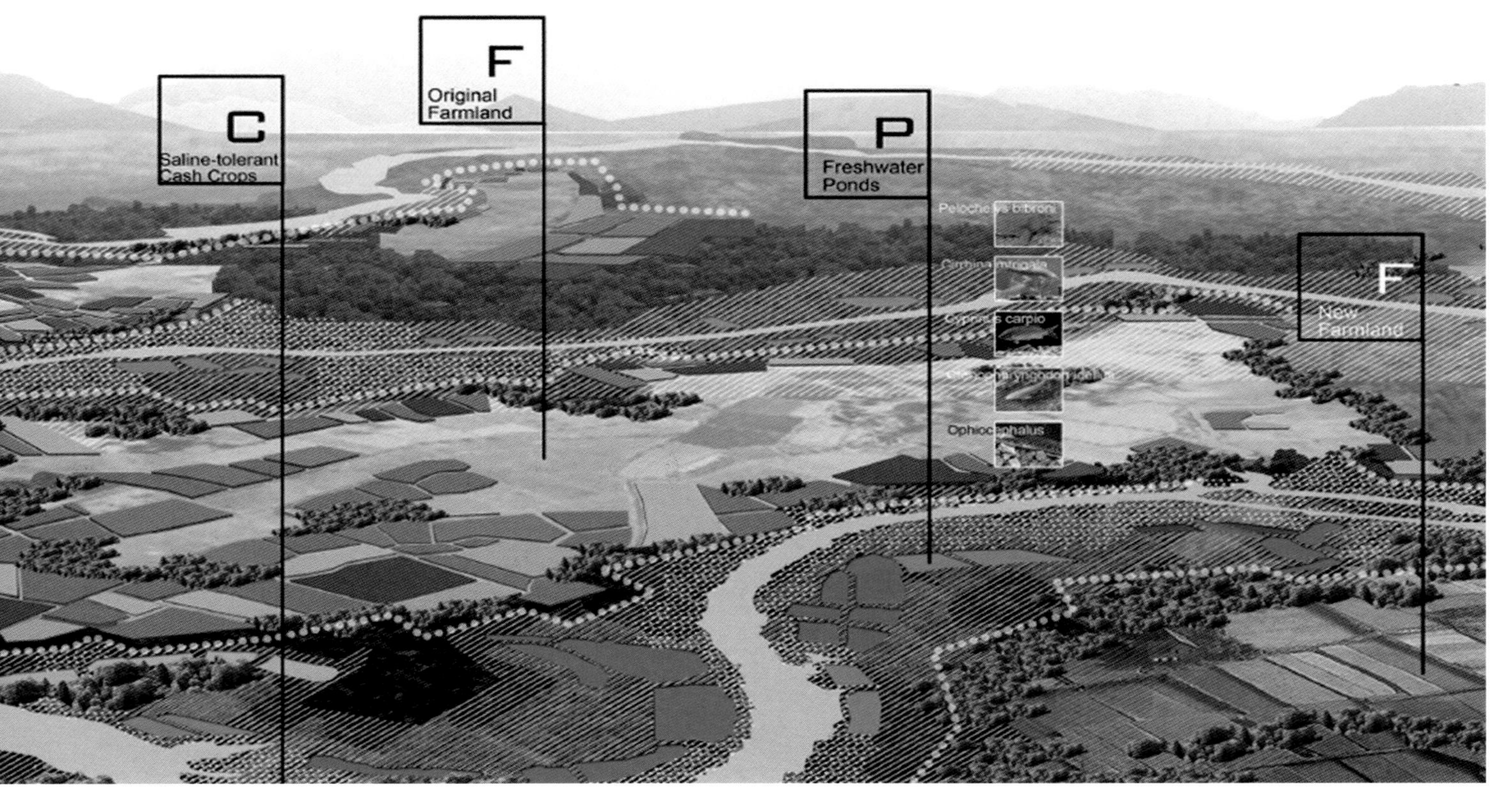

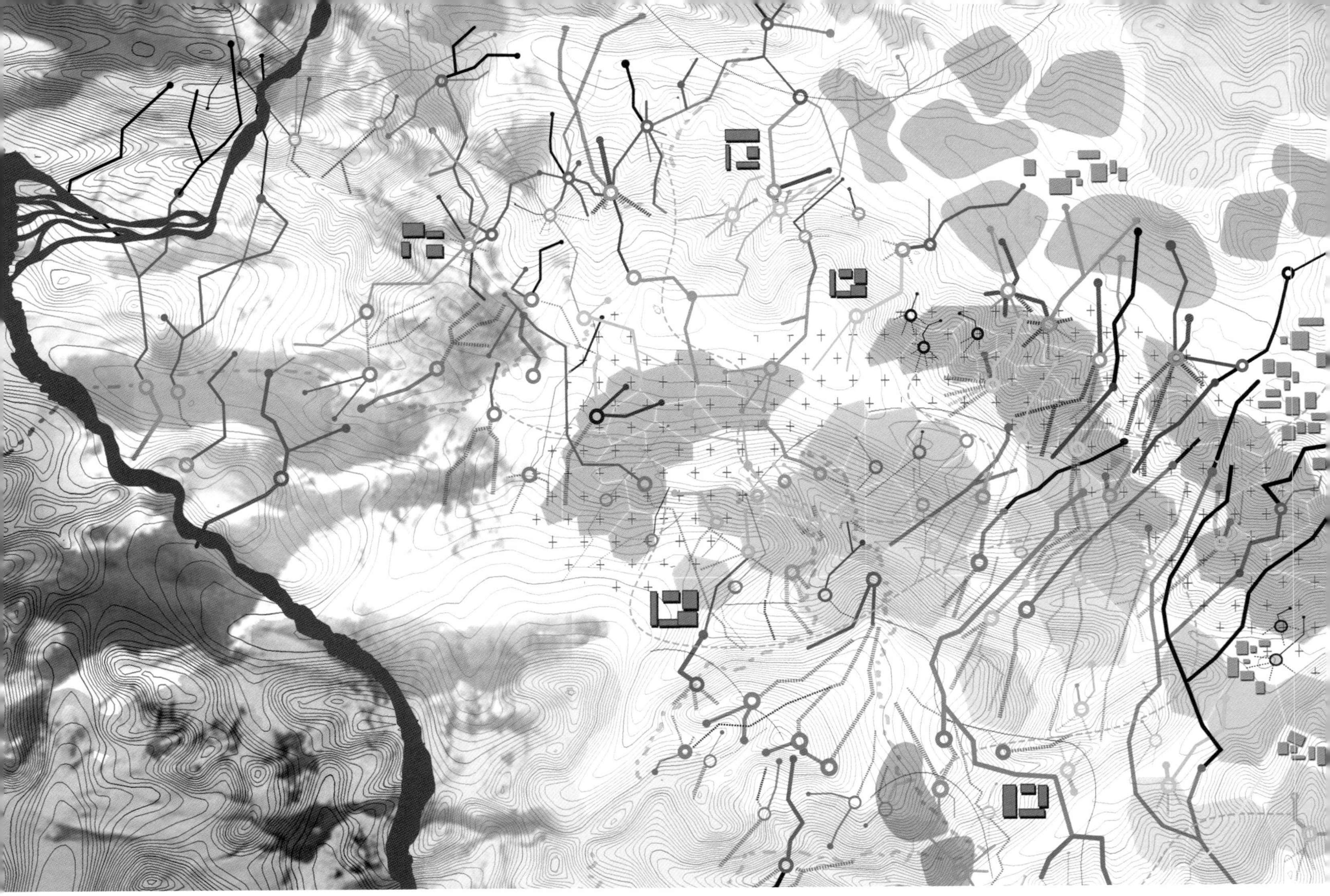

A SONG OF ICE AND FIRE
——To Construct a Multi-function Cycle System Based on Water Tristate Conversion Process in Eyjafjalla Volcano, Iceland
冰与火之歌——利用水的三态转化在冰岛 Eyjafjalla 火山构建多功能循环系统

作　　者：吴　然，胡　楠，刘　玮，李婉仪，魏翔燕
指导教师：李　雄
奖项名称：2015 年国际风景园林师联合会亚太区大学生设计竞赛荣誉奖

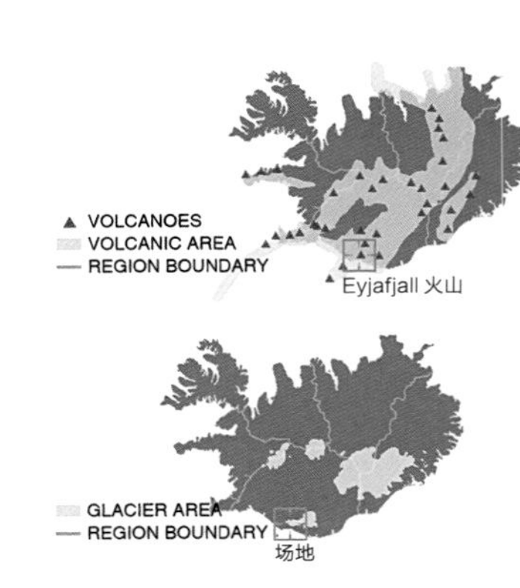

冰岛是北大西洋中的一个岛国，位于北大西洋和北冰洋的交汇处，欧亚大陆板块和北美大陆板块的分界线上。冰岛地处大西洋中脊上，是中大西洋海岭的火山聚集区，地质活动频繁。由于冰岛所在位置已经接近北极圈的范围、气候严寒，因此高原上常年都有冰河存在。随着近百年来全球气候变暖，冰河的不断融化使高原底下的岩浆活动越发活跃，诱发火山裂隙式喷发。火山喷发进一步加快了冰河融化速度，洪水灾害日趋严重，甚至已超过火山喷发的危害。

逻辑框图

方案希望通过风景园林的手段建立一个良性的循环系统，该系统利用水的三态转化过程，维持火山表面环境平衡，减缓火山爆发与暴洪发生的可能性，从而保障人居环境与自然生态的稳定性，整合多种产业、促进经济发展。

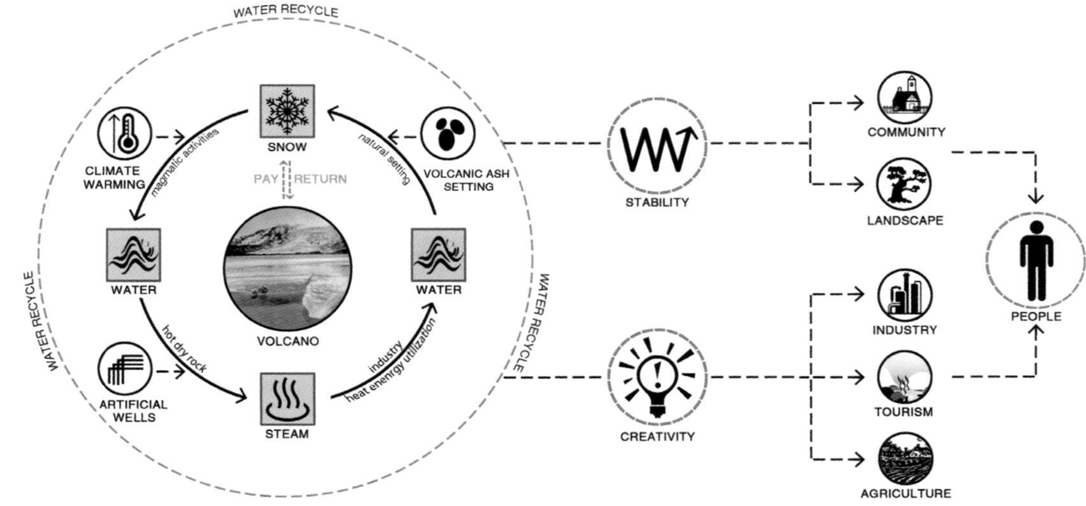

产能原理

当冷水注入热岩的第一级孔洞中时，由于冷热的相互作用会使岩石瞬间形成更多的缝隙，同时汽化作用产生大量的水蒸气将通过缝隙扩散至第二层次的孔洞，并从中溢出。

将水蒸气产生的压力直接作为动力用于工业生产。

将水蒸气收集使其液化，释放的热量将作为热能用于工业生产。

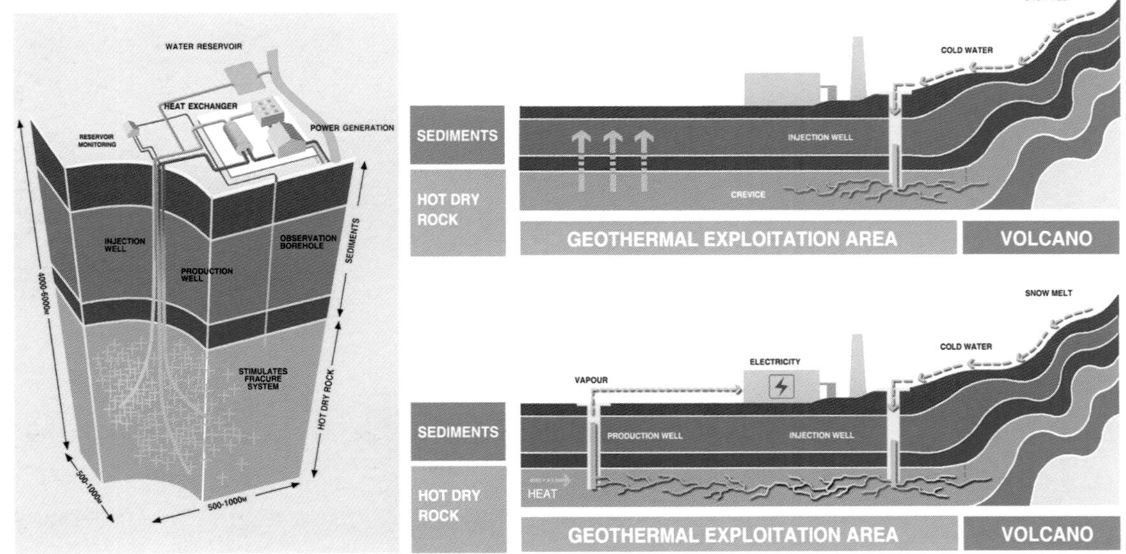

循环过程

利用水的三态转化，将雪在岩浆活动与气候变暖条件下转变成的雪水加以利用，通过孔洞收集蒸汽原理、利用汽化、液化等过程产生的能量发展工业、旅游业、农业，利用自然水循环过程与火山灰的凝结核作用使液态水最终还原成固态雪，维持火山表面平衡，减缓火山爆发与暴洪发生的可能性。

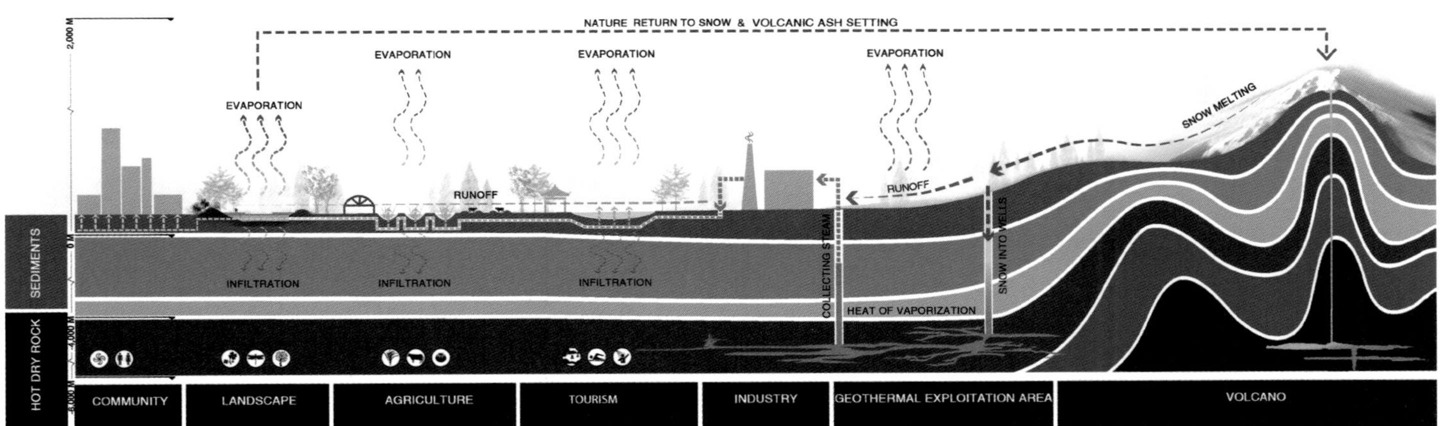

规划分析及专项设计

水分布图

图例分别表示汇水（蓝色）、裂缝水（红色）、液化后的水（橙色）、降温后的水（淡蓝色）。

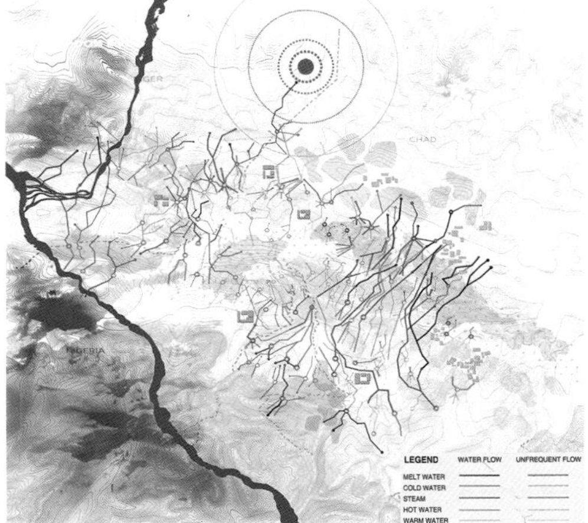

人居环境分布图

图例表示村庄及周边建筑、交通、绿地、场地。

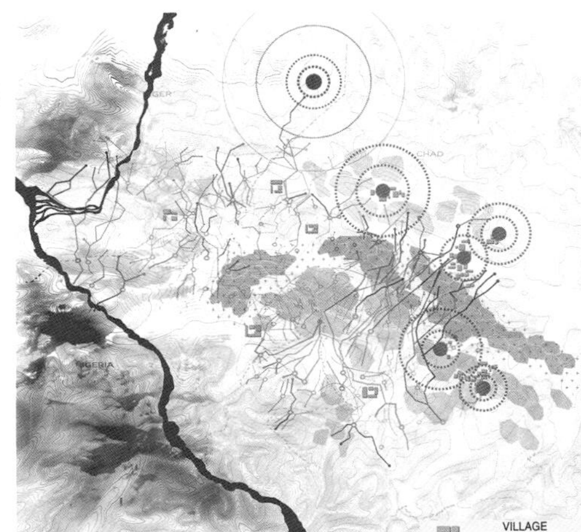

井孔分布图

图例分别表示入口井孔（棕色）、出口井孔（蓝色）。

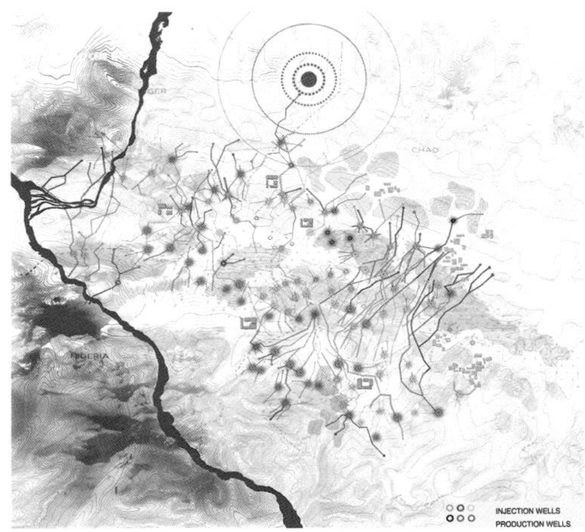

业态分布图

图例分别表示工业（深蓝）、农业（浅蓝）及能量站。

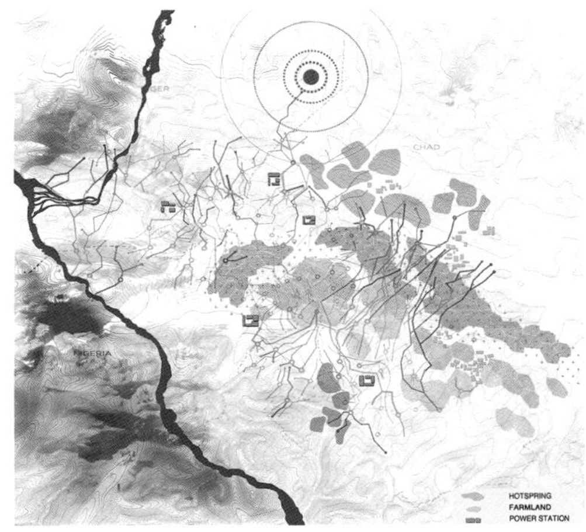

人居专项

COMMUNITY SITE SECTION

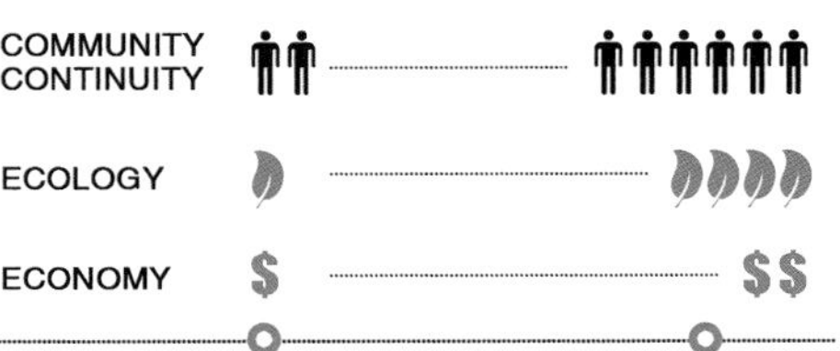

REUSE FOR DAILY LIFE

WATER STORAGE TANK

生态专项

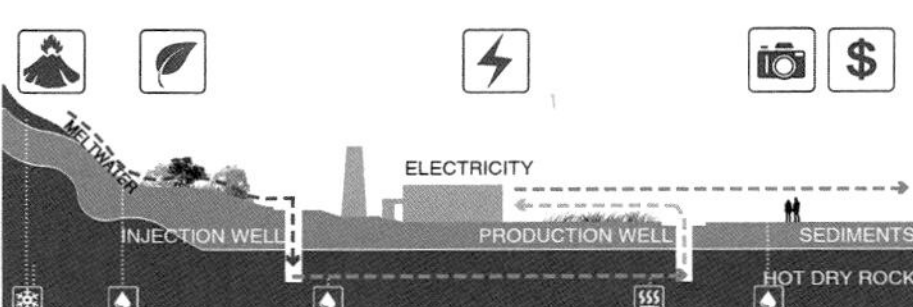
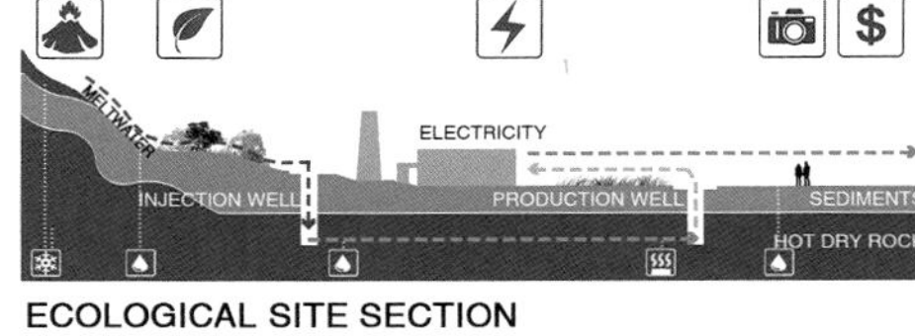

ECOLOGICAL SITE SECTION

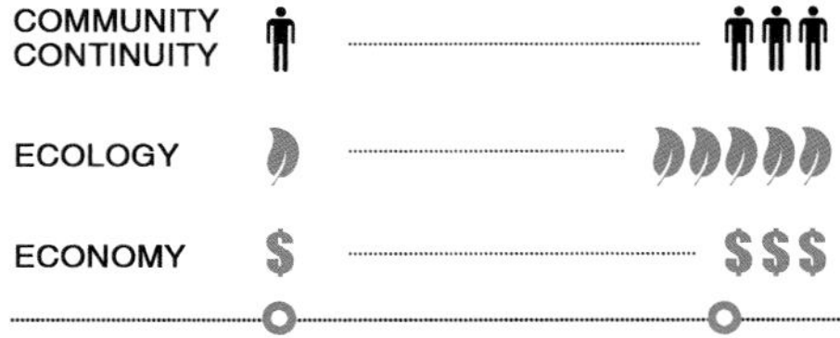

经济专项

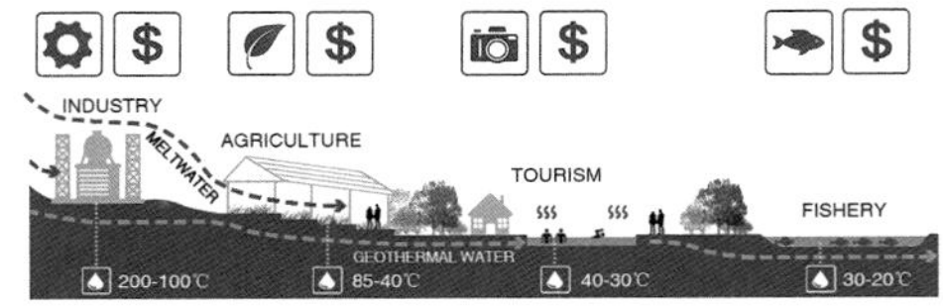

ECONOMICAL SITE SECTION

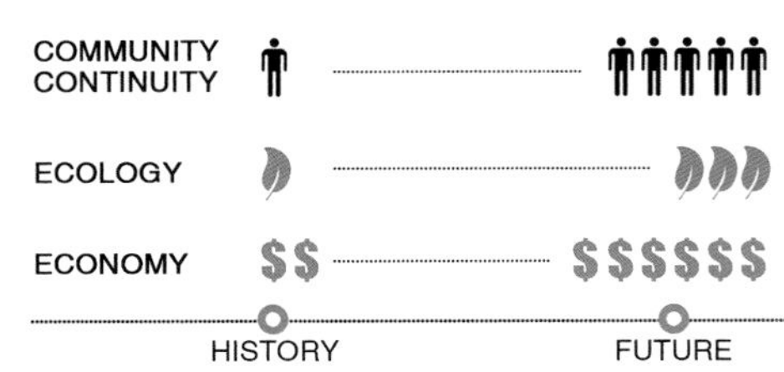

细部设计图

01
ECONOMY
DECELOPMENT

02
ECOLOGY
RECOVERY

03
RESIDENTIAL
ESTABLISH

通过经济振兴、生态修复、住区更新三方面的具体设计落实规划目标——保障人居环境与自然生态的稳定性，整合多种产业、促进经济发展。

规划展望

图中展现了农业供暖、温室供热、住宅供暖、工业供热、温泉及热电从 15~95℃的不同使用方式，它们组成了冰与火的合理利用下的良性的循环系统，体现了人与自然的和谐共荣。

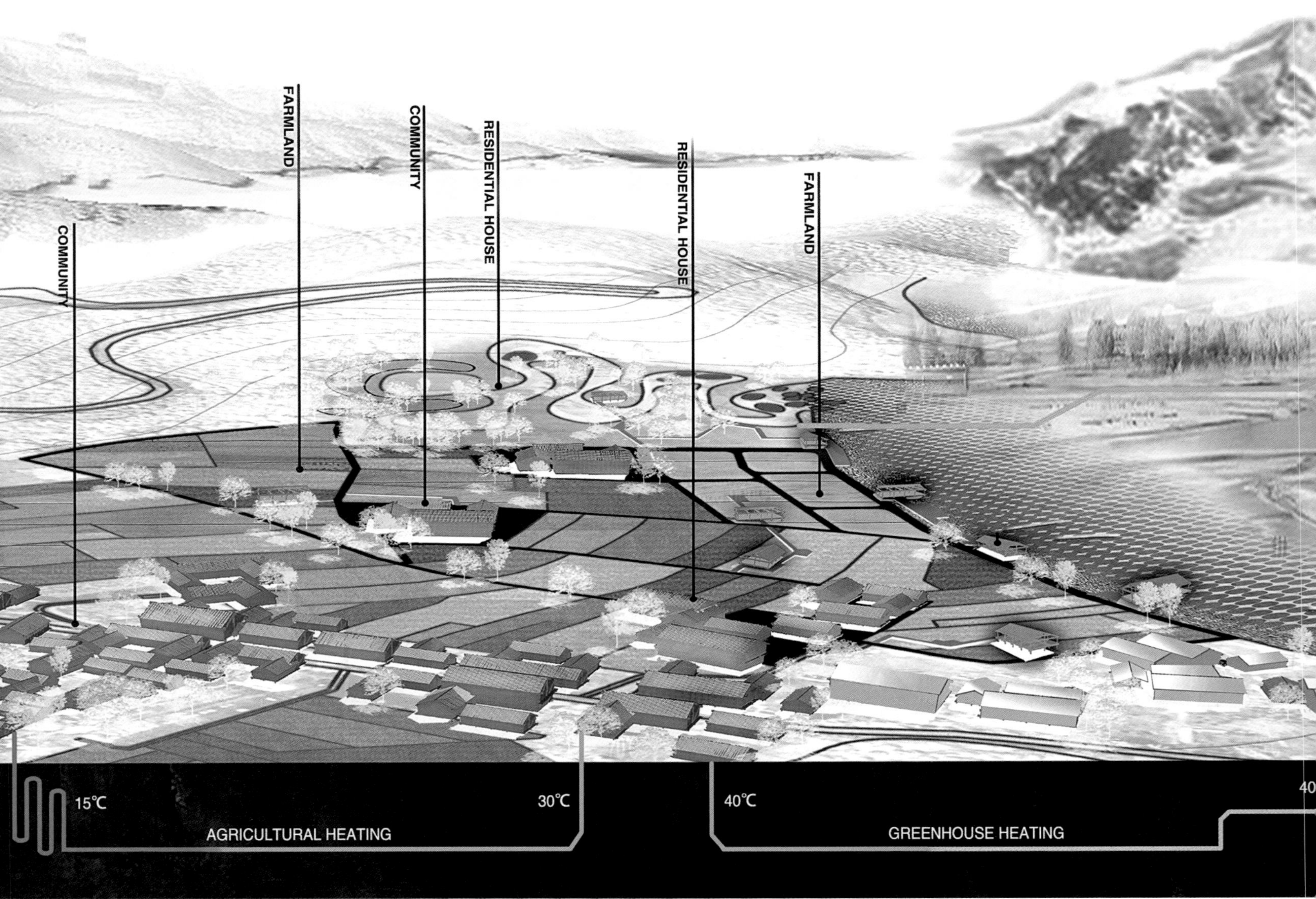

鸟瞰图

COLD WATER COLLECTION
SNOW MELT
HEAT SUPPLY
POWER GENERATE
55℃
75℃
HOTSPRING
95℃
RESIDENTAL HEATING
INDUSTRIAL USE

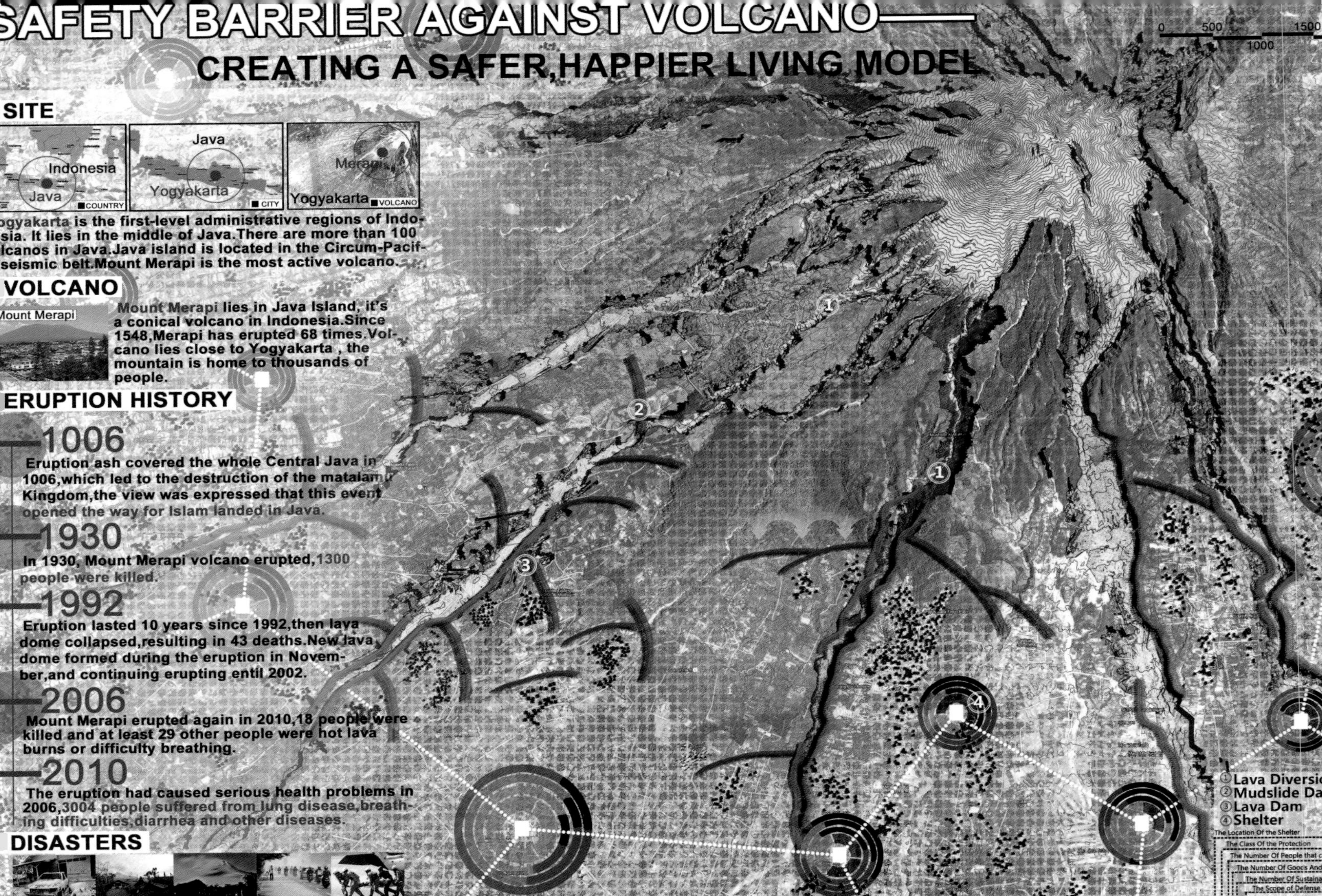

SAFETY BARRIER AGAINST VOLCANO——
CREATING A SAFER,HAPPIER LIVING MODEL
0 500 1000 1500
SITE
Indonesia
Java
COUNTRY
Java
Yogyakarta
CITY
Merapi
Yogyakarta
VOLCANO
ogyakarta is the first-level administrative regions of Indo-
sia. It lies in the middle of Java.There are more than 100
lcanos in Java.Java island is located in the Circum-Pacif-
seismic belt.Mount Merapi is the most active volcano.
VOLCANO
Mount Merapi
Mount Merapi lies in Java Island, it's a conical volcano in Indonesia.Since 1548,Merapi has erupted 68 times.Volcano lies close to Yogyakarta , the mountain is home to thousands of people.
ERUPTION HISTORY
1006
Eruption ash covered the whole Central Java in 1006,which led to the destruction of the matalam Kingdom,the view was expressed that this event opened the way for Islam landed in Java.
1930
In 1930, Mount Merapi volcano erupted,1300 people were killed.
1992
Eruption lasted 10 years since 1992,then lava dome collapsed,resulting in 43 deaths.New lava dome formed during the eruption in November,and continuing erupting entil 2002.
2006
Mount Merapi erupted again in 2010,18 people were killed and at least 29 other people were hot lava burns or difficulty breathing.
2010
The eruption had caused serious health problems in 2006,3004 people suffered from lung disease,breathing difficulties,diarrhea and other diseases.
DISASTERS
Volcanic Ash
Debris Flow
High Temperature
Toxic Gases
Casualties
①Lava Diversi
②Mudslide Da
③Lava Dam
④Shelter

SAFETY BARRIER AGAINST VOLCANO——Creating a Safer, Happier Living Model

生命的屏障——创造一种安全健康的生活模式

作　　者：孙漪南，魏晓玉，王　越，纪　茜，张　超

指导教师：李　雄

奖项名称：2015 年国际风景园林师联合会亚太区大学生设计竞赛荣誉奖

默拉皮火山海拔 2968m，在南爪哇的火山中属于最年轻的一座，位于一个隐没带（subduction zone）上，在这里印度 - 澳大利亚板块沉入欧亚大陆板块之下。火山距离日惹市相当近。虽然火山脚下的居民会在几年一次的爆发中丧生，但幸存的人们一定会返回重建自己的家园、世代繁衍生息，他们相信有神明在庇护自己的土地。

通过景观的手法建立火山复兴模式。通过对村庄安全环境的改造，使其拥有一个安全的生活环境。通过环境的提升，使其能够更具有当地特色，激发旅游业的发展。通过旅游业的发展，改善当地居民的生活条件。首先，通过对火山岩浆流域的研究，发现有几条较为明显的火山岩浆路径。利用引导的方式控制岩浆蔓延范围，从而岩浆减少对村庄的影响。由于村民不肯搬离危险的火山地带，因此通过建设横堤和纵堤两种形式来降低岩浆对村庄的影响。其次，改造当地房屋的布局，使其能够更集约、更舒适。同时在建筑上增加逃生设施，方便村民在火山爆发时自救。

改造后的村落更具有文化性、主题性、特色性，村落更便利，活动更丰富，形成了一套集火山观光、特色休闲娱乐、特色食宿居住、特色纪念品于一体的体验式火山观光产业链，稳步提升当地经济。

现状分析

默拉皮火山周围存在很多村庄。这些村庄建筑结构十分简陋，缺乏必要的安全设施，居民的生存严重受到火山的威胁。通过对于火山喷发时危险区域的界定，来判断当地村庄的危险程度。

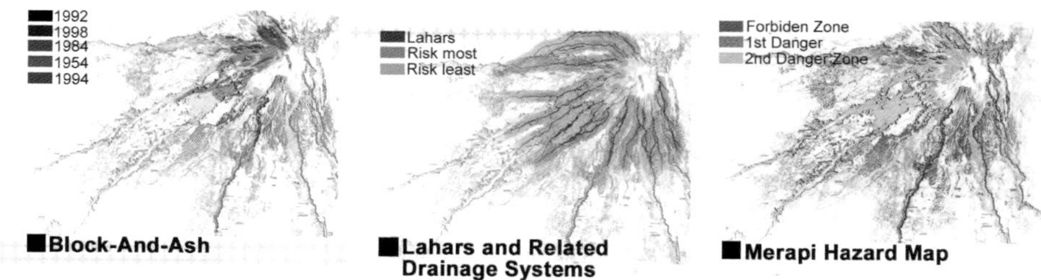

注：从左到右分别为火山喷发区域、岩浆流域及危险区域的分布情况。

S+T+C（安全 + 旅游 + 文化）模式

火山周围村庄的经济结构十分简单，以种植和充当登山者向导为生。但由于旅游业不发达，因此当地居民十分贫穷。因此希望通过景观手段建立火山村落复兴模式。

一方面通过对村庄安全环境的改造，提升村庄居民生存安全；另一方面通过环境提升刺激旅游业，提高村民收入，进而推动村庄的进一步发展。

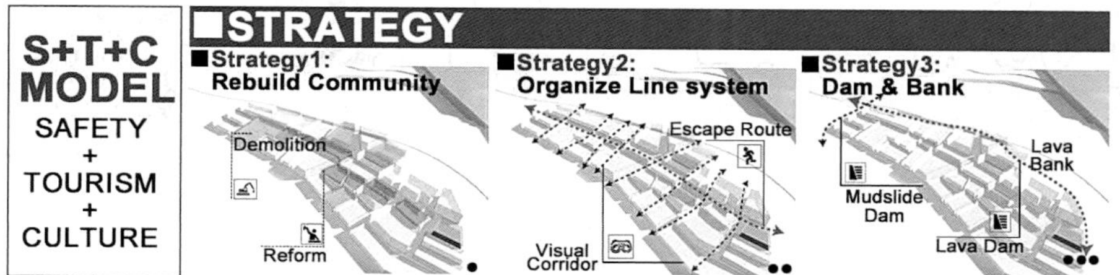

注：从左到右分别为社区提升改造、建设安全导流带、布置横堤和纵堤三条策略。

逻辑框图

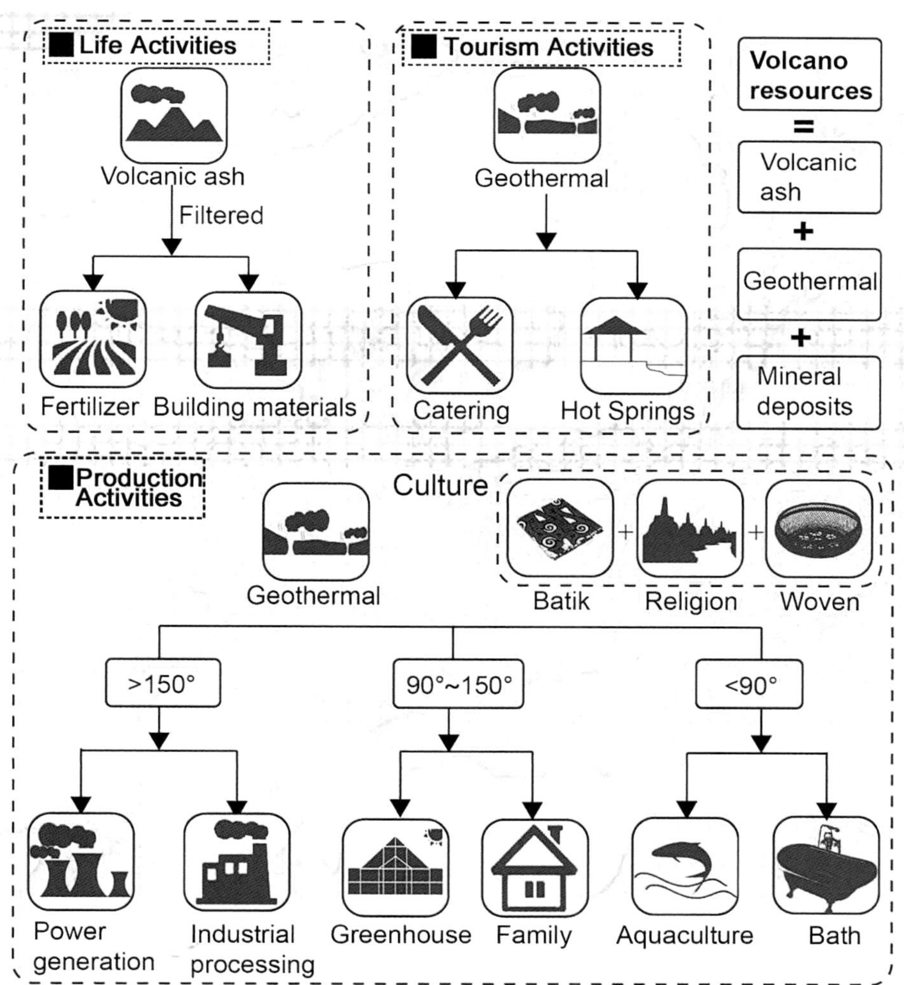

注：三个框图分别表示生活、旅游和生产活动中，人与火山的关系。

安全策略

安全导流带——横堤

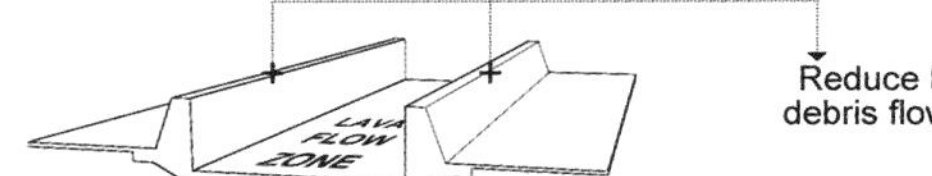

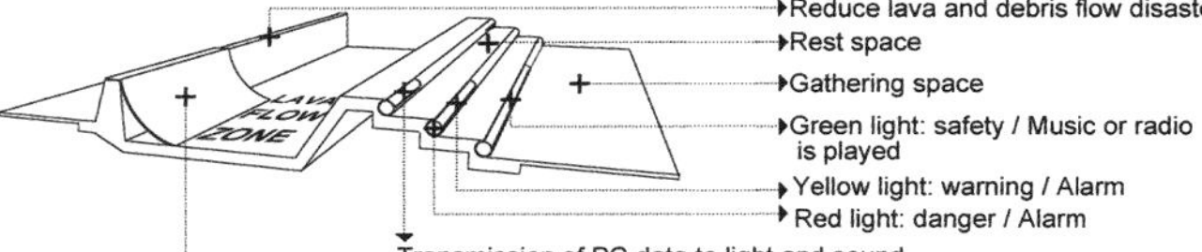

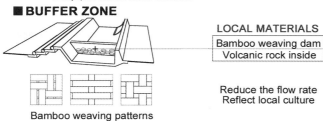

横堤是放置于导流带内部的混凝土墙，起到减缓岩浆在通道路径中的流速的作用，为村民逃生争取时间。

安全导流带——纵堤

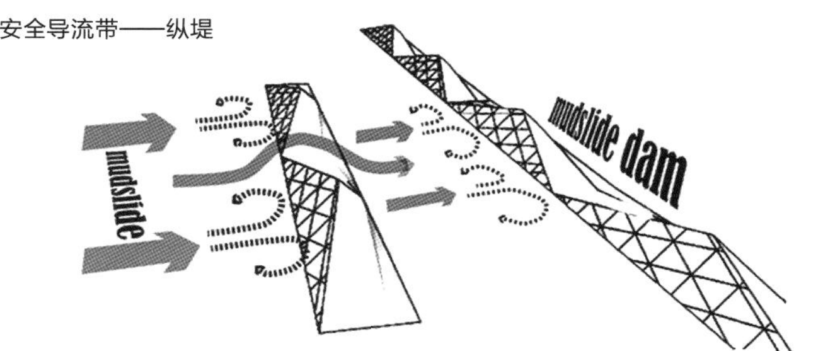

纵堤是位于导流带外侧，沿着导流带与村落的边界布置的墙体，防止岩浆漫出导流带淹没村庄。

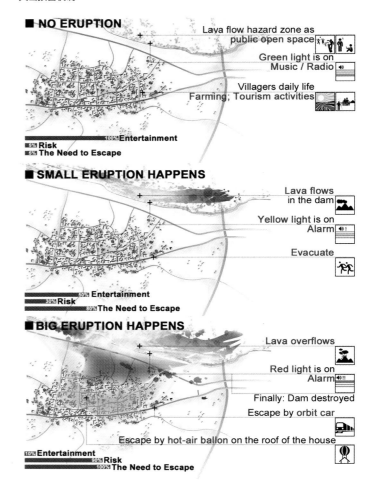

火山预警机制

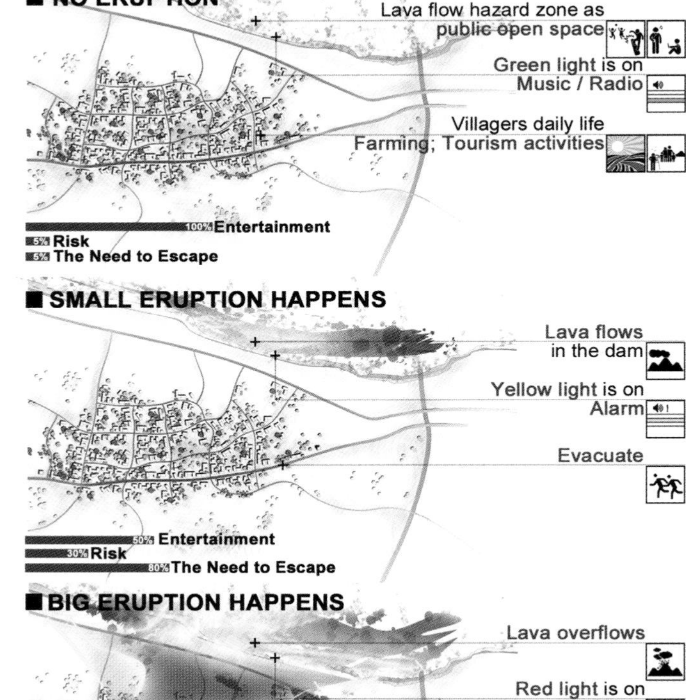

通过对火山岩浆流域的研究，发现有几条较为明显的火山岩浆路径。纵堤可以向居民预警无喷发、小喷发和大喷发的状态。

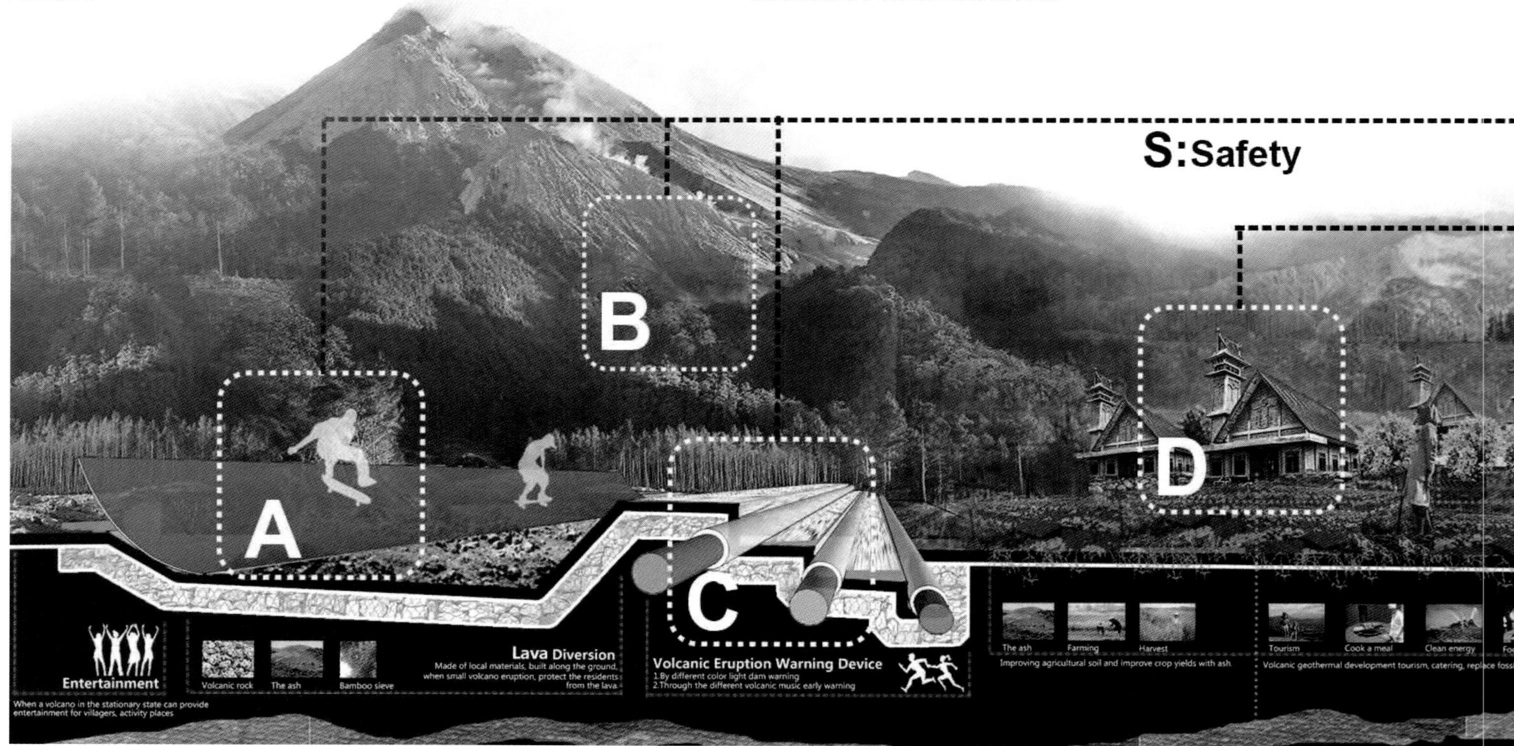

村落提升改造

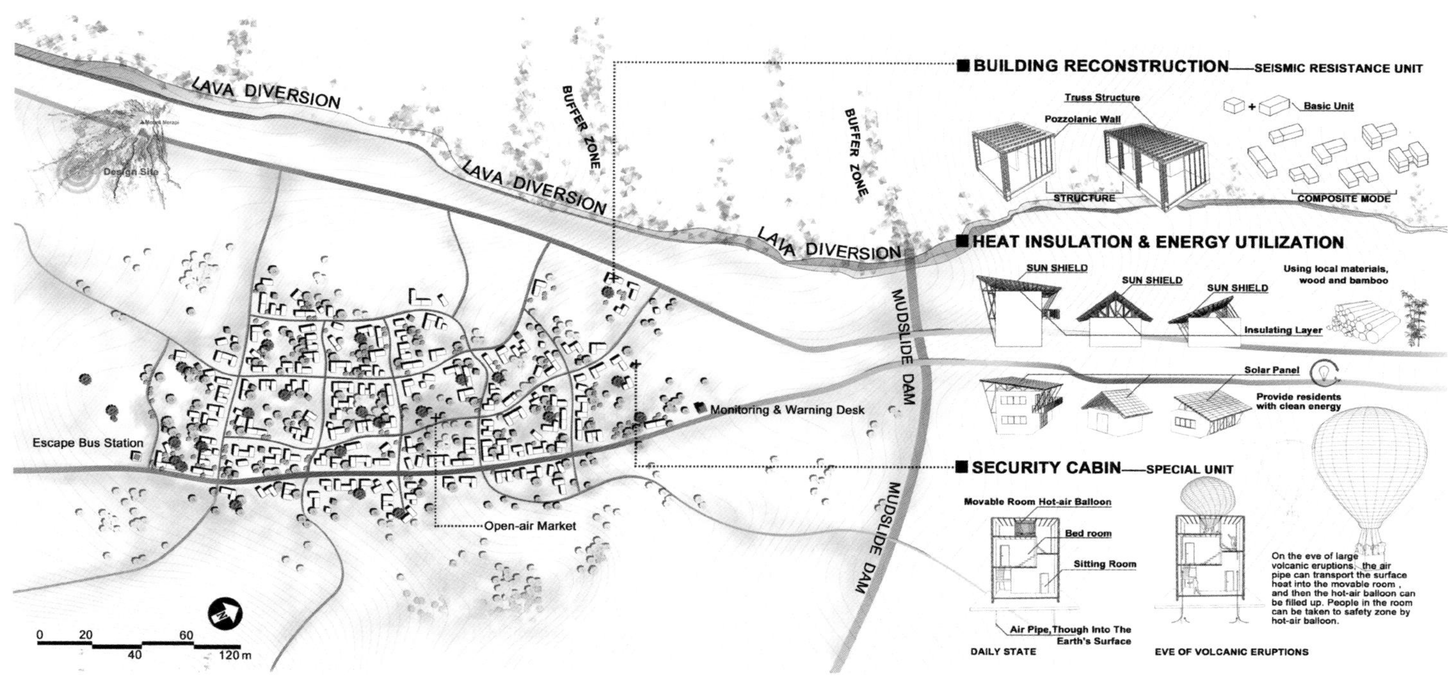

单体建筑层面，改造当地房屋的布局，使其能够更集约、更舒适。同时在建筑上增加逃生设施，方便村民在火山爆发时自救。

村落社区层面，一方面，在村庄中建立逃生体系，并与景观相结合。首先梳理村庄交通，改善村庄建筑布局，使其交通更加通畅。其次将快速逃生通道，并将附近的房子涂成红色，以便逃生时快速识别通道。第三增加快速转移至安全避难所的轨道交通。第四通过栽植对 SO_2 敏感的植物，以起到提示预警作用。另一方面，在保证安全的同时，增加村庄中的传统文化的体现，使其更能展示当地的文化传统。通过对村落社区的改造，使其既具有当地民族特色，又展现了其与火山独特联系而与众不同之处。

S+T+C（安全 + 旅游 + 文化）模式剖面图

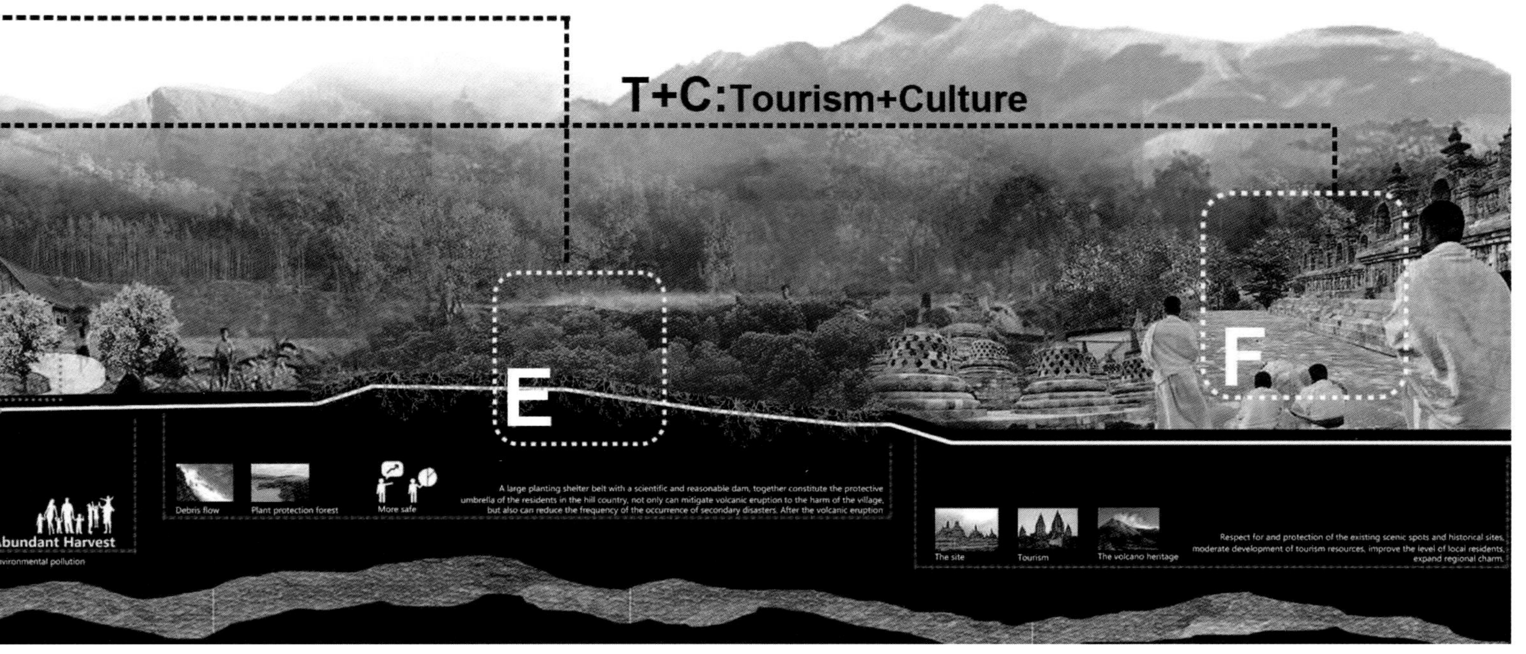

安全健康的生活模式

火山小规模喷发时，岩浆沿着导流带流动，不会威胁村庄安全。壮观的喷发场景成为旅游的重要观赏景象。
火山大规模喷发时，导流带中的横堤和纵堤为居民逃生创造时间，并发出预警。居民通过安全通道交通到达避难点避难。

鸟瞰图

通过对村庄安全环境的改造、文化景观的重现、旅游活动的规划，创造一种安全、健康的生活方式。

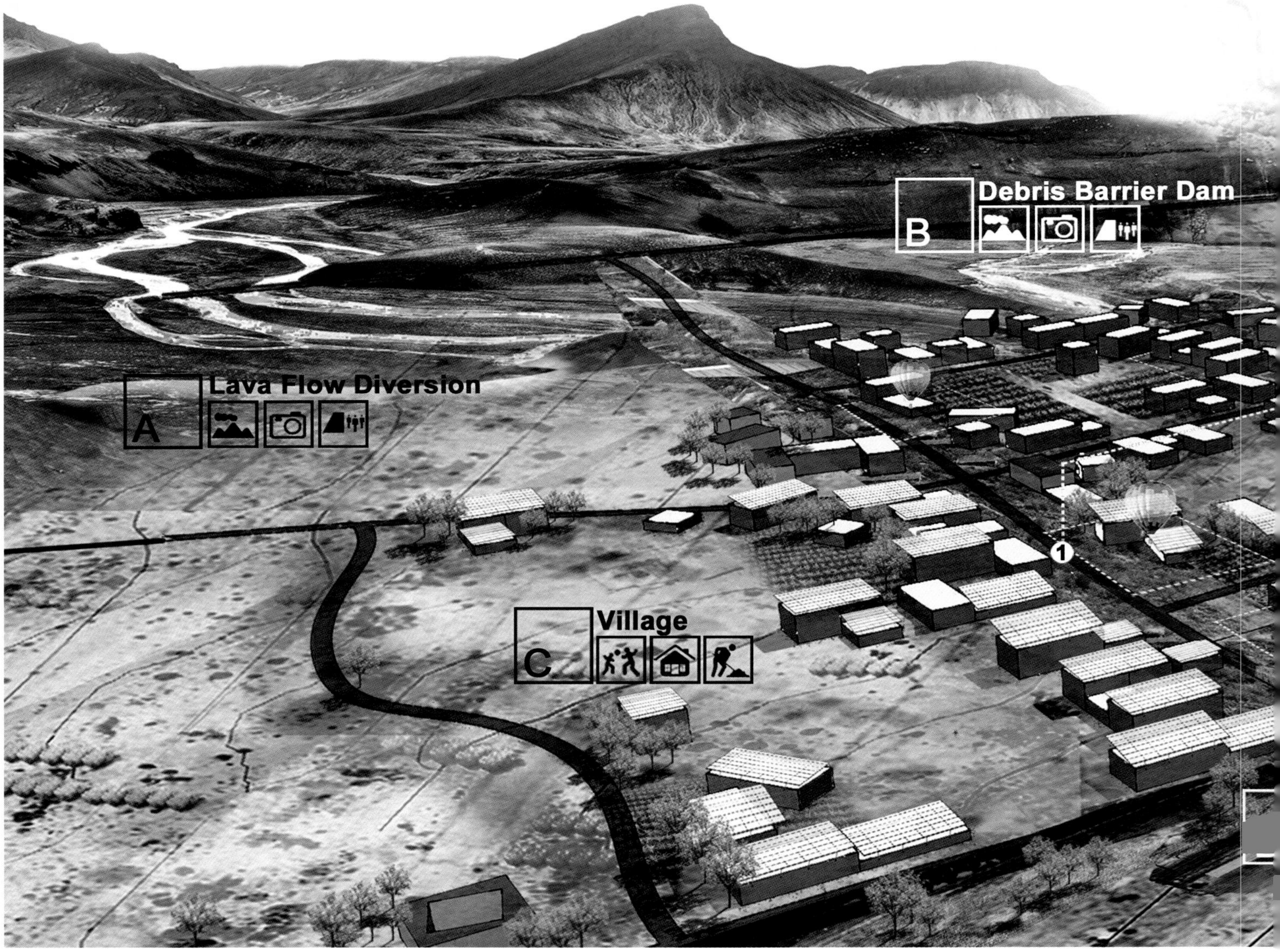

B Debris Barrier Dam

A Lava Flow Diversion

C Village

1

火山不喷发时，安全预警设施成为村落景观中重要的组成部分，吸引游客。同时，具有当地文化特色的造型也能够体现当地的文化传统。

WUNDERLAND——Resurrection of the Mountain
乐土——一座矿山的新生

作　　者：李方正，肖　遥，邓力文，李凤仪，张云璐
指导教师：李　雄
奖项名称：2015 年国际风景园林师联合会亚太区大学生设计竞赛荣誉奖

场地位于俄罗斯东北部高寒地区的诺里尔斯克，是一座著名的工业城市，该城市面临着景观和经济的衰退问题，主要包括就业压力巨大、土地资源短缺、生存条件较差三个方面。

基于对城市环境管理模式的思考，设计通过对露天矿坑这一废弃土地资源的修复，建立新的“景观—生态—经济”模式。作为一个金属矿业城市，诺里尔斯克所有矿山和冶炼厂都属于世界上最大的镍生产商 MMC 公司。在该模式中，矿山废弃物处理得到的费用用来营造新的景观，冶炼厂和城市废弃能源则用于景观能源的供给。

新的管理模式将改变镍工业公司的发展，露天矿坑与城市之间的断裂关系转变为可持续的城市资源生态链设计，增加了就业机会、土地资源利用率和公众生活的多样性，同时营造了新的城市动态景观。利用工业废弃基础设施（厂房、管道、垃圾填埋场等），建立废弃矿山与冶炼厂之间的连接，利用冶炼厂废热来促进植物的生长，这样矿山可以为员工提供住宿和食品，而冶炼厂则为矿山提供能源，二者互利共生。

规划平面图

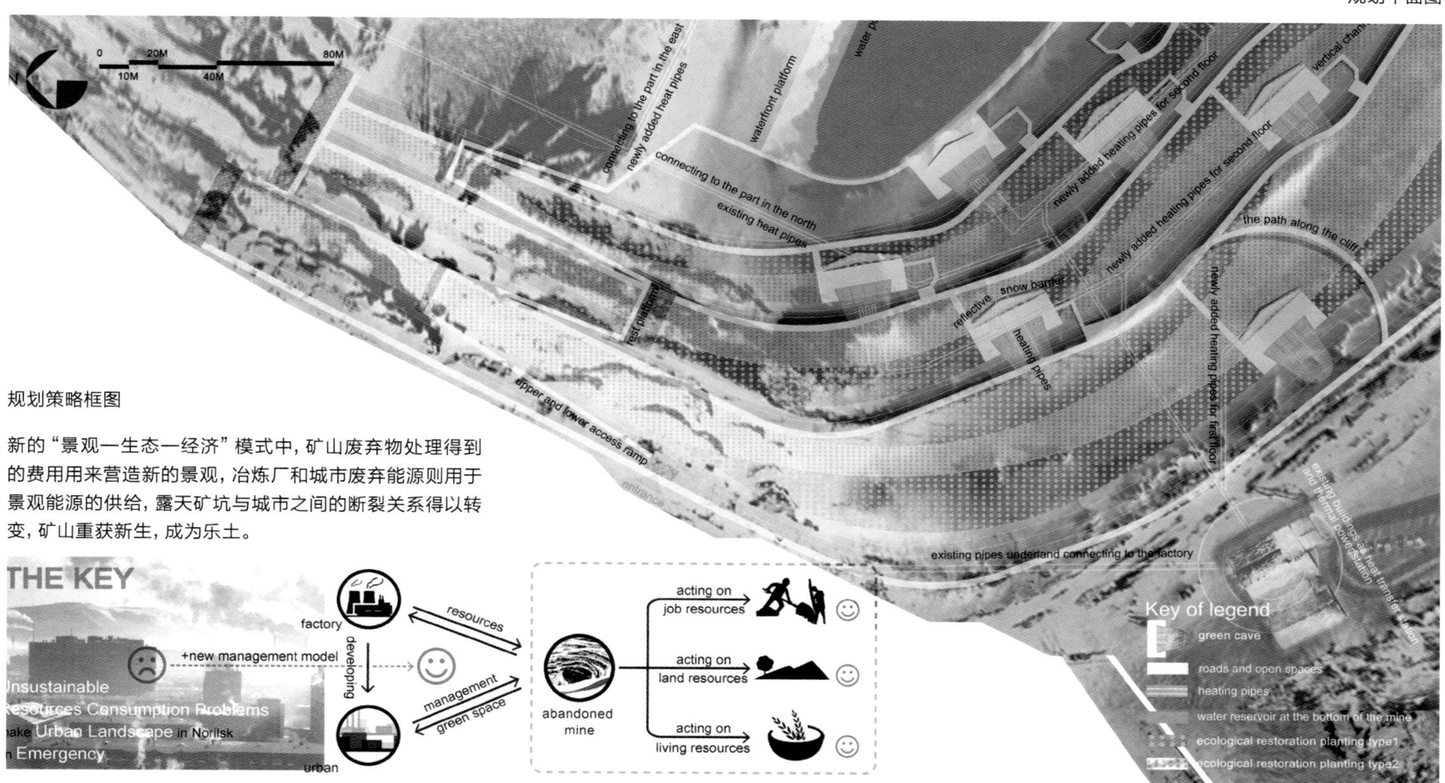

规划策略框图

新的“景观—生态—经济”模式中，矿山废弃物处理得到的费用用来营造新的景观，冶炼厂和城市废弃能源则用于景观能源的供给，露天矿坑与城市之间的断裂关系得以转变，矿山重获新生，成为乐土。

策略一：绿色洞穴的构建

规划将废弃矿洞变为绿色温室，在四季为人们提供不同类型的活动场地。由于废热的利用，温室内四季温暖。

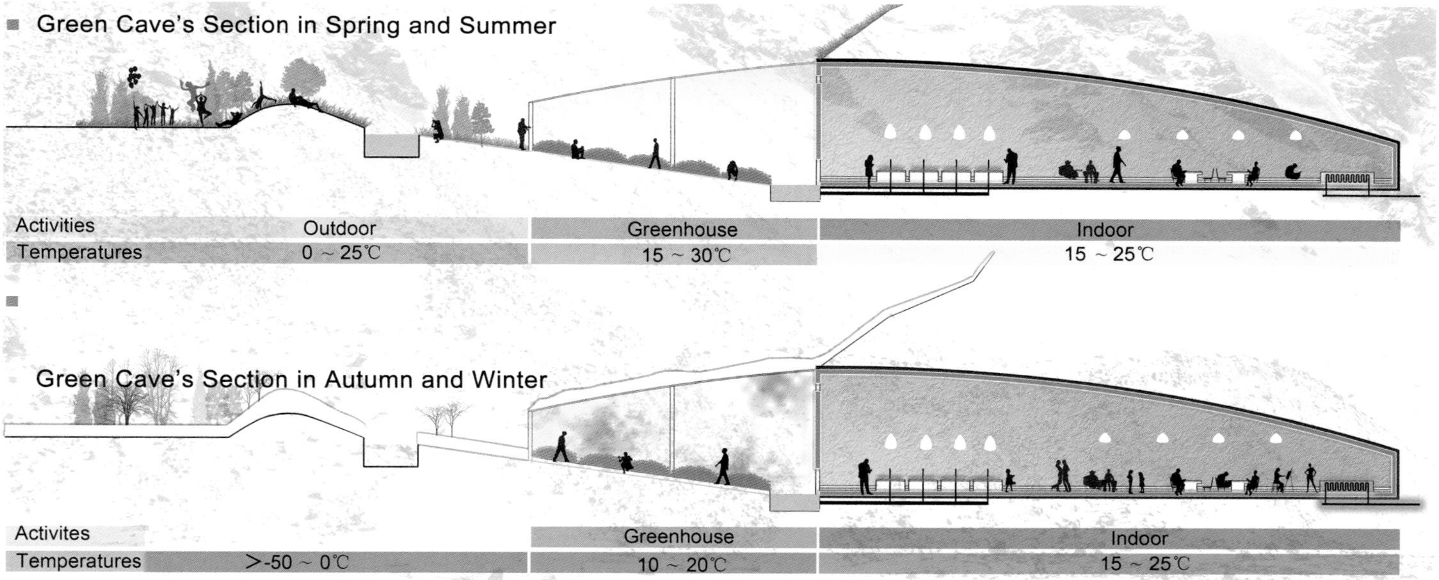

Green Cave's Section in Spring and Summer

Activities	Outdoor	Greenhouse	Indoor
Temperatures	0 ~ 25℃	15 ~ 30℃	15 ~ 25℃

Green Cave's Section in Autumn and Winter

Activites		Greenhouse	Indoor
Temperatures	>-50 ~ 0℃	10 ~ 20℃	15 ~ 25℃

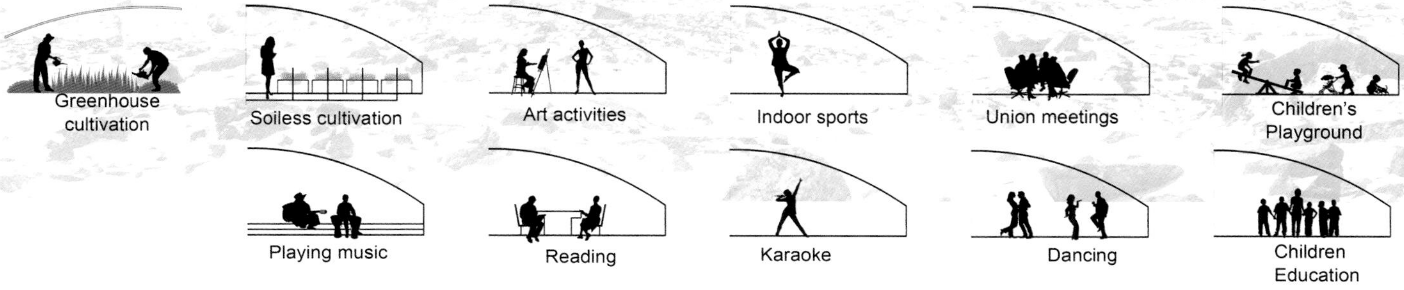

Greenhouse cultivation · Soiless cultivation · Art activities · Indoor sports · Union meetings · Children's Playground

Playing music · Reading · Karaoke · Dancing · Children Education

策略与效果

策略二：矿山管理与运营

新的管理模式将改变镍工业公司的发展，露天矿坑与城市之间的断裂关系转变为可持续的城市资源生态链，增加了就业机会土地资源利用率和公众生活的多样性，同时营造了新的城市动态景观。

2013 1568
2012 1255
2011 1676
2010 2011
2009 2125
1727 persons per year are unemployed in the factory
fired employees of the factory
2013 2603
2012 2098
2011 2056
2010 2895
2009 2125
2356 persons per year are unemployed in other industry
fired employees of other industry
quarry workers
near primary election factory
mixture
warm-keeping location
primary election
ore
sent to be smeltered
smeltering factory
soil
sent to be planting soil
quarry planting

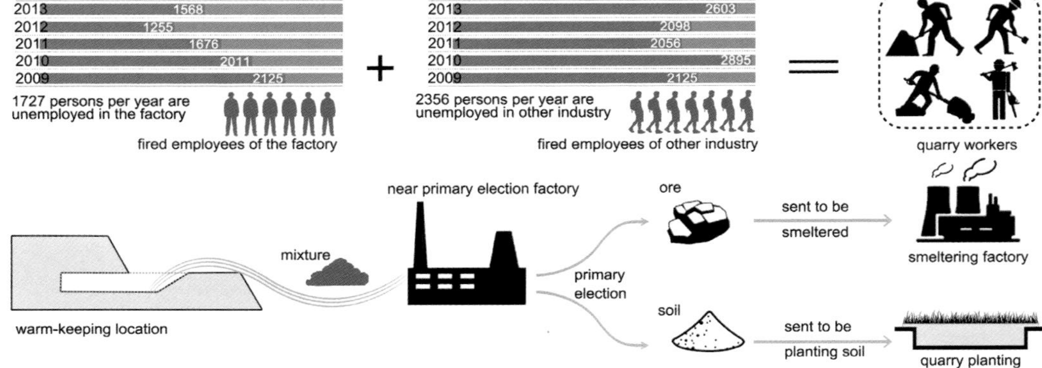

规划实施过程

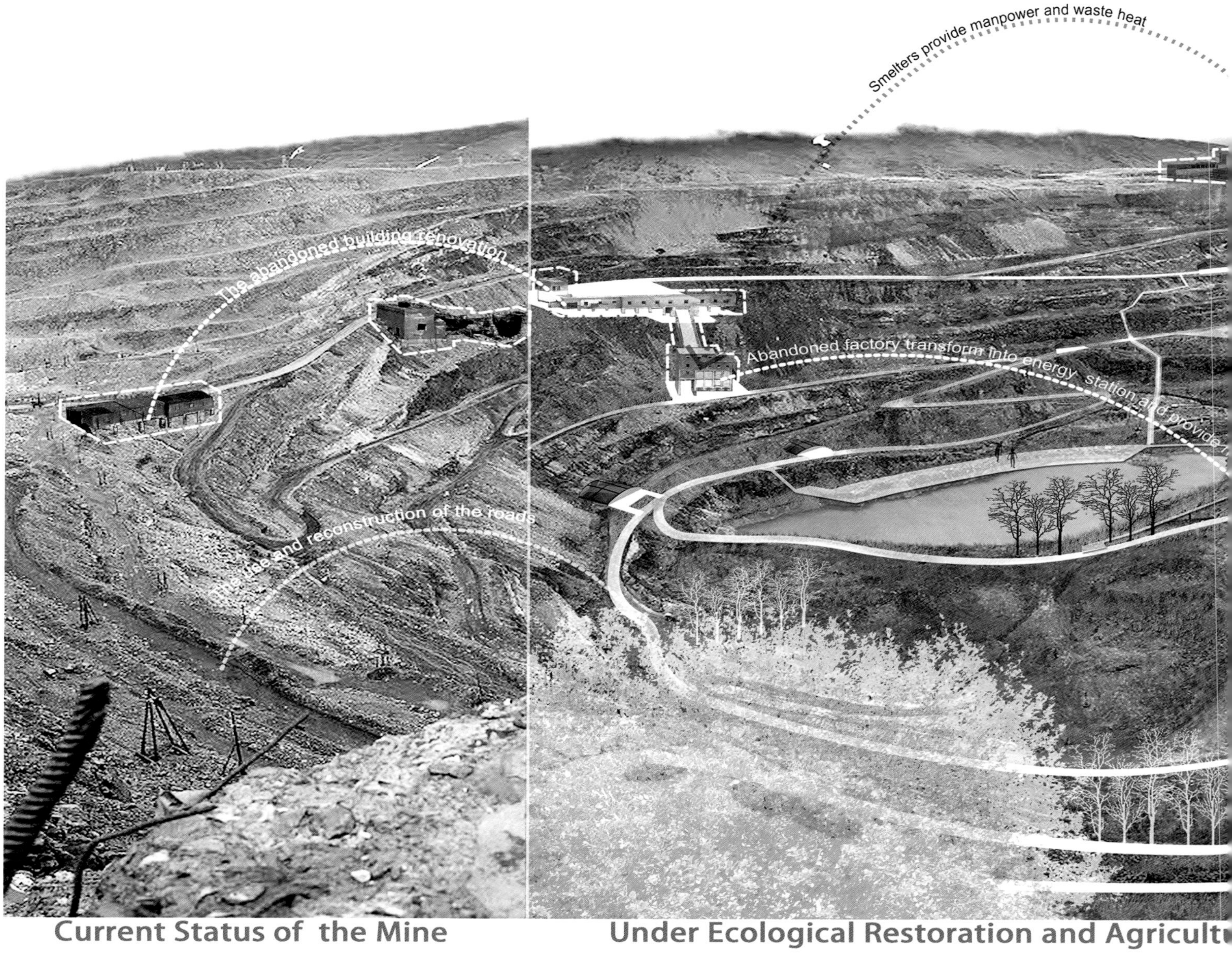

Smelters provide manpower and waste heat
The abandoned building renovation
Abandoned factory transform into energy station and provide
The use and reconstruction of the roads
Current Status of the Mine
Under Ecological Restoration and Agricult

矿山现状

生态恢复和农业耕种

策略三：工业废热与基础设施的利用

冶炼过程中产生大量废热，可以通过废弃管道以水为载体运往种植区和住宅区。利用工业废弃基础设施（厂房、管道、垃圾填埋场等），建立废弃矿山与冶炼厂之间的连接，利用冶炼厂废热来促进植物的生长，这样矿山可以为员工提供住宿和食品，而冶炼厂则为矿山提供能源，二者互利共生。

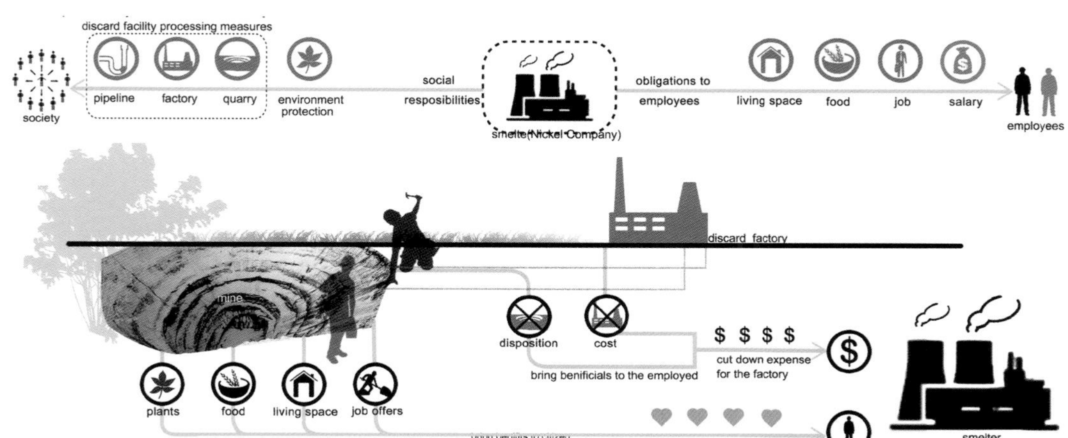

vation

Landscape After Long-term of Renovation

远期建设效果

REVIVAL OF THE CHINAMPAS——Rise of Mexico City, Born of Volcanic Ash
浮田的复兴——墨西哥城的涅槃，火山灰的重生

作　　者：林辰松，葛韵宇，宋　佳，王雪琪，闫少宁
指导教师：李　雄
奖项名称：2015 年国际风景园林师联合会亚太区大学生设计竞赛荣誉奖

随着城市化的扩张导致山体遭到破坏，加之火山喷发等自然灾害，人与自然的矛盾逐渐爆发。山和火山景观如何与人类发展相协调是亟待解决的问题。设计选址位于墨西哥城北部，靠近波波卡特佩特火山。波波卡特佩特火山是墨西哥最活跃的火山，它的爆发引发了一系列的问题，如沉降破坏了历史遗迹、公共空间、管道等基础设施，对居民的日常生活和墨西哥城的旅游业带来了极大的影响。

方案试图以阿兹特克文明的传统农业种植方式解决火山喷发所引起的诸多问题，以创造性地使用当地传统的种植方式来形成新的火山景观，寻求古老和现代、人类与自然之间的平衡。

为了利用火山灾害，防止墨西哥城下沉，方案改造了历史悠久的 Chinampas 技术，在下沉的绿地中建造公共空间，作为雨水蓄水池，创造一个新的水循环系统。下沉的绿化带可以转化为隧道，帮助收集雨水。绿色隧道中的 Chinampas 将在水进入水库之前进行第一轮净化。雨水将通过第二个沙砾过滤器，最终被排到废弃的水井中补充地下水。新的绿色“隧道点井”组合将成为一种可复制的工业复合模式，引领城市的复苏、更新和发展。

现状分析

湖泊演变分析

墨西哥城市中心的前身是特诺奇蒂特兰，是一个以特斯科科湖中的小岛为中心、逐渐填湖建造出的水上城市，西班牙人在征服此地后，变本加厉将湖面大部分的区域都填平，因此今日的墨西哥城绝大部分的市区都是建立在不稳定的回填土之上，不能抵抗火山爆发造成的地震和地壳运动等问题。

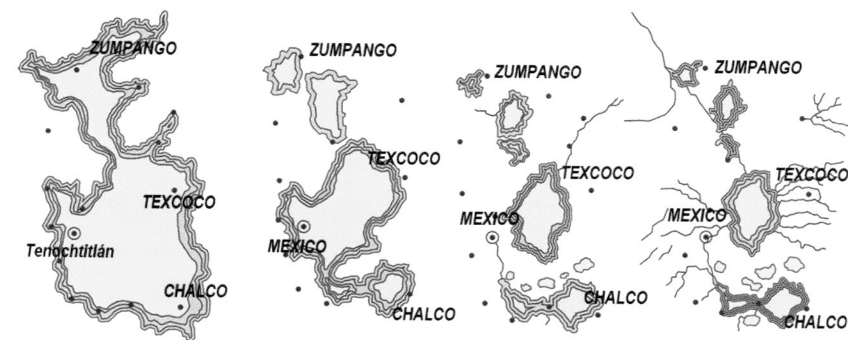

土壤条件分析

在过去的 150 年里，墨西哥城累计下沉了 14m。根据国家科学技术委员会统计，墨西哥城机场地区每年下沉 20~24cm，老城区每年下沉 5~7cm，独立天使地区每年下沉 2.5cm。

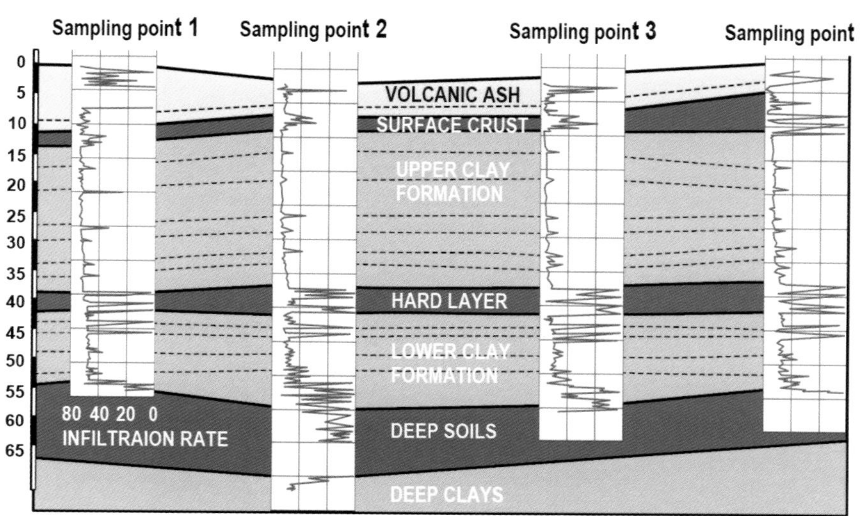

城市发展分析

这座城市在过去的一百年里由于火山运动引起的地壳运动而下沉了 10m，差异沉降破坏了历史遗迹、公共空间、管道等基础设施，对居民的日常生活和墨西哥城的旅游业带来了大量的影响。大量房屋出现裂缝、倒塌等情况，严重威胁本地居民的居住安全。

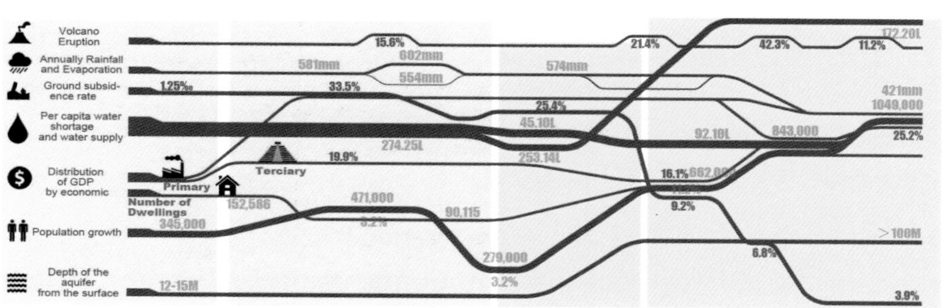

现状水循环分析

大量的城市管网系统被破坏也造成了抽水量大幅增加，从而引发了更严重的城市下沉。地下水水位下降也导致了诸多植物缺水萎缩，引发季节性干旱，拉高了农业和工业生产成本。经济下滑间接影响了教育事业的发展，缺乏公共空间也导致人与人之间交流减少，同时儿童也缺乏游戏空间。

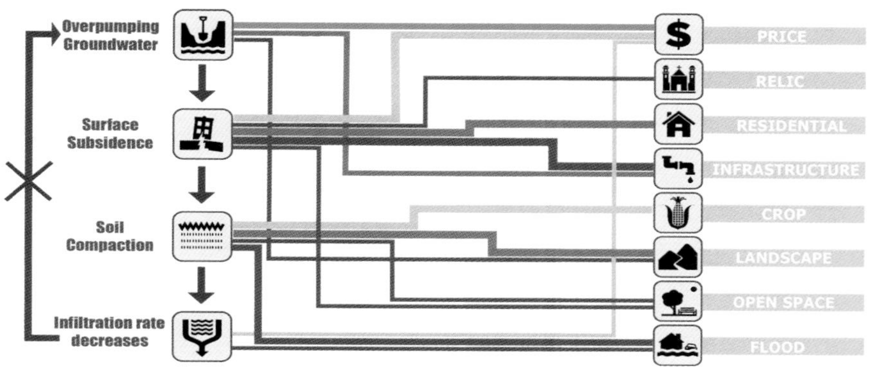

“隧道点井”的规划策略

策略框图

在下沉的绿地中建造公共空间，作为雨水蓄水池，创造一个新的水循环系统。下沉的绿化带可以转化为隧道，帮助收集雨水。绿色隧道中的 Chinampas 将在水进入水库之前进行第一轮净化。雨水将通过第二个沙砾过滤器，最终被排到废弃的水井中补充地下水。

绿道体系功能

Chinampas 是古代阿兹特克人的一种传统耕作方法。在植物编织而成的构架上放置肥沃的泥土，就可以在水面上种植作物。周边山体汇水和城市雨水收集系统是进行水资源回收的第一步，将表层黏土挖出作为 Chinampas 的种植土壤，而火山喷发产生的粉煤灰可以为植物提供良好的耕作条件。利用 Chinampas 可以有效减少收集水的蒸发，并根据海拔的变化提供季节性景观。

绿色节点功能

由于地面沉降，原有的表层黏土变得致密，植物死亡。绿道体系中的水溢出到下沉的绿色点，构建大型的 Chinampas 提供种植场地和公共活动空间。选取具有净化功能的植物作为第一层净化措施，利用废弃井，用陶粒层、砂砾层、活性炭制作滤芯，对流入的径流进行二次净化，干净的水通过管道流入水井，完成径流的收集。

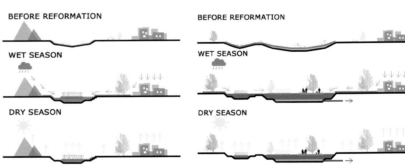

净化方式

新系统将形成雨水与地下水的可持续循环，为城市提供大量的地下水，防止城市下沉，成为一种可复制的工业复合模式，引领城市的复苏、更新和发展。

净化过程

通过绿道、绿点、绿井的植物净化、土壤净化及物理净化层，实现包括溶解氧降低、重金属离子含量降低等指标。

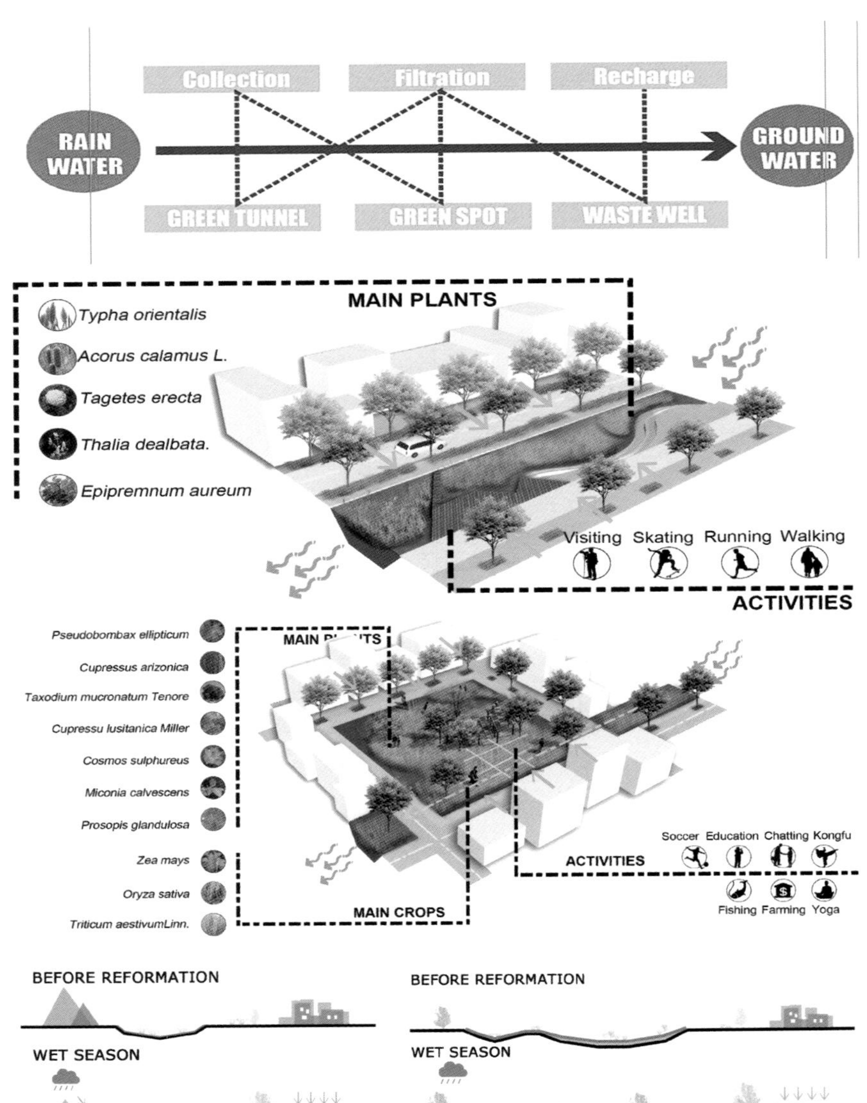

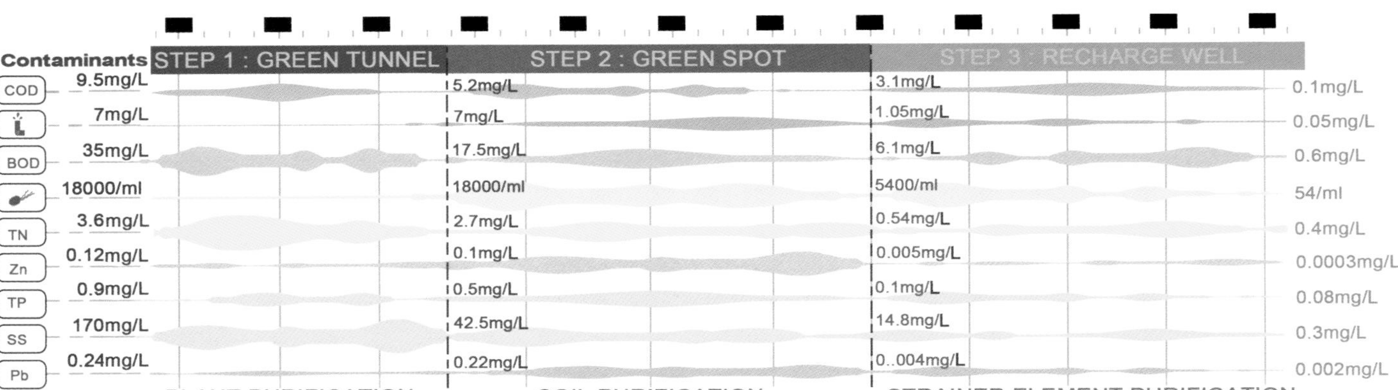

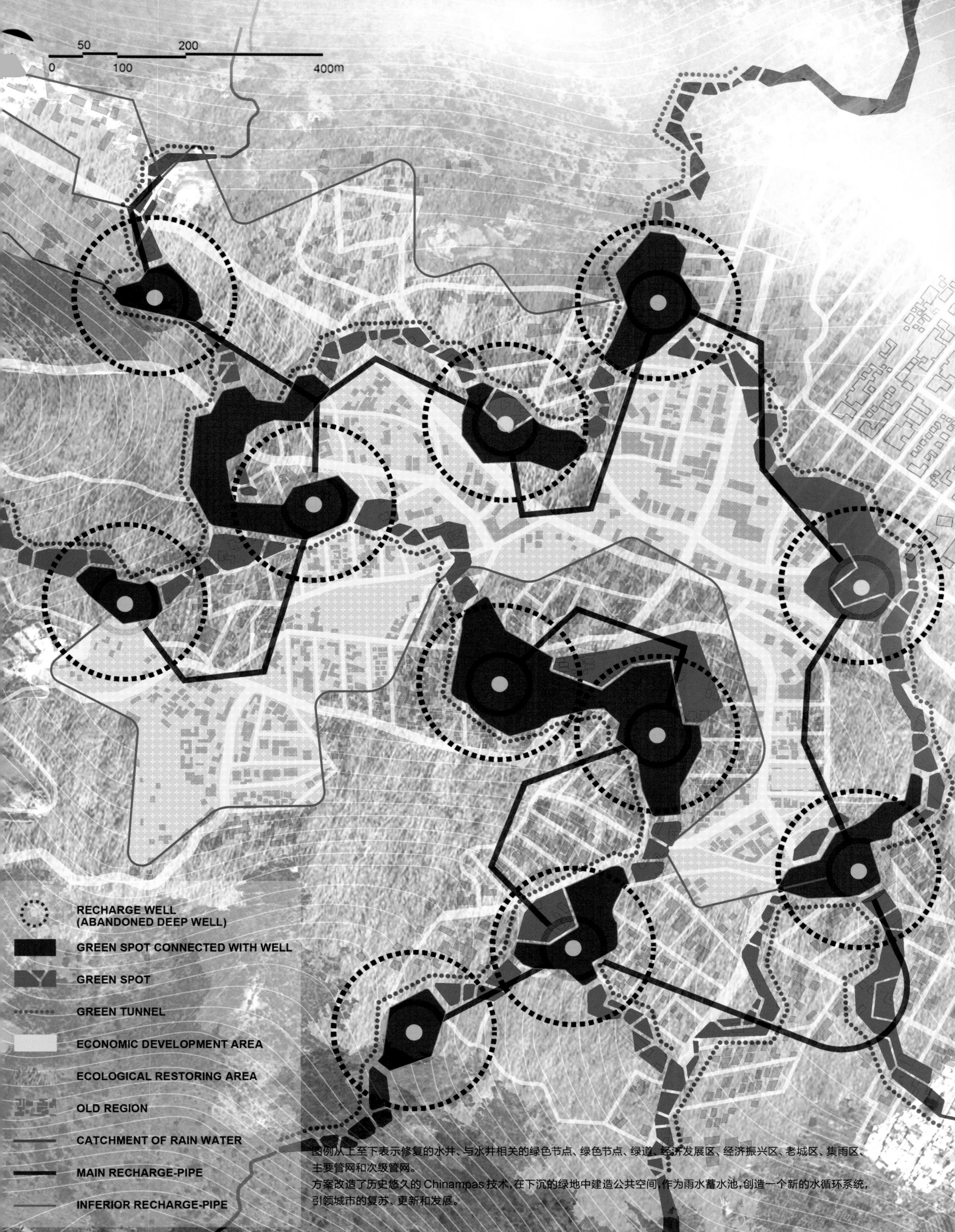

图例从上至下表示修复的水井、与水井相关的绿色节点、绿色节点、绿道、经济发展区、经济振兴区、老城区、集雨区、主要管网和次级管网。

方案改造了历史悠久的 Chinampas 技术，在下沉的绿地中建造公共空间，作为雨水蓄水池，创造一个新的水循环系统，引领城市的复苏、更新和发展。

规划展望

绿道效果图

利用原有废弃的水井，连接路边排水沟。城市周边部分废弃的水井可作为生态恢复区域的中心。在现有路侧排水沟的基础上，我们新建绿色植草沟连接废弃水井。

PERSPECTIVE OF GREEN TUNNEL

鸟瞰图

城市原有的废弃水井和排水沟变成了城市蓝绿色基础设施的一部分。利用废弃井，用陶粒层、砂砾层、活性炭制作滤芯，对流入的径流针进行二次净化，使得干净的水通过管道流入水井，完成径流的收集。

新系统将形成雨水与地下水的可持续循环，为城市提供大量的地下水，防止城市下沉，充分利用火山灰。新的绿色“隧道点井”组合将成为一种可复制的工业复合模式，引领城市的复苏、更新和发展。

绿点效果图

在构建绿色植草沟的基础上，将部分区域扩大，作为公共区域，为市民提供更多的公共开发空间。在进行生态修复的同时，为市民提供互相交流、健身娱乐的场地。

PERSPECTIVE OF GEREEN SPOT

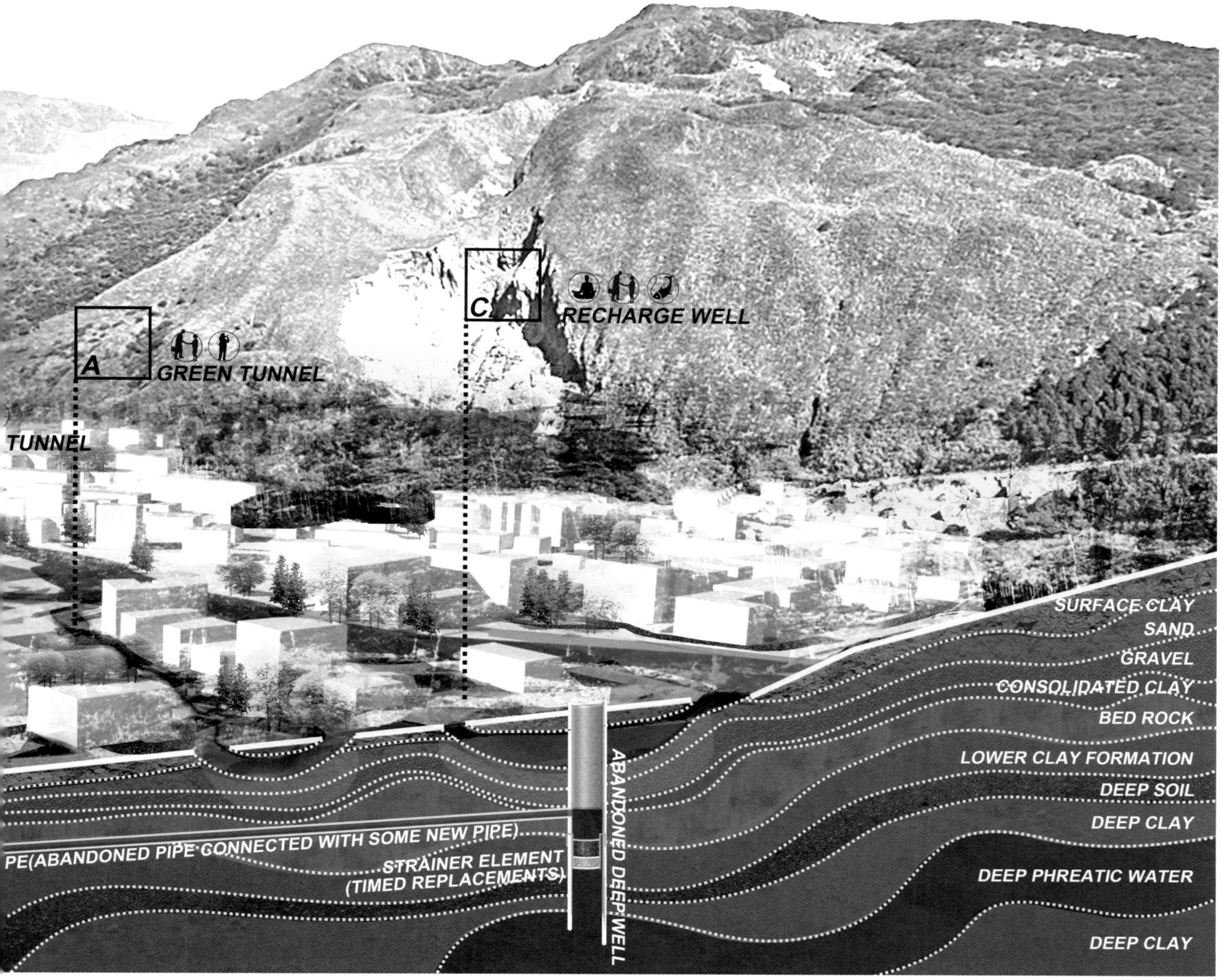

KAREZ REVIVAL, TURPAN REVIVAL
吐鲁番的未来——构建人与山之间更佳的平衡

作　　者：林荣亮，刘　平，王睿隆，黄俊达，周清扬
指导教师：李　雄
奖项名称：2015 年国际风景园林师联合会亚太区大学生设计竞赛荣誉奖

由于天山融雪不足和地下水过量使用造成吐鲁番地区具有千年历史和“地下长城”美誉的坎儿井因断流淤塞而面临绝迹的风险，与此同时依坎儿井而生的村镇聚落生态环境也急剧恶化，部分村镇逐渐废弃，出现了人口严重外流、新疆地域习俗文化退化等现象。

设计通过四个策略解决危机：

第一，自然做功、汇水冲淤。通过汇集春季天山冰雪融水形成汇水坝，利用抽水原理对淤塞坎儿井进行疏通。

第二，四季补水、集约管理。通过季节性管理村镇用水和集约化利用水资源以保持上游对地下水的充分补给，从而长远地保障坎儿井水源的稳定性。

第三，以水养山、以山养城。通过临时水坝恢复天山植被生境，涵养水源，保障冰雪融水充足，以长远保障城市供水。

第四，以井兴城、传统复兴。坎儿井复兴使原本处于衰退状态的村镇再现生机，与坎儿井息息相关的传统文化习俗得以复兴，当地居民也将坎儿井的使用传统继续传承发扬。

现状问题

问题一：天山融雪不足

1935—2015 年间，坎儿井数量降低，机械井增多，天山融雪量下降。

问题二：地下水位降低

伴随着城镇化进程的加快及地下水的过度开采，喀什一带地下水位逐年降低。

问题三：传统聚落消失

在传统聚落形态的消失进程中，当地的水生活方式和水文化传统也渐渐消失。

图例从上至下依次为滨水公共空间、村庄、植物、坎儿井、水渠、废弃的坎儿井、电动泵井、空置房间。

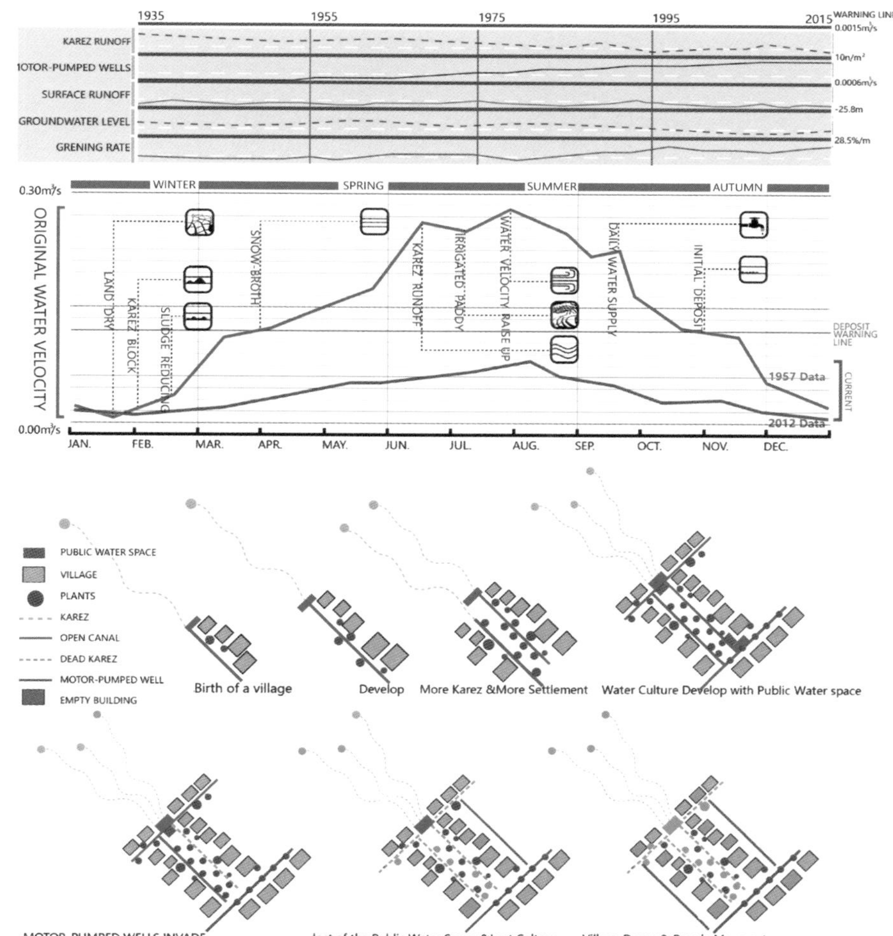

规划方案

问题与解决路径

从水系、种植、经济、村落、文化等方面分析问题并提出解决路径。

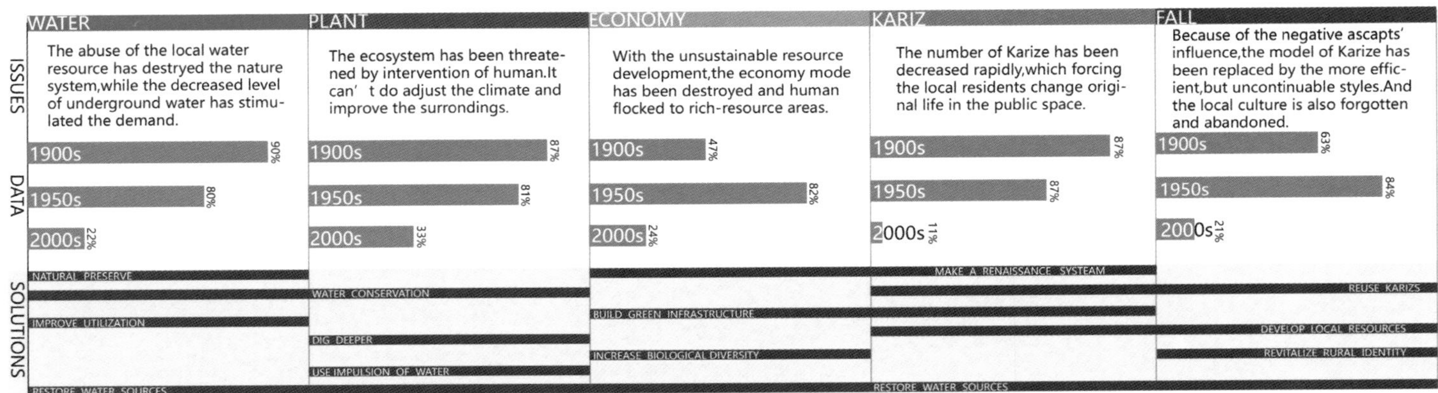

ISSUES
DATA
SOLUTIONS
WATER
The abuse of the local water resource has destryed the nature system,while the decreased level of underground water has stimulated the demand.
1900s 90%
1950s 80%
2000s 22%
NATURAL PRESERVE
IMPROVE UTILIZATION
RESTORE WATER SOURCES
PLANT
The ecosystem has been threatened by intervention of human.It can' t do adjust the climate and improve the surrondings.
1900s 87%
1950s 81%
2000s 33%
WATER CONSERVATION
DIG DEEPER
USE IMPULSION OF WATER
ECONOMY
With the unsustainable resource development,the economy mode has been destroyed and human flocked to rich-resource areas.
1900s 47%
1950s 82%
2000s 24%
BUILD GREEN INFRASTRUCTURE
INCREASE BIOLOGICAL DIVERSITY
KARIZ
The number of Karize has been decreased rapidly,which forcing the local residents change original life in the public space.
1900s 87%
1950s 87%
2000s 11%
MAKE A RENAISSANCE SYSTEAM
RESTORE WATER SOURCES
FALL
Because of the negative ascapts' influence,the model of Karize has been replaced by the more efficient,but uncontinuable styles.And the local culture is also forgotten and abandoned.
1900s 63%
1950s 84%
2000s 21%
REUSE KARIZS
DEVELOP LOCAL RESOURCES
REVITALIZE RURAL IDENTITY

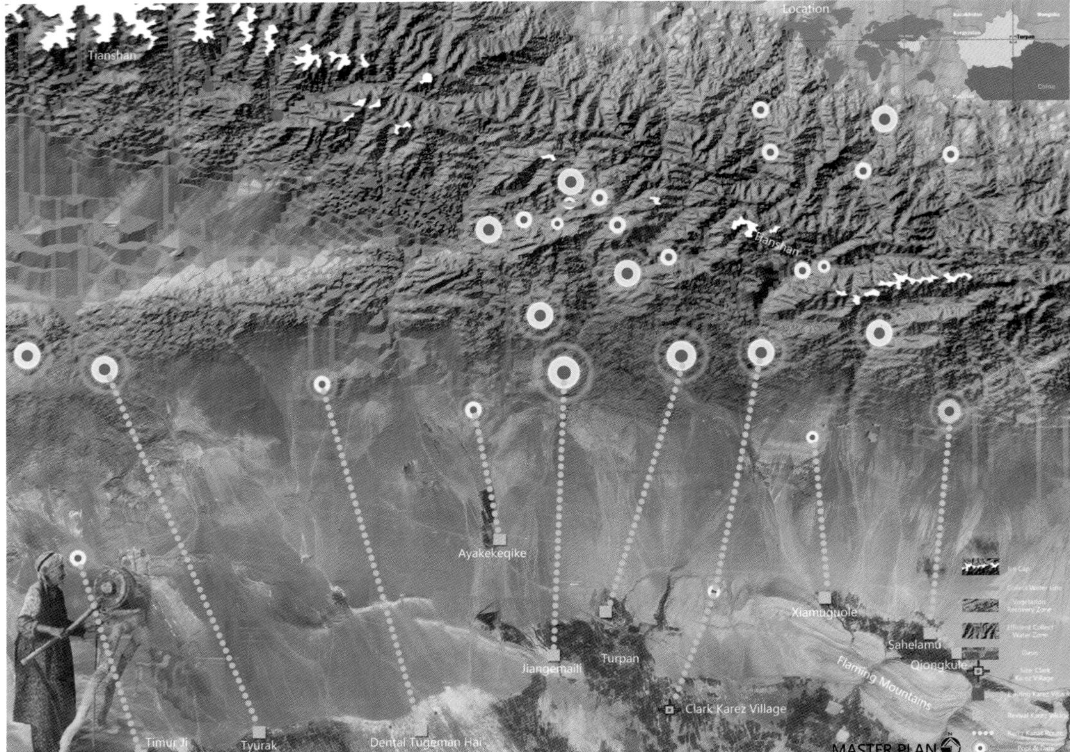

喀什区域规划平面图

图例由上至下依次为：冰川覆盖区、集水路径、植被、高效集水区、绿洲、场地、喀什村原有地区、喀什村复兴地区、路线、水池及水坝。

喀什村镇规划平面图

图例由上至下依次为：树荫广场、喀什村、公共绿色空间、私人绿色空间、建筑。

策略一：自然做功、汇水冲淤

通过汇集春季天山冰雪融水形成汇水坝，利用抽水原理对淤塞坎儿井进行疏通。

策略二：四季补水、集约管理

通过季节性管理村镇用水和集约化利用水资源以保持上游对地下水的充分补给，从而长远地保障坎儿井水源的稳定性。

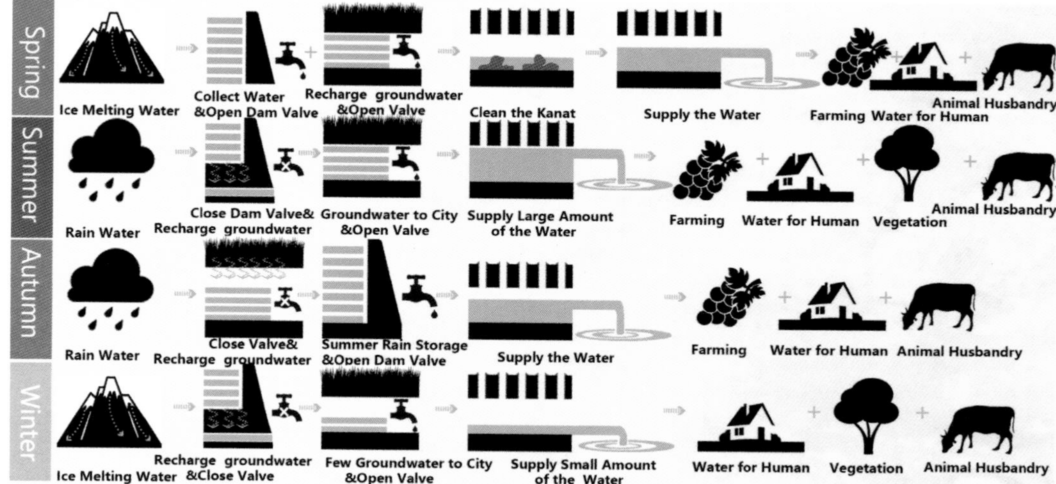

策略三：以水养山、以山养城

通过临时水坝恢复天山植被生境，涵养水源，保障冰雪融水充足，以长远保障城市供水。

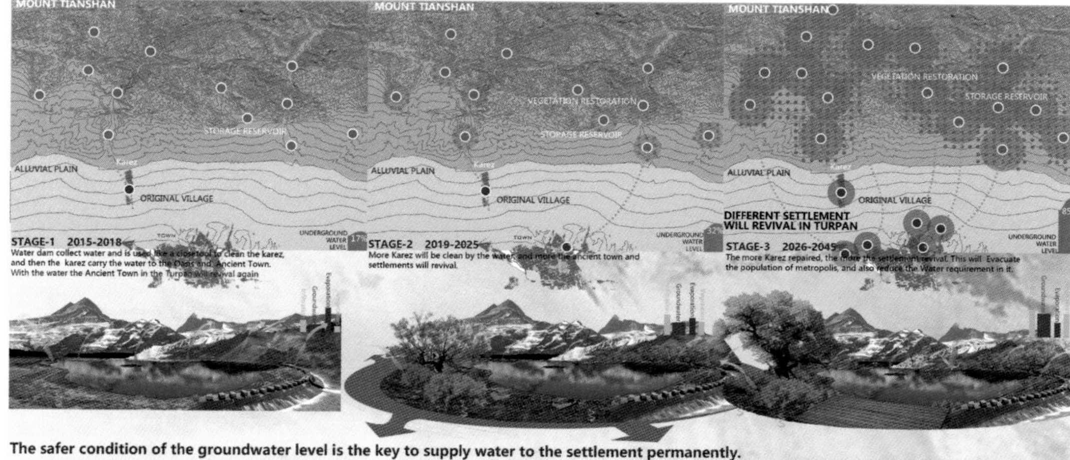

The safer condition of the groundwater level is the key to supply water to the settlement permanently.

Collect Part of the ice-Melting Water into the pool, and the water will moist the soil around it. Then the vegetation will grow up step by step. What is more, the better ecological environment will provide a better groundwater recovery condition. And the water will not easy to evaporate into the air like before.

Pioneer species of plantation will grow up quickly, and the green area will become larger and larger. And more species of plantation will develop in the future. These plantation will help to keep the water better to infiltrate into the groundwater zone. Ground water level will raise up in few years

The environment will develop into a stable ecological system, and provide the chance for human to protect and visit it. Groundwater will recharge with a high efficiency. The underground water level will lift up to a better situation in the future. The safer condition of the groundwater level is the key to supply the water to the settlement permanently.

Sustainable ECO + Paddle + Clean + Wash + Public Space + Party = Karez

Green-Blue Infrastructure

REPLACE

Motor Pumped Well

策略四：以井兴城、传统复兴

设计通过风景园林的手段解决危机。一方面，让自然做功，通过一系列设施充分收集和利用天山冰雪融水，以季节性集约化的管理，从长远角度保证坎儿井水源的稳定性。另一方面，以水养山，以井兴城，通过对植被生境的修复涵养水源，以复兴坎儿井来带动传统习俗的再生和文化的繁荣。

鸟瞰图

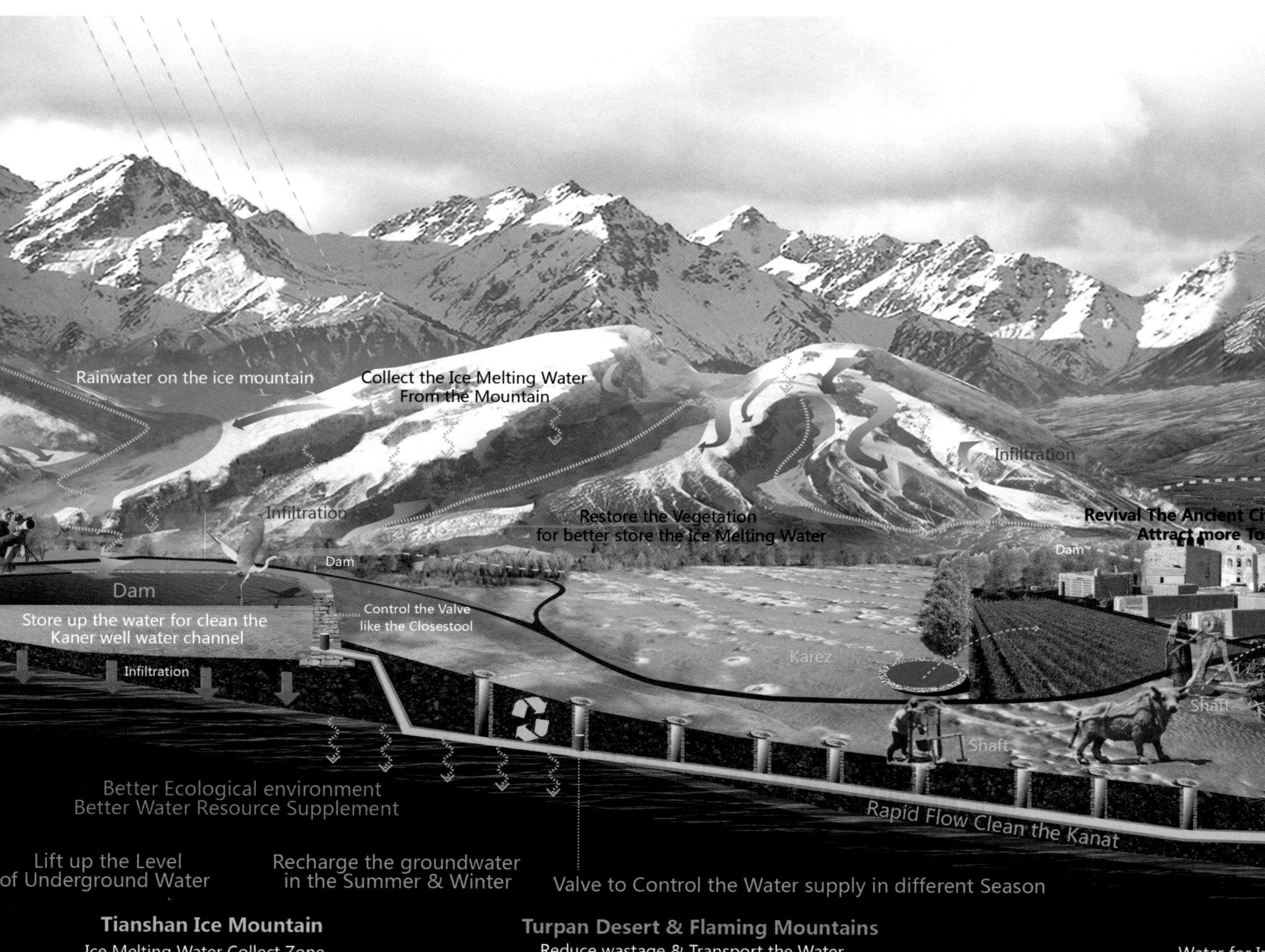

在天山冰川收集冰雪融水，在吐鲁番沙漠区域回收利用和运输水，在绿洲区域以水恢复农业，在城区则复兴坎儿井的使用传统，综合实现水体与文化的良性循环。

Revival The Karez
Karez
Revival The Shape of
the Traditional Settlement
Revival the Traditional Life Style
Vadose zone
City
r Saving Agriculture
Revival the Traditional Settlement & Traditional Culture& Water Saving Lifestyle
Groundwater zone

GREENER COMMUNITY, PEACEFUL TOMORROW

——To Rebuild a Sustainable Community by Multi-channel Use of Tea Resources in Areas of Conflict in India

绿色的社区，和平的明天——以“茶”资源多功能利用重建印度的可持续社区

作　　者：吴　然，牛　琳，张　威，唐思嘉，郑天杭
指导教师：李　雄，张凯莉
奖项名称：2014年国际风景园林师联合会亚太区大学生设计竞赛荣誉奖

21世纪以来，地区冲突争端已经成为影响地域稳定和谐的重大影响因素。本项目位于印度阿萨姆地区加尔各答附近，此区域单面背山，有大面积的茶种植区，社区为印度原著居民以及外来孟加拉移民混住。该地区近年来发生过原著居民与外来移民的冲突事件，导致基础设施遭到严重破坏，茶田被毁，经济陷入挣扎，民众生活痛苦。选取“茶”作为问题的解决方法，将茶树资源引入地块社区内部以及整合周边茶树资源，从三个方面解决问题：生活方面，把茶资源引入居住区以及商业街道，作用于当地的气候环境质量改善和活动场地串联，增进社区中不同种族，不同文化人的交流与沟通。生产方面，利用当地绝佳的自然环境和地域优势，大力发展制茶产业，生态、有机、高效地进行茶叶生产和茶叶产业发展，将原有的作坊式小农茶叶生产模式改进为大规模的现代生产，增加就业岗位，改进当地贫困的现状，促进来自不同地区人们的交流。游览方面，阿萨姆地区地处丘陵地带，气候温热，环境良好，具有得天独厚的自然环境。旅游规划中利用当地历史悠久的茶文化，引入高大的古老茶树，规划丰富多彩的游览路线，宣传印度以及孟加拉共有的茶文化，改善当地的贫困现状。

问题与挑战

恶性循环图

冲突事件对当地的居民社区形态造成了巨大破坏、使得种族关系紧张、对经济利益造成巨大的影响，直接导致了经济发展落后，人民生活贫穷，引发了更多的种族冲突。

良性循环图

茶可以使不同族群共生成为可能。
茶叶作为一种经济作物，通过加工销售，会带来经济收益，缓解地区经济紧张。

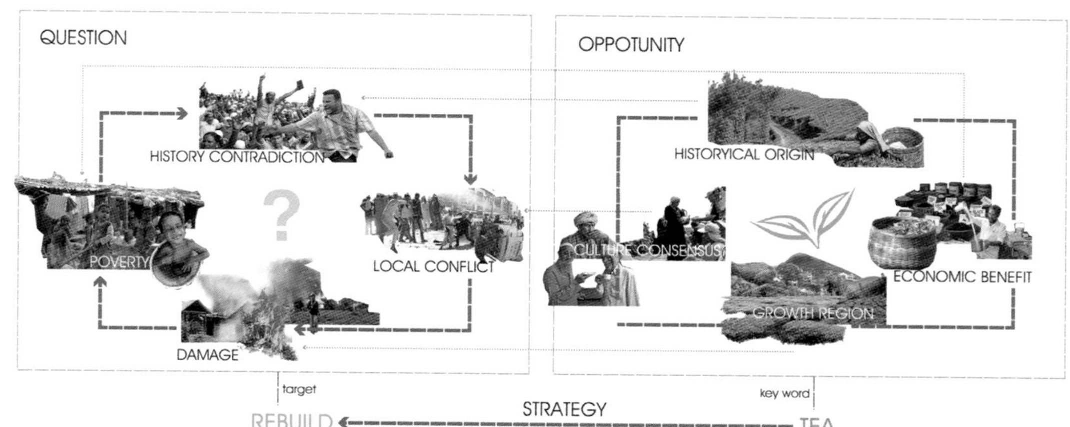

以茶资源的多功能利用为核心，规划后的茶田、道路、交通和水系如右图所示。

规划分析

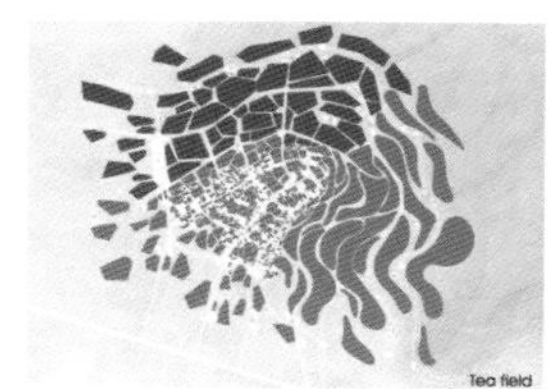

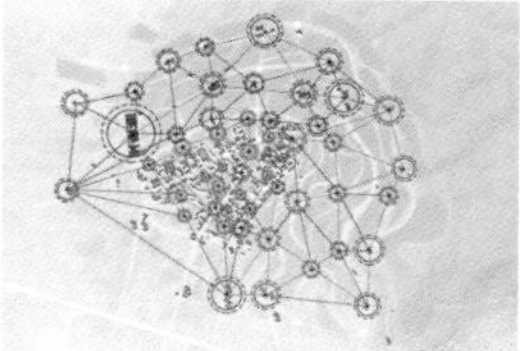

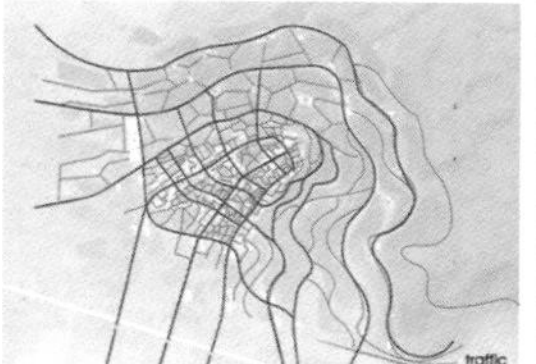

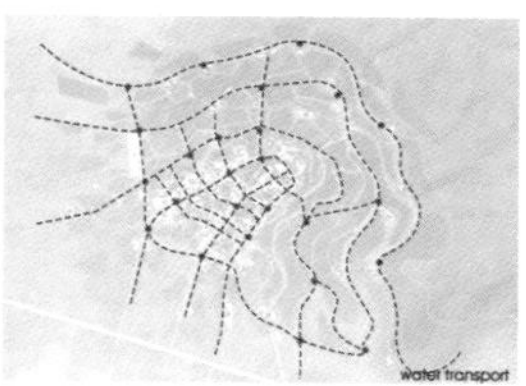

规划总平面

策略与效果

规划策略

在对印度阿萨姆地区以及孟加拉地区的茶资源历史文化分析的基础上，方案选取“茶”作为问题的解决方法，将茶树资源引入地块社区内部以及整合周边茶树资源。这其中包含三个方面，分别是生活、生产、游览。

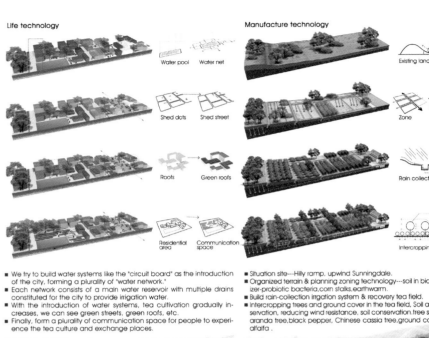

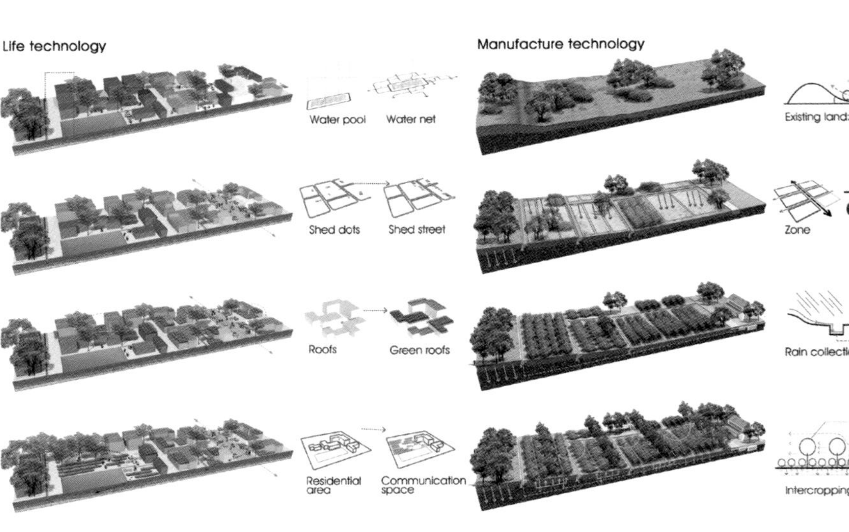

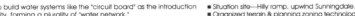

- We try to build water systems like the "circuit board" as the introduction of the city, forming a plurality of "water network."
- Each network consists of a main water reservoir with multiple drains constituted for the city to provide irrigation water.
- With the introduction of water systems, tea cultivation gradually increases, we can see green streets, green roofs, etc.
- Finally, form a plurality of communication space for people to experience the tea culture and exchange places.

- Situation site---Hilly ramp, upwind Sunningdale.
- Organized terrain & planning zoning technology---soil in bio-
izer-probiotic bacteria,corn stalks,earthwarm.
- Build rain-collection irrgation system & recovery tea field.
- Intercropping trees and ground cover in the tea field, Soil an
servation, reducing wind resistance, soil conservation.tree sp
aranda tree,black pepper, Chinese cassia tree,ground cov
alfalfa .

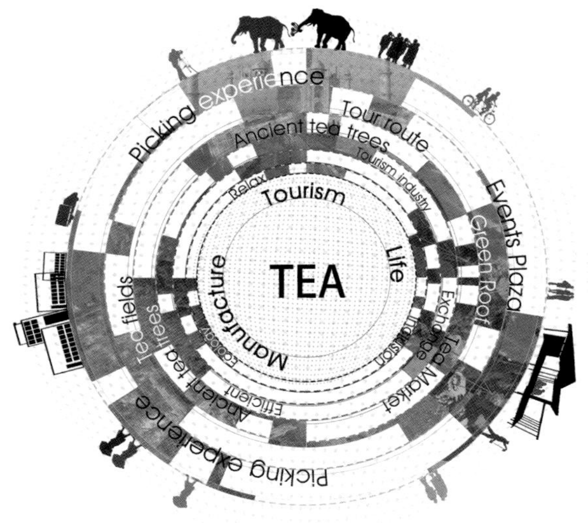

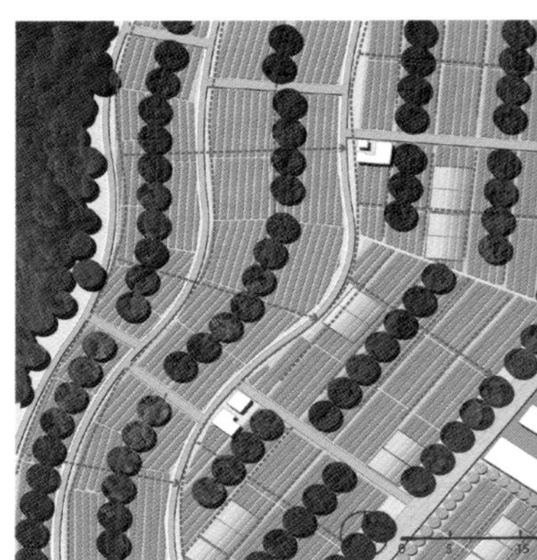

鸟瞰图

茶资源进入社区，带动了当地居住区、生产、旅游的发展，生活中茶树的引入促进了不同民族的居民的交流，茶叶生产也带动了区域的绿色经济发展，茶资源旅游规划对当地文化进行了深入挖掘，促进了民族融合，同时开创了一种新型绿色的经济发展模式。

效果图

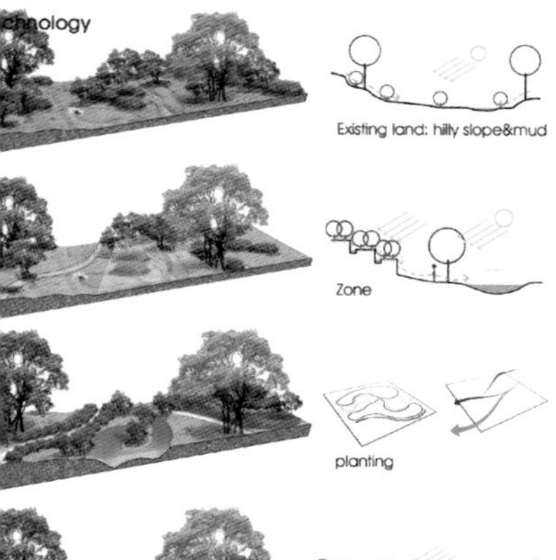

and: hilly slope, a lot of mud, scattered distribution of tea re-

ombined with existing topography and tea, we plan curved
is elephant trails and walkway ; severe soil erosion on the
soil and water conservation and irrigation.
we bring ancient tea resources and varieties of tea.
ion: we build waterfront venue as well as the establishment
nt trails and walkways ,and cladding viewing platforms.

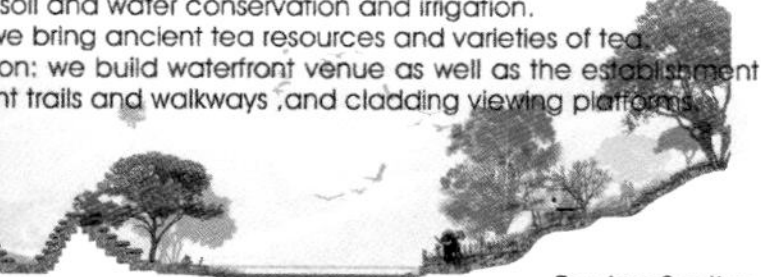

生活方面，把水系像“电路板”一样引入城市，形成多个“水网”，为城区的植物生长提供灌溉水源。同时，城区内多个散点分布的摊位被整合成一条集市带。随着水系的引入，茶树种植逐渐增多，街道绿化、屋顶绿化等，都配植了茶树与楹树。最后，在茶树与水体多的地方，形成多个交流空间，为人们提供茶文化体验与交流的场所。

生产方面，充分利用当地现有资源，对多山的丘陵地区的破坏茶田进行土壤修复，部分缓坡地形整理成缓坡梯田，在灌溉工程上，利用当地雨水全年分布不均，构建集雨灌溉工程。节约灌溉用水，耕作使用生物有机肥料，力求形成更生态、高效、有机、健康发展的茶叶生产产业，对当地的经济和环境进行提升。

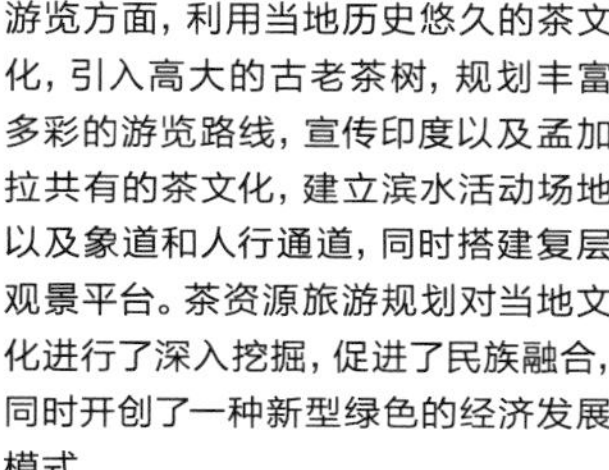

游览方面，利用当地历史悠久的茶文化，引入高大的古老茶树，规划丰富多彩的游览路线，宣传印度以及孟加拉共有的茶文化，建立滨水活动场地以及象道和人行通道，同时搭建复层观景平台。茶资源旅游规划对当地文化进行了深入挖掘，促进了民族融合，同时开创了一种新型绿色的经济发展模式。

GREEN DUNE——A Wind-steadied and Sand-fixed System to Green Daban City
绿丘——达坂城稳风固沙绿色生态系统的构建

作　　者：林辰松，刘济姣，史　轩，肖　遥，张海天
指导教师：李　雄

奖项名称：2012 年国际风景园林师联合会亚太区大学生设计竞赛荣誉奖

达坂城位于新疆维吾尔自治区乌鲁木齐市东南部，西天山和博格达山南麓间的谷底之中，整个区域呈西北—东南走向，素有“中国风谷”之称。达坂城内有复杂的峡谷、丘陵、戈壁地貌以及独特的大风气候，这样的特殊自然环境为风力发电提供广阔的新能源开发空间，也造就了当地璀璨的丝路文化。但达坂城因为风沙逐年的侵袭，面临着城市生活环境难以改善、人口流失、城市发展水平受限等种种问题。

2012 年 IFLA 亚太区学生设计竞赛的主题为“风景园林让生活更美好”。“绿丘——达坂城稳风固沙绿色生态系统的构建”呼应“变化的景观”“自然的景观”等可持续的、生态的设计理念；通过景观的方式构建了一种随时间变化而演变的、不需人类过多干预的绿色生态系统，从而缓解达坂城区风害、沙害等恶劣自然环境，辅助提升城市对严苛环境的适应性，改善居民生活质量，使城市生活更美好。

设计中无论是哪一个单独系统的建立还是整体景观的形成，人为干预都可降为最低，最重要的是设计能够引导并利用自然本身的力量，逐步形成景观。这种随着时间变化的、人类并不需要过多干预的、生态的、可持续的景观构筑方式是此次竞赛中探索的重点。

问题一：风害影响严重

由于达坂城区地处峡谷处，且西北——东南走向海拔差异巨大，达坂城正处于新疆地区的风口之中，全年有 300 天以上，4 级以上的大风直接侵袭着达坂城。达坂城中的风速变化多端，瞬间最大风速可达 40m/s。常年的风吹造就了达坂城独特的地貌特征和生活习俗，也为风力发电创造了良好的契机，然而不稳定的风流使得当地建筑受损、影响居民生活，甚至会掀翻车辆，拔起树木，造成人员伤亡。

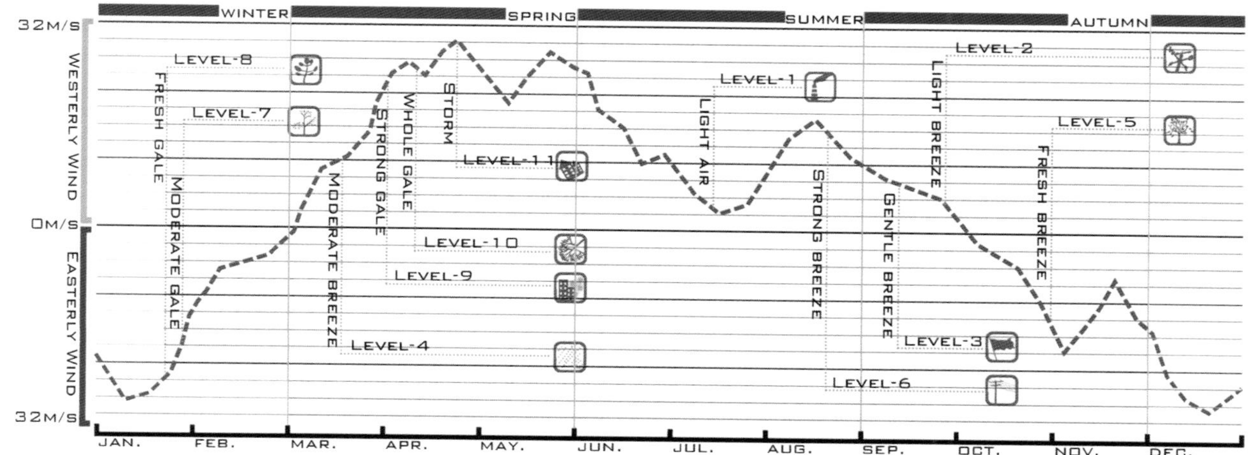

问题二：沙害影响严重

达坂城气候干燥，土质疏松，经年的风吹不仅刮走土壤中细小的黏土和有机质，还带来沙土沉积在土壤之中，使得土壤肥力大大降低。同时，风沙相伴而生，逐年侵蚀达坂城内的建筑以及城郊的农田，使得城市发展受挫而农作物产量逐年下降。当地居民不得已迁居至气候温和的地区，造成严重的人口流失。

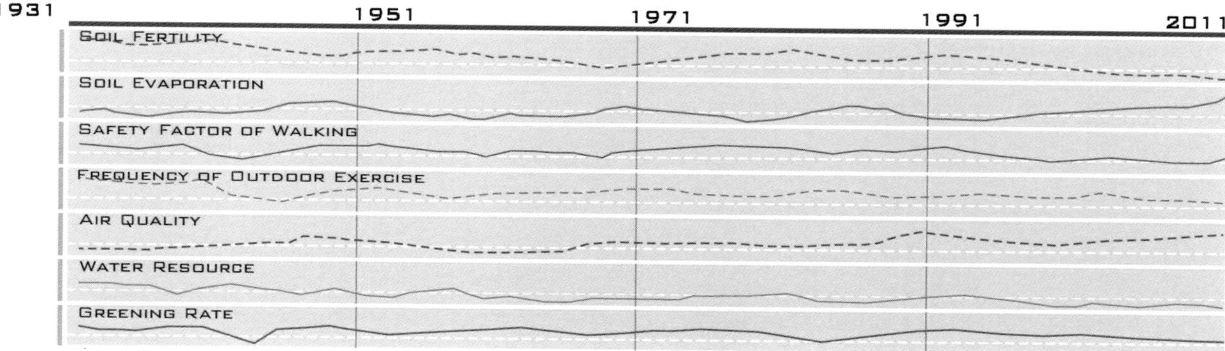

问题三：城区内外景观缺失

达坂城区内外的植物在风沙的影响下，难以正常生长，因而城市难以绿化。同时，在大风横行的气候中，人们也没有能够利用的户外活动空间。

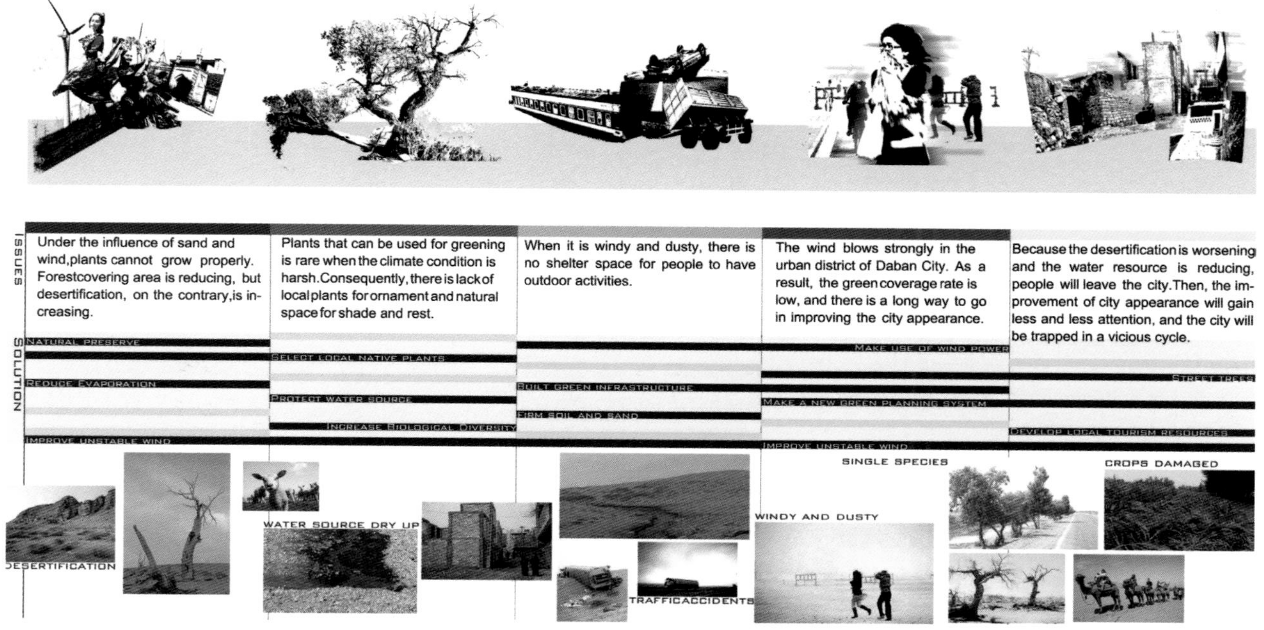

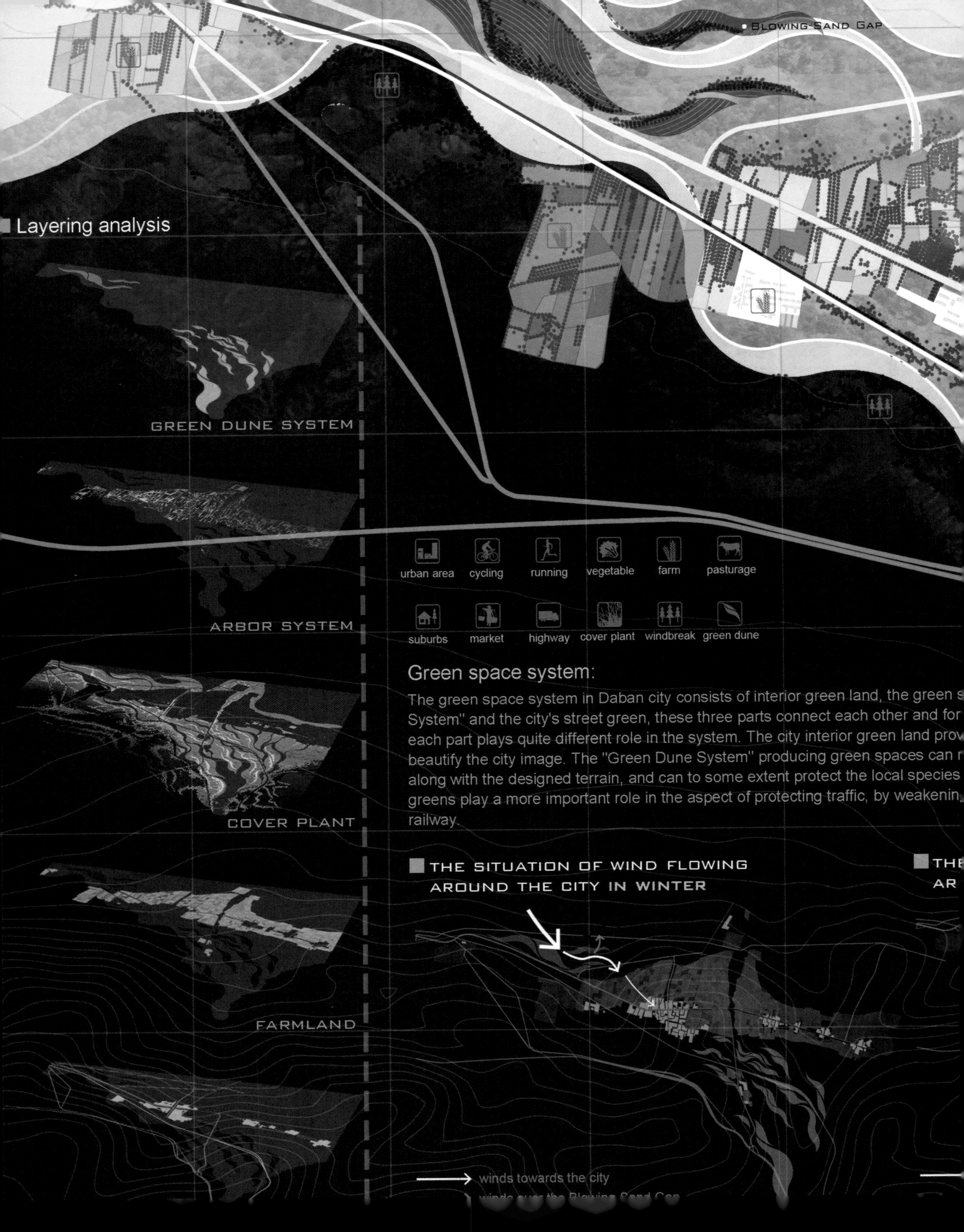
BLOWING-SAND GAP
Layering analysis
GREEN DUNE SYSTEM
ARBOR SYSTEM
COVER PLANT
FARMLAND
urban area
cycling
running
vegetable
farm
pasturage
suburbs
market
highway
cover plant
windbreak
green dune
Green space system:
The green space system in Daban city consists of interior green land, the green s
System" and the city's street green, these three parts connect each other and for
each part plays quite different role in the system. The city interior green land prov
beautify the city image. The "Green Dune System" producing green spaces can r
along with the designed terrain, and can to some extent protect the local species
greens play a more important role in the aspect of protecting traffic, by weakenin
railway.
THE SITUATION OF WIND FLOWING
AROUND THE CITY IN WINTER
winds towards the city

N
100
400m
0
200
800m
Blowing-Sand Gap
Blowing-Sand Gap
Blowing-Sand Gap
43.3
43.3
43.3
43.3
43.3
43.3
43.3
y the "Green Dune
system. However,
the citizen and
d fix drifting sand,
logically. The street
ward the highway and
ON OF WIND FLOWING
CITY IN SPRING
s the city
e Blowing-Sand Gap
ng the city

绿丘规划

理论基础

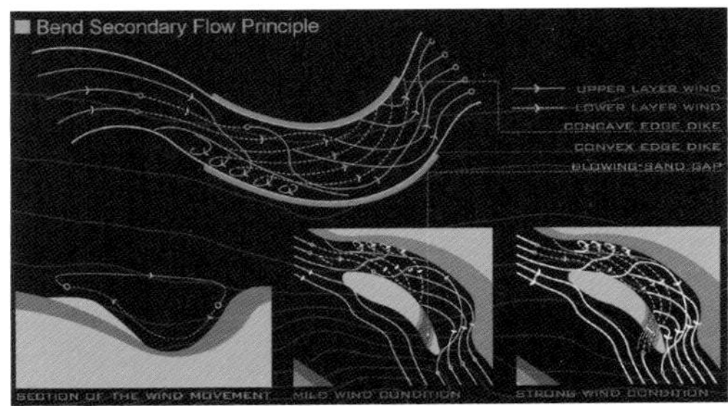

本次设计利用弯道洄流的基本特征，通过建立多重弯曲的路径，使通过该路径的风速减缓、风向可控并不再携带沙土。具体指在达坂城外围设置一组地形，构建达坂城区外部风的路径，从而达到对风速、风向的控制，并使侵蚀城区的沙土在这组地形中沉积、固定。

规划步骤

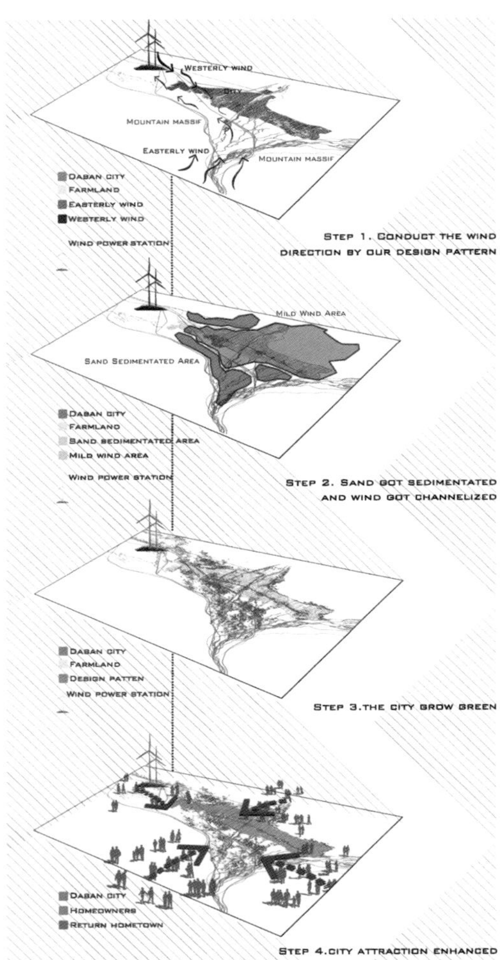

为了加强地形对于风的稳定作用以及对沙的沉积作用，在设计中引入了防风固沙的构筑物以及植物。构筑物减弱风速，每条防风带间留有一个植被自然恢复带。防护带起到生物沙障、保护沙面稳定、促进自然恢复带内植被的自然修复的作用。本方案通过在达坂城区外部及内部有序地营造生态景观系统，在人工的引导下，利用自然的力量稳定并减弱进入达坂城的风流，固定周边沙土，为城市范围内植物的生长营造条件，从而形成完整的城市绿色体系，提高当地居民生活水平，使城市生活更加美好。

STEP 3

效果图

STEP 2

STEP 4

剖面图

POWER
LANDSCAPE SYMBOL
WIND-ENERGY STATION
D
VEGETABLES GRAZIERY LANDSCAPE SYMBOL
AREA OF
FARMING AND ANIMAL HUSBANDRY
C
SHELTERBELT, CLEAN-UP LANDSCAPE SYMBOL
"GREEN DUNE"SYSTEM
TRAFFIC SAFETY
MAIN ROAD
A
B
CITY OF DABAN
LIVING MAKETING SPORTING LANDSCAPE SYMBOL

绿色生态系统

绿丘功能体系

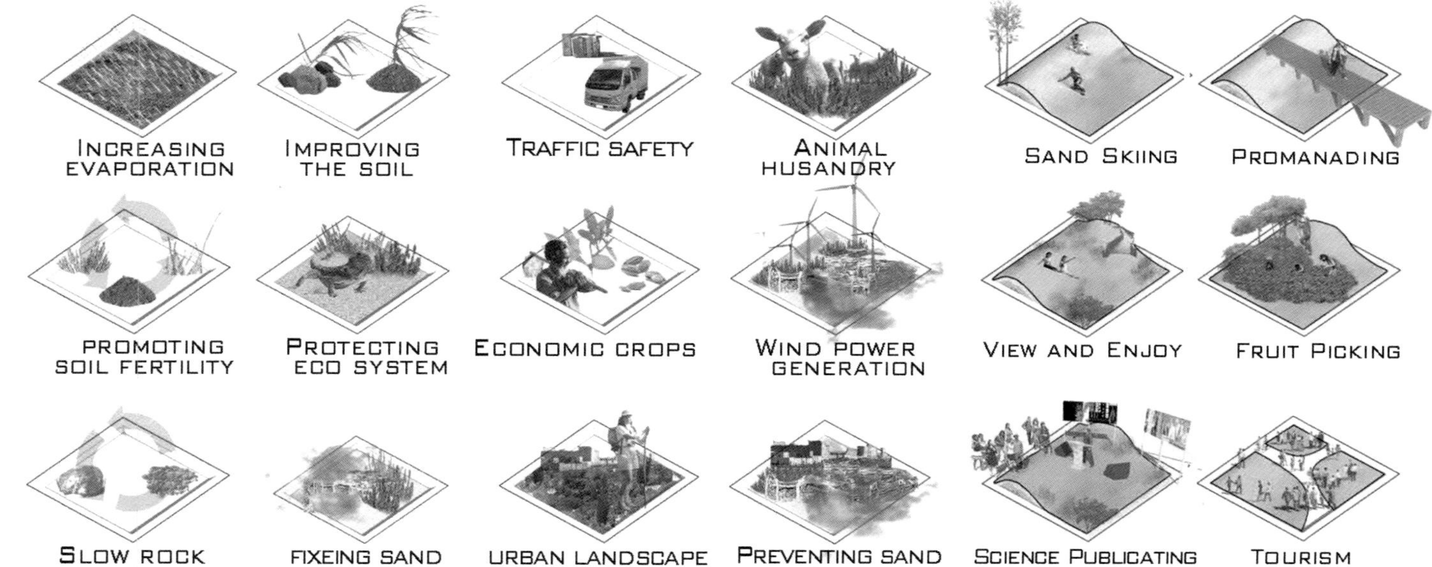

达坂城稳风固沙绿色生态系统由沉积墙、绿丘地形系统、城区绿色生态系统三个层级综合形成。沉积墙是利用构筑物及植物防风原理、按照一定方式摆放的带状墙体，使用材料为当地常见的泥土、砾石以及枯木的组合体，在沉积墙的顶部埋有抗旱、耐性极强且遇水土快速萌发的风媒植物及其他荒山绿化常用植物的种子。绿丘地形系统是通过沉积墙对沙土的沉积而形成的地形，其形态依据弯道洄流的基本特性布局。

在沉积墙与绿丘地形系统的共同作用下，达坂城内的风将变得平稳，而沙土将更多地停留在城外。这样的结果使得城市内部的气候环境相对稳定，植物有了生活空间。因而，配合城市肌理营造达坂城的绿色空间体系成为可能，户外活动、室外交易将重新回到市民的生活之中。“绿丘地形系统”可防风固沙，在沉积墙的基础上加强系统对于风沙的控制，防治风沙对于农田及城市的侵袭；同时也起到保护乡土树种的生态作用。三者相辅相成最终能从根本上改善达坂城的自然气候环境，改善居民生活。

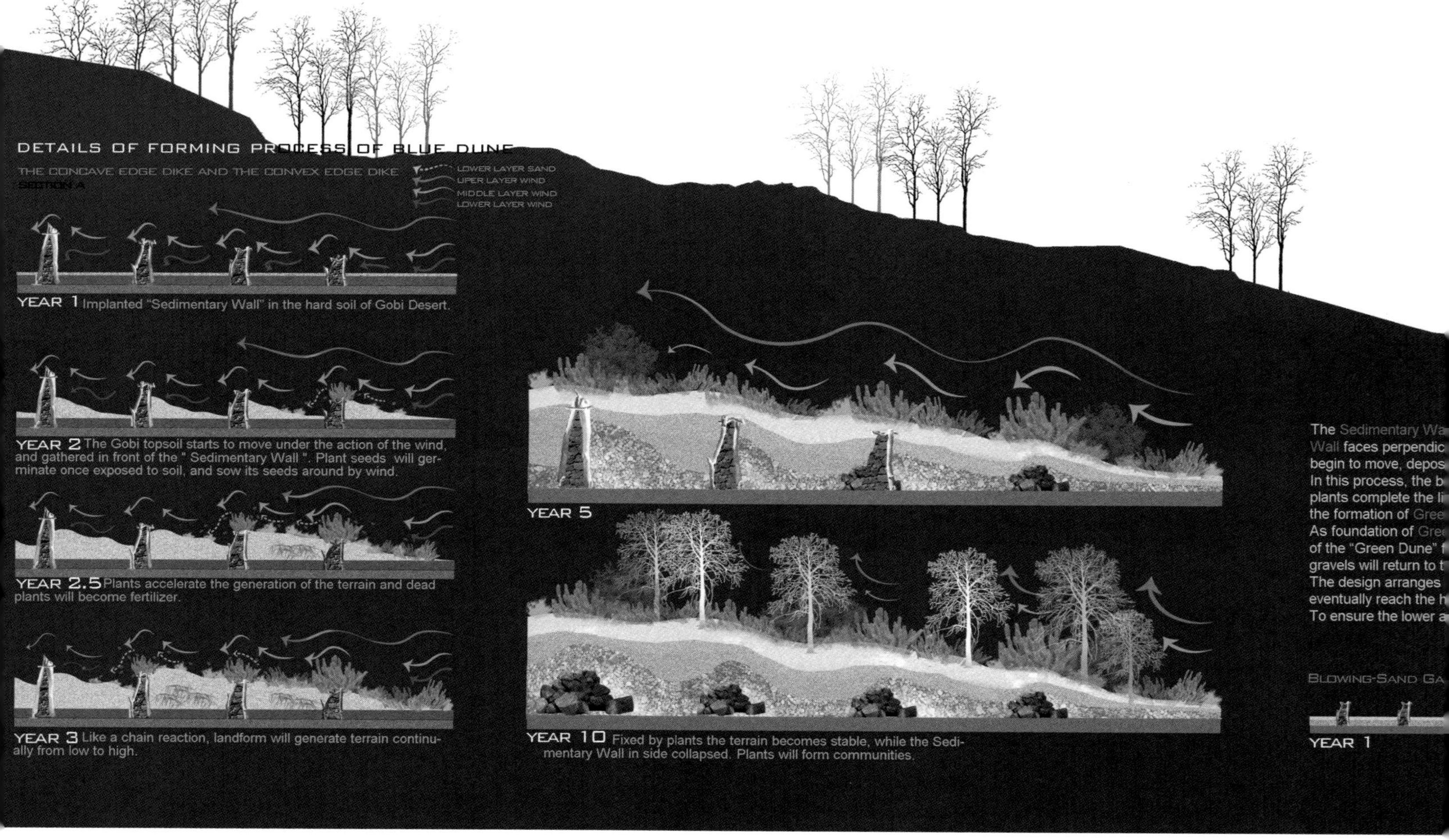

DETAILS OF FORMING PROCESS OF BLUE DUNE

THE CONCAVE EDGE DIKE AND THE CONVEX EDGE DIKE

SECTION A

LOWER LAYER SAND
UPER LAYER WIND
MIDDLE LAYER WIND
LOWER LAYER WIND

YEAR 1 Implanted "Sedimentary Wall" in the hard soil of Gobi Desert.

YEAR 2 The Gobi topsoil starts to move under the action of the wind, and gathered in front of the " Sedimentary Wall ". Plant seeds will germinate once exposed to soil, and sow its seeds around by wind.

YEAR 2.5 Plants accelerate the generation of the terrain and dead plants will become fertilizer.

YEAR 3 Like a chain reaction, landform will generate terrain continually from low to high.

YEAR 5

YEAR 10 Fixed by plants the terrain becomes stable, while the Sedimentary Wall in side collapsed. Plants will form communities.

The Sedimentary Wa
Wall faces perpendic
begin to move, depos
In this process, the b
plants complete the li
the formation of Gree
As foundation of Gre
of the "Green Dune" f
gravels will return to t
The design arranges
eventually reach the h
To ensure the lower a

BLOWING-SAND GA

YEAR 1

绿丘种植体系

注：图例由上至下分别为绿丘、乔木、灌木及草本。

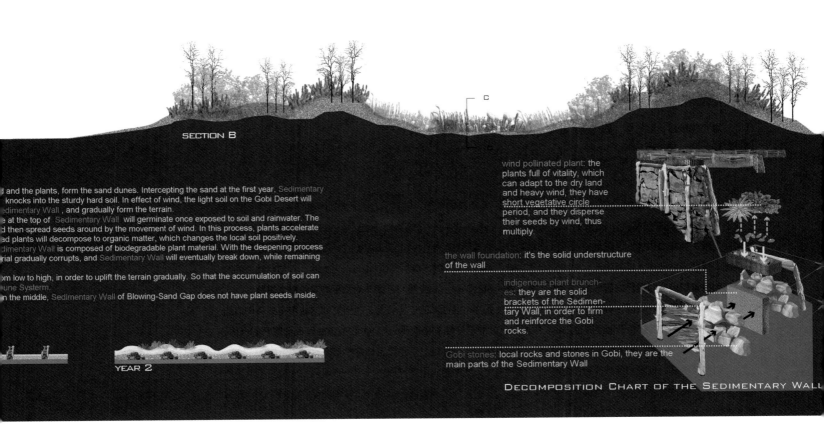

绿色生态系统

SECTION B

d and the plants, form the sand dunes. Intercepting the sand at the first year, Sedimentary
knocks into the sturdy hard soil. In effect of wind, the light soil on the Gobi Desert will
edimentary Wall , and gradually form the terrain.
e at the top of Sedimentary Wall will germinate once exposed to soil and rainwater. The
d then spread seeds around by the movement of wind. In this process, plants accelerate
ad plants will decompose to organic matter, which changes the local soil positively.
dimentary Wall is composed of biodegradable plant material. With the deepening process
rial gradually corrupts, and Sedimentary Wall will eventually break down, while remaining

om low to high, in order to uplift the terrain gradually. So that the accumulation of soil can
une Systerm.
n the middle, Sedimentary Wall of Blowing-Sand Gap does not have plant seeds inside.

YEAR 2

wind pollinated plant: the plants full of vitality, which can adapt to the dry land and heavy wind, they have short vegetative circle period, and they disperse their seeds by wind, thus multiply.

the wall foundation: it's the solid understructure of the wall

indigenous plant brunches: they are the solid brackets of the Sedimentary Wall, in order to firm and reinforce the Gobi rocks.

Gobi stones: local rocks and stones in Gobi, they are the main parts of the Sedimentary Wall

DECOMPOSITION CHART OF THE SEDIMENTARY WALL

AWAY FROM THE SHADOW OF LANDMINE——Peri-uran Park Planning of Pingxiang City
逃离地雷的阴影——凭祥市郊野公园规划设计

作　　者：张敏霞，鲍沁星，胡　珊，谢　佳，胡依然
指导教师：周　曦，李　雄
所获奖项：2011 年国际风景园林师联合会亚太区大学生设计竞赛荣誉奖

广西壮族自治区凭祥市是中国与东盟之间最重要的边境贸易和旅游城市，位于中国和越南的边境地区。战争结束后还有不少区域存在潜在的危险，且扫除地雷的过程破坏了原有的生态，战争对于土地和人们心灵的伤害仍在继续。项目旨在解决凭祥市边境地区因战争遗留的地雷问题。通过建立可持续的景观发展模式，规划建设交通走廊和梯田系统，帮助当地残疾人恢复生产，提高安全性并吸引游客，有效地消除地雷造成的人与土地、人与自然之间的障碍，为探索积极应对世界地雷危机、摆脱战争遗留问题的阴影、建设亚洲各国共同和平与繁荣提供借鉴。

规划利用凭祥市西郊一块因为战争废弃的土地，建设成凭祥市区西部的边境公园，重新规划这块带有战争伤痕的土地。在潜在危险区设置高于地面架空廊道、生态弹坑式的纪念性植物景观、混凝土和战争残留武器混合的墙体，让游客体验战场的气氛。在安全区的低坡度区域建设果林和游憩草地，每当果实成熟季节举办采摘活动和节假日聚会。在高坡度区域恢复和保持原有自然林地，保持水土。在原有农田区域保持农田生态系统，种植有本地特色的农业经济作物，着重保护原有的炮台历史遗迹区域。共同为凭祥市的民众提供一个休闲放松的郊野公园，教育每一个普通人，只有和平才能有经济发展、社会进步。珍爱和平，善待土地，远离战争。

现状分析图

排雷进程分析

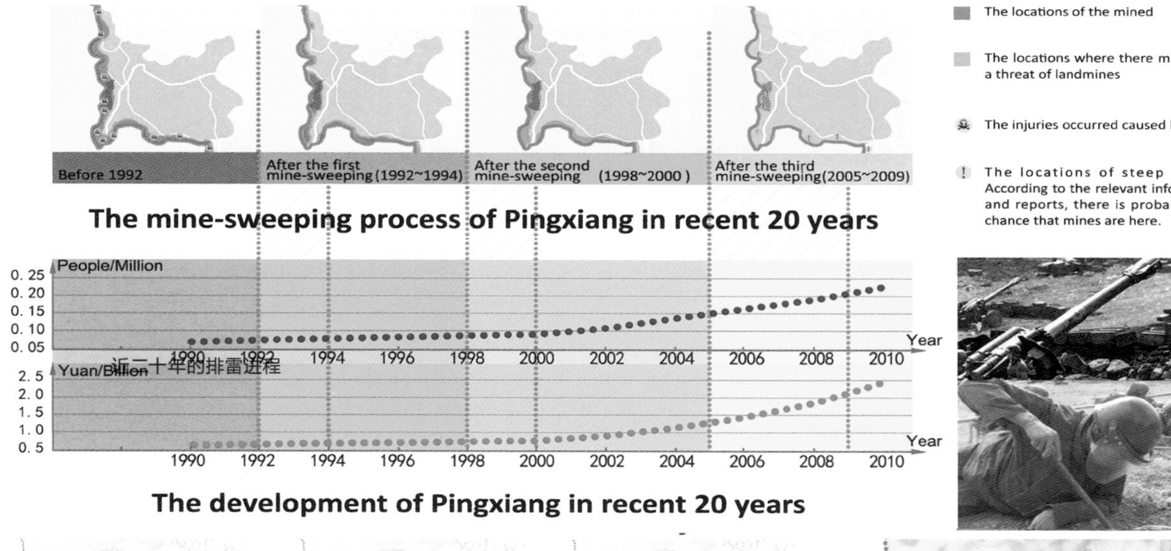

场地现状分析

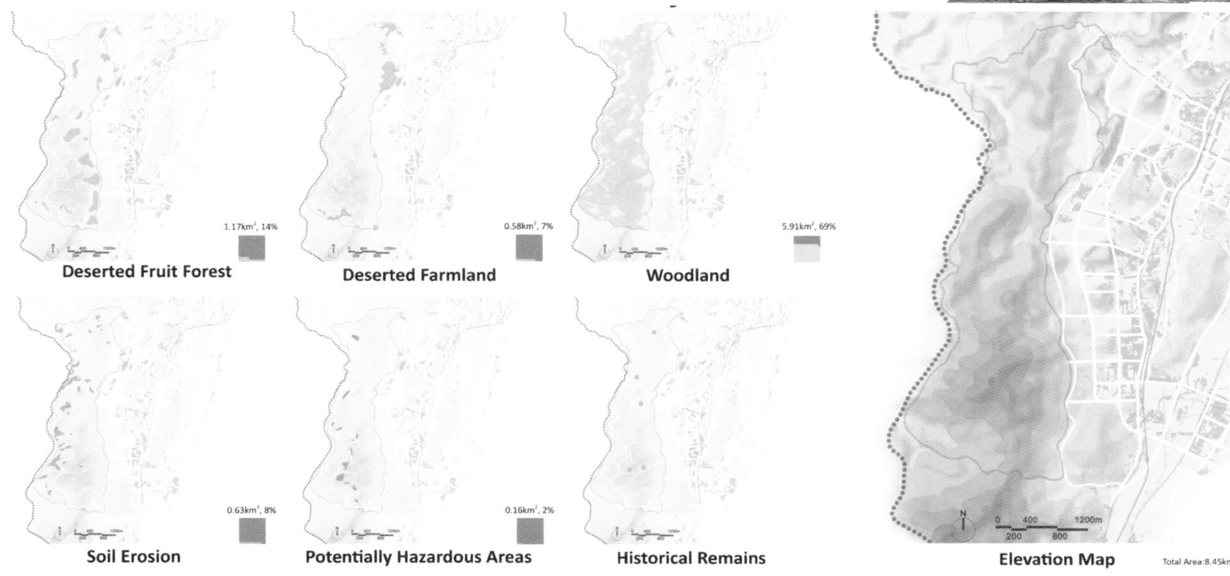

规划策略图

残障人士的运输通道

Disability: A lot of disabled people, caused by landmine, cannot be engaged in the production conveniently on their own the land. This leads to the abandent of land.

We will plan transportation system, connecting fruit trees site and farmland. This helps the local disabled people resume production and rebuild the relationship between human and land.

危险区域的空中走廊

Risk: There are still some steep positions with an uncertain small amount of mines left, where it is potentially dangerous, which limits the development of tourism.

We will plan traveling corridors, connecting Historical Remains and urban land, to avoid potentially hazardous areas. This provide a safe scenic tour as for the development of tourism.

侵蚀区域的生态林地

Destruction: Mine-sweeping actions were carried out by the means of fire. The destroy of vegetation has caused soil erosion. The danger of geological fdisasters arises.

We govern the erosion areas caused by mine-clearance process by means as follows- the establishment of Terrace, the new forest, fruit trees, farmland, flowers with a system, considering the landscape effect.

规划与效果

危险区——剖面图

在靠近边界的潜在危险区设置高于地面架空廊道，架空的休息场地，部分道路连接战争坑道，并设置生态弹坑式的纪念性植物景观，混凝土和战争残留武器混合的墙体，让游客体验战场的气氛。

策略一：坡改梯——改陡坡的山地为梯田，茶带及梯状花带，既可以将土地改为农田种茶增加经济效益，又增加了景观效应。
策略二：架空走廊——连续的栈道时而架空于地面之上，时候下入到地下防空洞，地上空间与地下空间的连续交替，增加空间层次和游览的趣味性。架空与地面分离，降低危险，排除人们心理的恐惧，地下空间作为纪念性空间，提醒人们要珍惜土地和生命。
策略三：纪念墙与景观坑——在原战场区域，地雷造成的土地创伤无处不在，这些坑塘大部分来自于战时爆炸和战后清理，设计将这些创伤造成的土坑部分保留并予以抽象的景观处理，结合废弃地雷外壳垒砌的纪念墙设计形成纪念性空间，时刻提醒大众不忘历史，珍惜和平，善待土地，远离战争。

农田区——效果图

在原有农田区域保持农田生态系统，种植有本地特色的农业经济作物。

总平面图

通过建立可持续的景观发展模式规划交通走廊和梯田系统，帮助残疾人恢复生产，提高安全性并吸引游客。消除地雷造成的人与土地间的障碍。

图例从上至下依次为主入口、次入口、堡垒、隧道、花谷、修复区、生态井、草甸、林内草地、甘蔗花园、稻田、风景林、景观丘陵、龙眼花园、荔枝花园、芒果花园、菠萝蜜花园、香蕉花园、桔子花园、花海、土豆田、玉米花园、木薯花园、甘薯田。

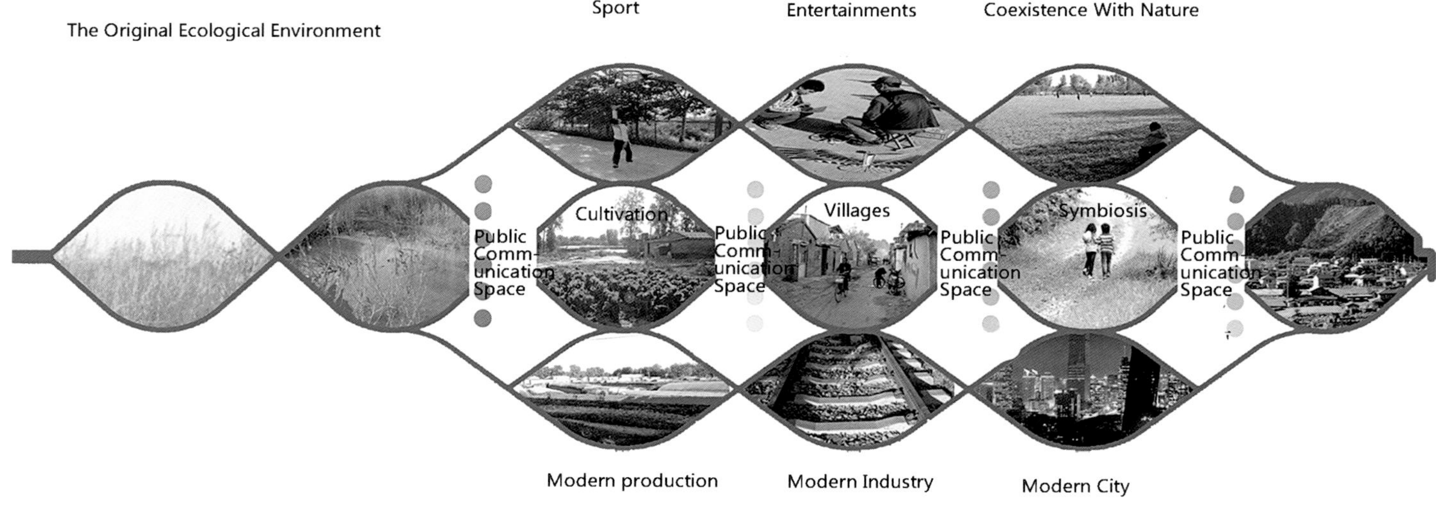

THE EARTH PULSE——A Revitalization Plan in the South of Beijing
大地的脉动——北京南部的振兴规划

作　　者：胡承江，李　洁，邓　锐，姜莎莎
指导教师：李　雄
所获奖项：2011 年国际风景园林师联合会亚太区大学生设计竞赛荣誉奖

规划场地位于北京市南四环外，现状用地较为破碎，功能结构不明，无法满足环境保护与游憩使用需求。

项目组以“大地有机体”为规划概念，意在用科学的方法同时在空间和时间两个方面阐述大地生命的脉动，营造出人与自然的和谐。

设计认为大地是有生命的，大地给予万物生命、灵性，万事万物皆是大地有机体的一部分，它们之间既应相互平等，也应相互尊重。人类活动是大地这个共同有机体的演化过程。人们生于这片土地，时刻感受着大地的心跳，感受着大地的脉动，但不能去打破它，而应感受并且在我们的活动中遵循这些律动。

场地分析（周边环境、土地利用、绿色空间、水体分布）

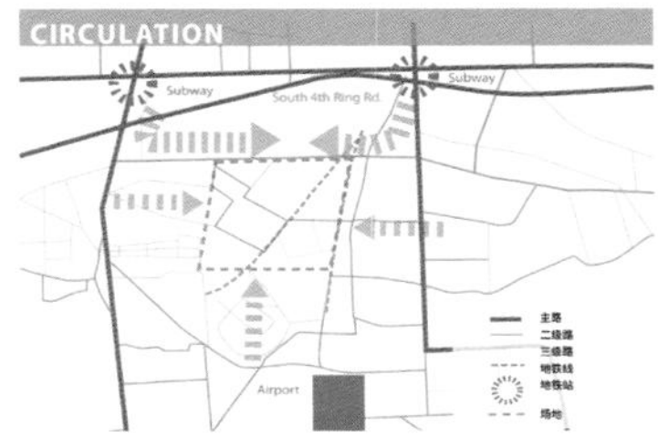

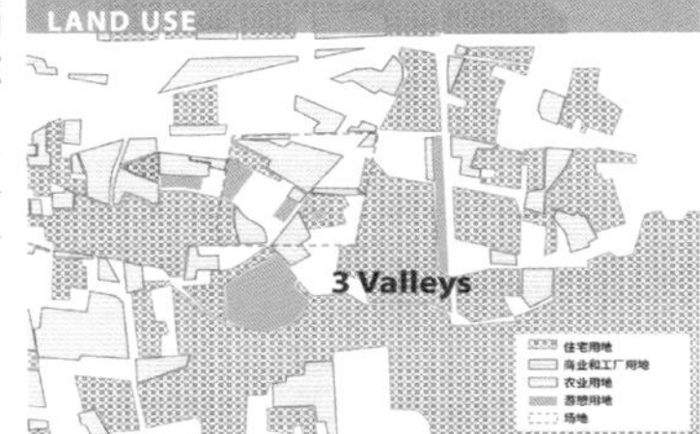

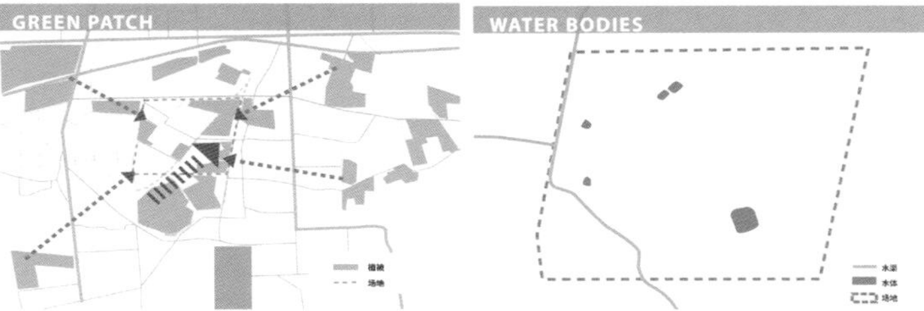

结构生成（路网结构、山水结构）

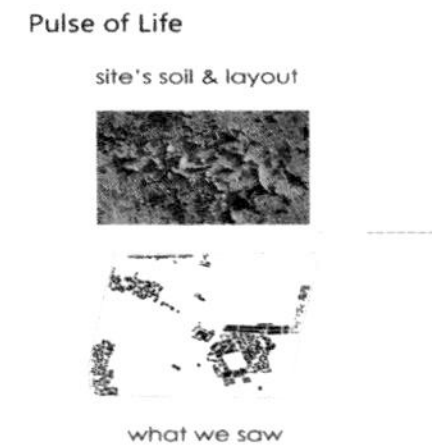

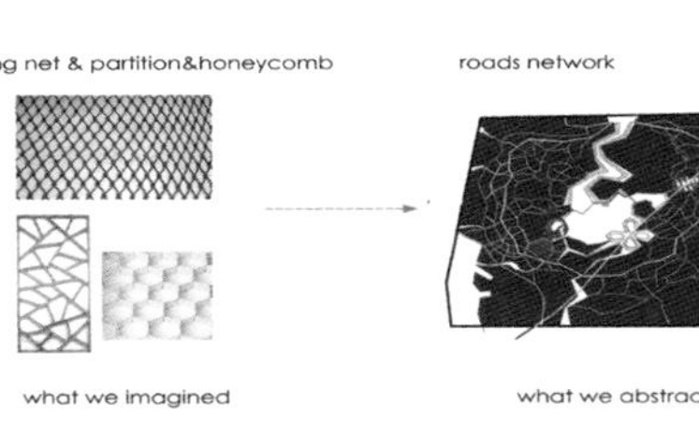

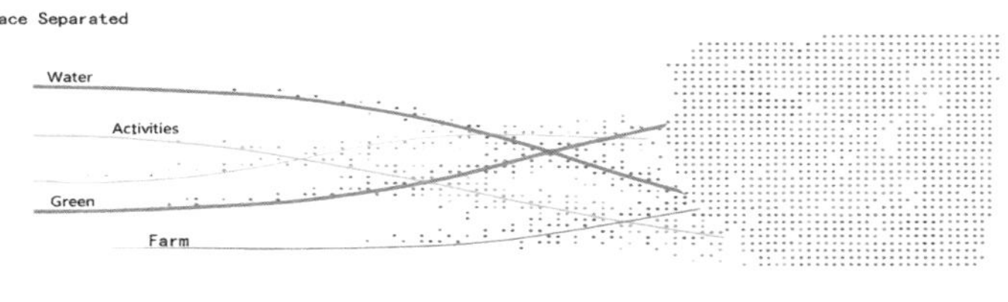

规划平面图

1.Land Channel
2.Cultivate Farmfeild
3.Art Village
4.Wetland
5.Land Theatre
6.Vibration of Land
7.Plaza of Land
8.Theme Pavilion
9.Earth Wall
10.Commercial District
11.Ferris Wheel
12.Physical Recreation Area
13.Tsuga Plaza
14.Railway Culture Exhibit Area
15.Children's Play Area
16.Grassland

图例从上至下依次为地上通道、耕作农田、艺术家村、湿地、室外剧场、大地的脉动、主题构筑、大地挡墙、购物区、摩天轮、体育休闲区、树阵广场、铁路文化展示区、儿童游乐区、草坪区。

概念分析图

Green corridor

Small forest provide activities
Friendship Forest
Green belt along the street
Protected forest areas

Cultural Corridors

Culture Village
Collision zone of conflict

The Pulse of Spatial Experience

The Pulse of Time Experience

Way of The Earth

Natural wetland

Meditation Tunnel

Original villages

Earth Wall

Industrial Landscape

Green Lifestyle

Modern city

鸟瞰图

中日韩大学生风景园林设计竞赛

中日韩大学生风景园林设计竞赛（International Landscape Architectural Symposium of China, Japan, and Korea Student Design Competition）两年一届，是业内认可度高的风景园林学科设计竞赛之一。由中国风景园林学会（CHSLA，Chinese Society of Landscape Architecture）、日本造园学会（JILA，Japanese Institute of Landscape Architecture）、韩国造景学会（KILA，Korean Institute of Landscape Architecture）共同主办，已成为三国风景园林界非常重要的学术交流活动，对推动三国风景园林专业人员的交流与合作发挥了积极的作用。

首尔城市历史发展分析

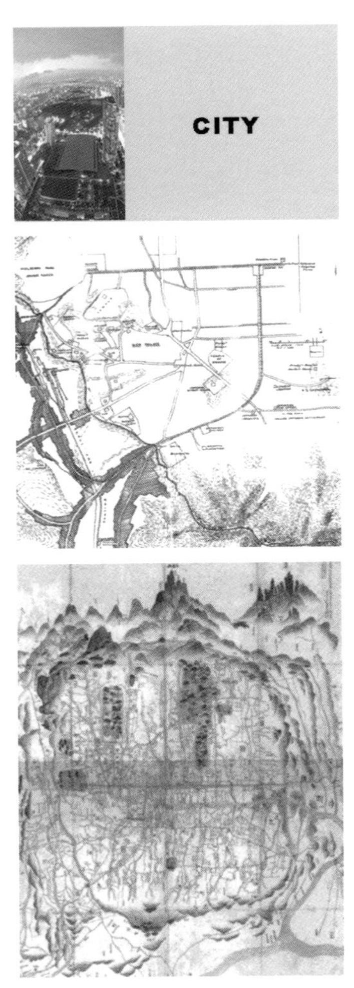

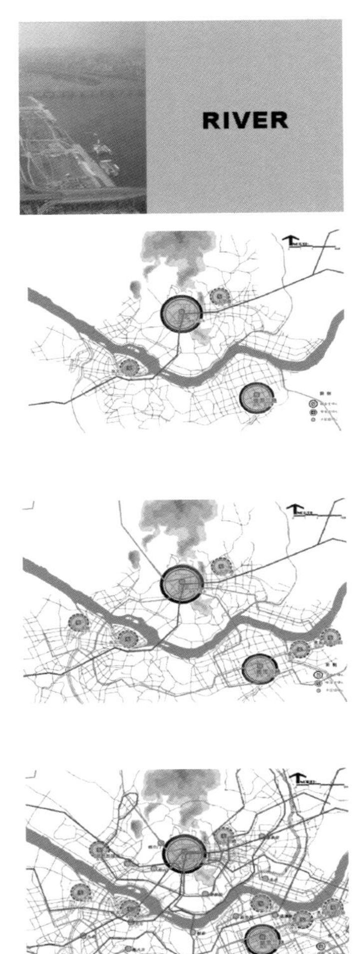

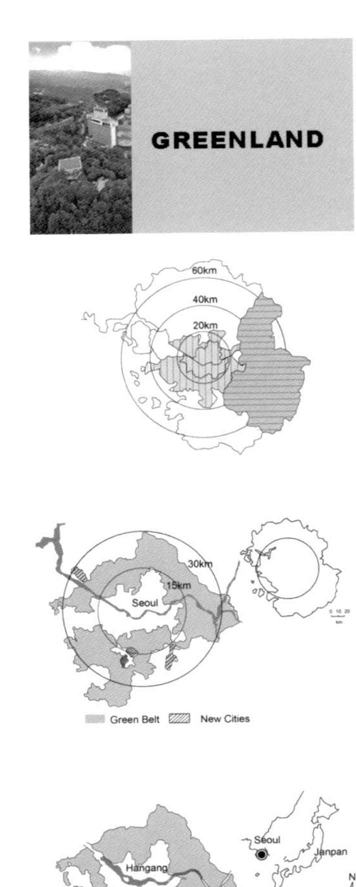

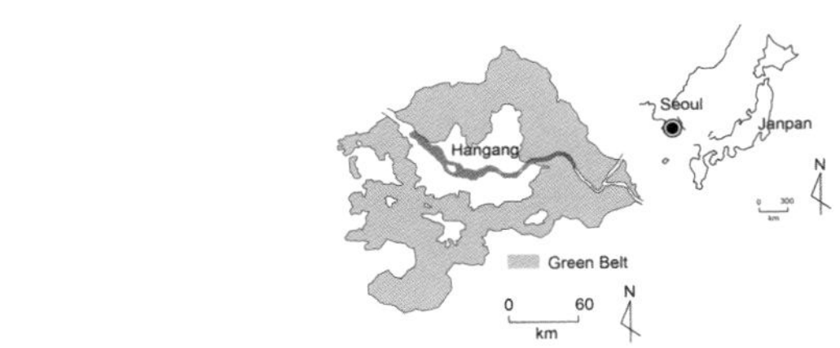

荣誉奖

A Marathon of Nature and Urban
自然与城市的马拉松

作　　者：李雅祺，李沛霖，李夏蓉，邓力文，刘鑫源

指导教师：李　雄

奖项名称：2016 年中日韩风景园林竞赛荣誉奖

首尔马拉松赛道穿越的主要城市节点和城市空间形式包括水上桥梁、郊野公园、儿童公园、历史遗迹、滨水区、城市公园和居住区等，整体空间变化很大。它不仅包括城市空间，如住宅区和历史文物等，还包括自然空间，如郊野公园和滨水区等。

城市的快速发展占据了大量的土地，导致绿地碎片和斑块。这些碎片绿地分布在城市空间的每个区域，并由城市分隔。中心建筑密度高，绿地少，环境质量低。抑郁的城市环境缺乏自然的生命力和美感，灰色的城市综合体需要绿色自然的点缀。马拉松赛道不仅仅是一条简单的道路，更承载着韩国精神与韩国文化，也是串联了自然系统、文化系统、商业系统的一条复合型游线。围绕马拉松赛道，建立了一条连续的、生态绿色的、具有公共属性的绿道。

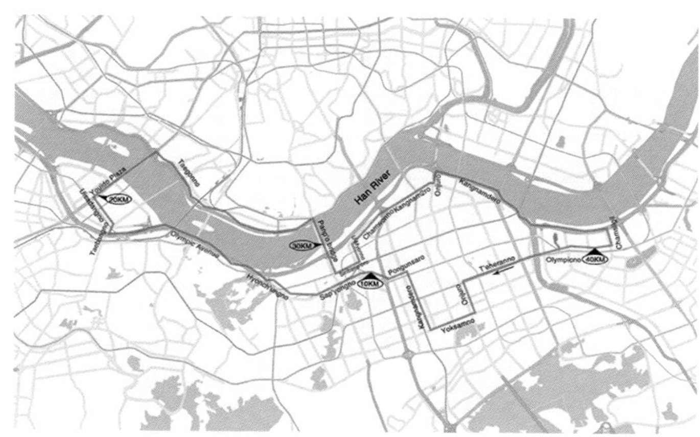

马拉松赛道连接汉江，在首尔占据重要位置。轨道穿过麻浦大桥和半坡桥，连接汉江两岸。轨道的某些部分沿着奥林匹克大道。汉江、桥梁和奥林匹克大道构成了马拉松赛道的水生态基础。

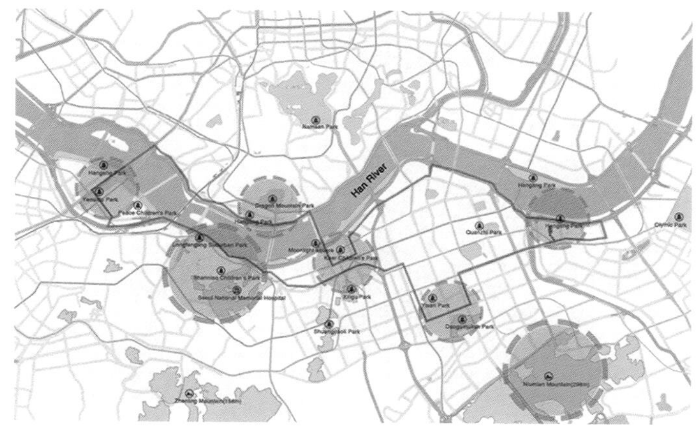

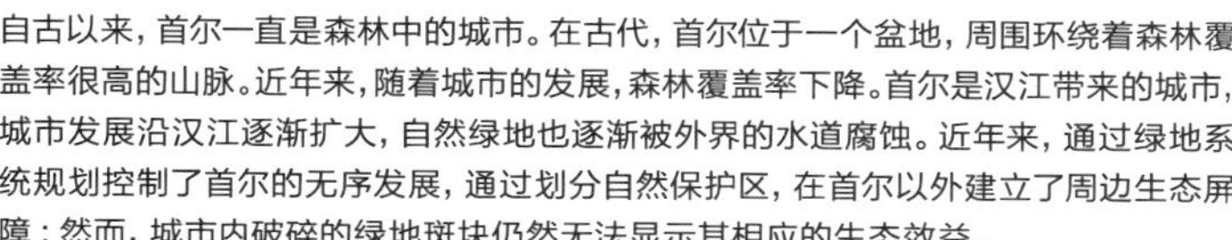

自古以来，首尔一直是森林中的城市。在古代，首尔位于一个盆地，周围环绕着森林覆盖率很高的山脉。近年来，随着城市的发展，森林覆盖率下降。首尔是汉江带来的城市，城市发展沿汉江逐渐扩大，自然绿地也逐渐被外界的水道腐蚀。近年来，通过绿地系统规划控制了首尔的无序发展，通过划分自然保护区，在首尔以外建立了周边生态屏障；然而，城市内破碎的绿地斑块仍然无法显示其相应的生态效益。

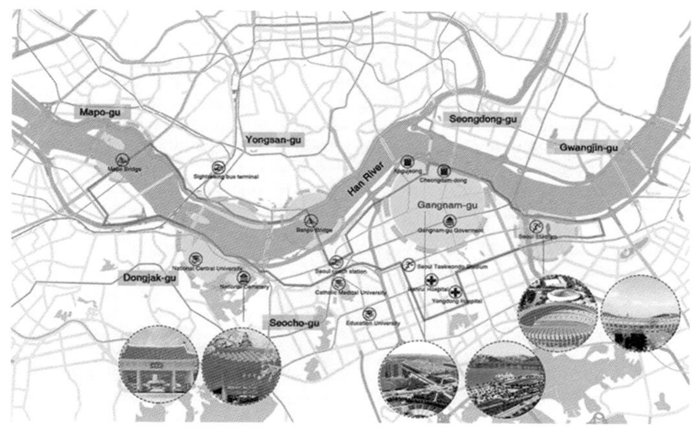

马拉松赛道贯穿龙山区、东区、江南区、江津区，从首尔体育场出发，途经江南区重要行政区，以及首尔跆拳道体育场、国家公墓、汉江等，并通过半坡桥回到江南区，最终返回体育场。

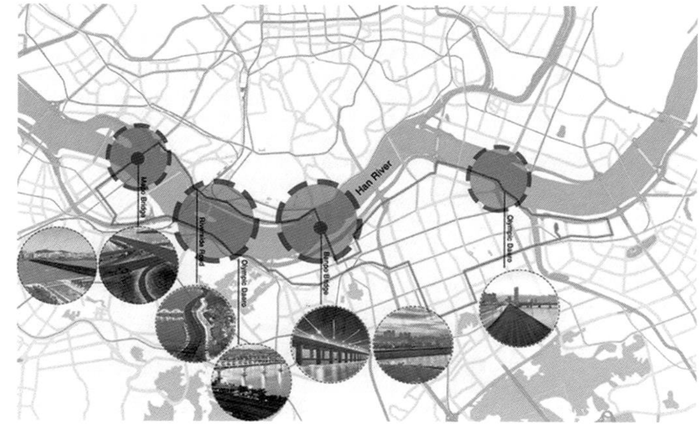

马拉松赛道贯穿几个绿色节点，如汉江公园、汝矣岛公园、龙山公园等。位于首尔汉江边缘的汉江公园，面积 210km^2，是市民的休息场所。汝矣岛公园包括传统景观、绿色花园、文化广场和生态森林四部分。这些绿色节点为构建绿色基础设施提供了基础。

绿色基础设施评价

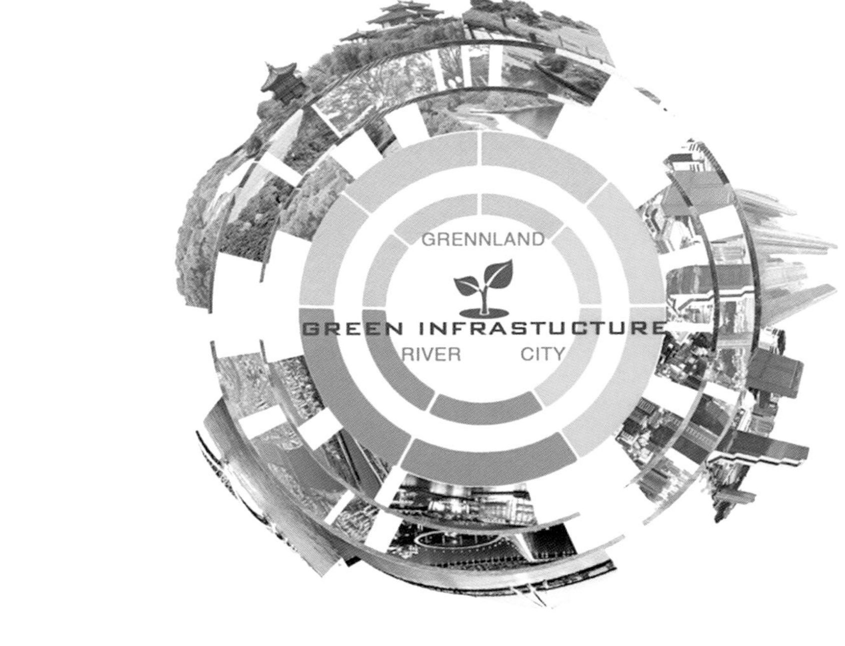

绿色基础设施影响因素

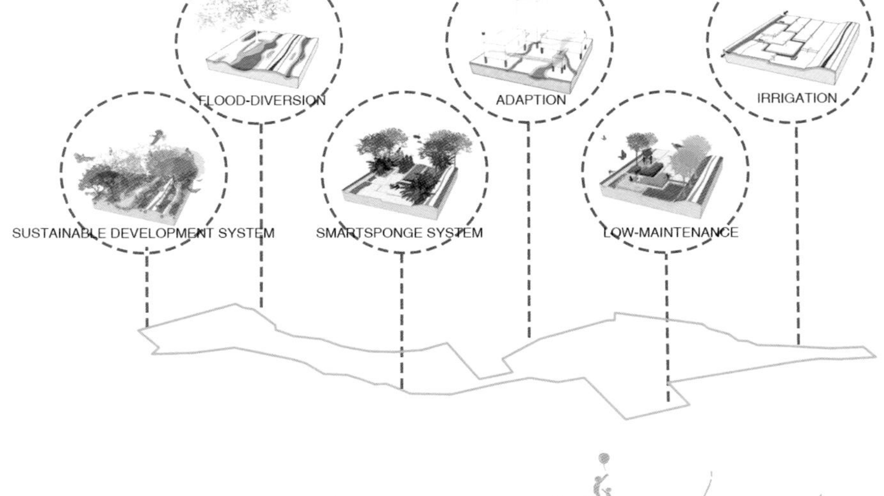

绿色基础设施系统

绿色基础设施的建设不是单方面的。它是生态基础设施、社会基础设施、历史和文化基础设施的结合。生态基础设施使用现有的生态矩阵作为连接走廊，社会基础设施通过建立一个缓慢的系统来联系城市和自然，历史和文化基础设施通过艺术景观讲述奥林匹克运动的故事。

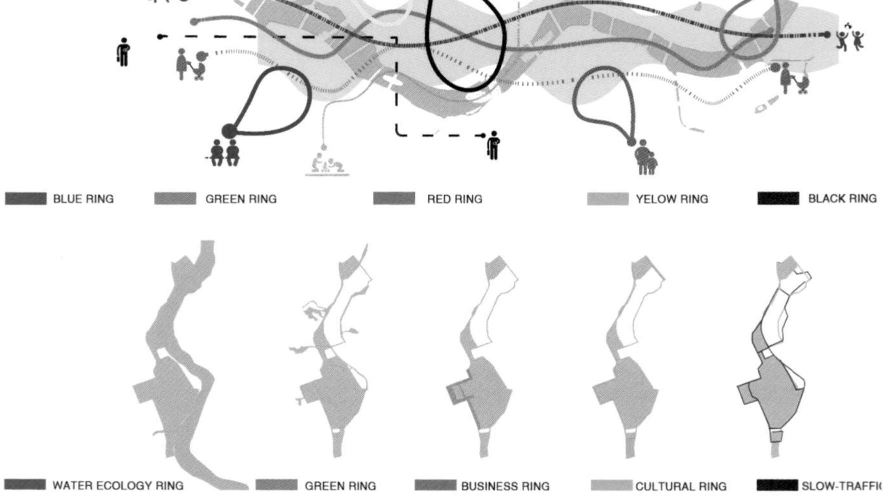

景观环线分析

从五环的概念出发，将奥运五环的颜色提取为五个重要的支持绿色基础设施。蓝色代表水生态环境，保护水安全和水生态；绿色代表城市森林环，提供绿色基础设施生态功能；红色代表商业介质，它与城市生活和绿色自然相关联；黄色代表了奥林匹克文化遗产的文化圈；黑色代表缓慢的交通环，通过它融合所有的基础设施。

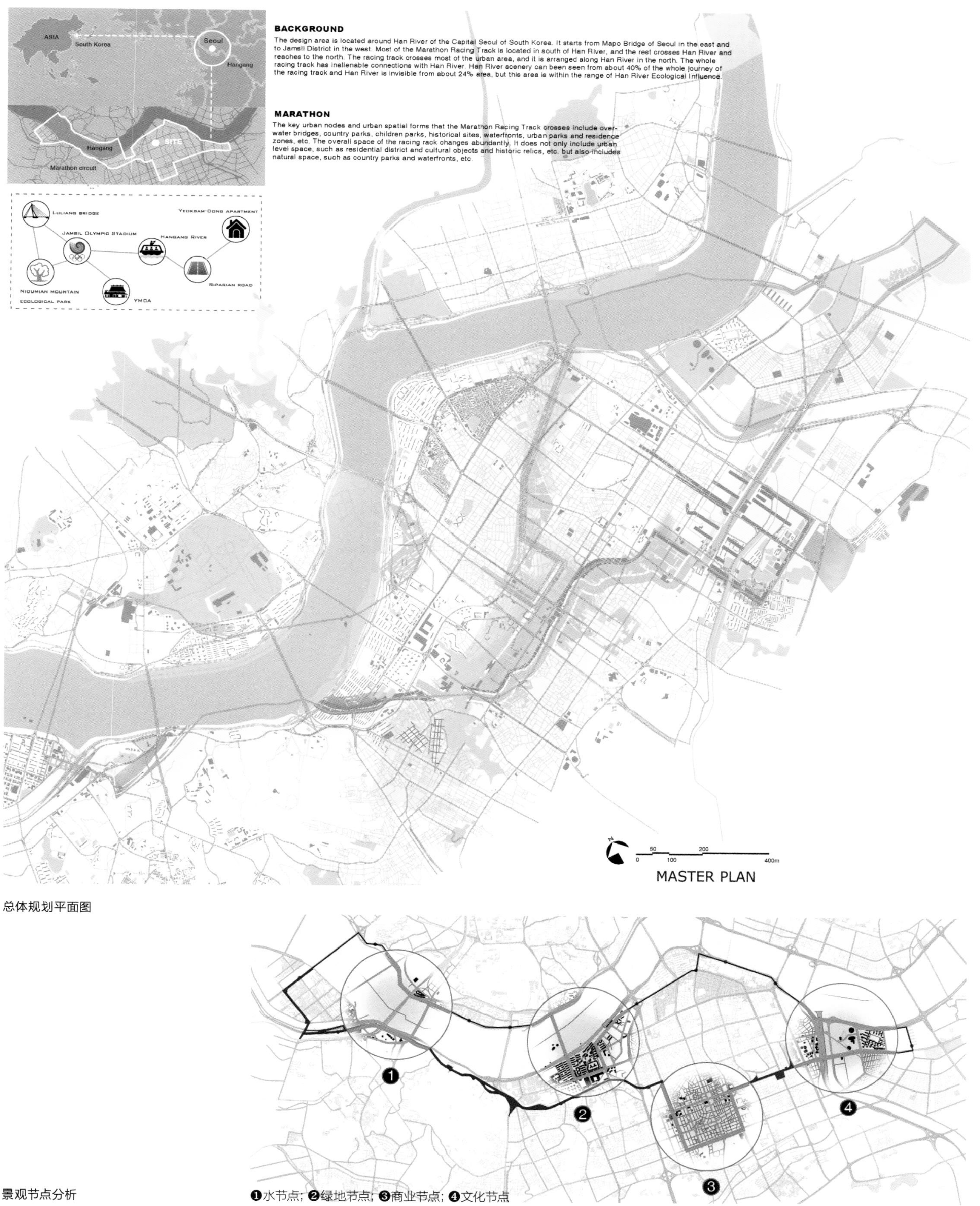

ASIA
South Korea
Seoul
Hangang
Hangang
SITE
Marathon circuit
BACKGROUND
The design area is located around Han River of the Capital Seoul of South Korea. It starts from Mapo Bridge of Seoul in the east and to Jamsil District in the west. Most of the Marathon Racing Track is located in south of Han River, and the rest crosses Han River and reaches to the north. The racing track crosses most of the urban area, and it is arranged along Han River in the north. The whole racing track has inalienable connections with Han River. Han River scenery can been seen from about 40% of the whole journey of the racing track and Han River is invisible from about 24% area, but this area is within the range of Han River Ecological Influence.
MARATHON
The key urban nodes and urban spatial forms that the Marathon Racing Track crosses include over-water bridges, country parks, children parks, historical sites, waterfronts, urban parks and residence zones, etc. The overall space of the racing rack changes abundantly. It does not only include urban level space, such as residential district and cultural objects and historic relics, etc. but also includes natural space, such as country parks and waterfronts, etc.
LULIANG BRIDGE
YEOKSAM-DONG APARTMENT
JAMSIL OLYMPIC STADIUM
HANGANG RIVER
NIOUMIAN MOUNTAIN
ECOLOGICAL PARK
YMCA
RIPARIAN ROAD
N
50
200
0
100
400m
MASTER PLAN
❶
❷
❸
❹

总体规划平面图

景观节点分析

❶水节点；❷绿地节点；❸商业节点；❹文化节点

景观节点设计

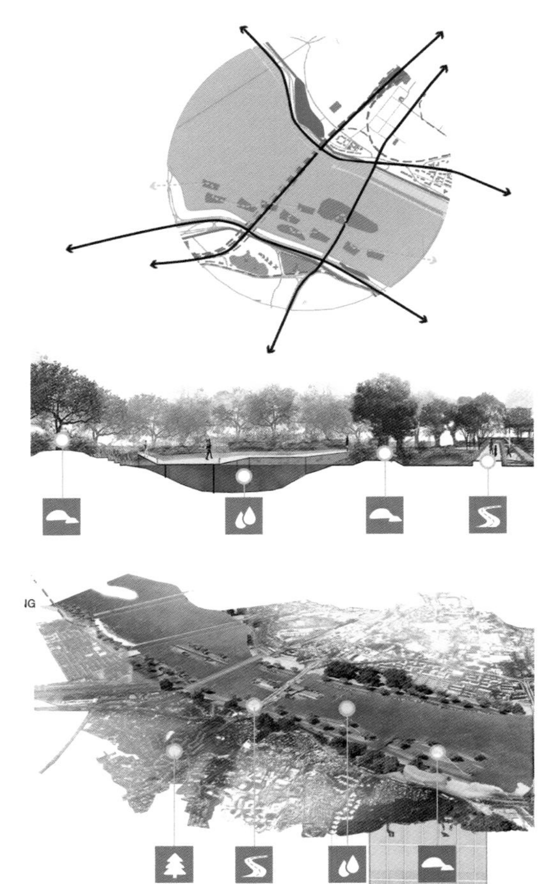

景观节点一：水节点

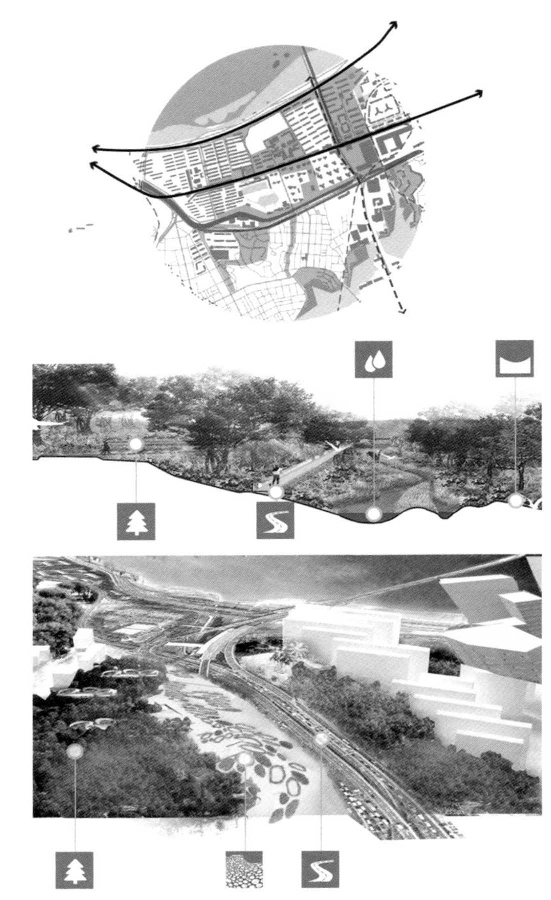

景观节点二：绿地节点

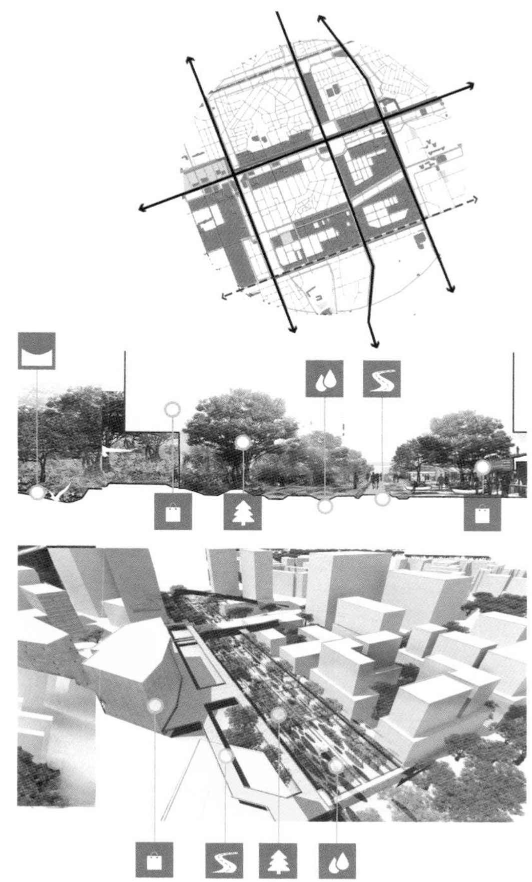

景观节点三：商业节点

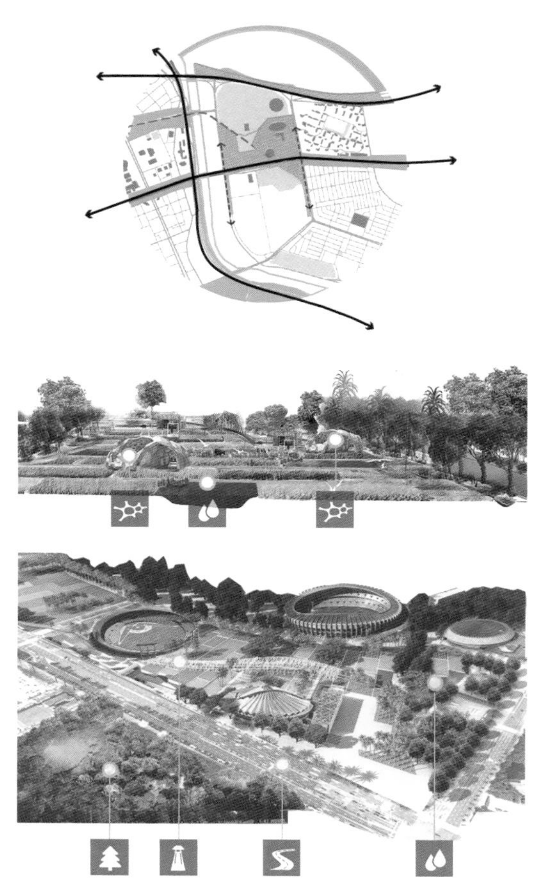

景观节点四：文化节点

Bamboo Island, Bamboo is Land
竹岛，竹乡

作　　者：李雅祺，王雪琪，邓力文，杨　丁，李骁逸
指导教师：李　雄
奖项名称：2014 年中日韩风景园林竞赛荣誉奖

竹岛位于四川省宜宾市宜宾县泥溪镇月新村，规划面积约 133hm^2。根据项目规划要求，需将其建设成为集竹生产、休闲观光与生态旅游于一体的竹产业园，并要求必须详细规划一个农村聚落点以及一个接待区。场地自身植被单一，竹林面积较少；园区位于高速路旁，受干扰大；内部水系仅有一条季节性河流，水资源缺乏。区域内虽然缺乏水源，但降雨量充沛。地表径流随山势地形迅速流走，很难留存在场地中。

方案通过疏浚水流，修筑堤坝，留住区域内的水体，形成三环水网，将山体分隔成一个个的“竹岛”，形成“三水环多岛、两带协多点”的空间结构。其中三水为三个水环，是生态廊道的主要承载，也是水上交通的重要通廊。多岛是以竹为主要植物的岛屿，也是功能承载的核心区。两带是以“生产”为主的竹产业带和以“生活”为主的竹安居带，两带相互交融，形成相互呼应的互溶关系。多点为“三生”融合的生态景观生活游憩游览点。将循环模式嵌入园区，融合竹林、农田、树林、居住点、水体五大元素，最终形成竹产业链，实现产业园的可持续循环发展。

竹岛建成后分析

生产路线　旅游路线　带状竹林　农村聚落

水系推导过程

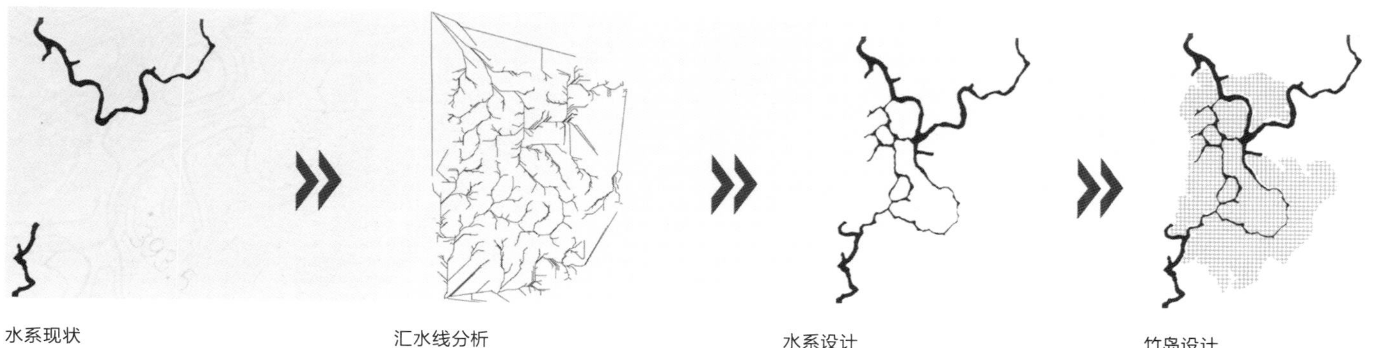

水系现状　汇水线分析　水系设计　竹岛设计

道路推导过程

道路现状　道路强化设计　道路组合　电动旅游大巴路线

地形推导过程

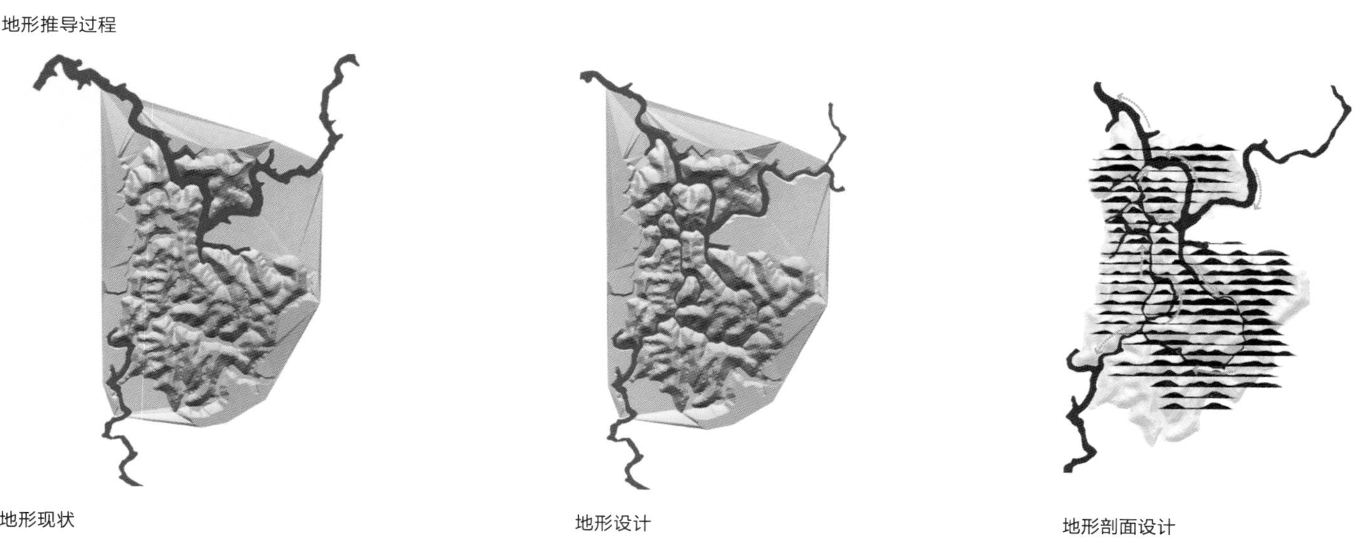

地形现状　地形设计　地形剖面设计

总体规划平面图及道路设计

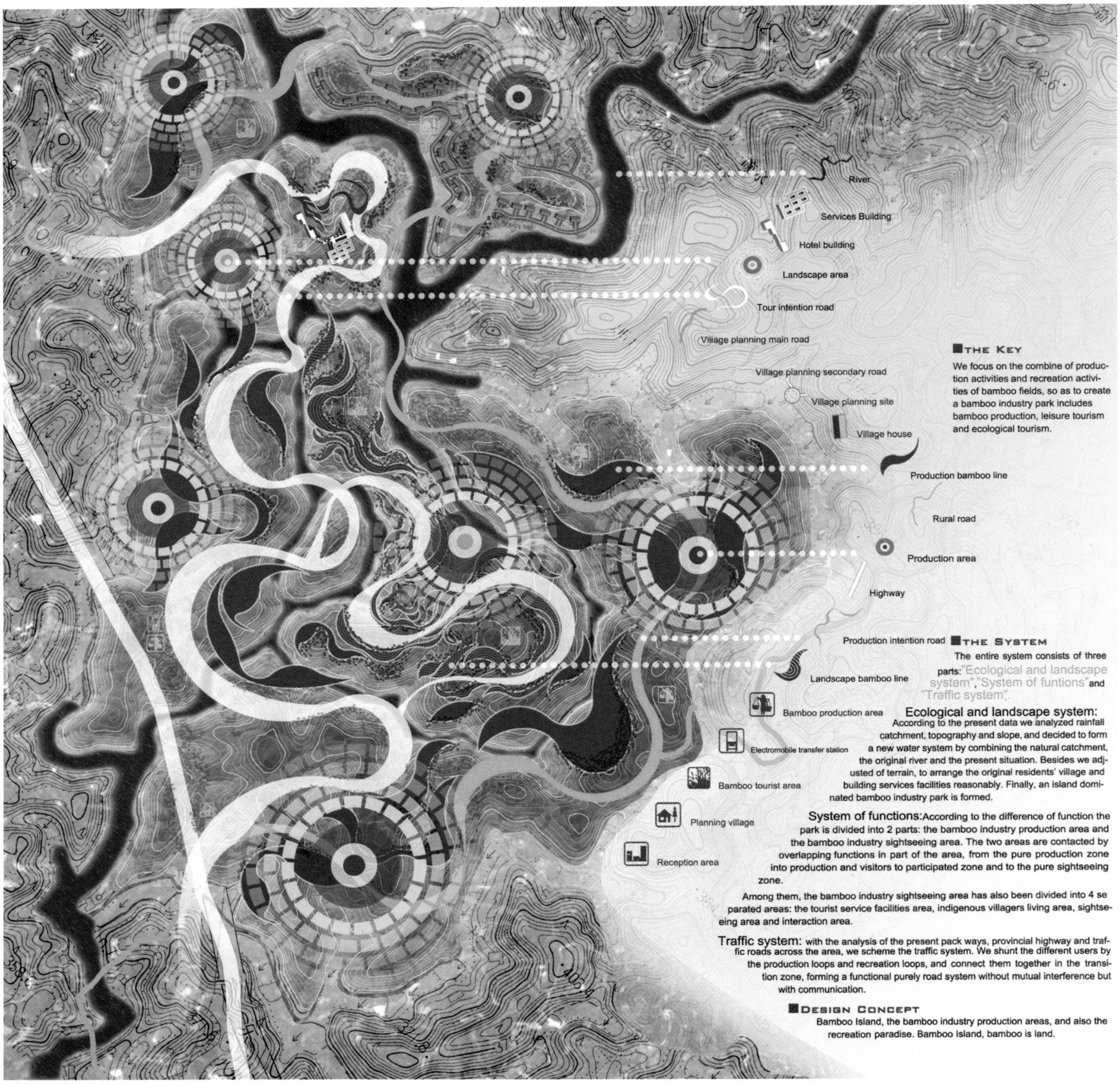

River

Services Building

Hotel building

Landscape area

Tour intention road

Village planning main road

Village planning secondary road

Village planning site

Village house

Production bamboo line

Rural road

Production area

Highway

Production intention road

Landscape bamboo line

Bamboo production area

Electromobile transfer station

Bamboo tourist area

Planning village

Reception area

THE KEY

We focus on the combine of production activities and recreation activities of bamboo fields, so as to create a bamboo industry park includes bamboo production, leisure tourism and ecological tourism.

THE SYSTEM

The entire system consists of three parts:"Ecological and landscape system","System of funtions"and "Traffic system".

Ecological and landscape system: According to the present data we analyzed rainfall catchment, topography and slope, and decided to form a new water system by combining the natural catchment, the original river and the present situation. Besides we adjusted of terrain, to arrange the original residents' village and building services facilities reasonably. Finally, an island dominated bamboo industry park is formed.

System of functions: According to the difference of function the park is divided into 2 parts: the bamboo industry production area and the bamboo industry sightseeing area. The two areas are contacted by overlapping functions in part of the area, from the pure production zone into production and visitors to participated zone and to the pure sightseeing zone.

Among them, the bamboo industry sightseeing area has also been divided into 4 separated areas: the tourist service facilities area, indigenous villagers living area, sightseeing area and interaction area.

Traffic system: with the analysis of the present pack ways, provincial highway and traffic roads across the area, we scheme the traffic system. We shunt the different users by the production loops and recreation loops, and connect them together in the transition zone, forming a functional purely road system without mutual interference but with communication.

DESIGN CONCEPT

Bamboo Island, the bamboo industry production areas, and also the recreation paradise. Bamboo Island, bamboo is land.

总体规划图

图例从上到下依次为：水系、服务中心、酒店、景观区域、旅游路线、村庄规划主要道路、村庄规划次要道路、村庄规划场地、村庄建筑、生产竹林、村庄道路、生产区域、高架路、生产路线、景观竹林、竹子生产区域、电动大巴车站、竹子游赏区域、规划村庄、接待区域。

主要道路　　木栈道　　木栈道及观赏平台　　滨水栈道

建筑垂直变化分析

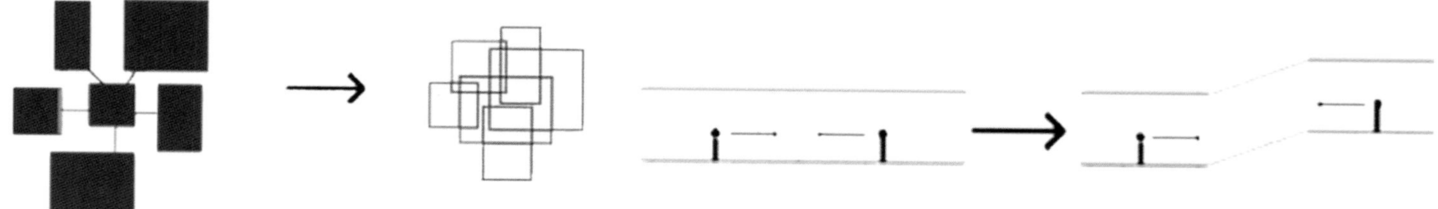

建筑设计灵感来源——手工竹编

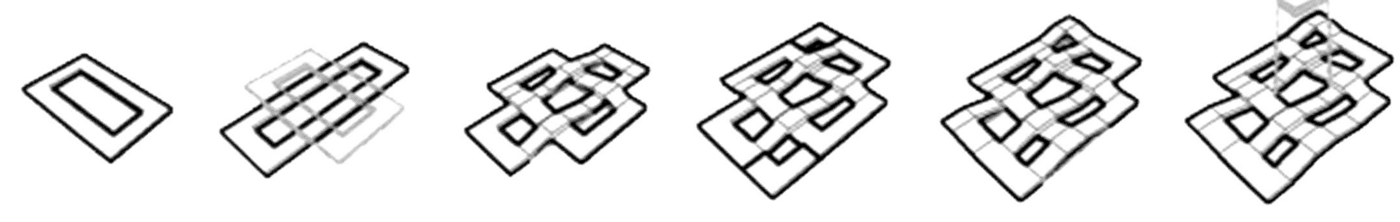

农村聚落规划平面图

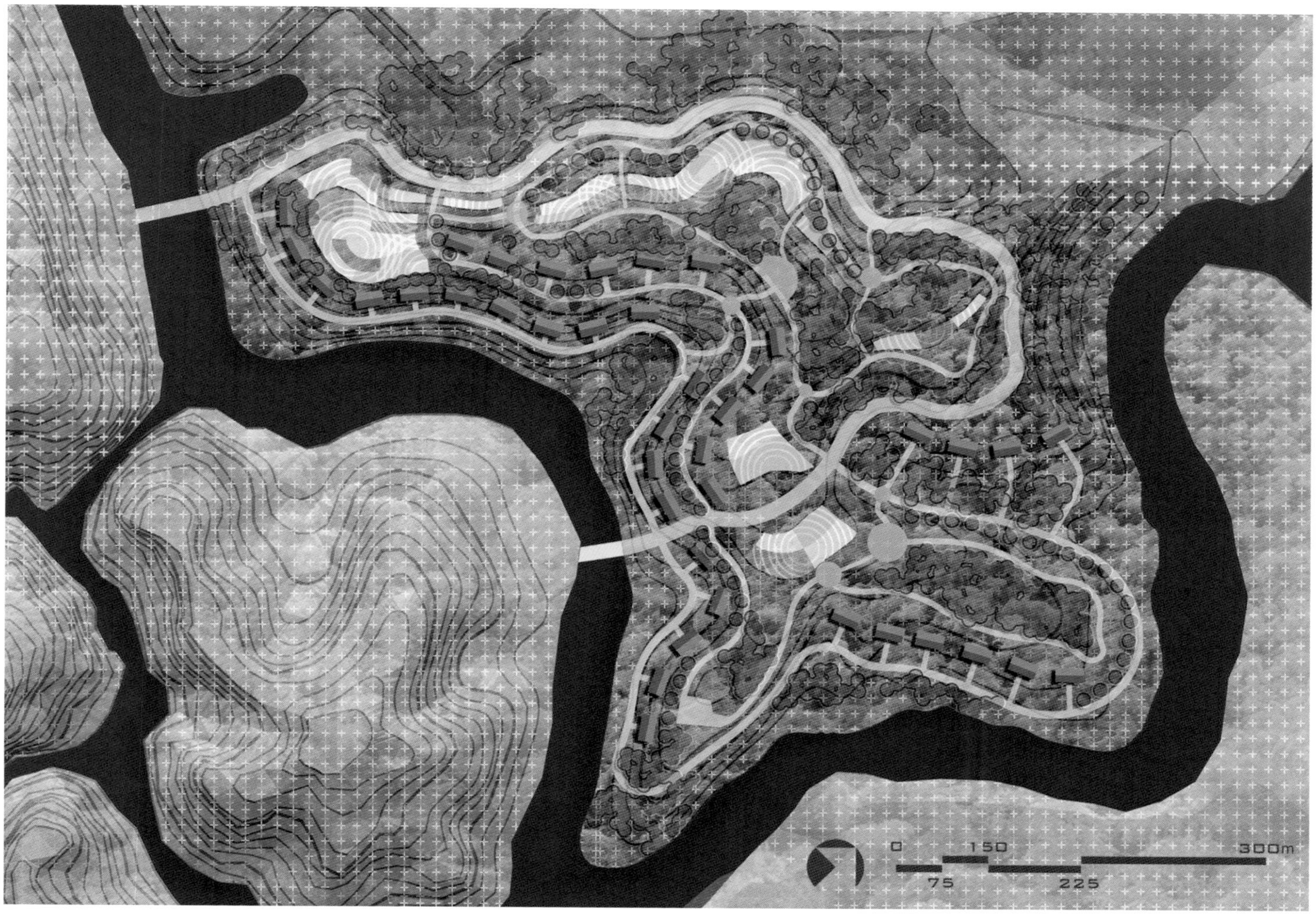

0 150 300m
75 225

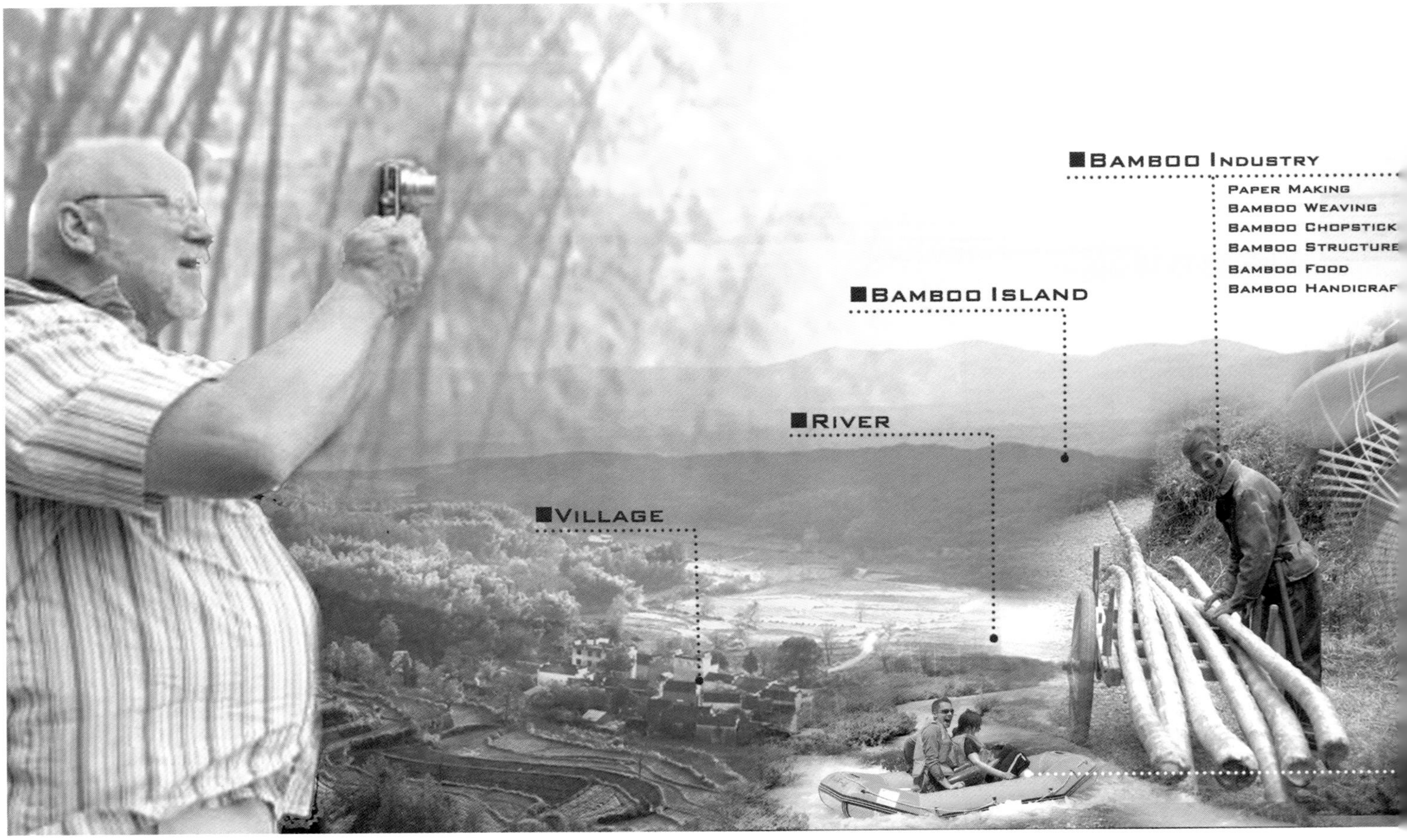

Bamboo Industry

Paper Making

Bamboo Weaving

Bamboo Chopstick

Bamboo Structure

Bamboo Food

Bamboo Handicraf

Bamboo Island

River

Village

农村聚落规划剖面图

BAMBOO ENTERTAINMENT

STROP
COASTER
DRIFT
MOUNTAINEERING
VISITING THE MUSEUM
AGRITAINMENT
BAMBOO MAZE
CS LIVE

ECOTOURISM

JILA

日本造园学会全国大会学生公开设计竞赛

日本造园学会全国大会学生公开设计竞赛（Japanese Institute of Landscape Architecture Student Design Competition）是由日本造园学会（JILA, Japanese Institute of Landscape Architecture）举办的景观设计奖项，每年作为学术发表年会的环节之一，进行学生作品征集和评选。竞赛题目设定多以该年年会举办城市为对象地，鼓励学生发挥创意，从风景园林视角着眼当地的环境、社会等方面问题。每年邀请多位大学教师、景观设计师、建筑师等进行两次评审，其中第二次评审为公开评审会，由入围者对作品进行现场说明汇报，评审团投票选出获奖作品。

三重堀的发展

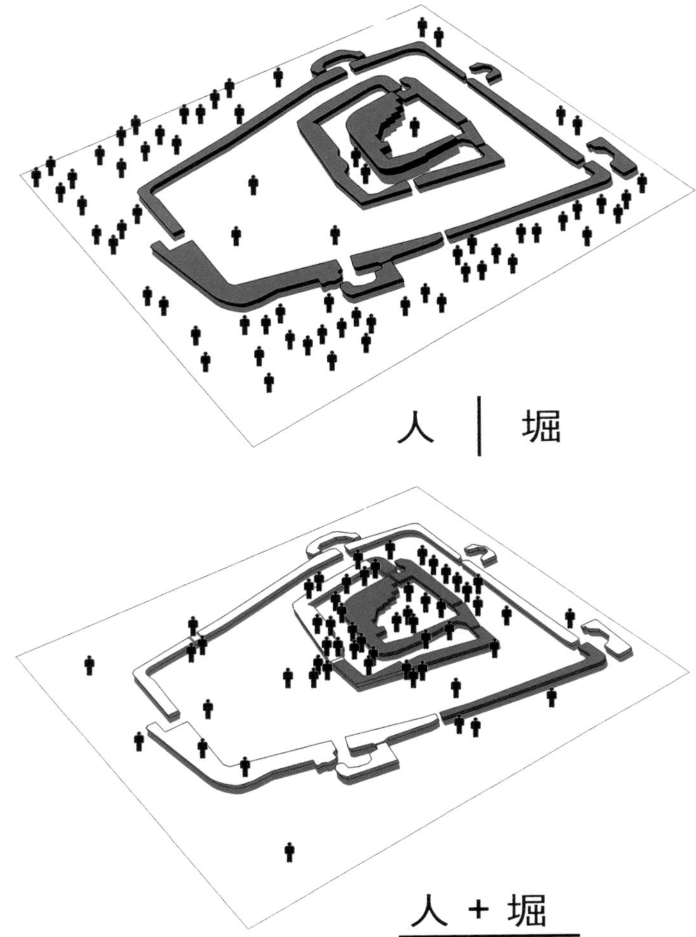

历史的三重堀构造

城内外隔绝，人与堀相离。

现代的三重堀构造

受损严重，人与堀相融。

二等奖

三重紡ぎ——時が紡ぎだす三重堀の風景を感じる
编织三重——感受时间营造的三重堀风景

作　　者：胡　楠，王培严（日本千叶大学），铃木佳怜（日本千叶大学），王堰楠（日本千叶大学），片岡孝一郎（日本千叶大学）
指导教师：章俊华，李　雄
奖项名称：2016 年日本造园学会学生公开设计竞赛二等奖

松本城是日本四座国宝城之一，其三重堀的城市骨格是城市发展的基础，人们对松本城历史的认识也是从三重堀格局开始的。然而对于现在的松本城，大家已经无法再次感受三重堀的历史骨格了。历史上的三重堀格局将城内外隔绝开，人与堀相离。而现在的三重堀受损较严重，但同时人与堀的关系又转变为相融合的状态。如何唤醒人们对历史上三重堀格局的记忆，同时续写人与堀完美融合的场景，是项目关注的问题。

项目希望尊重三重堀原始骨格，以历史要素为基础、以现代材料为手段，关注居民、事件参加者、观光客形成的人、城、町整体结构，这对于历史骨格的复原具有重要意义。同时以五感设计为方法，整合两者之间的关系，营造三重堀内城、町、人共融的和谐景象。希望未来的松本城将继续发挥其作为国宝城的历史价值与文化内涵，不仅是长野县的松本城、日本的松本城，更是世界的松本城！

一重内堀 保存状態がよく、過去と変わらない。祭りとして利用される4、8、11月には、多くの来場者によって混雑する。

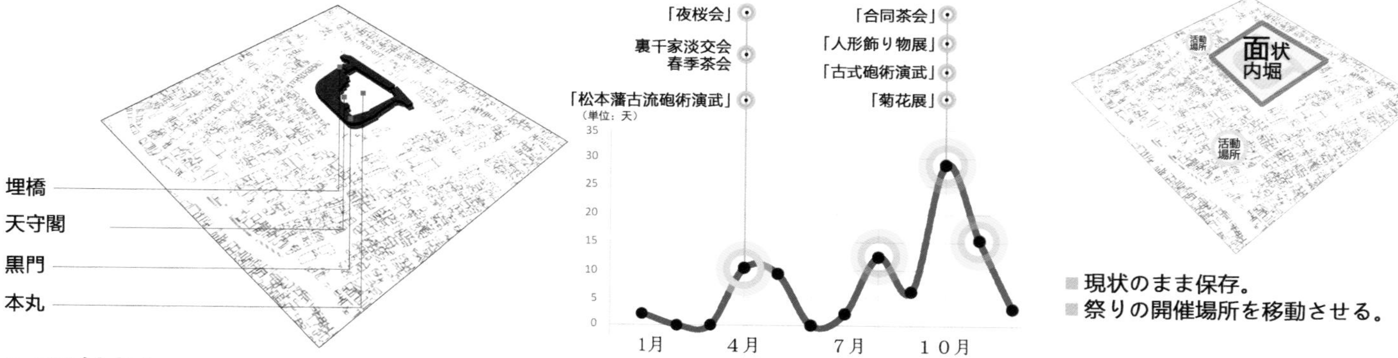

二重外堀 一部が保存されている。失われた箇所は埋め立てられ住宅地となっている。近くの松本城で開催される4、7、10月の祭りで混雑する。

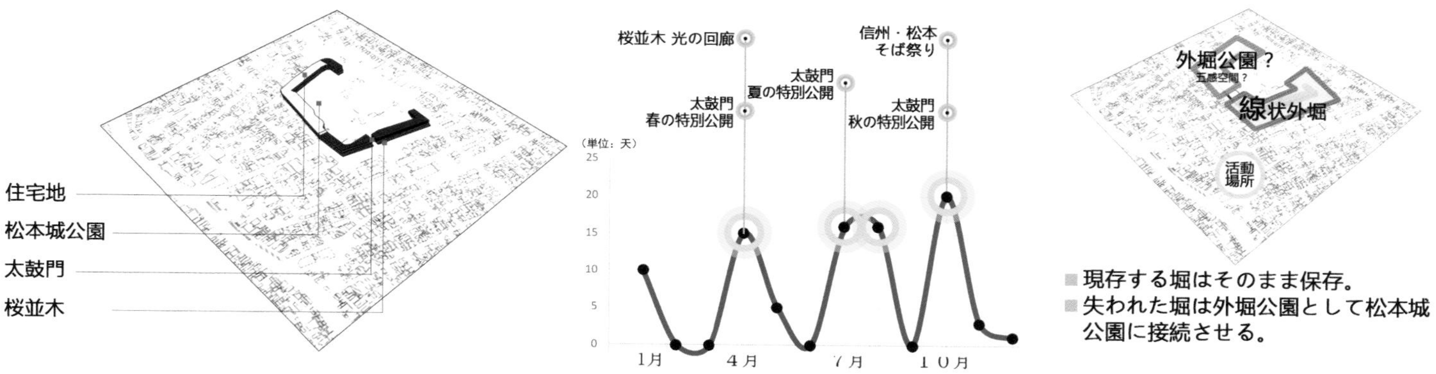

三重総堀 二ヶ所の遺跡のみ現存。それぞれが小さく、分散して存在しているため、人の訪れが少ない。

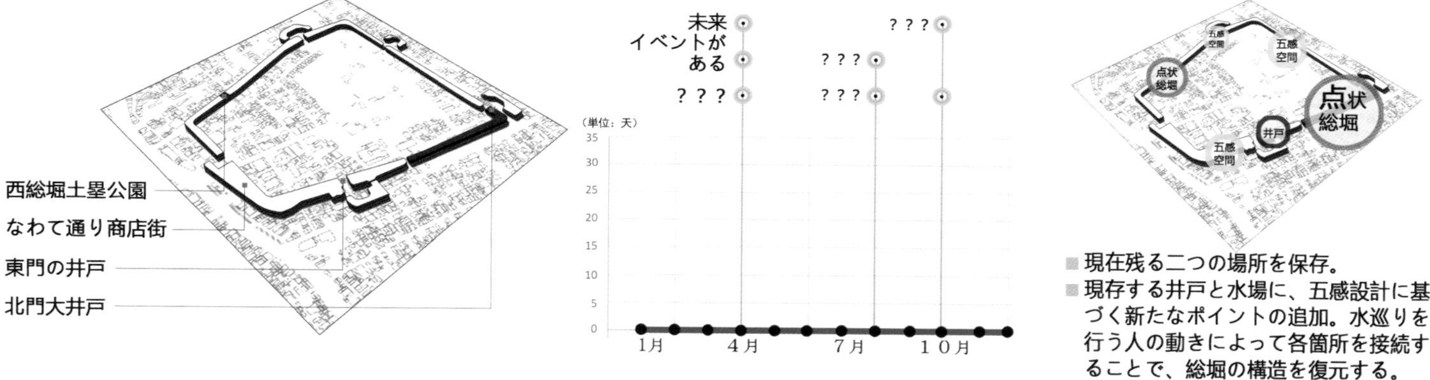

三重堀的现状

通过对松本城的实地考察，其一重内堀、二重外堀、三重总堀遗迹保留程度不一，内堀对于天守及建筑群保存较为完整，外堀仅有一半保留完整，总堀仅剩两处遗址与遗留的井户。然而内堀承担了大部分的节事活动，其人流混乱的问题十分突出。外堀已被居住用地填埋，与其紧邻的松本城公园使用频率较高。总堀景点因较为分散几乎无人问津。三重堀的现状既存在机遇也充满挑战。

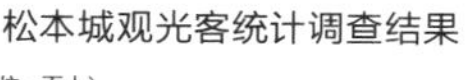
松本城观光客统计调查结果

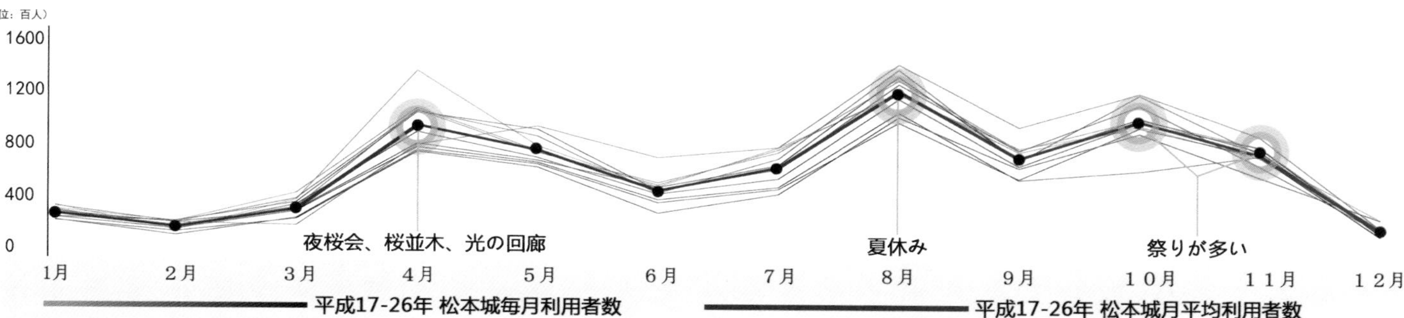

设计概念及基于 Space Syntax 视线分析的场地选择

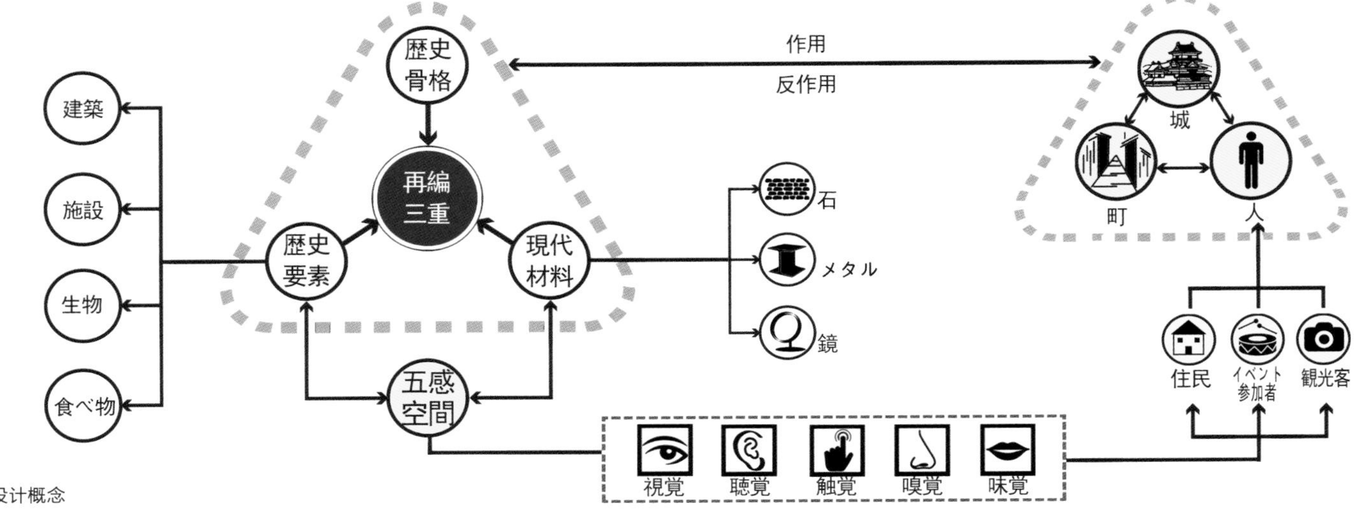

设计概念

作者以历史要素、现代材料为基础，关注人、城、町整体结构。同时以五感设计为方法，整合两者间的关系，营造三重堀内城、町、人共融的和谐景象。

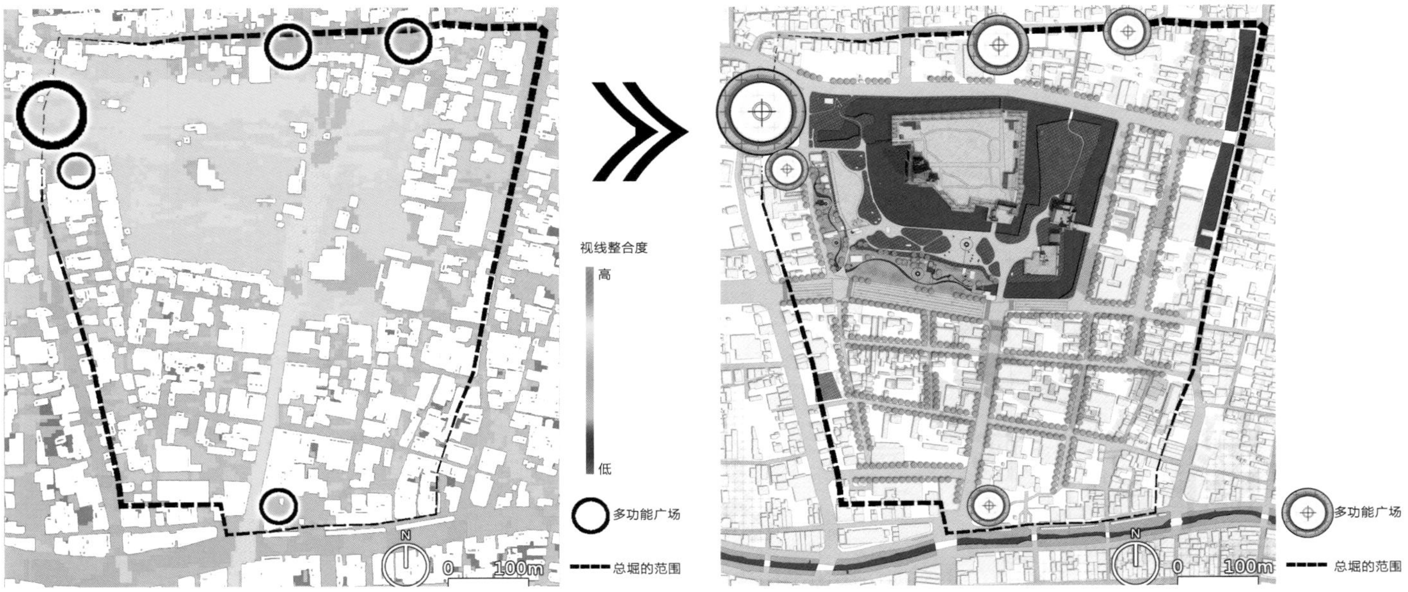

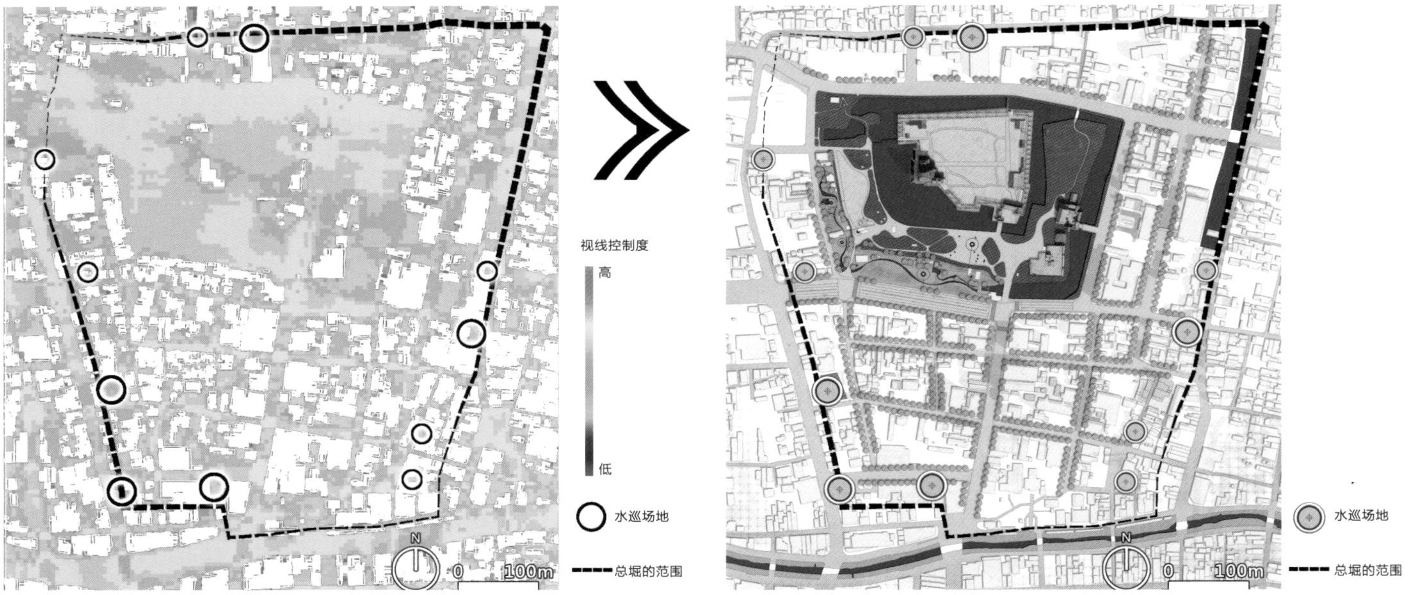

视线整合度
高
低
多功能广场
总堀的范围
N
0 100m

多功能广场
总堀的范围
N
0 100m

视线控制度
高
低
水巡场地
总堀的范围
N
0 100m

水巡场地
总堀的范围
N
0 100m

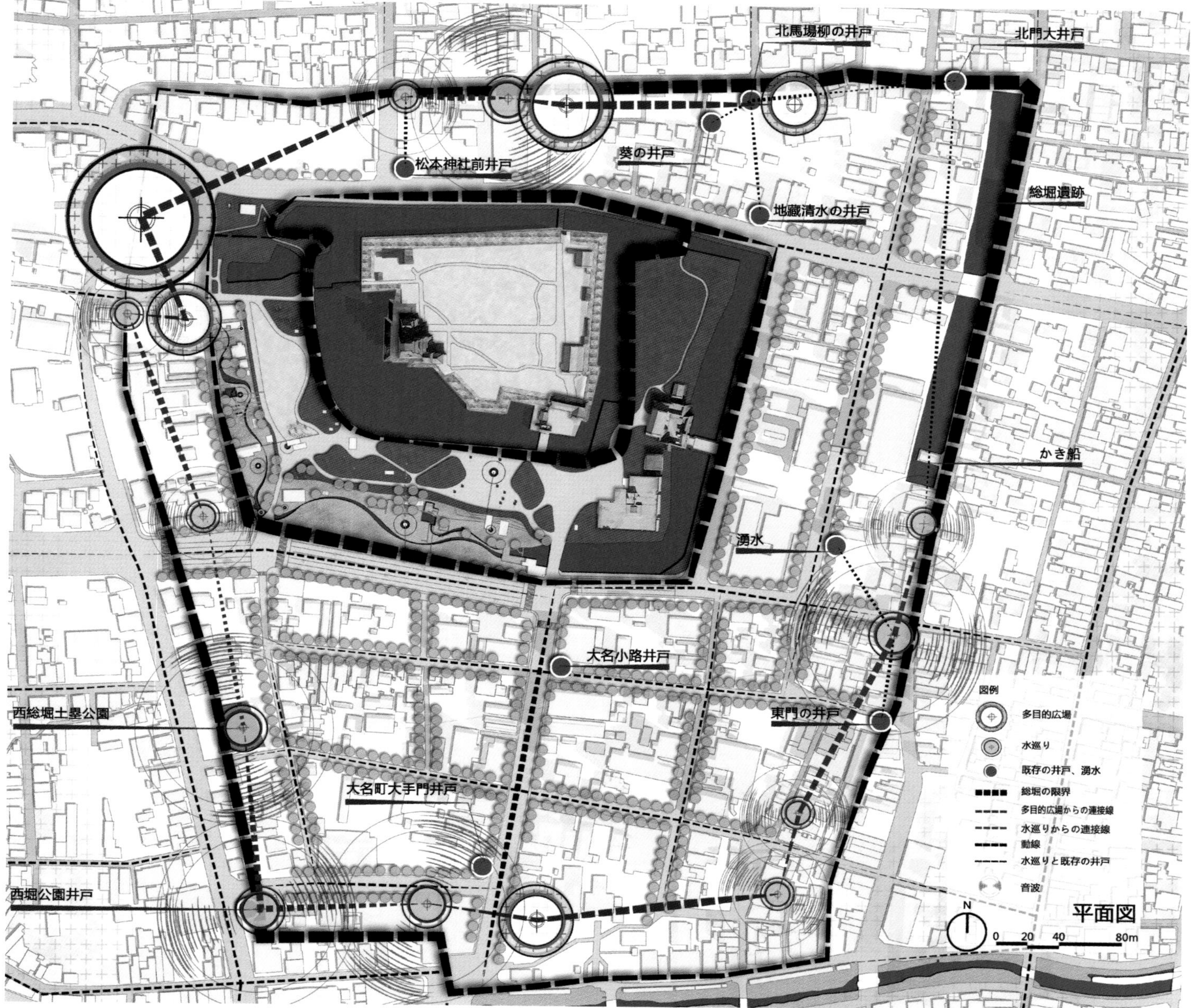

总体规划平面图

图例从上至下依次为多功能广场、水巡场地、现存的井户及涌泉、总堀的范围、多功能广场开始的连接线、水巡场地开始的连接线、行为动线、水巡场地及现存的井户、音波。

总堀范围内遗存大量的井户与涌水，水巡分布较多，是松本城非常具有代表性的历史要素。作者尝试借助空间句法视线控制度分析，在总堀现有场地中不易被看见的节点补充水巡，以便通过声音的听觉感受复原三重总堀；尝试借助空间句法视线整合度分析，将总堀较为开放的场地作为多功能广场，分散节事活动时内堀和外堀的压力。

道路与行道树连接了各重堀的空间，构成完整的三重堀骨格。

整体上，一重内堀形成完整的面状空间，节事活动向外堀、总堀场地转移。二重外堀已被填埋的部分发展为外堀公园，与松本城公园相联系，形成线状环线。三重总堀在现有遗址的基础上，按照原始总堀的轨迹，串联现有点状分布的井户、水巡场地、多功能广场，形成以水声引导的总堀点状环线。

从人与城的关系来看：将靠近城的点状绿地适当整合，形成多功能广场，满足游人近距离欣赏松本城美景的愿望。人们在松本城公园中尽情享受节日活动的喜悦与美好。

从人与堀的关系来看：亲水空间的增加对人与堀的关系有了全新的定义，人与水的亲密接触增加了人与自然的互动。外堀公园与松本城公园间有一部分是通过台阶连接，增加了场地的联系。

从人与町的关系看：道路的扩展不仅有利于交通的组织，同时也使节日活动的场地选择更为灵活，节日活动时一部分的道路可作为场地使用，分散了人流，减轻了松本城的压力。

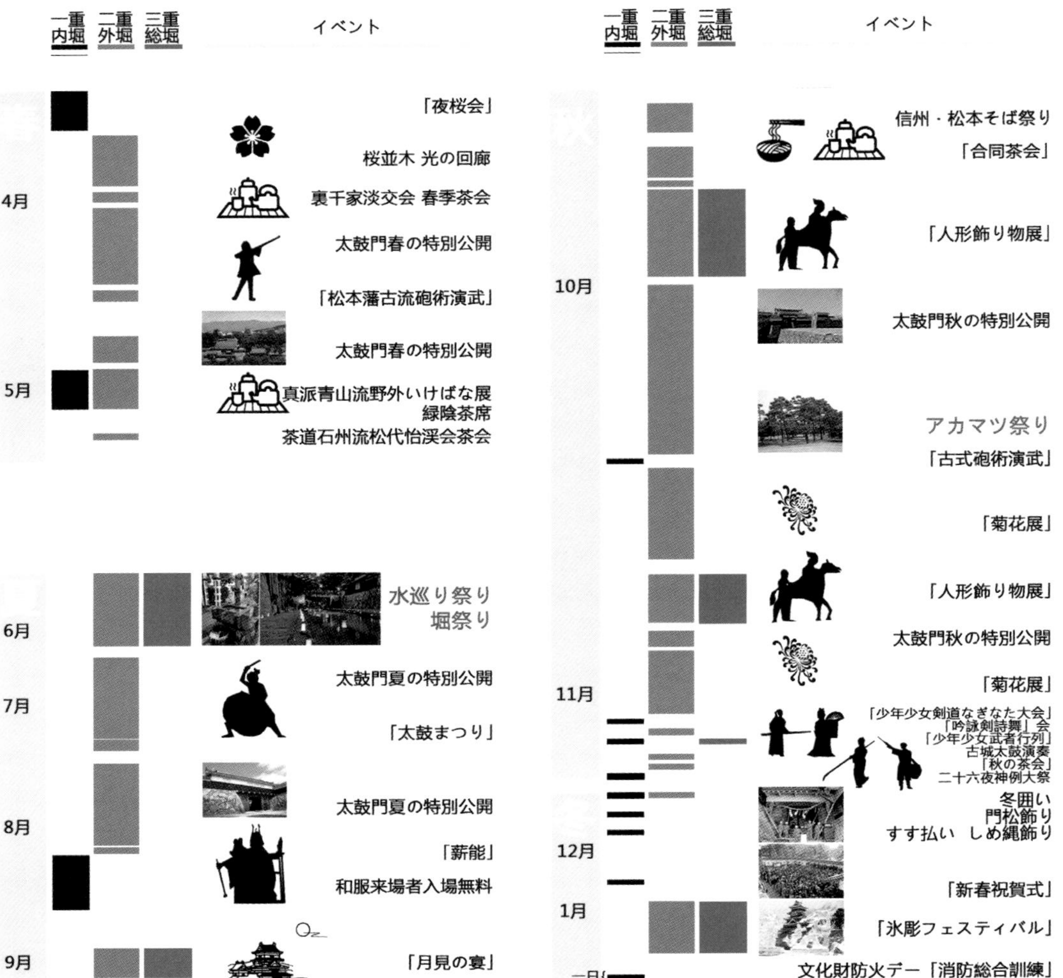

松本城四季活动将通过一重、二重、三重堀内场地的可能性重新规划，补充赤松活动、堀活动、水巡活动，充分调动三重堀的潜力，在丰富的节事活动中，使人充分感受到松本城的历史与文化魅力。

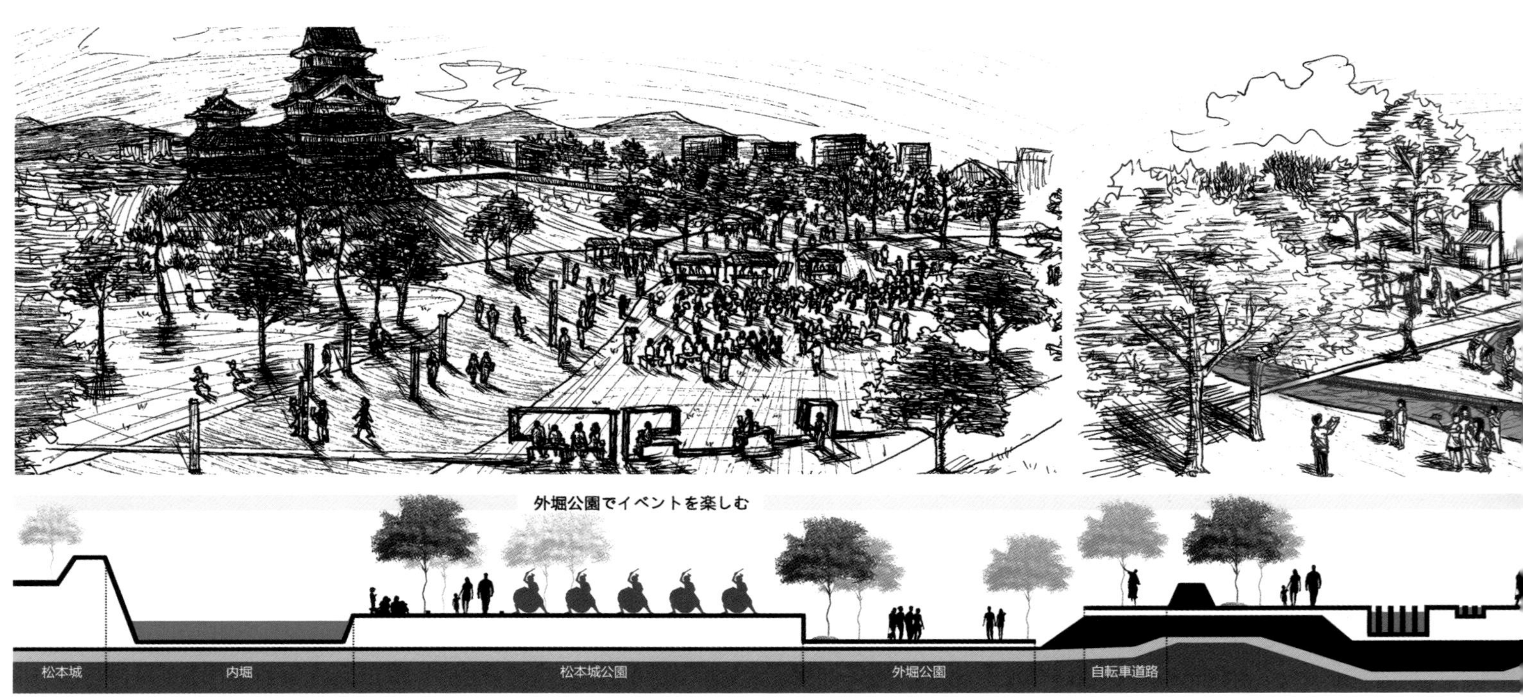

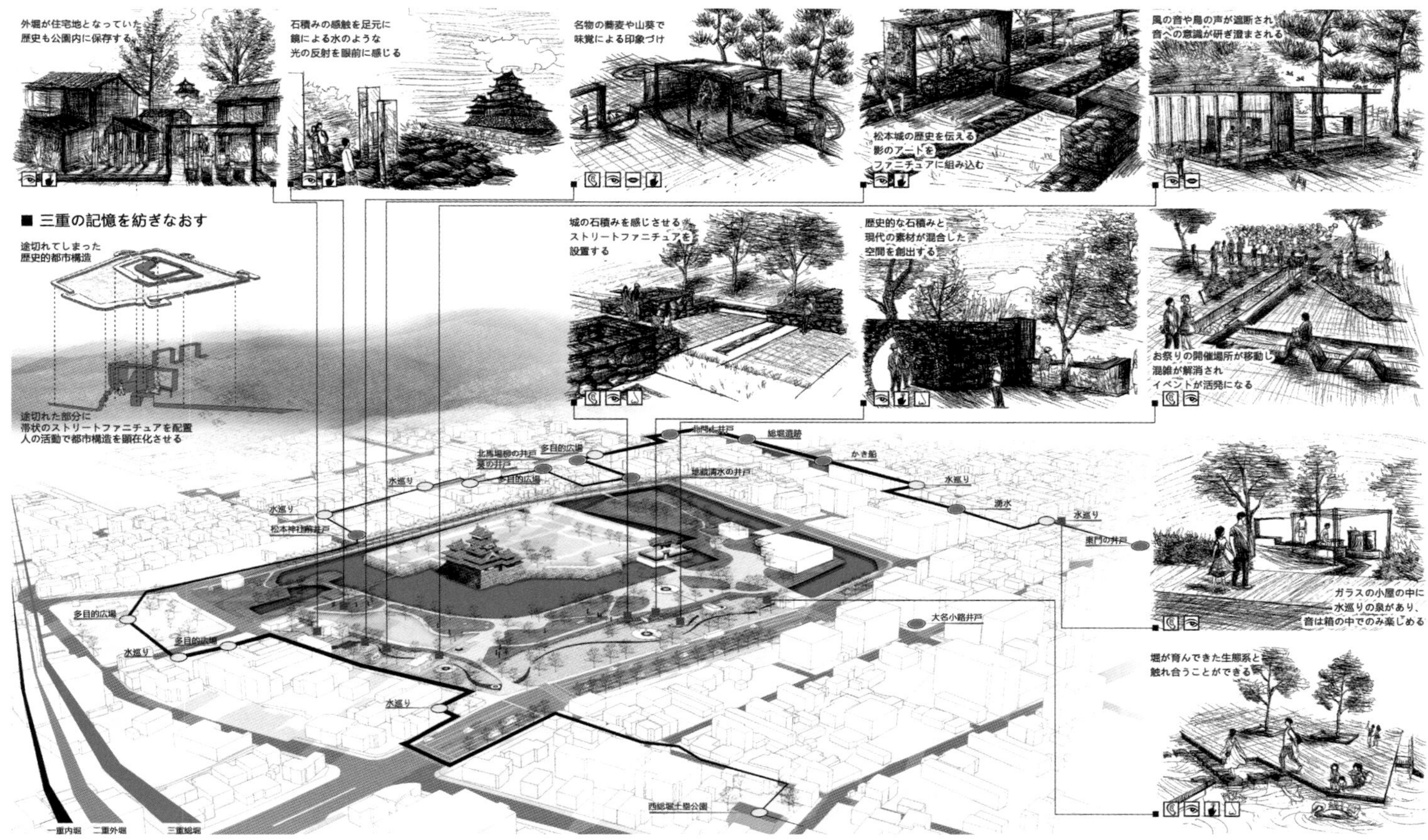

以三重堀的造型为灵感，局部引进一些小型的城市家具，将历史的城市构造以现代设计手法进行表达。结合五感设计，展示松本城具有代表性的建筑材料、色彩、设施、动植物、食物等，唤醒城、町、人三重堀的前世与今生记忆。

在玻璃小屋中设置水巡，听觉上可以感受到水声的愉悦；将市花造型的镂空光影与城市家具进行艺术化结合，传达松本城的历史；在松本城内享受当地特产荞麦与芥末，通过味觉来加深对城的印象；以历史石材肌理设置铺装形式，在视觉上通过镜子的反射来感受水中松本城的情景。

东京湾历史演变

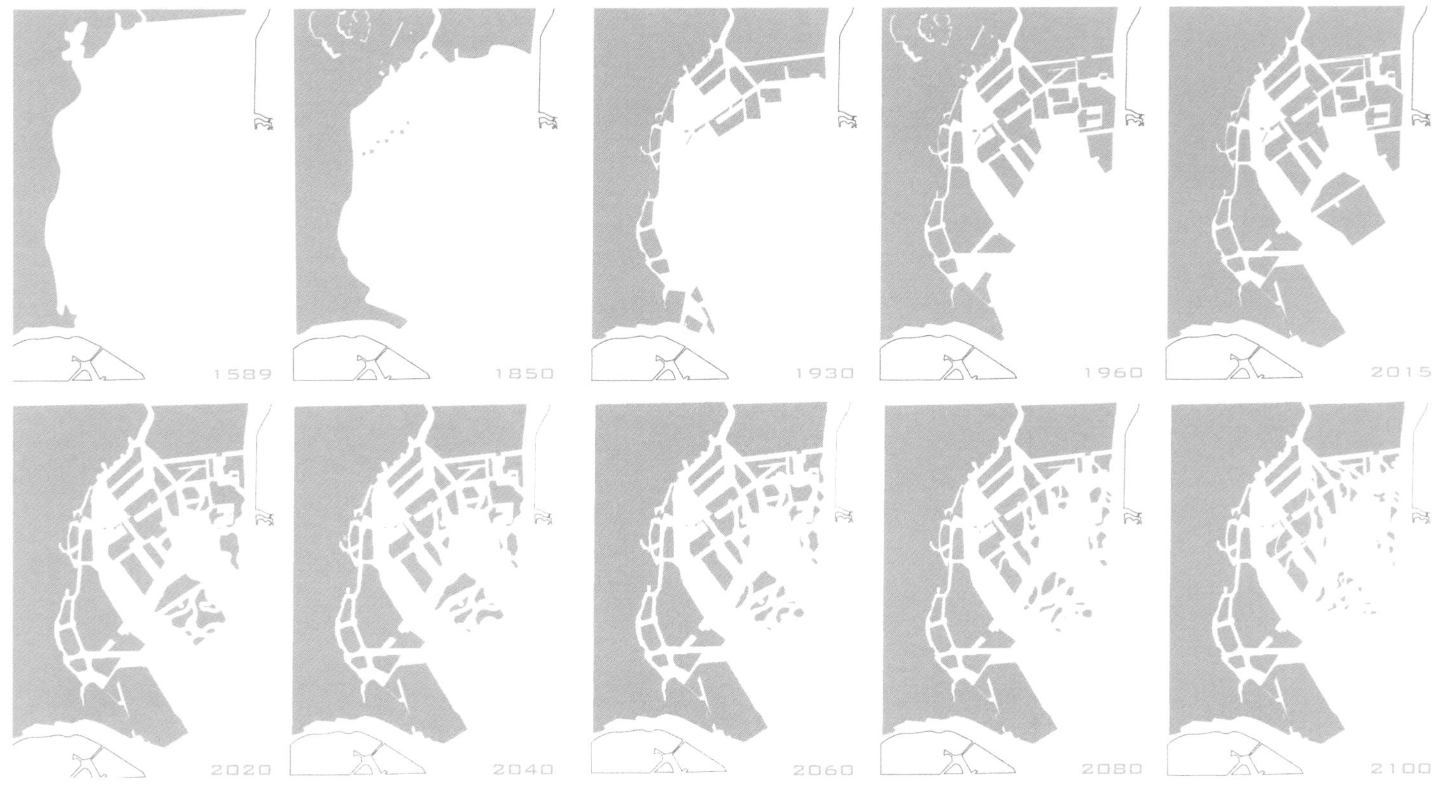

三等奖

江戸浦多島景への回帰 ~22 世紀に向けた東京湾' 05~
重塑东京湾多岛景观——面向 22 世纪的东京湾

作　　者：苏　畅，王培严（日本千叶大学），杨宪银（日本千叶大学），三田恭裕（日本千叶大学）
指导教师：章俊华，李　雄
奖项名称：2015 年日本造园学会 90 周年 U-30 国际设计竞赛三等奖

东京临海地区的开垦土地自江户时期起不断扩大。在由于人口减少导致城市收缩的当今，我们将开垦的土地退还于大海，创造属于 22 世纪全新的东京湾原始风貌。作者通过对东京湾的历史演变进行推演，在现状 2015 的基础上对未来 2105 提出近一个世纪的愿景。通过时间线的重塑对土地进行利用调整，提出岛的植物生长流程、森的共生建设流程、港的物流收缩流程等景观演变模式。

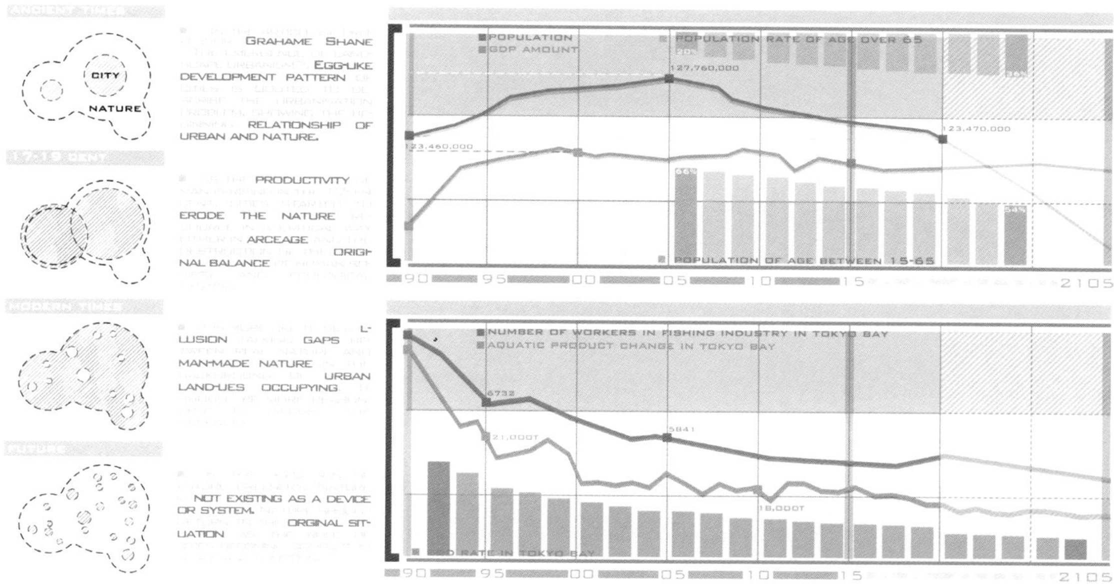

背景及数据分析

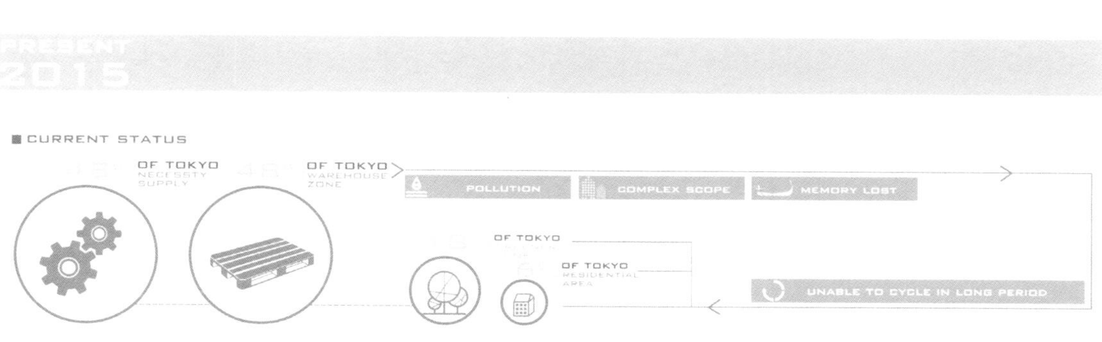

现在 2015

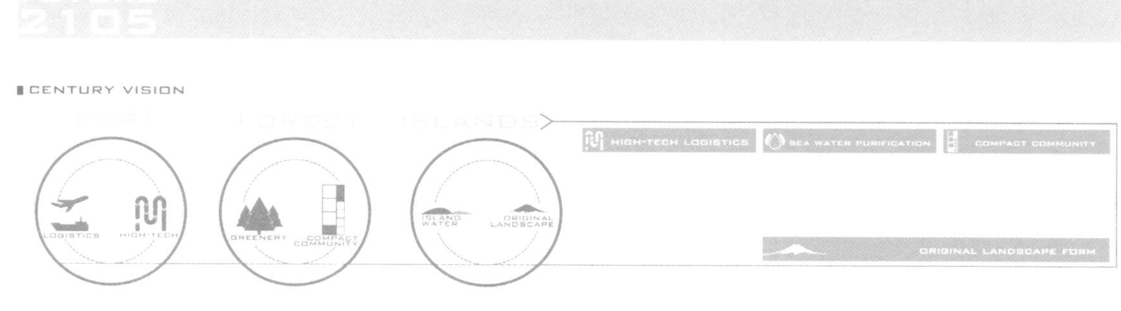

未来 2105

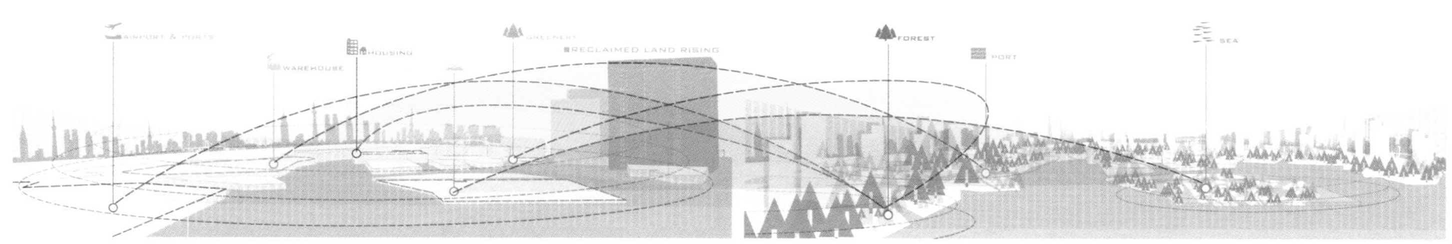

规划策略及方法

时间线的重塑

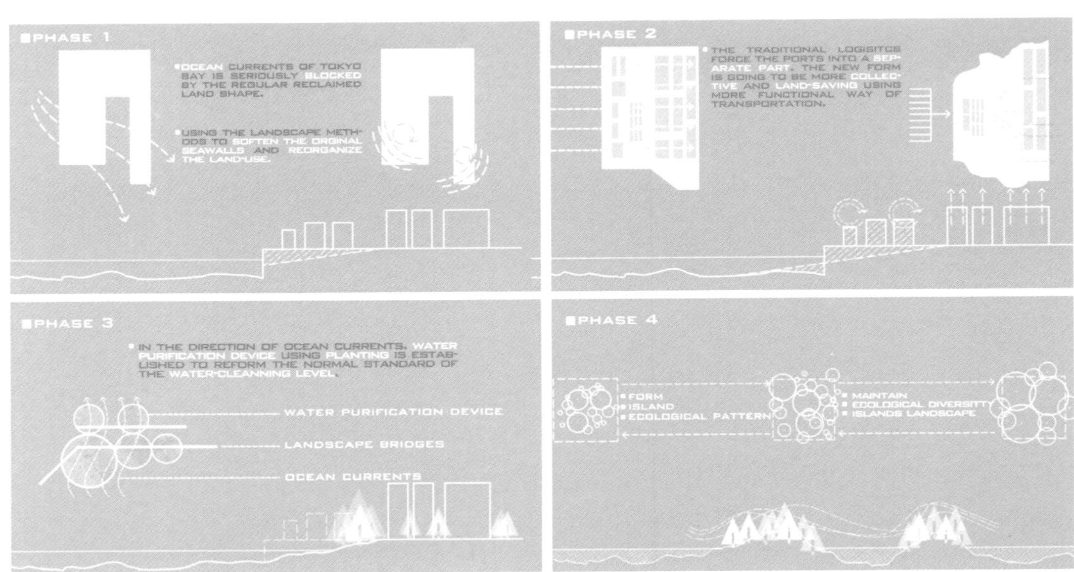

策略与技术

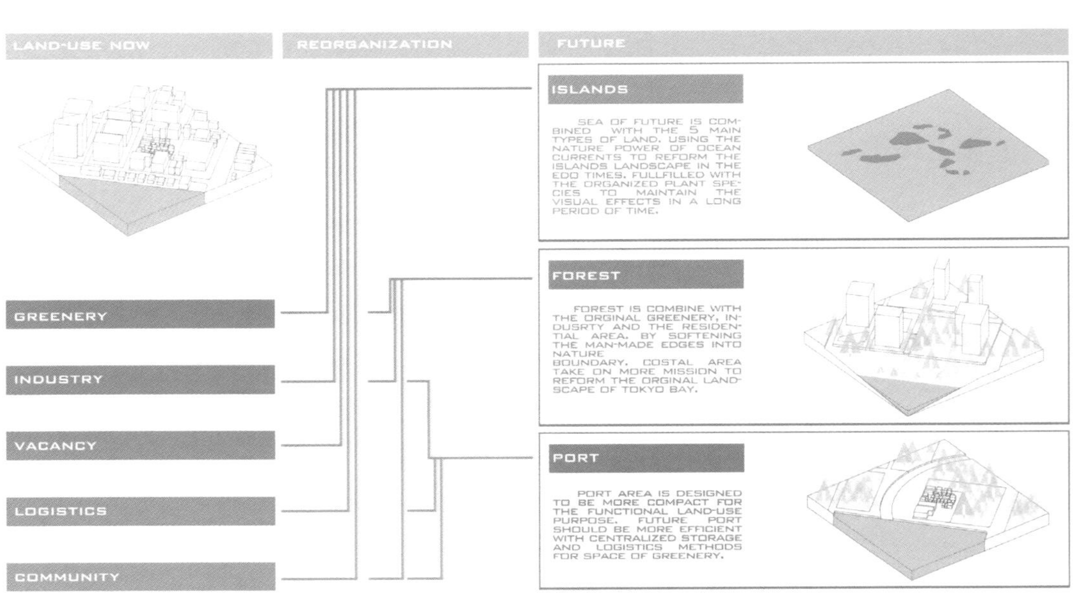

土地利用调整

岛：
海洋的未来是由 5 种类别的土地构成的。利用洋流的自然力量去重塑江户时代的海岛景观。用有组织的植物种类维持长期的视觉效果。
森：
森林由原始的绿色植物、工业与居住区组成。将人工建成的边缘融于自然边界。临海区域在重建东京湾的原始自然景观上发挥更大的作用。
港：
出于功能性目的的土地利用，港口区域设计得更为紧凑。未来港口应该更为高效，具备中央集中的仓储与绿色空间组织方法。

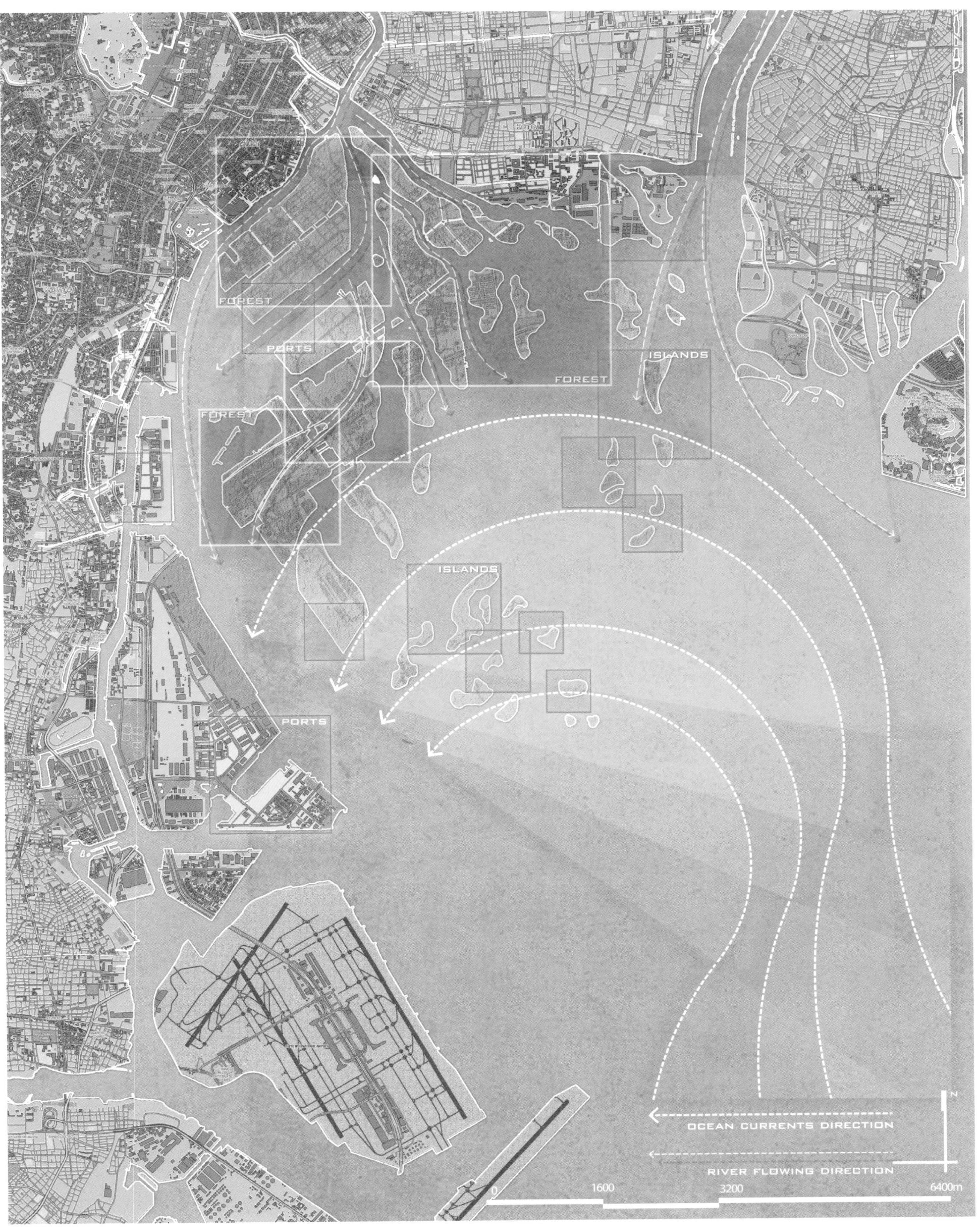
FOREST
PORTS
FOREST
ISLANDS
FOREST
ISLANDS
PORTS
OCEAN CURRENTS DIRECTION
RIVER FLOWING DIRECTION
N
0
1600
3200
6400m

节点设计

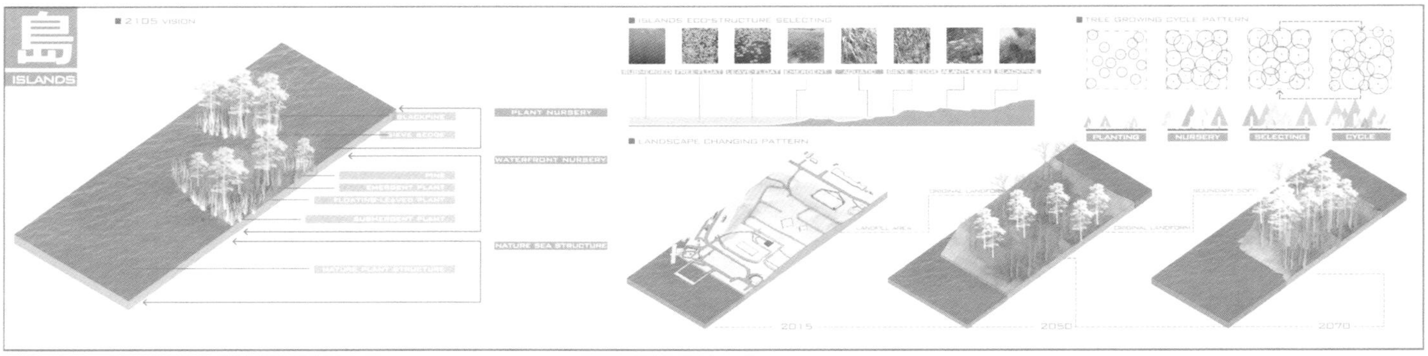

島
ISLANDS
2105 VISION
PLANT NURSERY
BLACKPINE
WATERFRONT NURSERY
PINE
EMERGENT PLANT
FLOATING-LEAVED PLANT
NATURE SEA STRUCTURE
ISLANDS ECO-STRUCTURE SELECTING
FREE-FLOAT
LEAVE-FLOAT
EMERGENT
AQUATIC
BLACKPINE
TREE GROWING CYCLE PATTERN
PLANTING
NURSERY
SELECTING
CYCLE
LANDSCAPE CHANGING PATTERN
2015
2050
2070

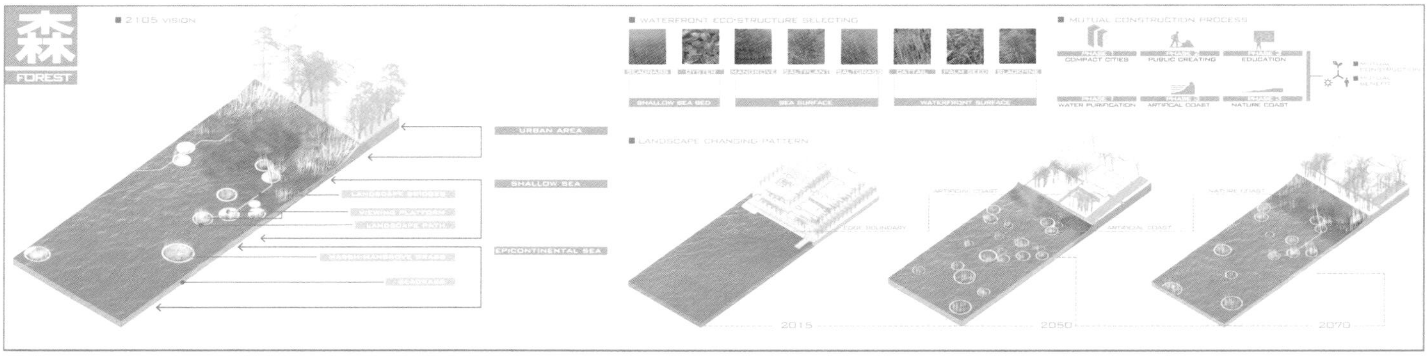

森
FOREST
2105 VISION
URBAN AREA
SHALLOW SEA
VIEWING PLATFORM
EPICONTINENTAL SEA
WATERFRONT ECO-STRUCTURE SELECTING
CATTAIL
BLACKPINE
SHALLOW SEA BED
SEA SURFACE
WATERFRONT SURFACE
MUTUAL CONSTRUCTION PROCESS
COMPACT CITIES
PUBLIC CREATING
EDUCATION
WATER PURIFICATION
ARTIFICAL COAST
NATURE COAST
LANDSCAPE CHANGING PATTERN
2015
2050
2070

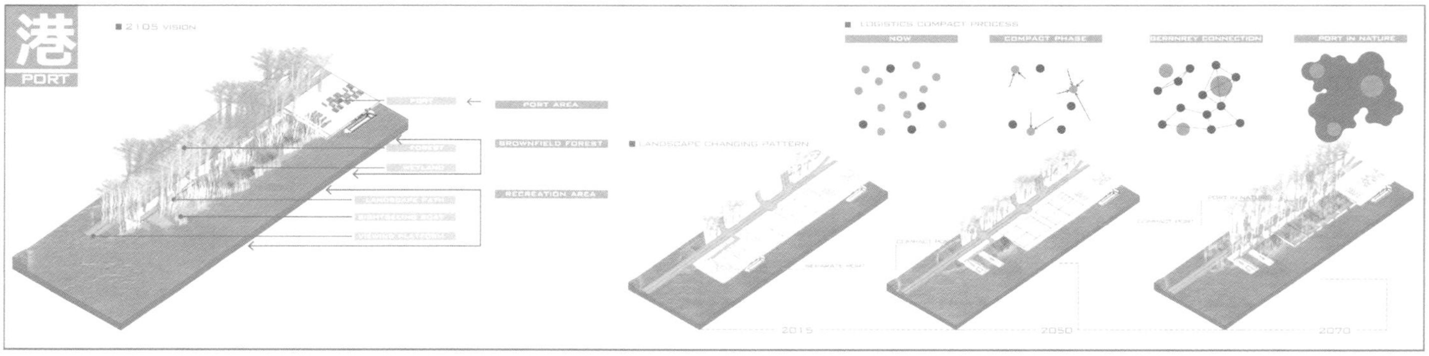

港
PORT
2105 VISION
PORT AREA
BROWNFIELD FOREST
RECREATION AREA
LOGISTICS COMPACT PROCESS
NOW
COMPACT PHASE
BERRNREY CONNECTION
PORT IN NATURE
LANDSCAPE CHANGING PATTERN
2015
2050
2070

岛：植物生长流程

森：共生建设流程

港：物流收缩流程

Virescent Ring
淡绿之环

作　　者：阙炜翌（东京农业大学），翟紫呈，汪玉婷（东京农业大学），李雪珂
指导教师：铃木 诚，李　雄
奖项名称：2015 年日本造园学会 90 周年 U-30 国际设计竞赛三等奖

随着城市复兴的进程，东京居民生存环境的改善愈有赖于城市绿色空间。作者在位于东京湾区的规划区域内引入了一种借助高空绿色轨道的绿地增长模式——即环绕主城区的“淡绿之环”（the Virescent Ring）。通过其独有的“生态柱”（Bio Pillar），它亦在绿环上下与地面城市空间的联系中扮演着重要角色。东京都一直以来都存在以下问题，如低下的人均绿地面积、无法满足通勤的公共交通、低下的轨道空间绿化率、热岛效应与城市内涝等。基于这些问题，作者构思了一个未来的绿地形态，希望可以借此全新的系统找到解决方案。

在九十年的规划时间内，现存绿地空间会逐渐通过城市开放空间与淡绿之环进行扩张，将主要城市组团与外围公园空间联系。三种模式的绿地增长模式，可最终衍变成“无公园”的绿地空间：由区域内现有公园由点至面的扩张、三个轴线方向的增长扩张、通过高空轨道与柱状结构实现的水平与垂直方向的绿地扩张。最终公园与城市空间的界限将弱化并最后消失，形成一个三维的绿色空间整体。在这个绿色的系统中，人们生活在一个生态可持续且环境优美的地方，而在此时，“公园”的概念将不复存在。

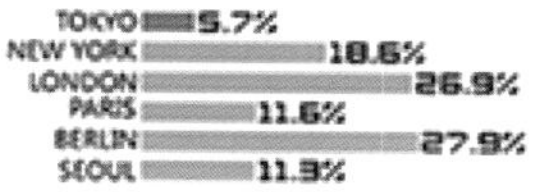

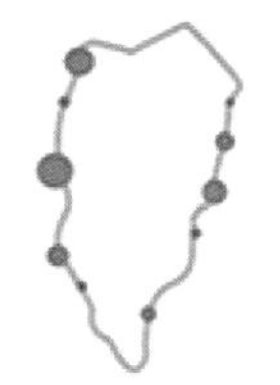

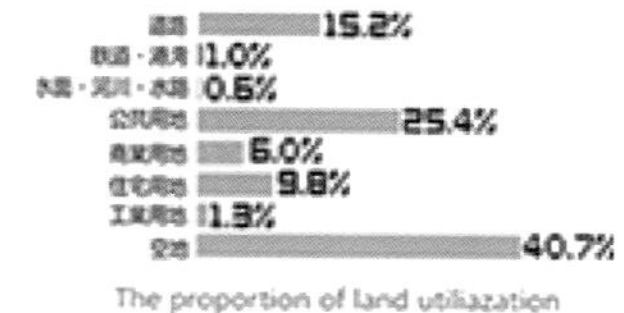

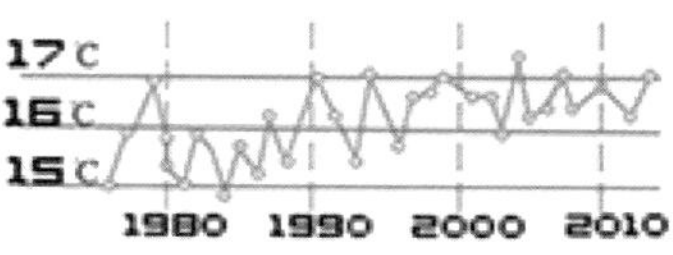

Green rate and Per capita green area are relativelylow in the planning area.

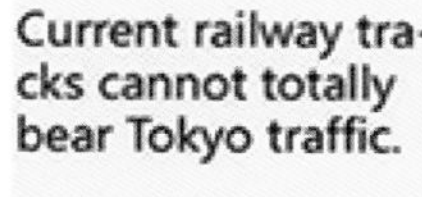

Current railway tracks cannot totally bear Tokyo traffic.

Greening alone railway tracks is not sufficient.

Urban heat island effect is getting worse every year.
Frequent occurrence of urban flood disaster.

Tokyo re-urbanization

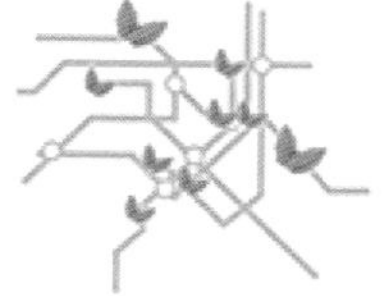

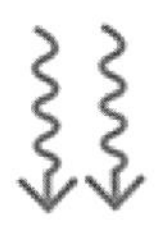

Increase green area

Increase railway lines

Improving greening along railway tracks.

Rainwater collection
Temperature fall

Function Synthesization

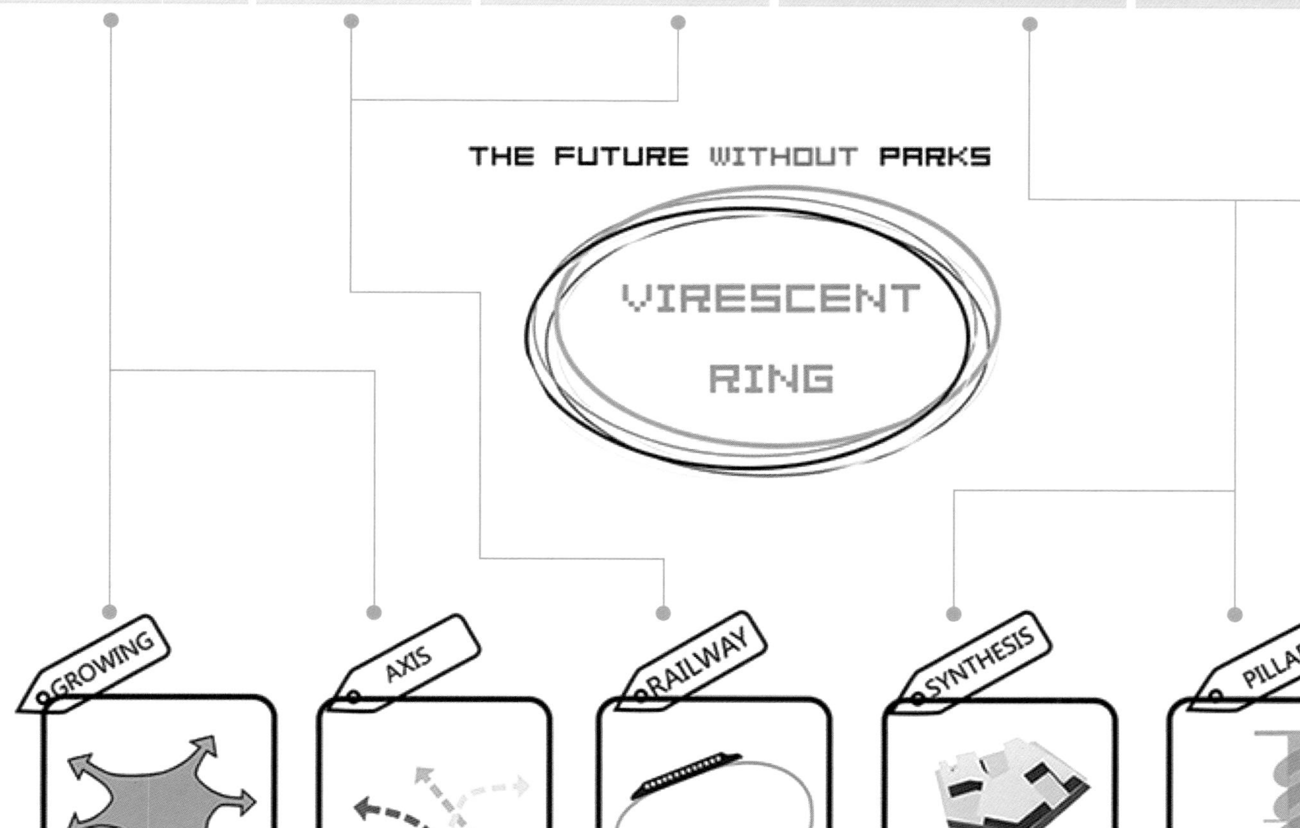

Green space expansion

Formation of City Greening Vein

Construct new circle route with greening along the track.

Building complex with flexible structureBusiness, Entertainment, Eco-environment, Transport hub

The bio pillar in combine with the building complex to make a multi-functional open space and bond the adjacent green space

场地分析及淡绿之环模式构建

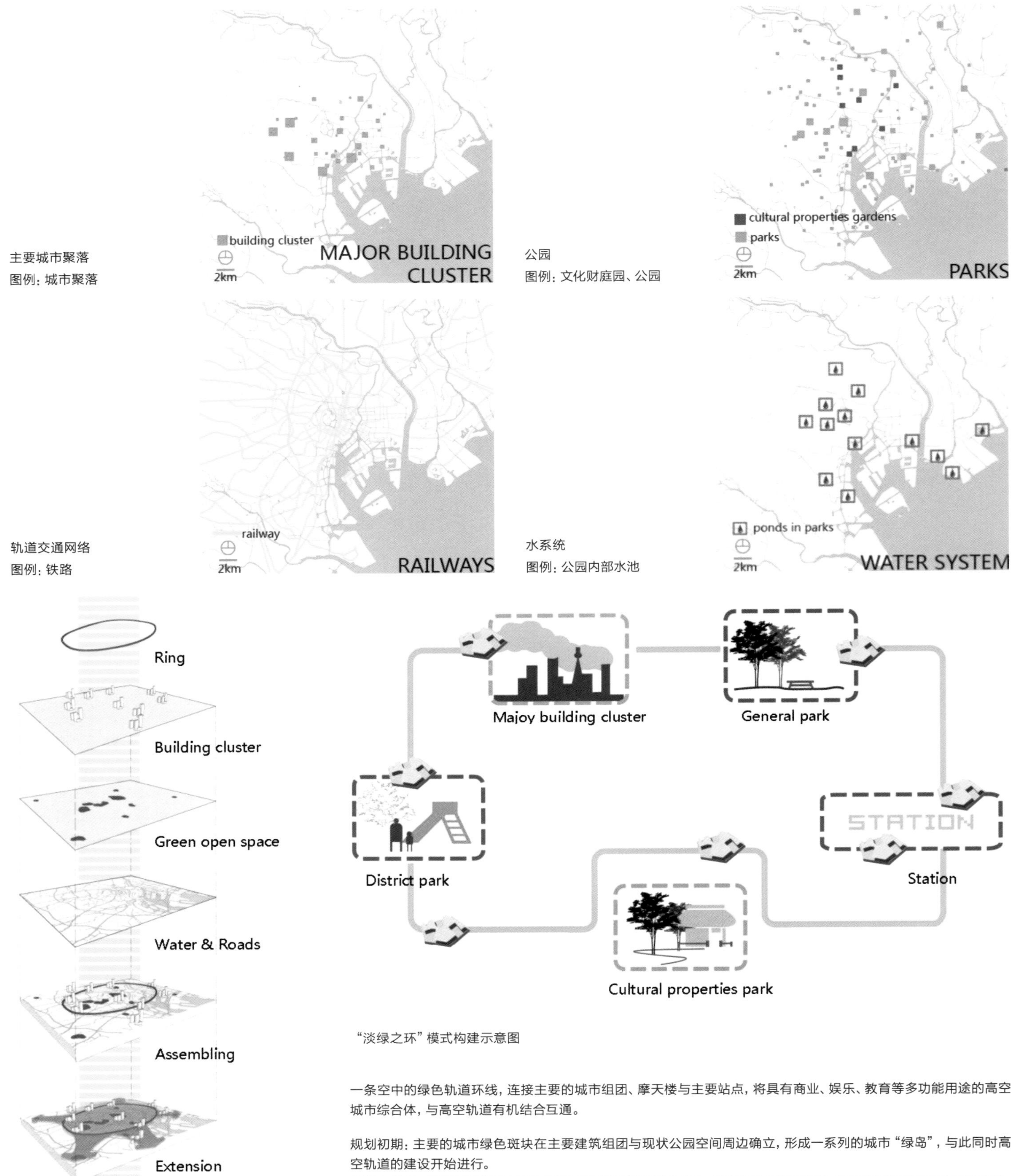

主要城市聚落
图例：城市聚落

公园
图例：文化财庭园、公园

轨道交通网络
图例：铁路

水系统
图例：公园内部水池

“淡绿之环”模式构建示意图

一条空中的绿色轨道环线，连接主要的城市组团、摩天楼与主要站点，将具有商业、娱乐、教育等多功能用途的高空城市综合体，与高空轨道有机结合互通。

规划初期：主要的城市绿色斑块在主要建筑组团与现状公园空间周边确立，形成一系列的城市“绿岛”，与此同时高空轨道的建设开始进行。
规划中期：高空绿色轨道开始运行，通勤交通问题得到基本解决。高空绿色空间与综合体开始通过高空绿色轨道连接，城市绿岛开始向外辐射，并与各原有公园相互连接。
规划后期：绿地扩张已在水平与垂直方向基本完成，形成一个满足交通、商业活动与教育等不同功能需求的绿色综合系统，并将所有绿色空间与公园连为一体。届时，一个“没有公园”的绿色空间系统将形成。

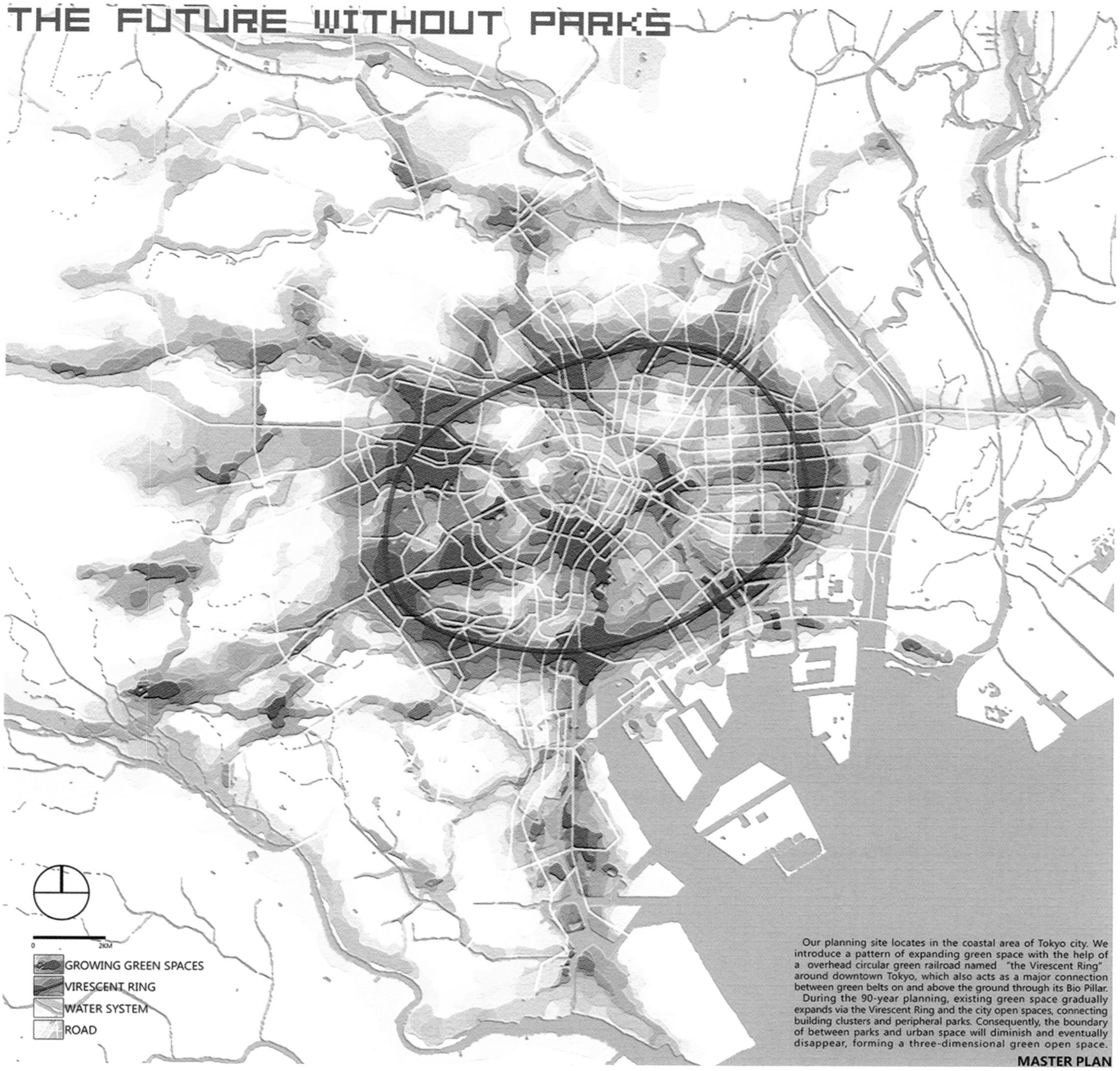

THE FUTURE WITHOUT PARKS
0
2KM
GROWING GREEN SPACES
VIRESCENT RING
WATER SYSTEM
ROAD
Our planning site locates in the coastal area of Tokyo city. We introduce a pattern of expanding green space with the help of a overhead circular green railroad named "the Virescent Ring" around downtown Tokyo, which also acts as a major connection between green belts on and above the ground through its Bio Pillar.
During the 90-year planning, existing green space gradually expands via the Virescent Ring and the city open spaces, connecting building clusters and peripheral parks. Consequently, the boundary of between parks and urban space will diminish and eventually disappear, forming a three-dimensional green open space.
MASTER PLAN

总体规划图

图例从上到下依次为：生长的绿色空间、淡绿之环、水系、道路。

2020
2030
2045
2065
2085
2105

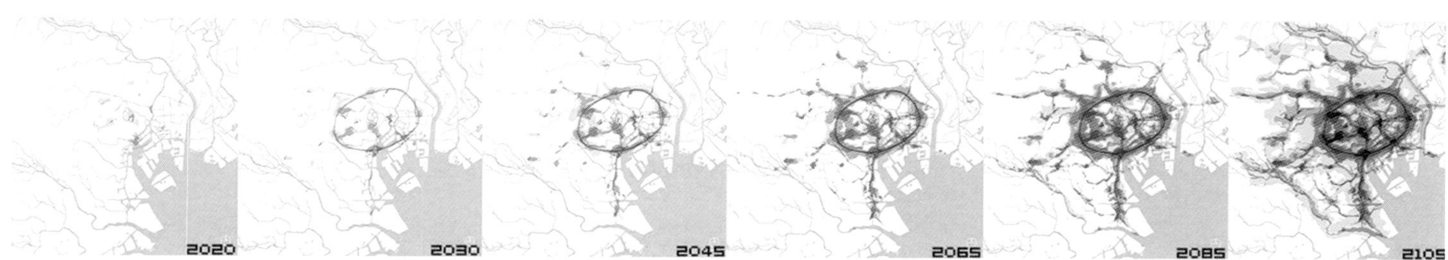

生态柱设计及其功能分析

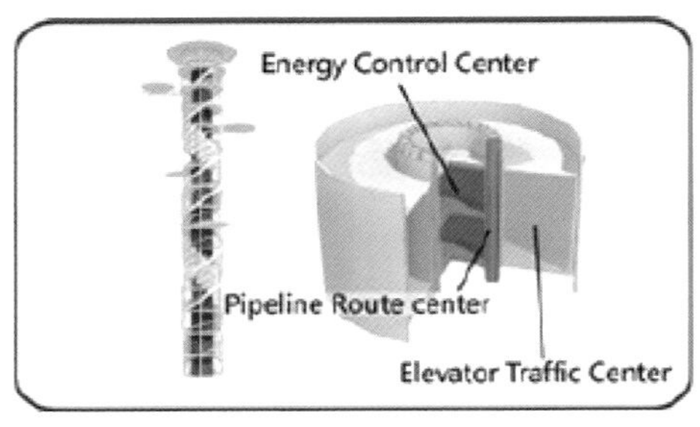

能量控制及交通中心

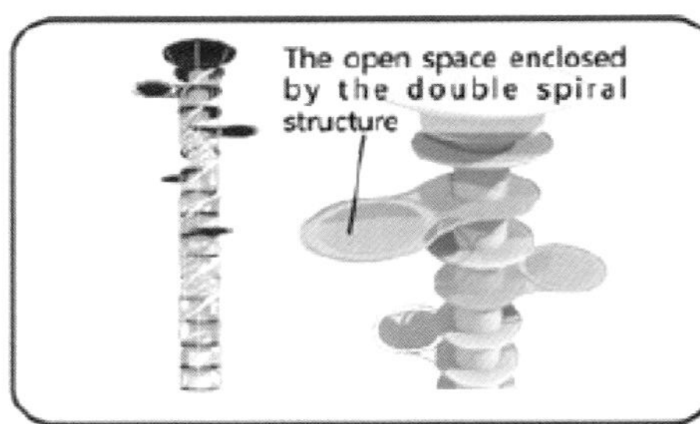

开放空间

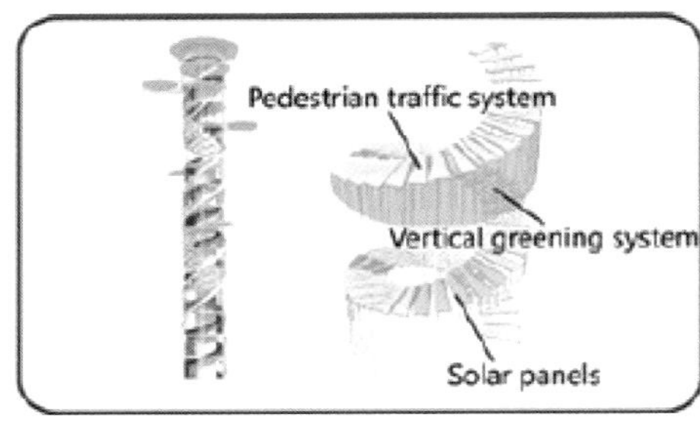

墙壁绿化与太阳能台阶

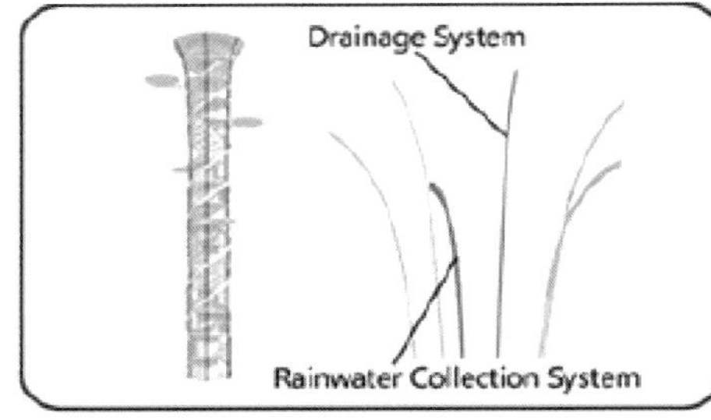

雨水收集与净化

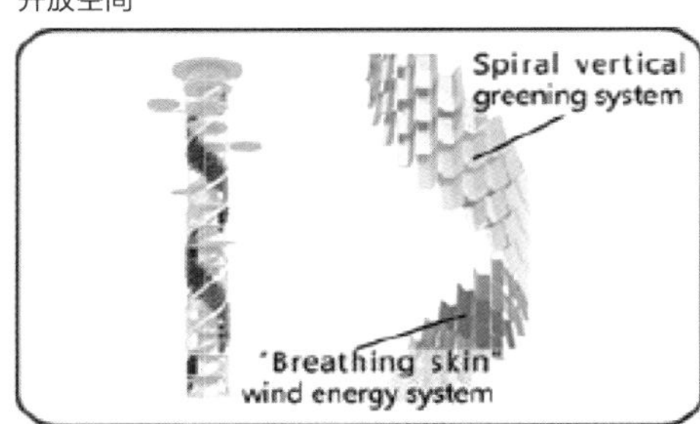

可利用风能的表面

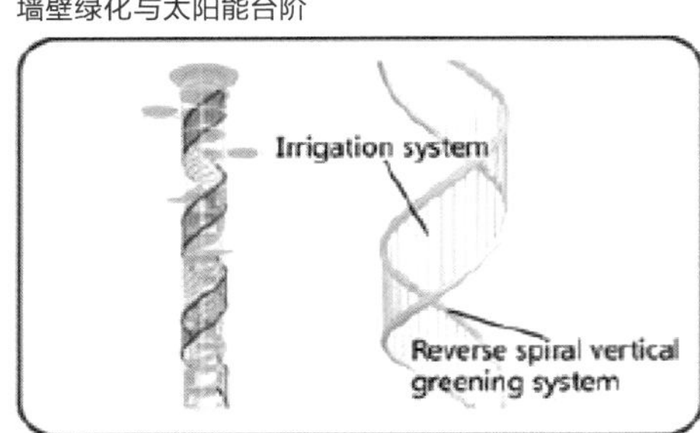

垂直绿化与灌溉系统

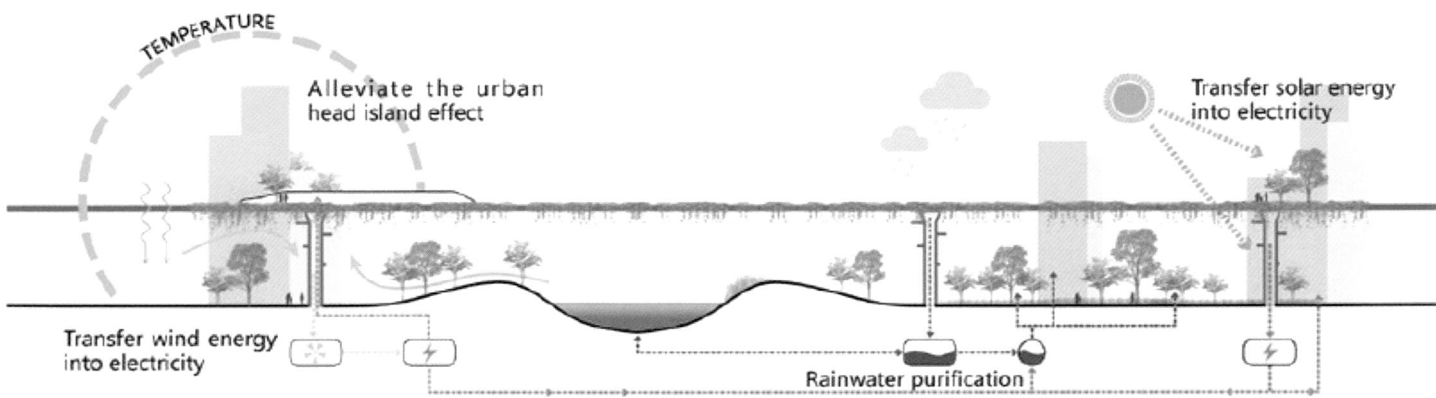

功能分析剖面图

一系列的柱状构造作为高空轨道的支撑，垂直连通地面与空中的绿色空间，使市民可上下通达不同的区域。雨水的收集与灌溉、太阳能与风力发电亦可通过柱状构造实现，并供给周边建筑的需求。

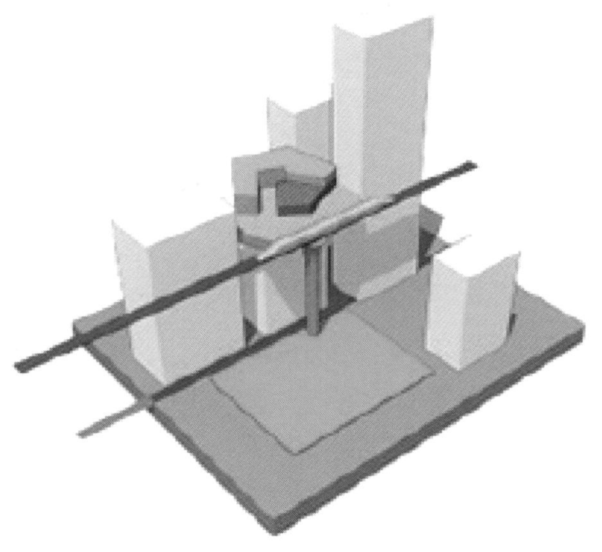

商业：商业综合体作为一个中心，连接周围的高层建筑以及交通站点等其他设施。

办公：综合办公中心负责综合设施的管理与维护。

轨道：围绕城市形成新的环形天际线，并与轨道绿化相结合，形成漂浮于天际的绿色网络。

车站：车站位于交通站点与上层绿地的交汇处，同时作为上层绿地的基础。

生态柱：生态柱是连接上下两侧绿地的垂直结构，同时它还具有不同的能源功能和生态功能。

绿色空间：发散型的绿色空间，以生态柱为基础并向周边公园延伸。

功能分析

图例从上到下依次为：商业、办公、轨道、车站、生态柱、绿色空间

文化财庭园

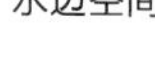

水边空间

公园

里山

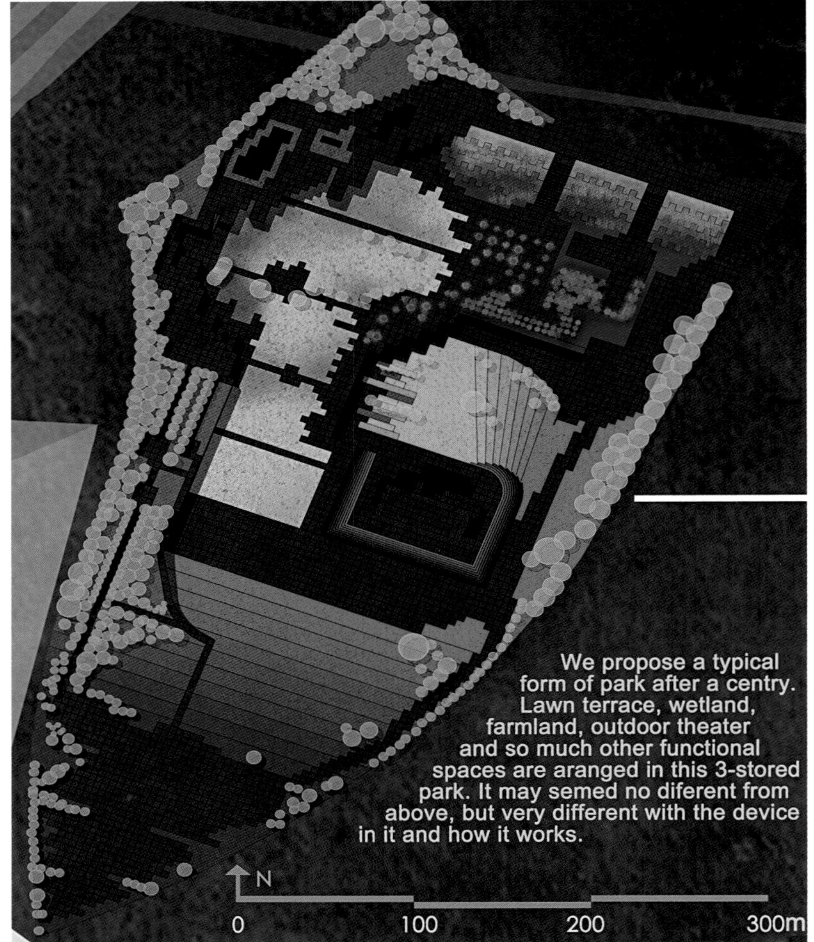

We propose a typical form of park after a centry. Lawn terrace, wetland, farmland, outdoor theater and so much other functional spaces are aranged in this 3-stored park. It may semed no diferent from above, but very different with the device in it and how it works.
N
0
100
200
300m

设计策略：

1. 新绿地系统建设：为了在拥挤的都市提高绿地率而创造一个集绿色空间与城市基础设施于一体的系统。
2. 垂直绿色网络：垂直结构使得周围不在同一高度的绿化带结合起来，成为周围绿色系统的中心。
3. 综合建筑：通过多样的容纳结构满足城市居民的精神与生活需求，比如商业、娱乐、文化、防灾与停车。
4. 能源收集与转换基站：收集多种能源，转换为供自身以及邻居利用的电能。同时，利用湿地以及水景解决水涝问题。

优秀奖

Dynamic Energy Station - Based On Vertical Green Net Penetrated to Tokyo
动态能量站——穿梭在东京的立体绿网

作　　者：张文竹，刘心茗
指导教师：李　雄
奖项名称：2015 年日本造园学会 90 周年 U-30 国际设计竞赛优秀奖

当考虑未来之时，往往需要回顾过去。100 年的历史也许并不能告诉我们 100 年之后会发生什么，但是我们可以推测未来公园的样子，或者畅想那时的场景。公园的未来是地球与社会的命运。我们假设未来公园会以一个叫作“能源站”的全新方式存在。

绿色廊道穿透城市道路系统，覆盖道路，沿着特殊的交通轨道，有时与建筑相邻，有时与高架桥相结合。作者在路中央设置风力涡轮机，并且利用压力传感铺地材料吸收汽车与行人的压力。此外，我们在透明铺地材料下设置太阳能电池板收集太阳能。所有这些传感设备都能够收集能量并且转换成电能，利用于其他方面。同时，利用雨水花园和人行道上的凹槽收集雨水。这些雨水汇聚于公园里的多层湿地中进行净化。共同创造一种全新的能源站。

DYNAMIC ENERGY STATION

BASED ON VERTICAL GREEN NET PENETRATED TO TOKYO

背景分析及效果图

LOCATION

JAPAN TOKYO KOTO DISTRICT SITE

Wondering about the future, you have to date back to the ancient. 100 years of history may not tell what could happen in 100 years later, but surely we can conjecture the appearance of park in 2105, or make what we expect happen at that time. Future about the park is the destiny of the earth and society. We assume the future park definitely exist and in a whole new way which can be called 'ENERGY STATION'.

ount and ratio of greenland

1887 (330hm²)

1923 (4580hm²)

1932 (7850hm²)

1946 (11280hm²)

89.66%
10.34%

92.99%
7.01%

1960 (165

is

of study

The history of the park in Tokyo can date back to 1873, five famous buddhist temples and shrines, in the form of scattered points.They were located at the edge of the city. Citizens can prayed for blessing here.

In 1923, other three large-scale parks had been constructed, including the famous Ueno Koen park and Hibiya-Kouen,in which citizens could appreciate the beautiful sakura flower.

In 1932, in order to avoid disaster, especially the earthquake, more parks were constructed for the sake of providing large open space, and they were connected to a green ring.

Shortly after the end of the Pacific War, large part of the park were used as agricultural planting to solve the problem of food and clothing. As time goes by, the green area of parks had been restored. The proportion of gren area were greatly increased and some important points were connected by the green lines.

In 1960, the park area continued to incre carrying more functions. More green lines through them, which makes the green sys more holonomic.

能量来源与植物能量流动

Energy Resource 1
Wind turbine is used by the high-speed tramway. The wind turbine blade spins at a high rate of speed to drive the electric generator beneath it. Multiple color of the blade is also a special and colorful scene in the park.
spinning with wind
Energy Resource 2 & 3
Energy resource 2 and 3 are combined with paving design. One of them is to transform solar power into electric with solar panel. The other is to transform pressure of steping to electric with pressure sensing material. All layers are located under the transparent waterproof. The energy goes to the battery on B2 under the whole park.
pressure sensing
sunlight receiver
wire connecting between every unit
connecting circuit
Every unit can receive certain amount of solar power can turn into electricty, then send it to the battery with the connecting wire. It is the same volume with the planting unit, so it is flexible to set either of them or to change units.
A multi-functional paving unit
transparent waterproof
pressure sensing
tempered glass
crystalline silicon
back veneer
aluminium alloy plate
electrical connector
Plantation Growing Unit
1.Seeding and watering.
2.Grass start to sprout.
3.Lawn start to allow activities.
4.Some become wild flower meadow.
5.Full grew plantation unit is moved upon other units.
6.Seeding.
7.Grass become abundant on the sides of the moved unit.
8.The green area increased with vertical planting.

Energy Stream Direction
parking building
park
solar receiver
wind turbine along the tramway
rain water from park and corridor
multi-layered wetland purifying
pressure sensing
windmill
street lamp use
agriculture
car charger
commercial use
5000
5000
IN
ENERGY STATION
OUT

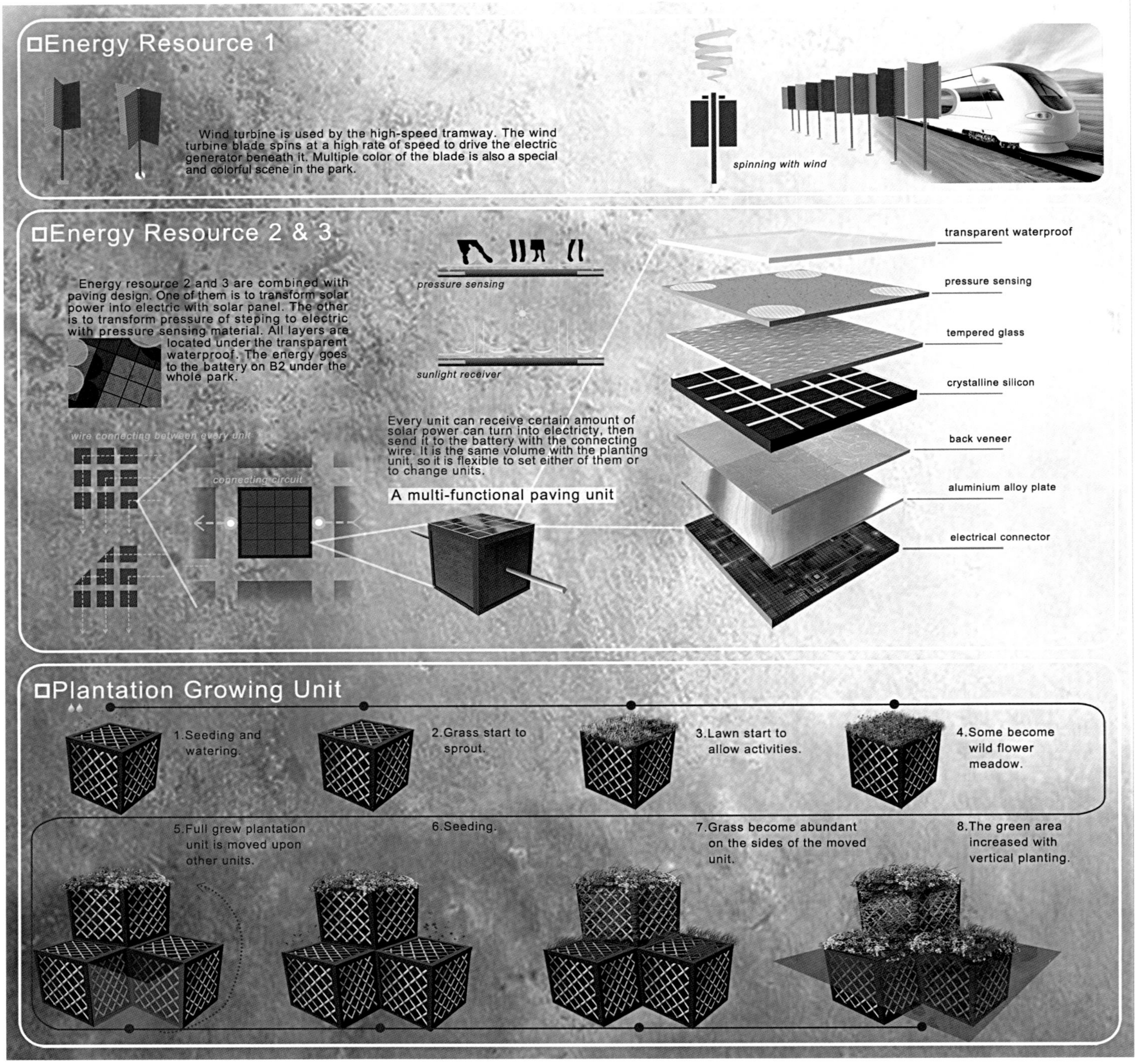

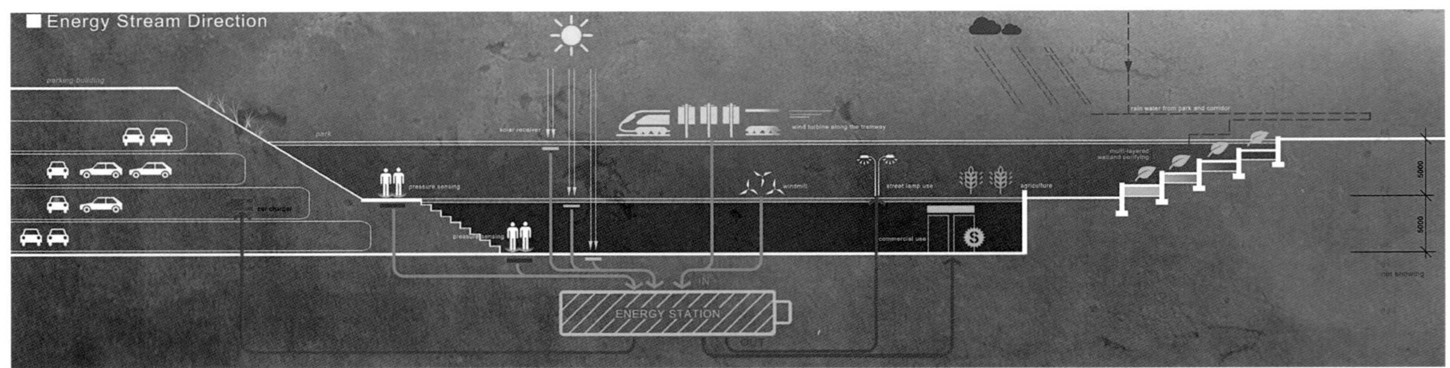

The green corridor is built upon the highway for one or both sides.
1.Highway
Since the trams do not need much sunlight, the corridor can be built right above the tramway.
2.Tramway
This is a sectional view of a typical left-turn curve of the intersect on highway. Urban agriculture is used in that space with pollution-resistant device on side.
3.Highway bridge
4.Building

公路：绿色廊道建在公路的单侧或双侧上方。

轨道：由于电车轨道不需要大量阳光，绿道能够建在轨道上方。

高架桥：这是一个典型的公路交叉路口左转弯道的剖面图。在弯道的一侧设置了具有防污染装置的城市农业空间

建筑：沿着主要道路而设的绿廊建于现有的人行道之上，有时穿过建筑，与建筑一层相连。所有行人行走于二层的绿廊，与一层的快速车道相分离。

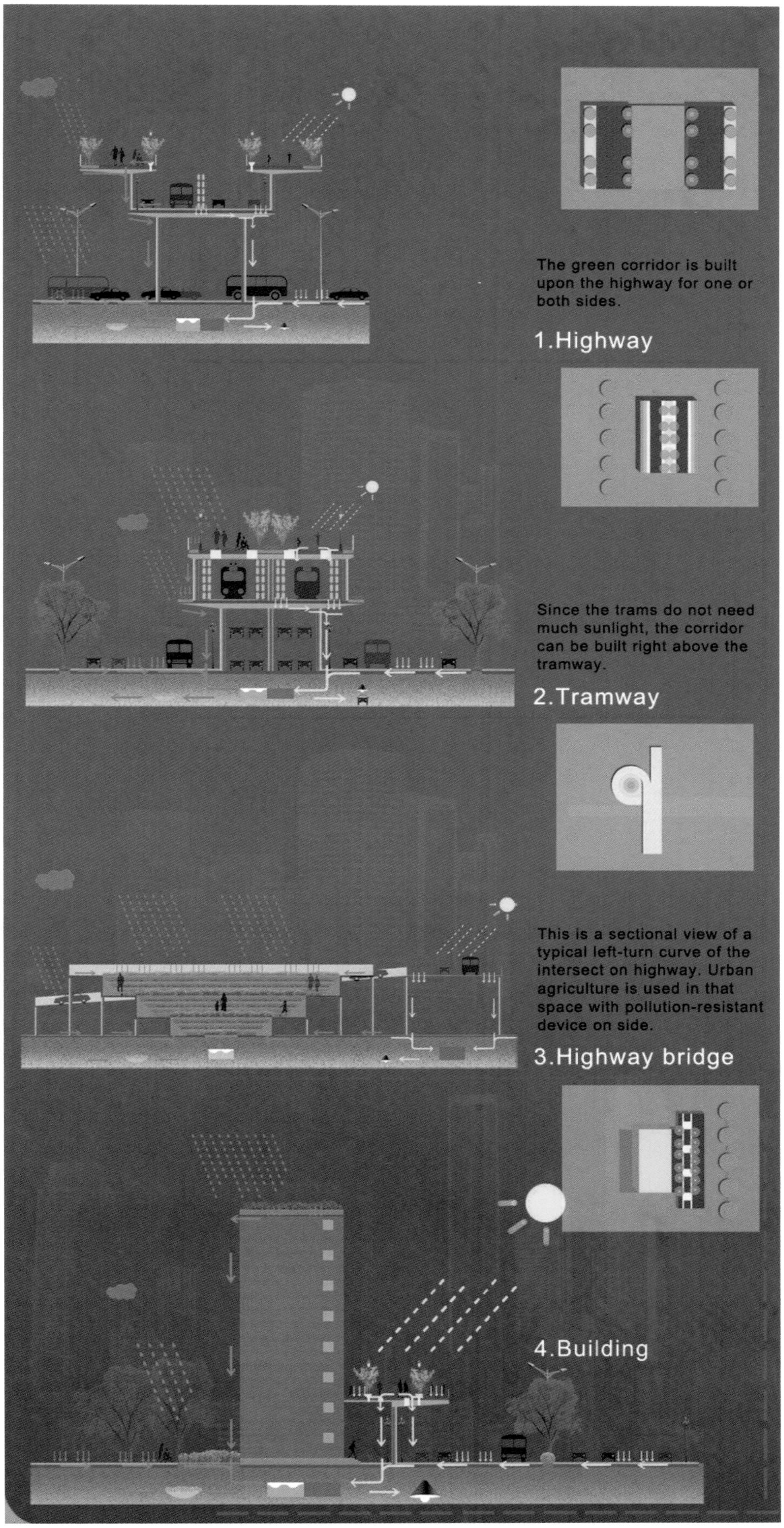

CHSLA

中国风景园林学会大学生设计竞赛

中国风景园林学会（CHSLA, Chinese Society of Landscape Architecture），是由中国风景园林工作者自愿组成，经国家民政部正式登记注册的学术性、科普性、非盈利性的全国性法人社会团体，是中国科学技术协会和国际风景园林师联合会（IFLA）成员。为配合年会，鼓励和激发风景园林及相关学科专业大学生的创造性思维，引导大学生对风景园林学科和行业发展前沿性问题进行思考，每年举办一次中国风景园林学会大学生设计竞赛（Chinese Society of Landscape Architecture Student Design Competition）。

现状分析

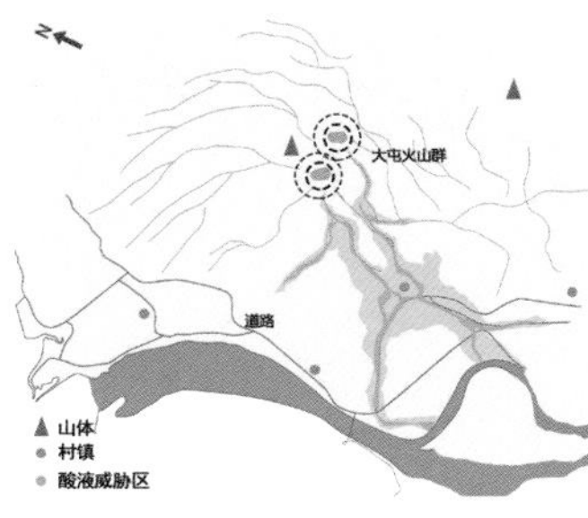

酸洪范围分析

火山口附近区域：火山口布有多个常年喷发的硫气孔，每逢雨季及台风季节，降雨与硫气反应形成酸液洪流。本区域无植被覆盖，土壤层薄，酸性气体浓度最高，无种植条件。

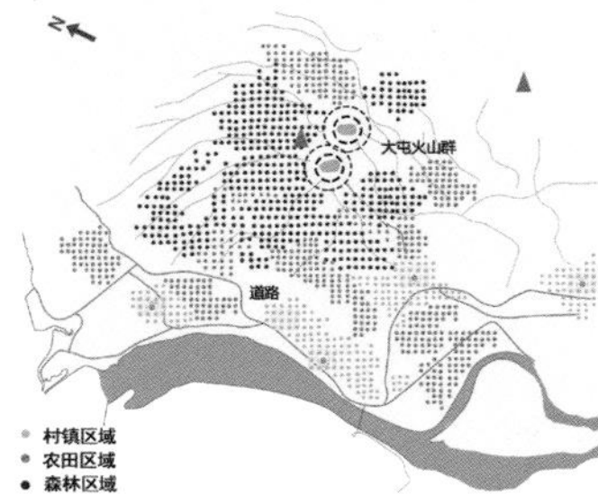

用地类型分析

火山口至平原区域：本区域的土壤条件适宜植被生长及农作物种植。因此本区域有大量的梯田种植区域以及原住民居住点。雨季自然汇水汇入酸性洪流中。随着雨洪的不断蓄积，酸洪的威胁范围随着海拔的降低不断扩大。

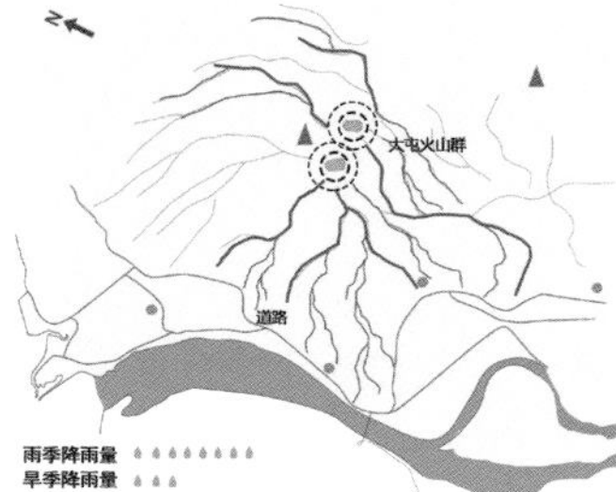

年降雨量分析

平原区域：均为城市建成区，人口密度大，建筑密度高。酸洪与山区的雨洪汇集后，对平原区域的居民及建筑具有较大威胁，会造成对城市建筑和绿地的腐蚀，释放的气体对居民危害较大。

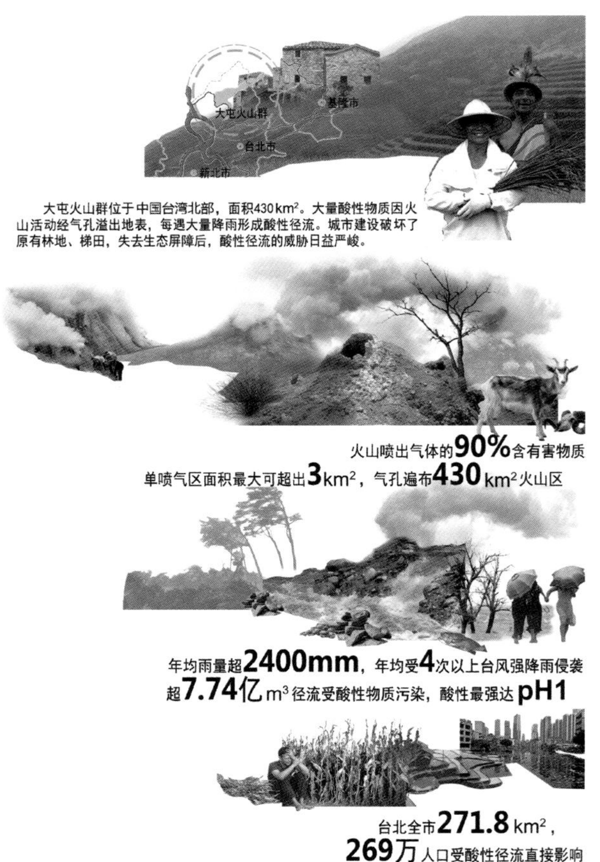

大屯火山群
基隆市
台北市
新北市
大屯火山群位于中国台湾北部，面积430km²。大量酸性物质因火山活动经气孔溢出地表，每遇大量降雨形成酸性径流。城市建设破坏了原有林地、梯田，失去生态屏障后，酸性径流的威胁日益严峻。
火山喷出气体的90%含有害物质
单喷气区面积最大可超出3km²，气孔遍布430km²火山区
年均雨量超2400mm，年均受4次以上台风强降雨侵袭
超7.74亿m³径流受酸性物质污染，酸性最强达pH1
台北全市271.8km²，
269万人口受酸性径流直接影响
超600万人口受间接影响

一等奖

LIVE with ACID FLOOD——基于台湾火山区土地营作方式的酸性径流消解利用策略

作　　者：胡盛劼，王瑞琦，赵人镜，钟　姝，陈泓宇

指导教师：肖　遥，李方正

奖项名称：2018 年中国风景园林学会大学生设计竞赛研究生组一等奖

本方案的选址位于中国台湾大屯火山群。大屯火山群位于台湾岛北部，面积 430km²。大量酸性物质因火山活动经气孔溢出地表形成酸性径流。城市建设破坏了原有林地、梯田，失去生态屏障后，酸性径流的威胁日益严峻。基于现状分析，提出“合理改良现状梯田、充分利用农耕废弃物、营造新型生态田埂、可持续自我调节”四大策略。在改良梯田耕作效益环节，充分利用农耕废弃物，利用其含有的碱性盐中和酸洪。本土梯田因山就势的传统构建方式恰好为雨水的汇集、酸洪的阻挡提供了分级分层的弹性基础。以农耕废弃物为材料，高分子材料技术为支持，构建新型生态田埂，中和酸液、巩固土壤。借助自然产物消解自然灾害，最终形成可循环的自然生态过程。

坑塘 + 沟渠体系构建模式

火山气体 + 大气降水

酸性径流

一级单元：缓冲塘+生态坝

坑塘截流、储存山体酸性径流，径流经由生态坝引导、分散，并与坝体中碱性物质充分反应，之后溢流进入下一单元

分散径流 + 中和反应

二级单元：滞流塘+梯田

径流由层层梯田减缓、分散形成坑塘滞流，与田埂及植物根系充分接触，利用田埂中碱性物质及根系吸收作用，而降低径流酸性

分散径流 + 中和反应 + 根系吸收

三级单元：功能塘

收集末端酸性径流，经调节成微酸性后进入各类功能坑塘加以利用，弃液集中处理，避免二次污染

微酸利用 + 弃液回收

新型生态田埂基本原理

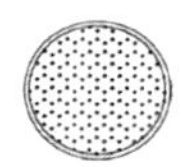

植物种植层

选择耐酸性植物吸收水中的酸性离子，满足植物生长需求的同时对水质进行初步净化。

中和反应

利用贝壳、农作物肥料谷壳、茶叶灰等与酸性水质发生中和反应，中和水质中的酸性物质。

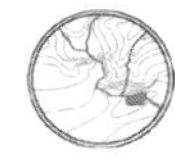

土壤保育层

增加嗜酸微生物，对水质中的酸性离子进一步吸收分解，为植物生长提供基质。

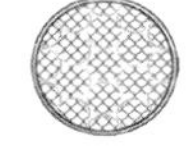

固土过滤层

采用耐腐蚀高分子聚酯材料对土壤进行加固，同时起到过滤下渗的作用，保证土壤结构的稳定。

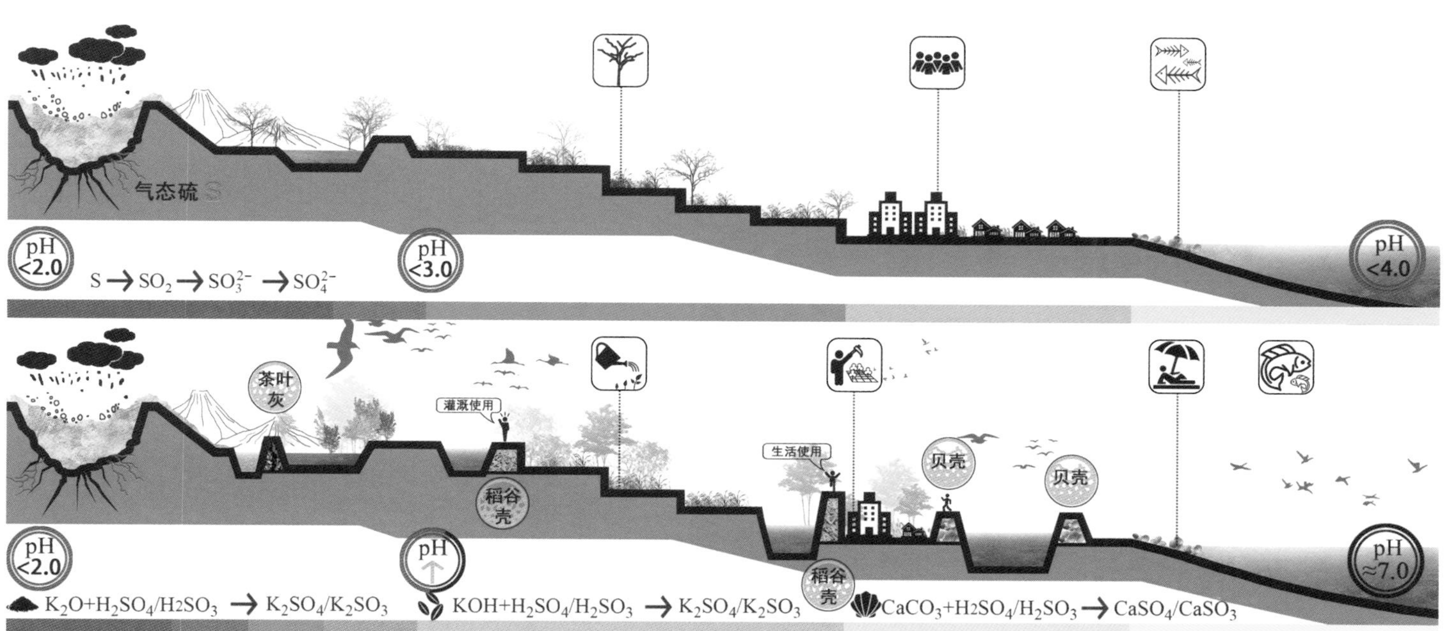

新型生态田埂基本原理

新型生态田埂主要包含四个过程：

1. 合理改良现状梯田。现状梯田经过酸洪的冲蚀，耐受性和肥沃性较差，通过改良，提高梯田的耕作效益；
2. 充分利用农耕废弃物。农耕废弃物中含有较多的可以中和酸洪的碱性盐，能够缓解酸洪带来的影响；
3. 营造新型生态田埂。基于本土梯田耕作传统，以农耕废弃物为材料，以高分子材料为技术支持，中和酸液、巩固土壤；
4. 可持续自我调节。借助自然产物消解自然灾害，最终形成完善的可循环的自然生态过程。

坑塘体系各阶段发展愿景

生态方面

由火山至山麓将逐渐形成草本、草本—灌木、草本—灌木—乔木的植物群落结构。从山麓到海洋，海底的海藻已经逐渐恢复，并逐渐出现由虫、鱼、鸟等构成的动物环境。

安全方面

该系统能够在一定程度上提高旅游者的活动环境。同时在火山喷发时，能够提供便捷安全的避难路线。该系统将与居民的居住空间相结合，在火山喷发时，生态田埂对房屋有一定的庇护作用。

经济方面

酸度稳定的水流对周边的环境破坏变小，促进农业增收，同时发展旅游业。酸度稳定的水流可以为以温泉为代表的旅游业提供天然的水热资源。酸度稳定的水流汇入海洋后，对海洋的污染减轻，海产业可以为居民创收。

新型生态田埂材料及结构

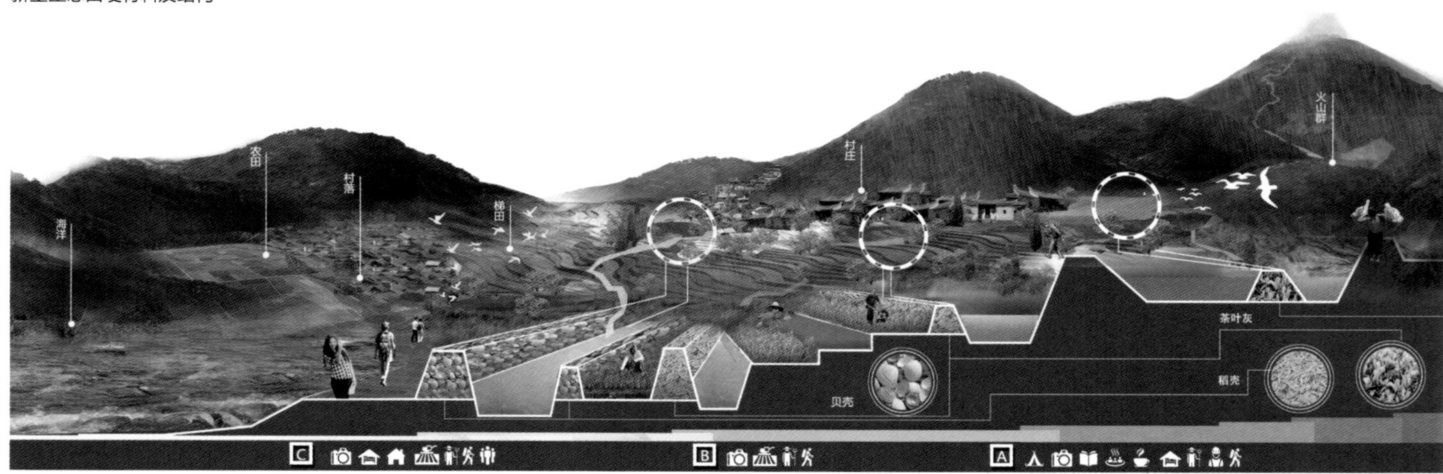

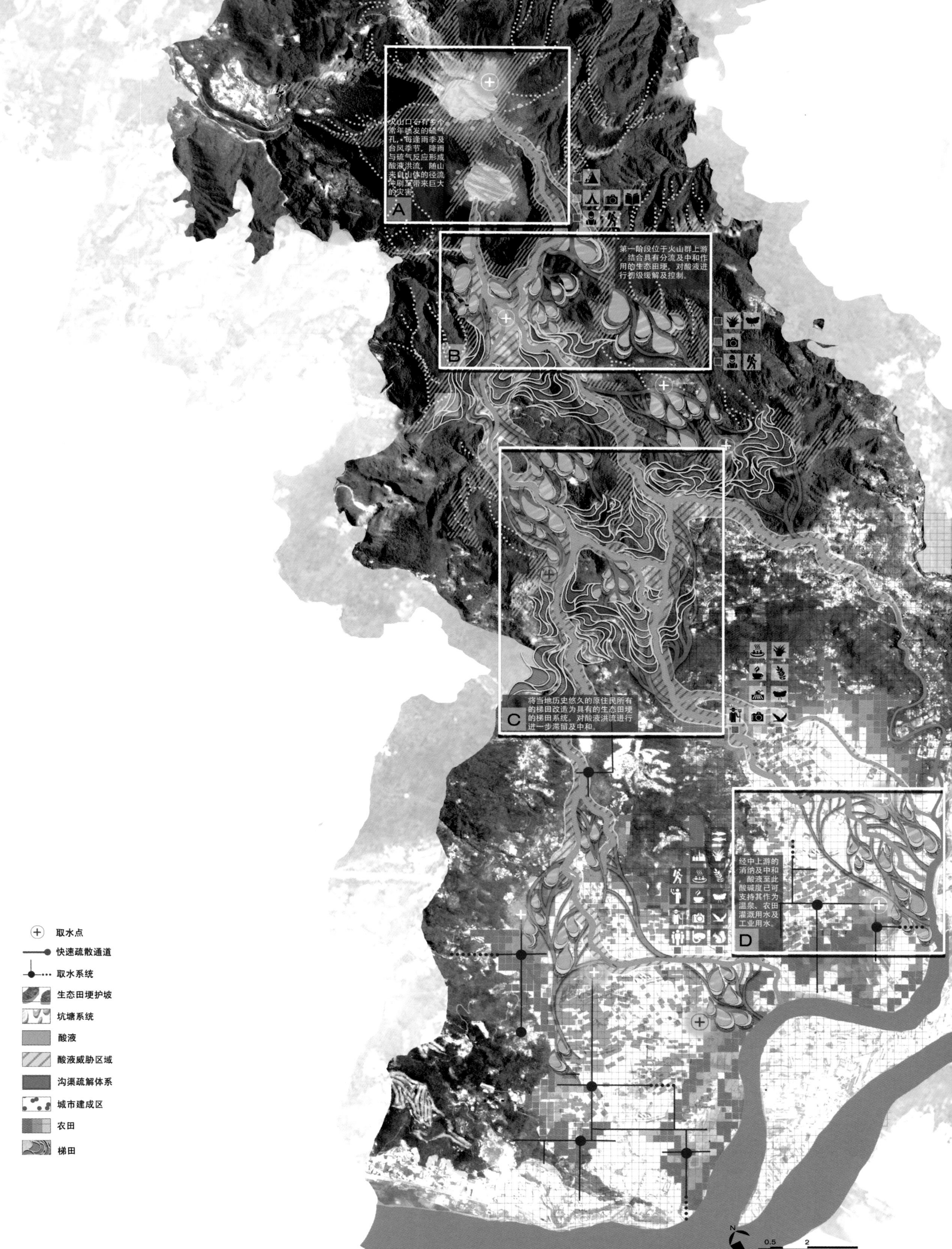

火山口存有多个常年喷发的硫气孔，每逢雨季及台风季节，降雨与硫气反应形成酸液洪流，随山来自山体的径流冲刷至带来巨大的灾害。
A
第一阶段位于火山群上游，结合具有分流及中和作用的生态田埂，对酸液进行初级缓解及控制。
B
将当地历史悠久的原住民所有的梯田改造为具有的生态田埂的梯田系统。对酸液洪流进行进一步滞留及中和。
C
经中上游的消纳及中和，酸液至此酸碱度已可支持其作为温泉、农田灌溉用水及工业用水。
D
取水点
快速疏散通道
取水系统
生态田埂护坡
坑塘系统
酸液
酸液威胁区域
沟渠疏解体系
城市建成区
农田
梯田
N
0.5
2
4km

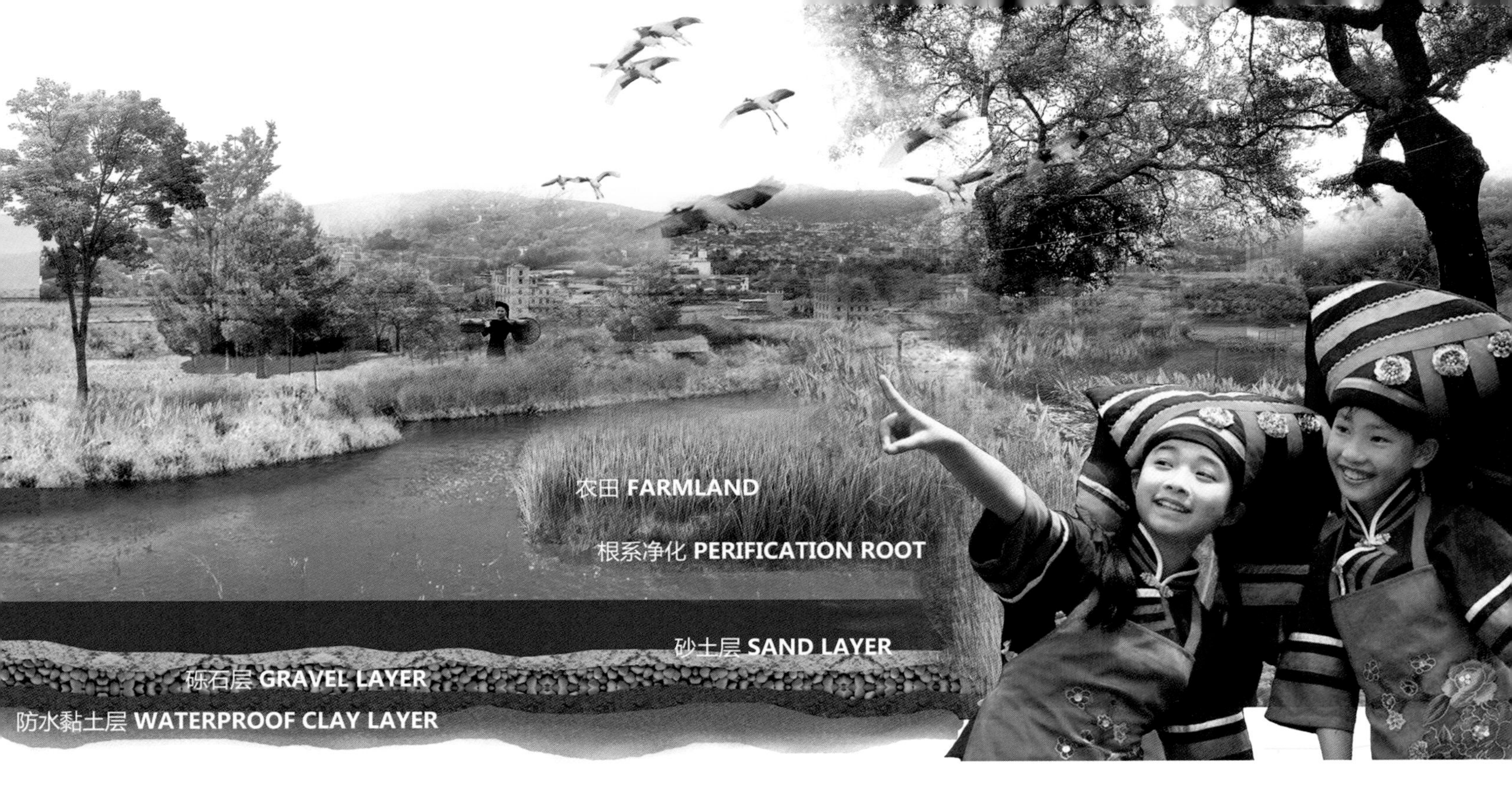

Revival of Land——基于广西本土种植模式再利用的城市地下水回灌策略

作　　者：李婉仪，葛韵宇，胡盛劼，张　芬，林辰松
指导教师：李　雄
奖项名称：2015 年中国风景园林学会大学生设计竞赛研究生组一等奖

场地位于中国广西壮族自治区柳州市，东部环山，南面临河。柳州山清水秀，但随着城市化进程的加快和工业经济的增长，城市用水大幅上升、地下水位下降，城市下陷导致土壤密实，地下水的可持续循环系统被破坏。为了缓解城市地下水缺失以及城市旱涝灾害，在设计中利用下沉绿地形成天然的雨水收集池，改进古老的浮田耕作技术，在下沉绿地中利用浮田耕作建造农田与公共活动空间，创造新的水循环系统，通过生态规划和技术手段回灌地下水以优化城市生态环境。通过本土种植方式的再利用来倡导本土文化与现代发展的有序结合，改善人居环境，恢复经济，复兴当地传统农业。

本土浮园耕作法原理

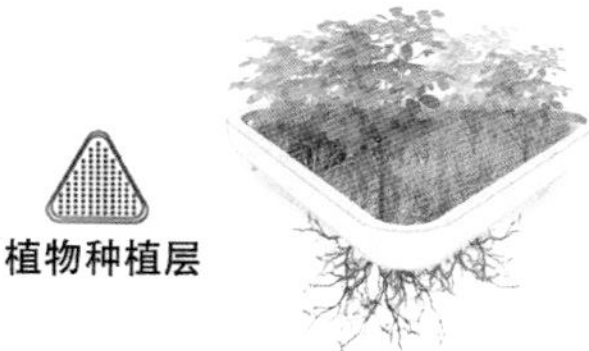

植物种植层

植物的根系水质净化起一定作用，可吸附水中的一些有害物质，提升水质。

土壤

用于浮田的土壤层是经过植物自然改善土质和土壤结构后的土壤，给植物提供生长基质。

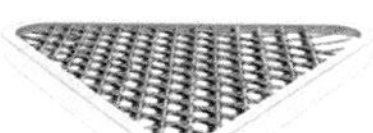

浮田装置

浮田的第三层是一种区别于传统浮田底层的由新型分子材料聚氨酯泡沫塑料制作的装置，能够保证浮田更加稳定的运行。

开放空间

浮田系统同时可以结合场地，给周边居民提供一系列可用于活动和交流的开放空间。

水体收集与净化模块

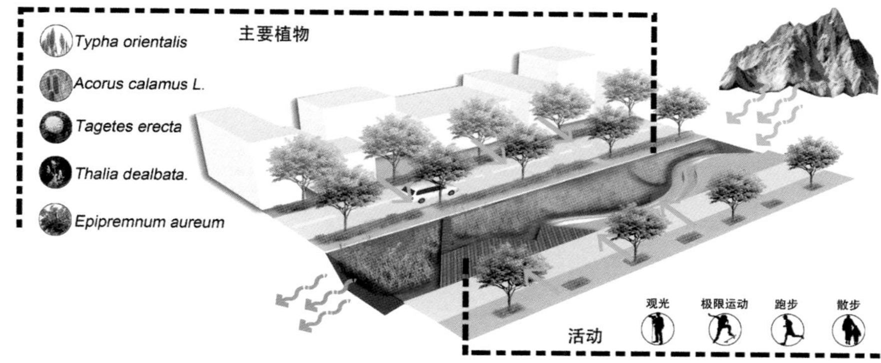

浮田耕作法是古代中国一项古老的耕作技术，广西地区曾广泛使用这项技术进行农作物种植。它是指在用芦苇编成的芦筏上堆积泥土浮在水面，然后在新造的土地上种植作物和果树，利用树根来巩固人造浮动园圃。我们尝试对这种古老的技术进行革新，采用新材料、新思路针对雨水的净化和收集进行重新利用，探索新的设计思路和方法。

浮田耕作模块的串联使城市形成新的绿道体系，促进雨水与地下水可持续循环，极大地补给了地下水，防止了城市的继续下陷。同时系统中的浮田耕作模块也为居民提供了城市公共空间，成为城市生态、经济恢复和发展的源动力，形成可复制的城市多种产业结合的组团发展模式，以指导城市的恢复、更新与发展。

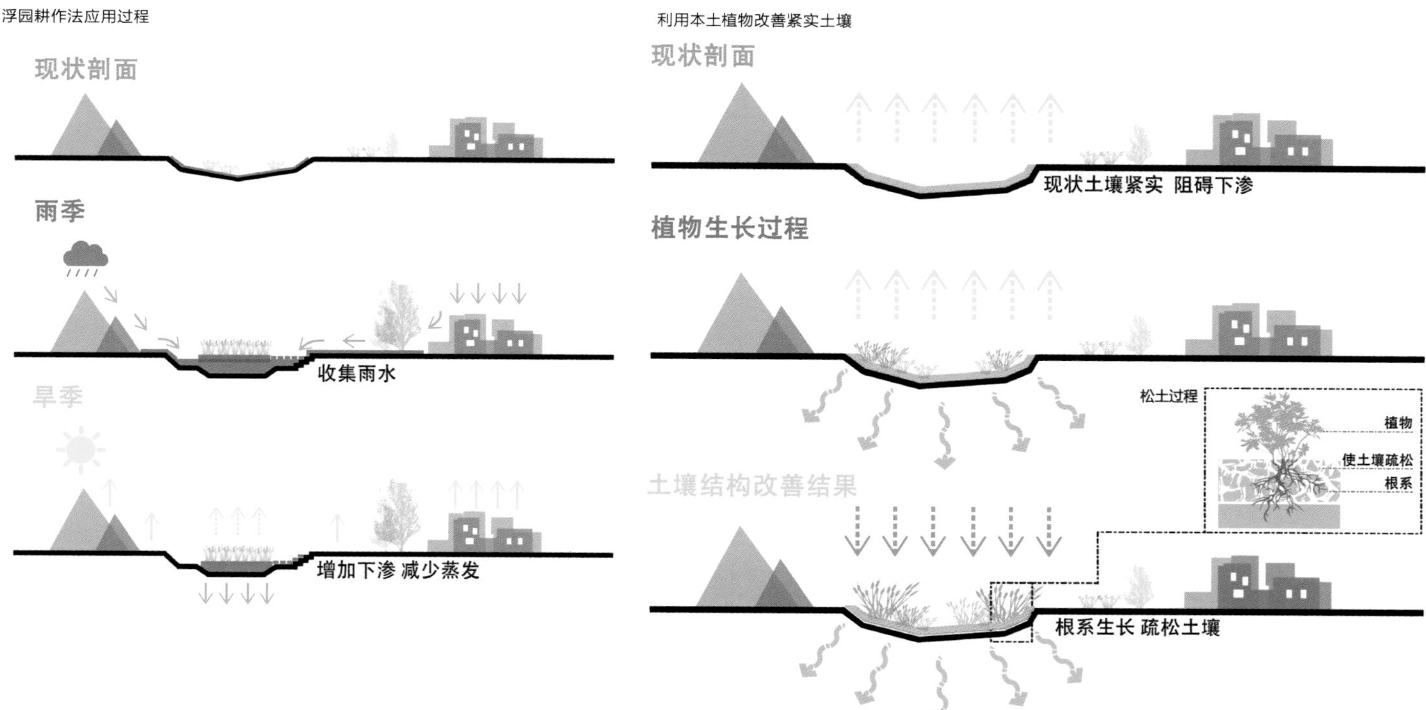

economy
tour
animal
plant
plant
animal
tour
economy
N
0
50
100
200m

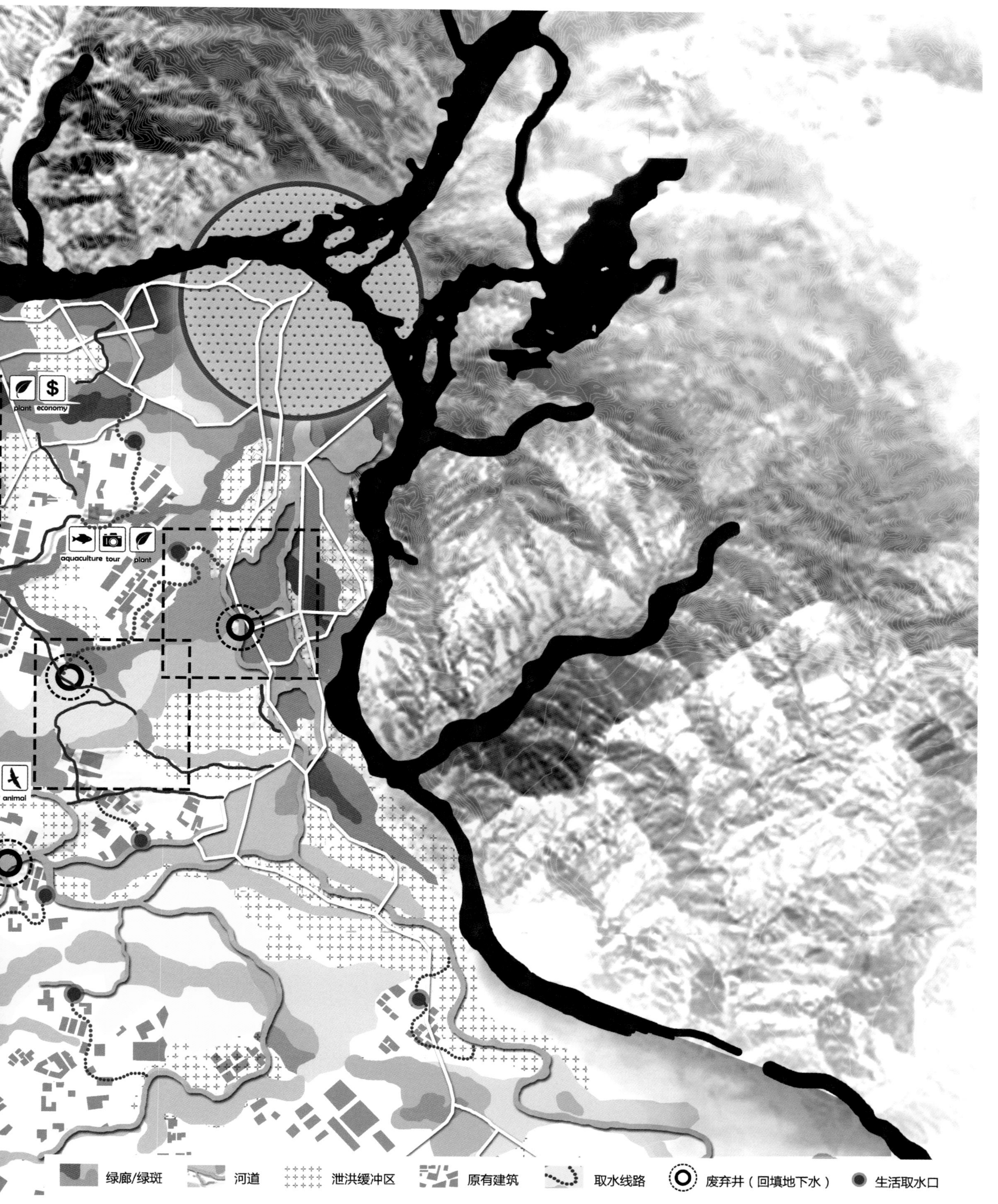
plant
economy
aquaculture
tour
plant
animal
绿廊/绿斑
河道
泄洪缓冲区
原有建筑
取水线路
废弃井（回填地下水）
生活取水口

设计分析

现状条件

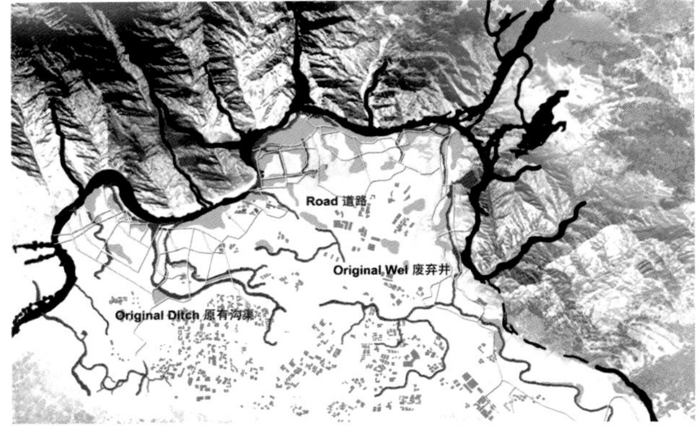

沟渠贯通和植物松土

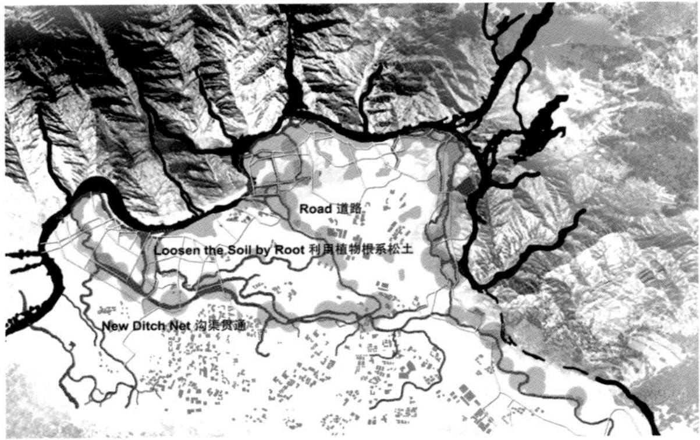

山地水收集和净化

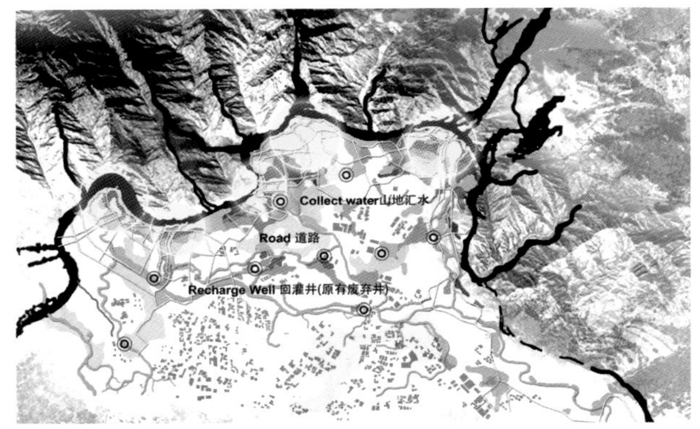

利用浮田耕作法形成绿廊和绿斑

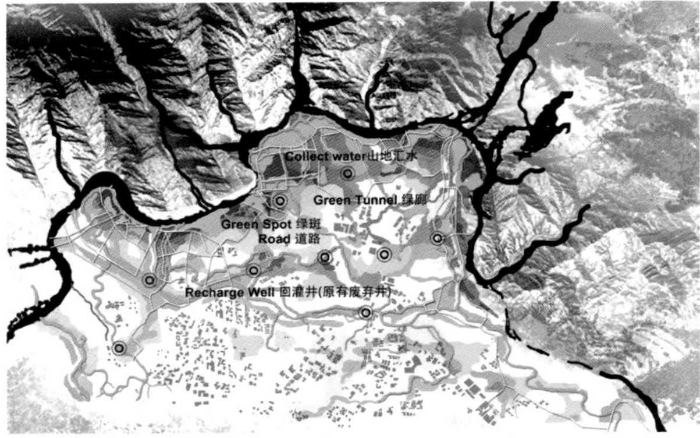

鸟瞰图

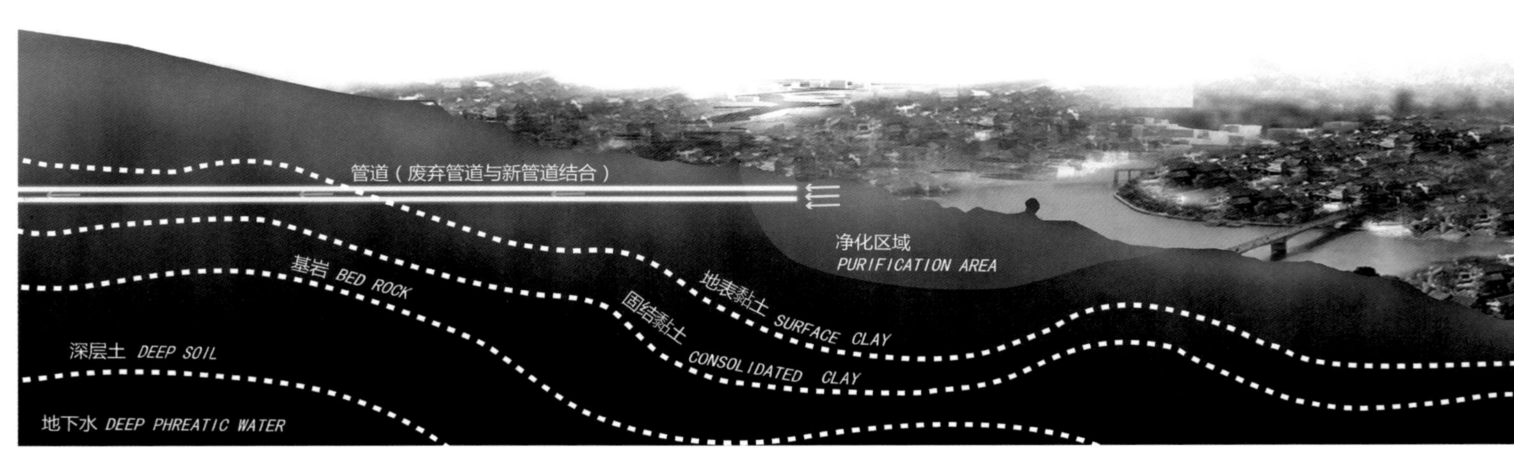

初期采用本土植物种植以疏松土壤，后期将土放置在芦苇及高分子材料编织的浮岛上，在上面进行种植，形成浮田耕作模块。浮田耕作系统可以对雨水进行初步净化，当雨水排至绿道系统中的蓄水坑后，雨水通过砂层和砾石层的二次过滤作用，最终排入废弃的抽水井，直接补给地下水。雨季，雨水被汇集到蓄水坑；旱季，因为浮田耕作模块的覆盖则减少了存储水的蒸发，使全年都可以进行雨水的过滤与净化。

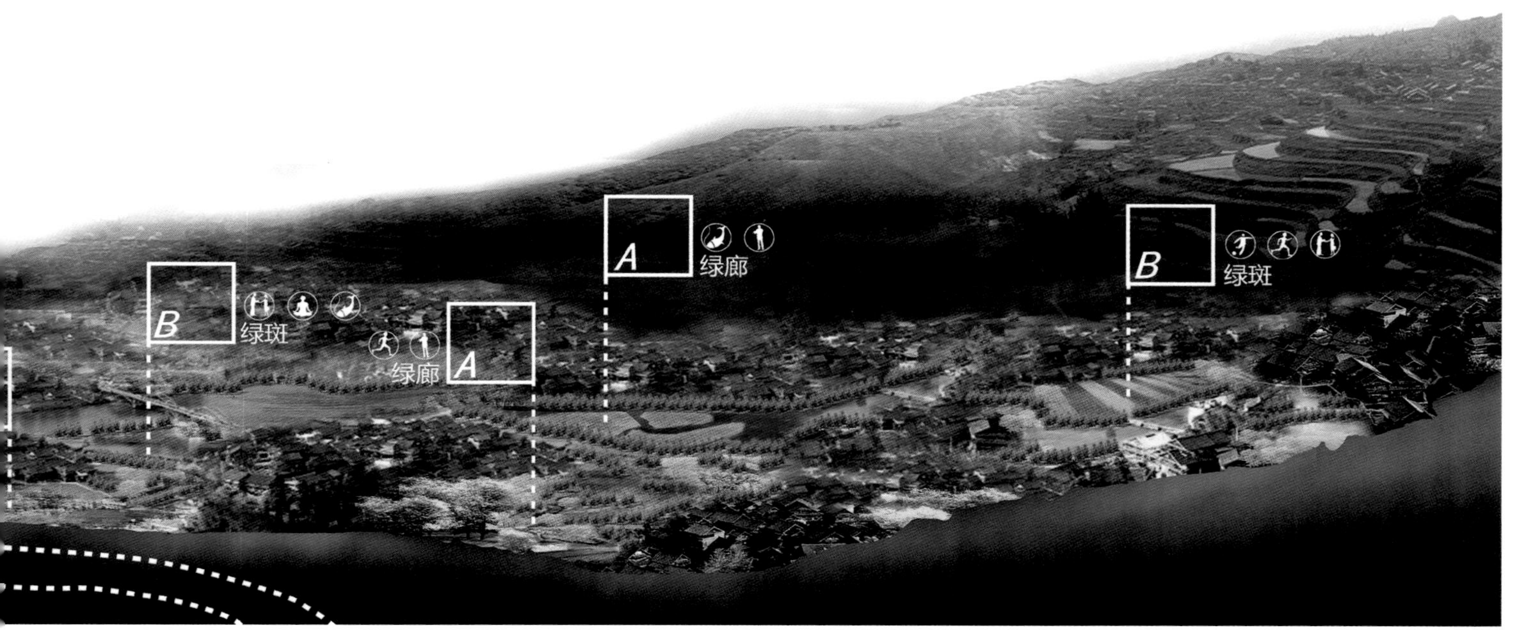

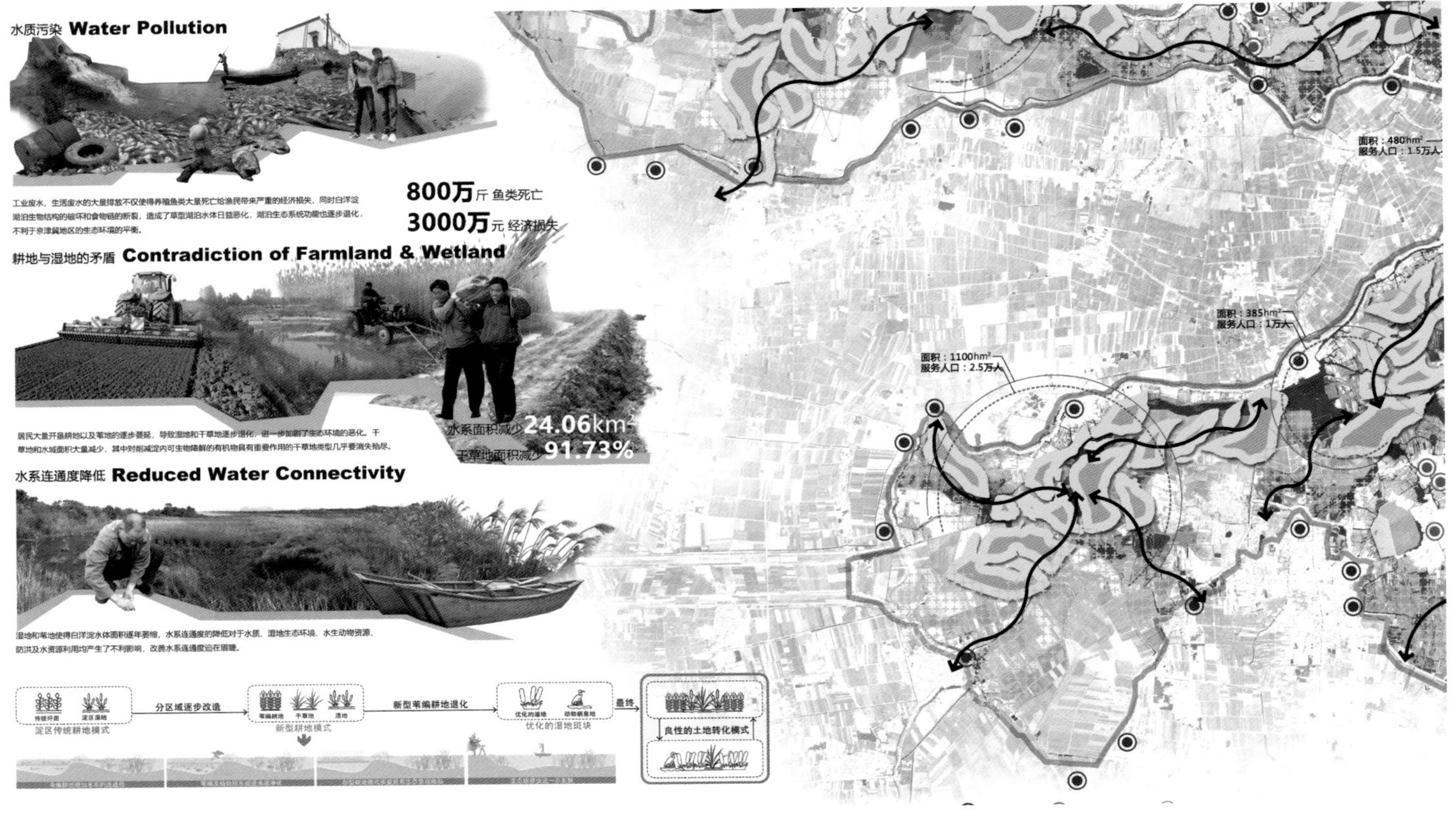

水质污染 Water Pollution
工业废水、生活废水的大量排放不仅使得养殖鱼类大量死亡给渔民带来严重的经济损失，同时白洋淀湖泊生物结构的破坏和食物链的断裂，造成了草型湖泊水体日益恶化，湖泊生态系统功能也逐步退化，不利于京津冀地区的生态环境的平衡。
800万斤 鱼类死亡
3000万元 经济损失
耕地与湿地的矛盾 Contradiction of Farmland & Wetland
居民大量开垦耕地以及苇地的逐步蔓延，导致湿地和干草地逐步退化，进一步加剧了生态环境的恶化。干草地和水域面积大量减少，其中对削减淀内可生物降解的有机物具有重要作用的干草地类型几乎要消失殆尽。
水系面积减少24.06km²
干草地面积减少91.73%
水系连通度降低 Reduced Water Connectivity
湿地和苇地使得白洋淀水体面积逐年萎缩，水系连通度的降低对于水质、湿地生态环境、水生动物资源、防洪及水资源利用均产生了不利影响，改善水系连通度迫在眉睫。
传统圩田
淀区湿地
淀区传统耕地模式
分区域逐步改造
苇编耕地
干草地
湿地
新型耕地模式
新型苇编耕地退化
优化的湿地
动物栖息地
优化的湿地斑块
最终
良性的土地转化模式
面积：480hm²
服务人口：1.5万人
面积：385hm²
服务人口：1万人
面积：1100hm²
服务人口：2.5万人

二等奖

“苇”田重生——基于传统圩田改造策略的白洋淀生态修复规划

作　　者：葛韵宇，叶可陌，邵　明，商　楠，王宇泓
指导教师：肖　遥
奖项名称：2017 年中国风景园林学会大学生设计竞赛研究生组二等奖

场地位于中国河北省雄安新区白洋淀。雄安新区规划范围涉及雄县、容城、安新 3 县及周边部分区域，三县环绕白洋淀。

白洋淀属于温带大陆性季风气候，冬季寒冷干燥，夏季炎热多雨，多年平均气温 7.3~12.7℃，平均降雨量为 563.7mm，年内分配不均，5~8 月降水量占全年降水量的 80% 左右。受湖体地形、气候变化、人类生产影响等因素，白洋淀的面积在历史上时缩时扩，其中 20 世纪后叶至 21 世纪初缩减幅度较大。同时，工业废水、生活废水的大量排放不仅使养殖鱼类大量死亡，给渔民带来严重的经济损失，同时白洋淀湖泊生物结构的破坏和食物链的断裂，造成了草型湖泊水体日益恶化，湖泊生态系统功能也逐步退化，不利于京津冀地区的生态环境平衡。因此希望通过改变白洋淀区域的传统耕地模式，营造一种由苇编耕地、干草地和湿地合理搭配组成的新型耕地模式，在新型苇编耕地逐步自然退化后，增强水系连通性、净化水质，形成淀区更加优化的湿地板块。这一良性的土地转化模式不仅能恢复淀区生态格局，还能使淀区的生态旅游业得到进一步发展。

耕地转化策略

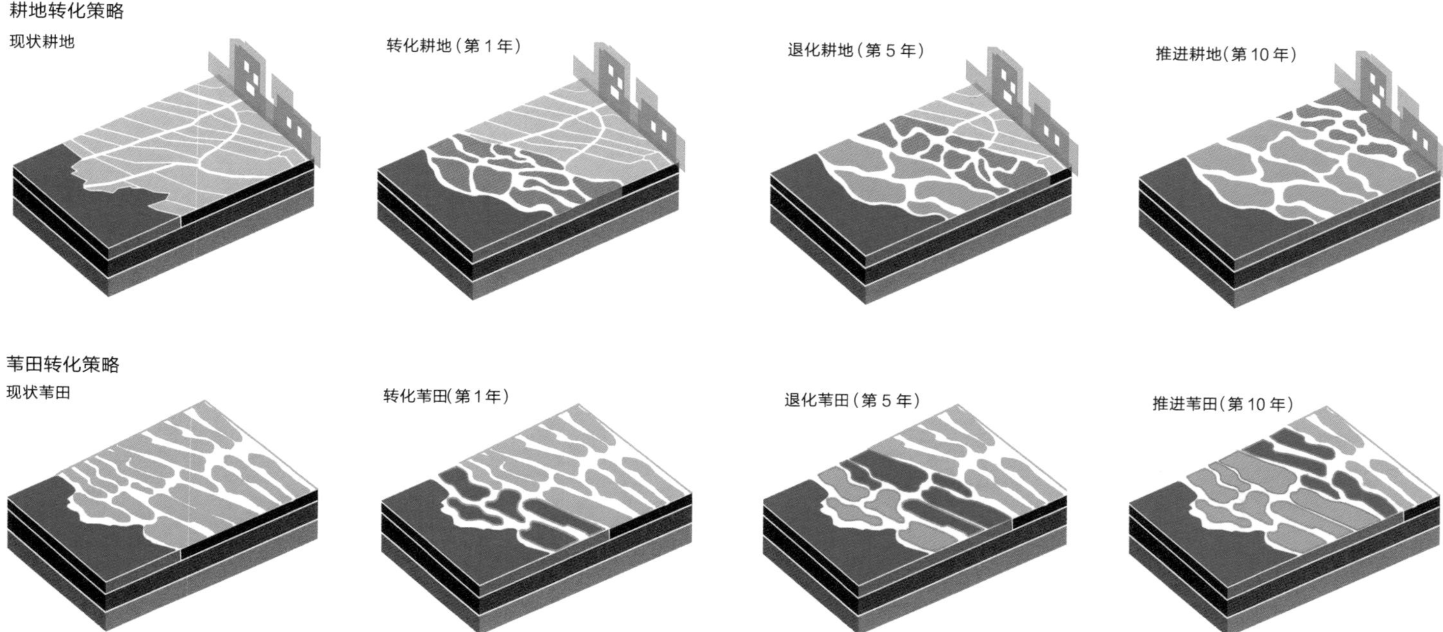

针对现状阻隔水系、污染环境的耕地，转化部分现状耕地基质为苇编，增加水域连通度，增加净化力度。在第 5 年时初步转化的苇编耕地退化为湿地基质，推进转化耕地范围，同时开始转化苇田。在第 10 年耕地转化完成，区域经济重点调整至苇田。针对现状经济价值低下的苇田，将其转化为苇编鱼塘，提供直接经济价值。在第 5 年时初步转化的苇编鱼塘退化为湿地基质，结合耕地转化进度继续转化苇编鱼塘。第 10 年时，配合苇编鱼塘退化周期控制转化区位及面积。

区域演替过程

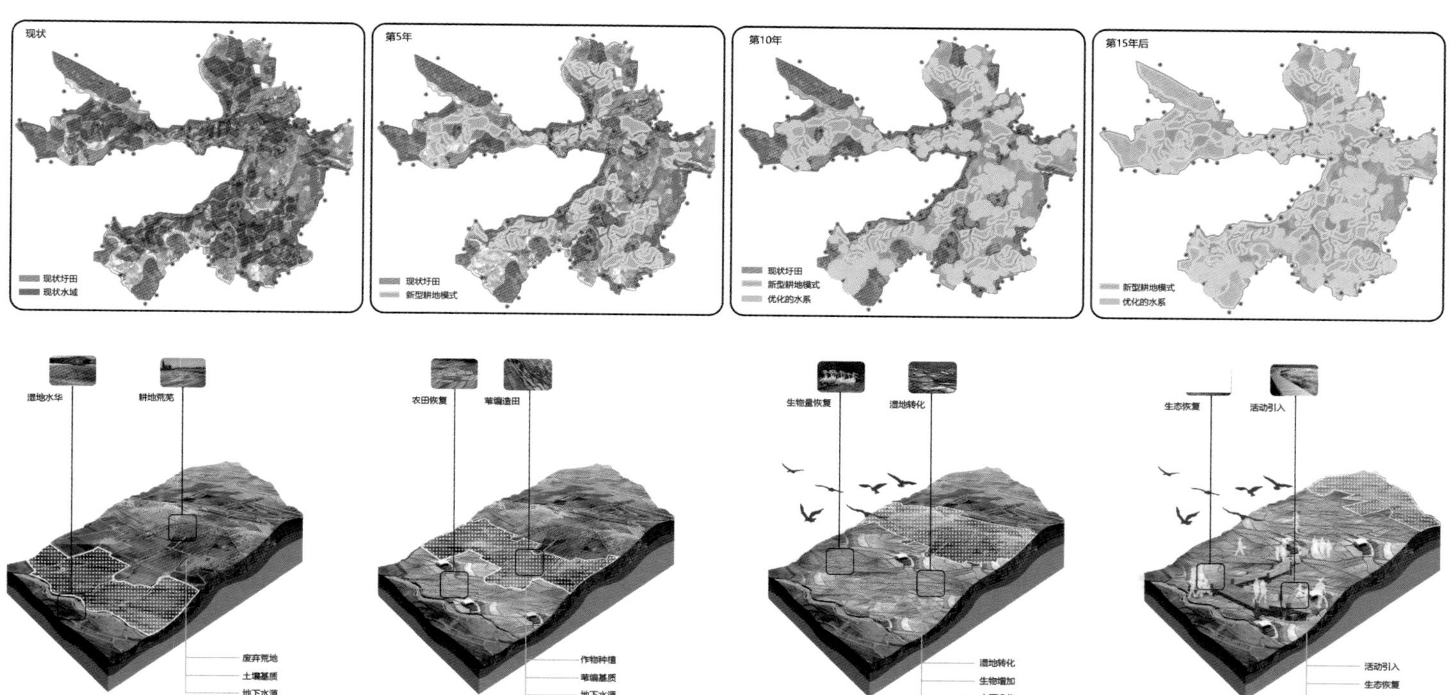

第一阶段为区域现状，即荒弃耕地阻隔水系，水系连通度较差，水环境污染严重，地下水源严重不足。第二阶段为进行修复规划后第 5 年的农田种植基质恢复阶段，利用白洋淀现有大量未利用的芦苇，编织苇编基质，对现有荒弃耕地表层覆土进行替换，利用苇编基质透水性和自然退化的特点，对现有农田进行恢复。第三阶段为第 10 年的湿地转化阶段，苇编自然退化成为湿地基质，引入白洋淀原生生物量增加，同时推进的苇编耕地为地下水源的连通及净化交换提供了良好的环境。第四阶段为生态恢复、人类活动介入阶段，随苇编基质转化面积扩大，区域湿地面积增加，水系连通度增加，水系净化力度增加，区域生态恢复，引入人类活动，激发区域活力。

本设计基于传统圩田改造的生态修复规划，采用宏观到微观三个层面。宏观层面以优化景观格局为导向，通过对淀区水网体系和用地类型的梳理，确定亟需退耕还湿、还草的问题节点，最大限度增强淀区湿地水网连通性。中观层面，对每一个问题节点进行分类分析，依据问题类型将节点分为退耕还湿、退耕还草、新增“湿地”三种类型，进行分类细化解决。微观层面，针对问题节点处理的三种类型，巧妙地运用当地材料——苇编，对现状耕地和苇地进行改造提升。

面积：1300hm^2
服务人口：3.2万人
面积：480hm^2
服务人口：1.5万人
面积：385hm^2
服务人口：1万人
面积：2000hm^2
服务人口：5.6万人
面积：644hm^2
服务人口：2.1万人
N
0 500 1000 2000m
待搬迁的村镇
涵养区范围
人口迁移方向
打通、拓宽的水道
新型"苇"田
近期改造区域
远期改造区域
拓宽的水域

鸟瞰图及效果图

效果图

效果图

鸟瞰图

效果图
苇编鱼塘

淀区苇地
新型渔业苇田

ZERO W.A.T.E.R——华北平原浅山区零能输入景观再生模式构建策略

作　　者：皇甫苏婧，于雪晶，王美琳，石　渠，赵人镜
指导教师：李　雄
奖项名称：2017 年中国风景园林学会大学生设计竞赛研究生组二等奖

城市边缘浅山区蕴含着大量非集约利用的土地，是“城市双修”背景下挖掘城市存量资源的关键区域。但就目前的发展状况而言，仍然遵循低效粗放的利用方式，从而出现了盲目保护、过度干预、资源浪费等一系列亟待解决的问题。

本次设计着眼于华北平原浅山地带，以石家庄近郊西山一带约 13km^2 的区域为例，对城市边缘浅山区生态及景观再生问题进行探讨。以外部水资源零输入、修复自然资源为前提，尊重自然演进过程，运用最低限度的人为干预来改善生态环境，从而提出一种以水为基础的景观再生模式——ZERO W.A.T.E.R。

基址选择

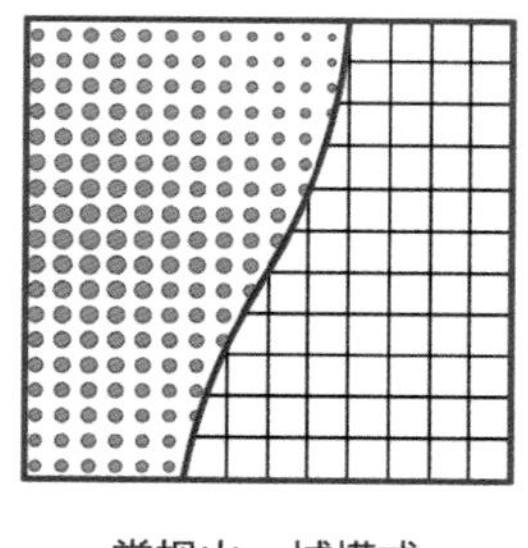

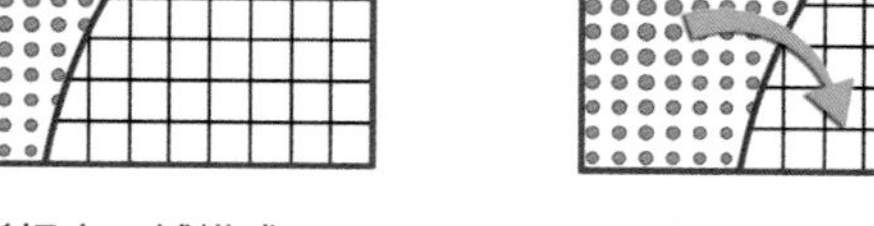

常规山—城模式　　新型山—城模式　　基址山—水—城模式

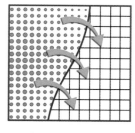

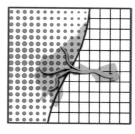

场地位于中国河北省石家庄市鹿泉区，介于西部山区及城市中心之间的浅山区域，同时具备典型的生态破坏及资源浪费问题。该地域多年平均蒸发量近于降水量的 3 倍，地表常年干涸，表面冲沟随处可见。再加之过度的人为干预，使得水土流失越发严重，动植物难以生存。因此，水资源是限制其发展的症结所在，亟须建立一种以水为基的生态及景观再生模式。

雨水分配方式

景观用水

植物耗水

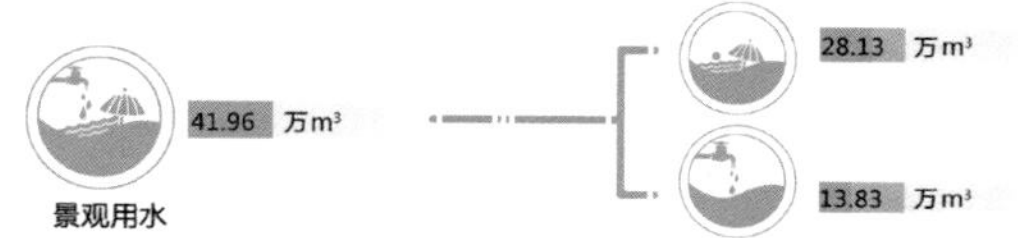

基于场地分析得出地表径流分析图与流域分析图，经计算得出各流域面积，基于年平均降水量，结合公园绿地径流系数，对年地表径流汇水进行收集。基于 LID 理念通过点——源头分散的小型控制设施，线——生态防渗的雨水收集沟，面——设计水景面的方式收集，可得到平均径流总量 108.6 万 m³。

从景观用水及植物灌溉用水两方面对汇集的 108.6 万 m³ 地表径流进行分配，其中，景观用水量为 41.96 万 m³（包括设计水量 28.13 万 m³ 及蒸发补水 13.83 万 m³），植物灌溉用水量为 66.64 万 m³，用于灌溉型植物灌溉。

雨水可积蓄量计算及收集方式

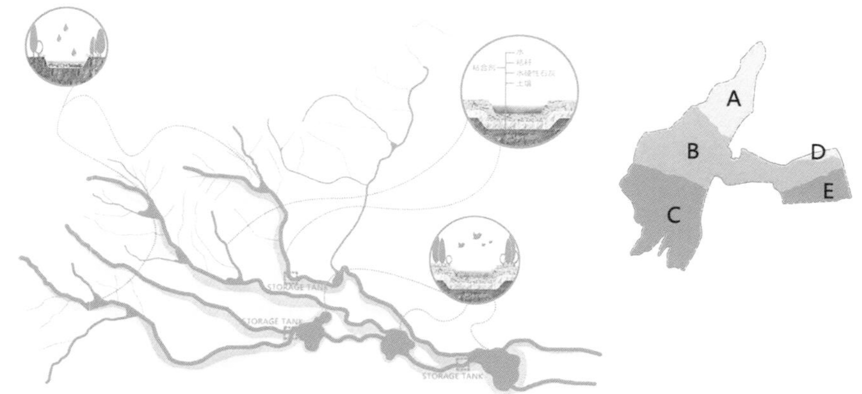

A　B　C　D　E

A 17.5
B 46.5
C 33.9
D 2.3
E 8.5

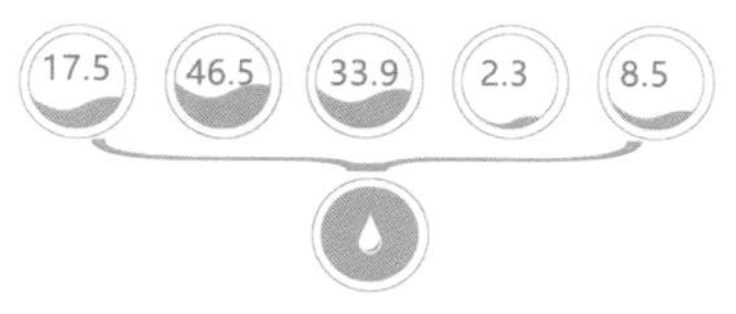

118.6（万m³）

基于现状的水景营造技术

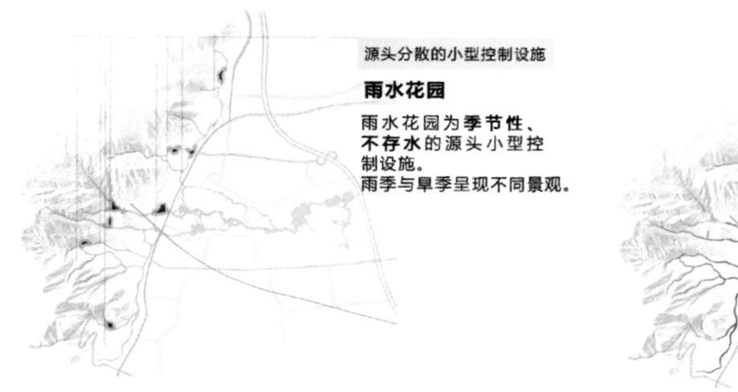

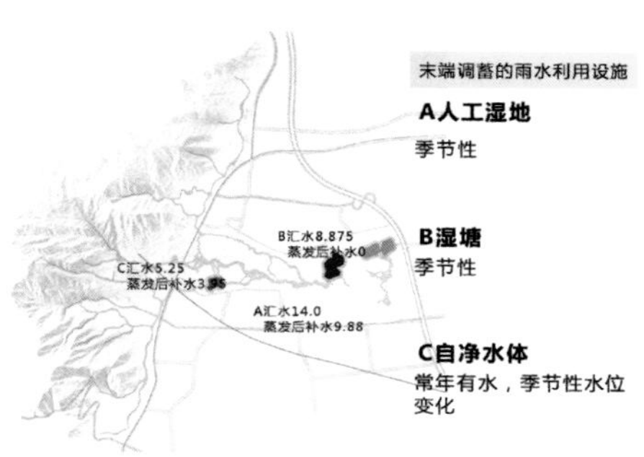

雨水可积蓄量计算及收集方式：基于场地现状及石家庄地理环境，分析地表径流及流域，采用 LID 理念对地表径流进行汇水收集。

基于现状的水景营造技术：根据场地现状已有的坑塘、洼地、冲沟及能够形成汇水的凹地，使地表径流从高到低，依次注满各汇水区。计算设计用水及蒸发补水，最低影响下恢复水景与水系。

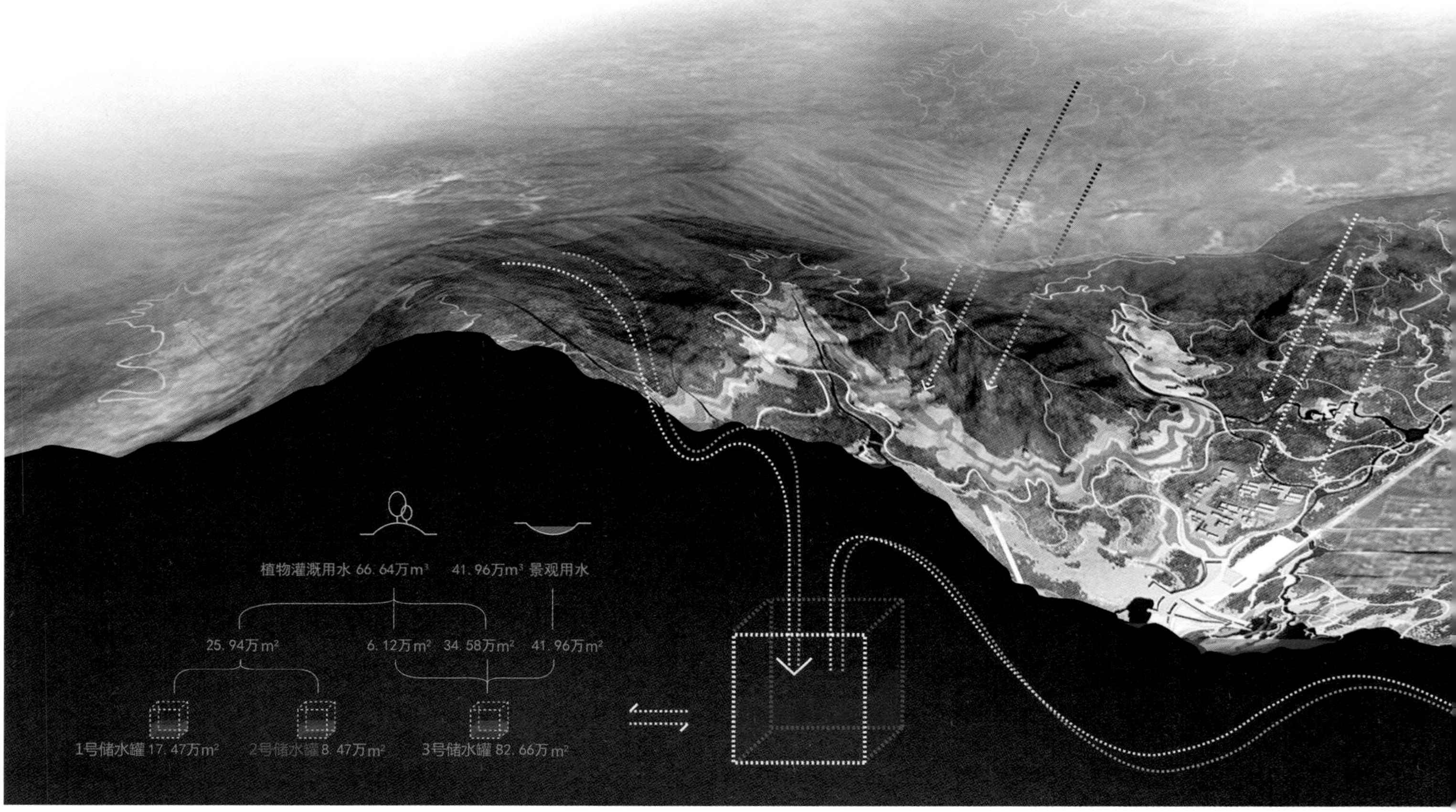

植物灌溉用水 66.64万m³
41.96万m³ 景观用水
25.94万m²
6.12万m²
34.58万m²
41.96万m²
1号储水罐 17.47万m²
2号储水罐 8.47万m²
3号储水罐 82.66万m²

城镇建筑
城市快速道路
城市道路
轨道交通
设计道路
自然度一级
自然度二级
自然度三级
自然度四级
自然度五级
high
low
灌溉植被分布位置
水系水体
冲沟旱溪
雨水花园
地下储水设施
存水水面
0
200
400
800m

以催生演替为目的的植物规划

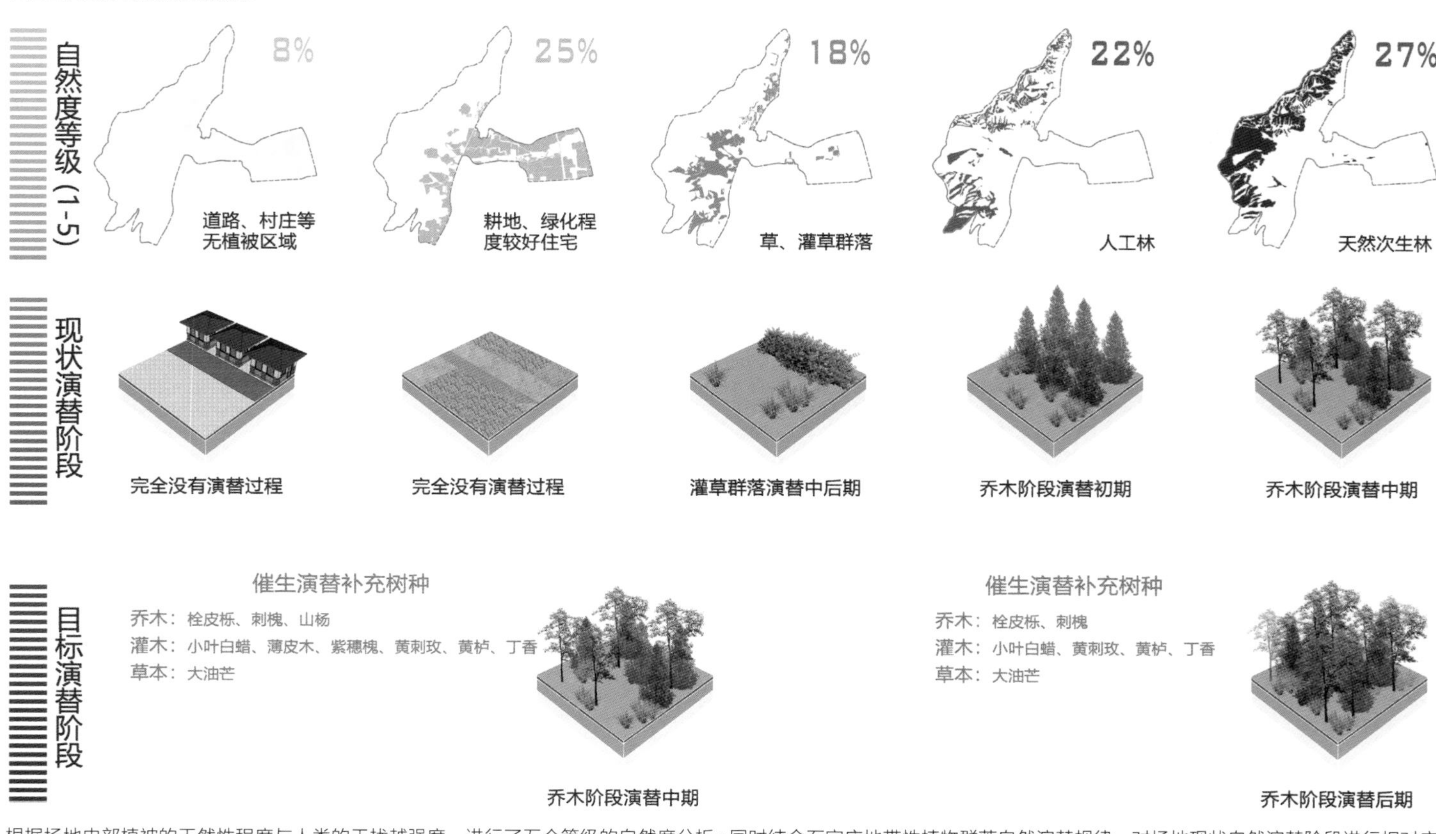

根据场地内部植被的天然性程度与人类的干扰越强度，进行了五个等级的自然度分析；同时结合石家庄地带性植物群落自然演替规律，对场地现状自然演替阶段进行相对应的分类。对不同自然演替阶段补充有针对性的演替树种，最终达到以催生演替为目的的植物规划目标。

植物灌溉需水量指导下的生态乡土植物群落搭配

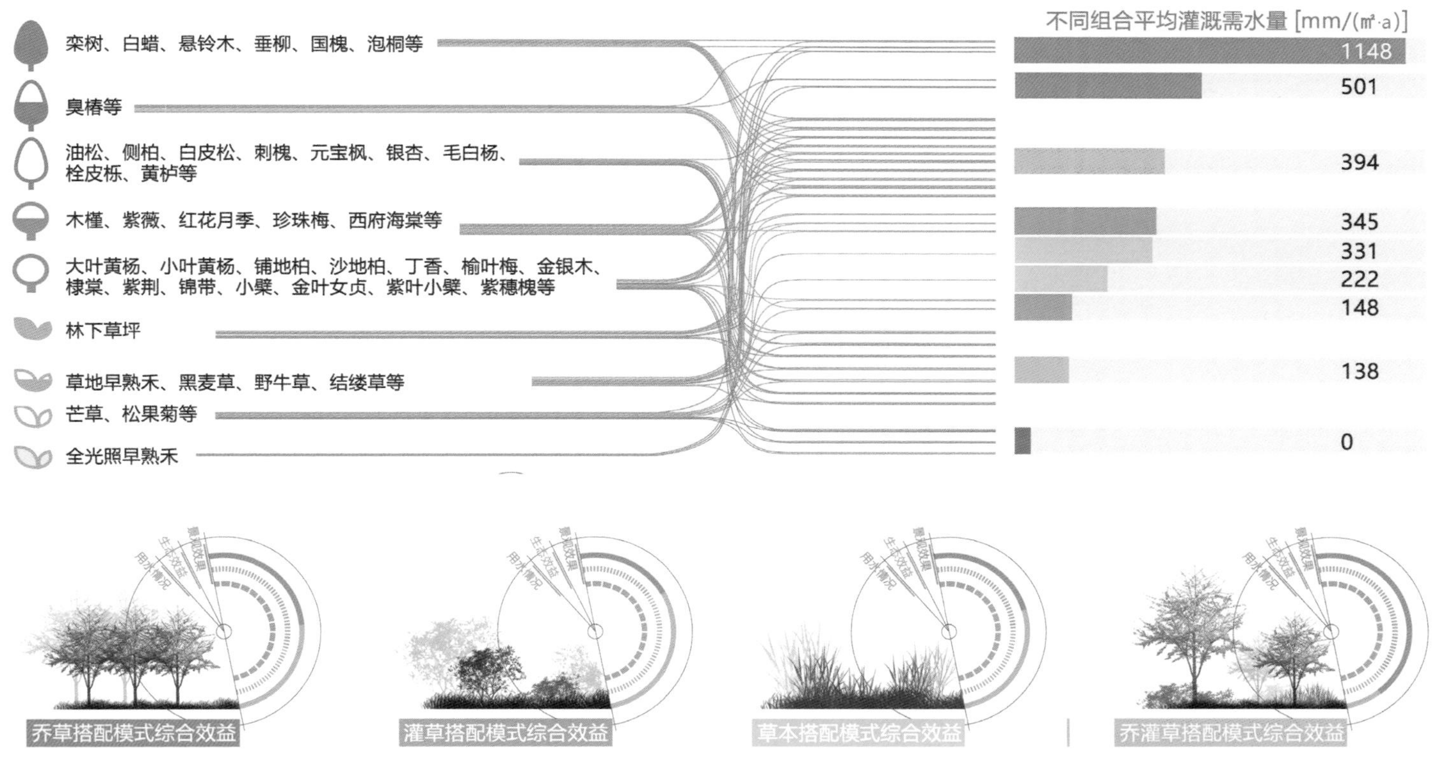

植物灌溉需水量指导下的生态乡土植物群落搭配：根据年度有效降雨量，对石家庄乡土植物进行分级。进行乔草、灌草、草本、乔灌草等群落搭配组合，得出平均灌溉需水量，从而指导自给型植物及灌溉型植物面积。

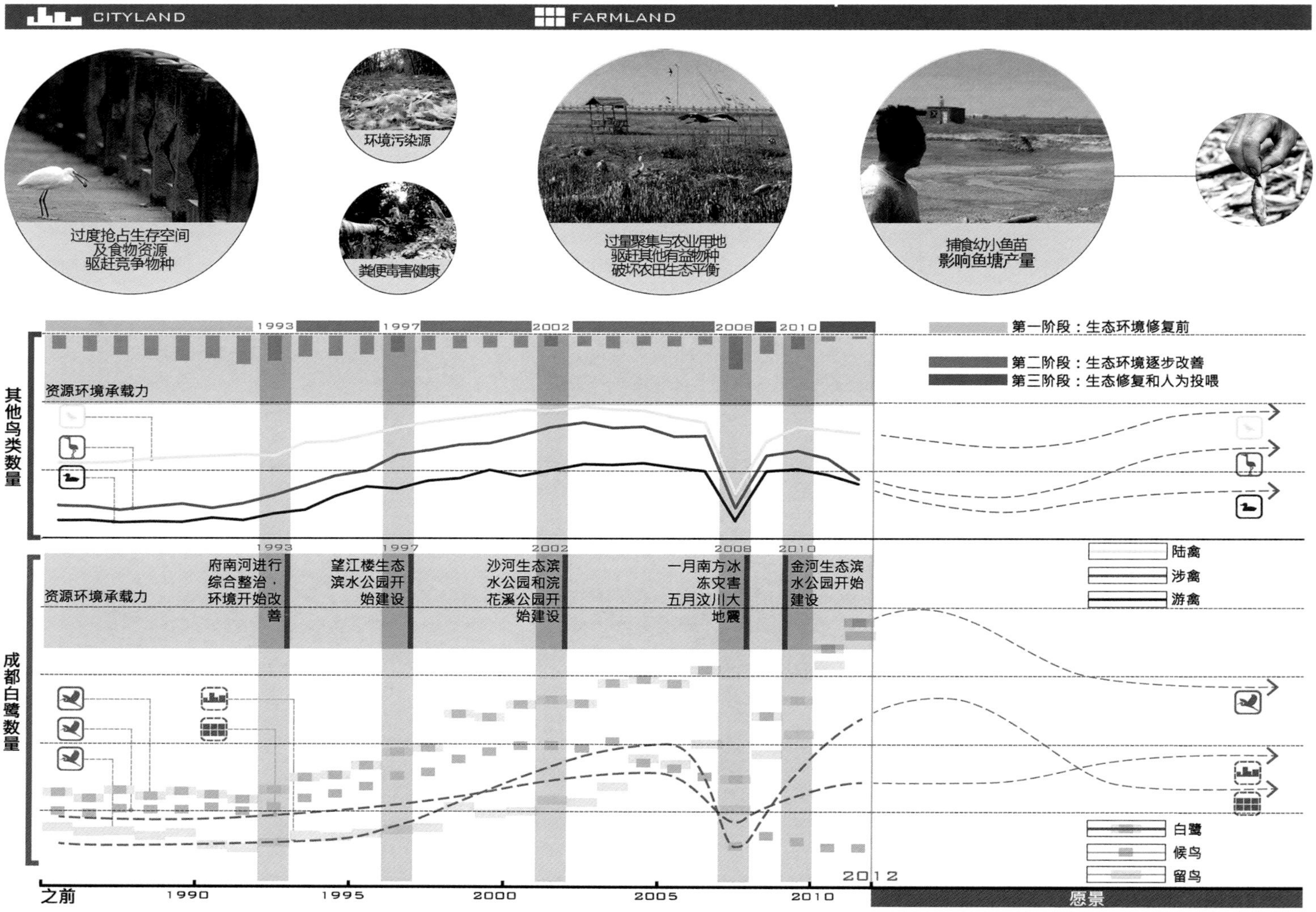

CITYLAND　FARMLAND

过度抢占生存空间
及食物资源
驱赶竞争物种

环境污染源

粪便毒害健康

过量聚集与农业用地
驱赶其他有益物种
破坏农田生态平衡

捕食幼小鱼苗
影响鱼塘产量

第一阶段：生态环境修复前
第二阶段：生态环境逐步改善
第三阶段：生态修复和人为投喂

其他鸟类数量
资源环境承载力

陆禽
涉禽
游禽

1993　1997　2002　2008　2010

府南河进行综合整治，环境开始改善

望江楼生态滨水公园开始建设

沙河生态滨水公园和浣花溪公园开始建设

一月南方冰冻灾害
五月汶川大地震

金河生态滨水公园开始建设

成都白鹭数量
资源环境承载力

白鹭
候鸟
留鸟

之前　1990　1995　2000　2005　2010　2012　愿景

迁徙的鸟——基于“引留为候”生态理念的成都市城乡生态景观体系提升策略

作　　者：林辰松，史　轩，肖　遥，张海天

指导教师：李　雄

奖项名称：2013 年中国风景园林学会大学生设计竞赛研究生组二等奖

自古以来，成都平原因其广袤的水稻田以及遍布的古老树木一直是白鹭迁徙途中的重要“驿站”。然而由于城市扩张、农业密集化以及市民错误的爱鸟方式，使得原本周期性迁徙的“候鸟”困于成都城市孤岛之中，成为数量众多的“留鸟”，并引发了环境污染、生物恶性竞争等严重的环境以及城市问题。至此，对于成都的生态学问题成为本设计的主要议题。

本次设计针对成都白鹭“留鸟”问题，以此为城市改造的契机，用科学的生态方法规划出针对鸟类的绿色基础设施，对白鹭进行引导、疏散，将“留鸟”变为“候鸟”。该绿色基础设计包括城市之中的生态引导（eco-flyway）模块以及乡村之中的生态环（eco-loop）模块，以可持续发展的方式将城市公园体系与乡村经济发展结合。旨在疏散城市中潜在的入侵物种白鹭、提升城市绿地空间并改善环境，为市民提供更合理的观鸟方式；在乡村中创建新的农业模式，将鸟类及其他物种的生态保护与乡村经济模式结合，最终将成都变为一个人与自然和谐相处的绿色城市。

模块分析图

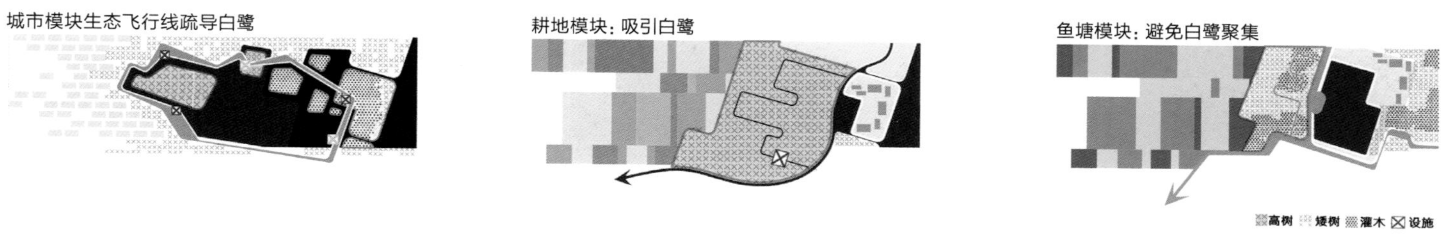

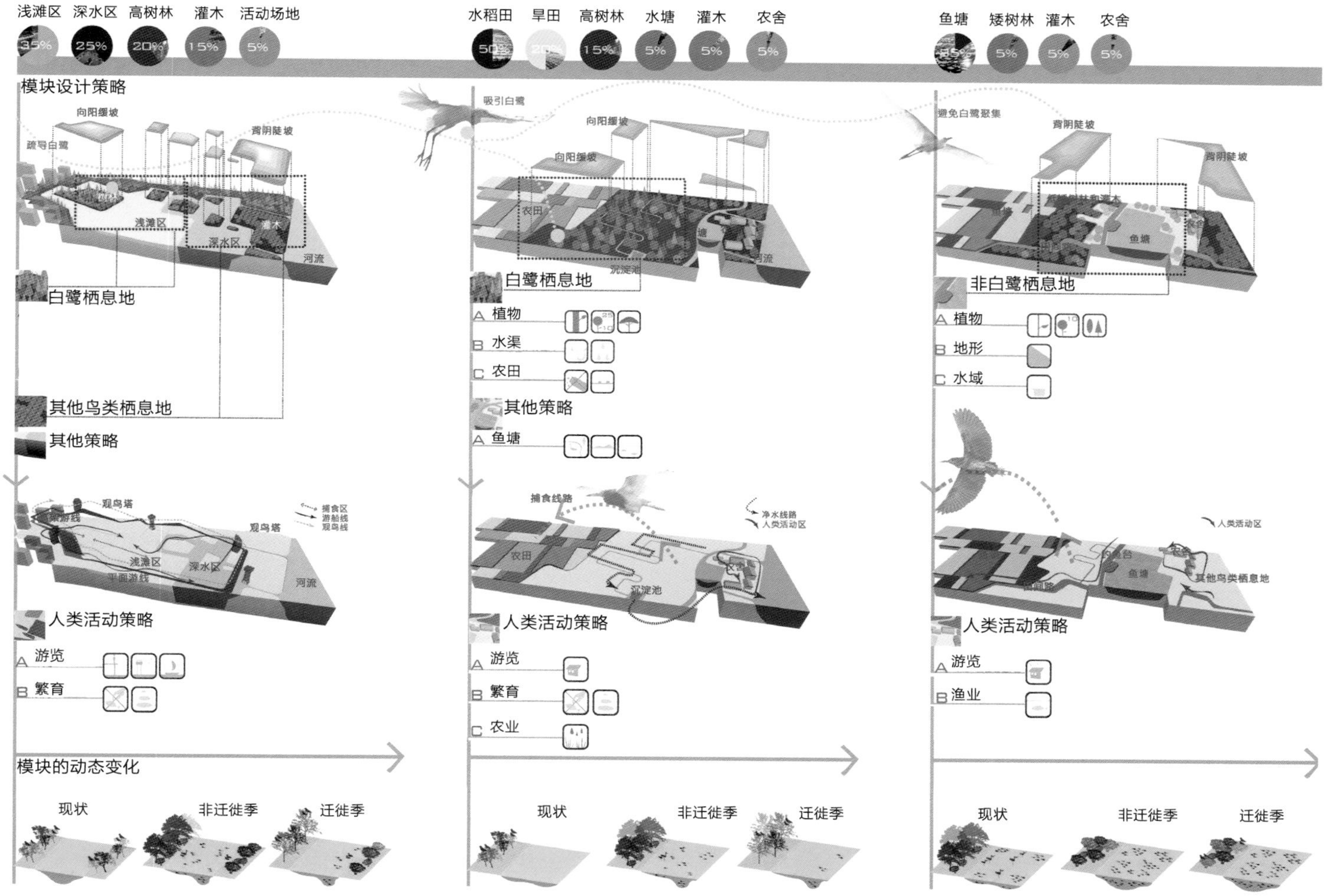

浅滩区 深水区 高树林 灌木 活动场地
35% 25% 20% 15% 5%

水稻田 旱田 高树林 水塘 灌木 农舍
50% 20% 15% 5% 5% 5%

鱼塘 矮树林 灌木 农舍
5% 5% 5%

模块设计策略

向阳缓坡 疏导白鹭 背阴陡坡 浅滩区 深水区 河流

白鹭栖息地

其他鸟类栖息地

其他策略

观鸟塔 捕食区 游船线 观鸟线 浅滩区 深水区 平面游线 河流

人类活动策略

A 游览

B 繁育

吸引白鹭 向阳缓坡 农田 沉淀池

白鹭栖息地

A 植物

B 水渠

C 农田

其他策略

A 鱼塘

捕食线路 净水线路 人类活动区 农田 沉淀池

人类活动策略

A 游览

B 繁育

C 农业

避免白鹭聚集 背阴陡坡 鱼塘

非白鹭栖息地

A 植物

B 地形

C 水域

人类活动区 鱼塘 其他鸟类栖息地

人类活动策略

A 游览

B 渔业

模块的动态变化

现状 非迁徙季 迁徙季

现状 非迁徙季 迁徙季

现状 非迁徙季 迁徙季

今天，人们对于城市的生态环境监测有了较为成熟的技术体系，但却常常忽略了生态体系内动物物种特征的变化。鸟类是与城市最接近的野生动物之一，应对鸟类的环境选择、行为改变等方面加以研究，从而完整解读我们所处的生态环境，以规划与景观的手段尽可能减少或降低人类活动对野生动物原始生活习性的干扰和影响。依据成都市区水文情况和规划方向，在市内绿道框架的前提下逐步建立生态模块，通过适宜条件栖息地的建设和定量食物的逐步投放，引导白鹭向市外疏散。

疏散：以规划手段实现区域的可持续发展，逐步在成都近郊的特定位置建立各类相应的农业组团。使各农舍及附属用地按规划模式建设，并投入使用，形成经济效益与适应白鹭生长的生态环境并存的模块。

恢复：逐步形成市区内点状模块呈楔形分布、近郊农舍组团呈环状分布的布局模式。

我们希望在未来，智慧社区可以主动创造更多积极的生活场所，统筹环境、文化、经济，有利地促进人居环境的可持续发展。

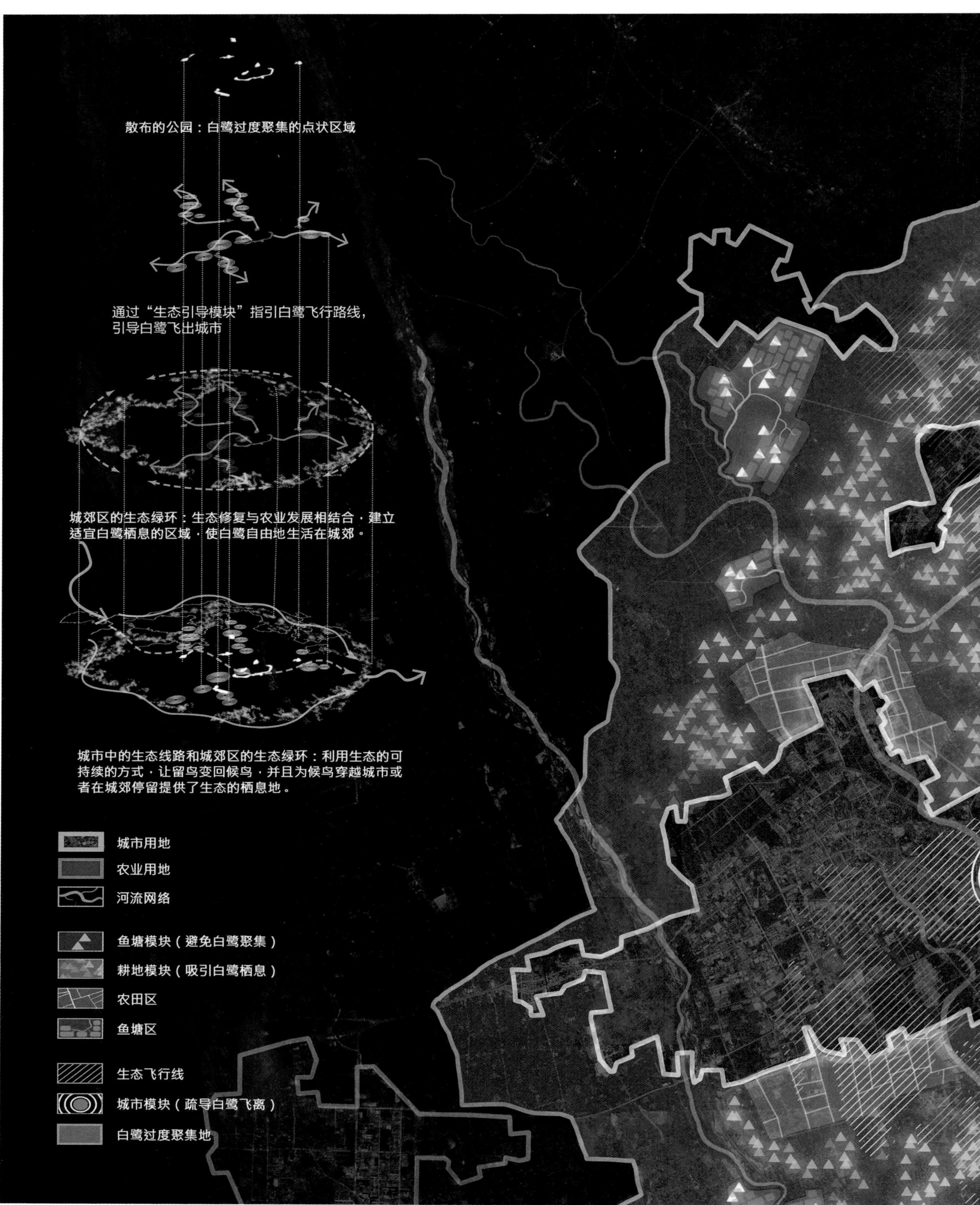
散布的公园：白鹭过度聚集的点状区域
通过“生态引导模块”指引白鹭飞行路线，
引导白鹭飞出城市
城郊区的生态绿环：生态修复与农业发展相结合，建立
适宜白鹭栖息的区域，使白鹭自由地生活在城郊。
城市中的生态线路和城郊区的生态绿环：利用生态的可
持续的方式，让留鸟变回候鸟，并且为候鸟穿越城市或
者在城郊停留提供了生态的栖息地。
城市用地
农业用地
河流网络
鱼塘模块（避免白鹭聚集）
耕地模块（吸引白鹭栖息）
农田区
鱼塘区
生态飞行线
城市模块（疏导白鹭飞离）
白鹭过度聚集地

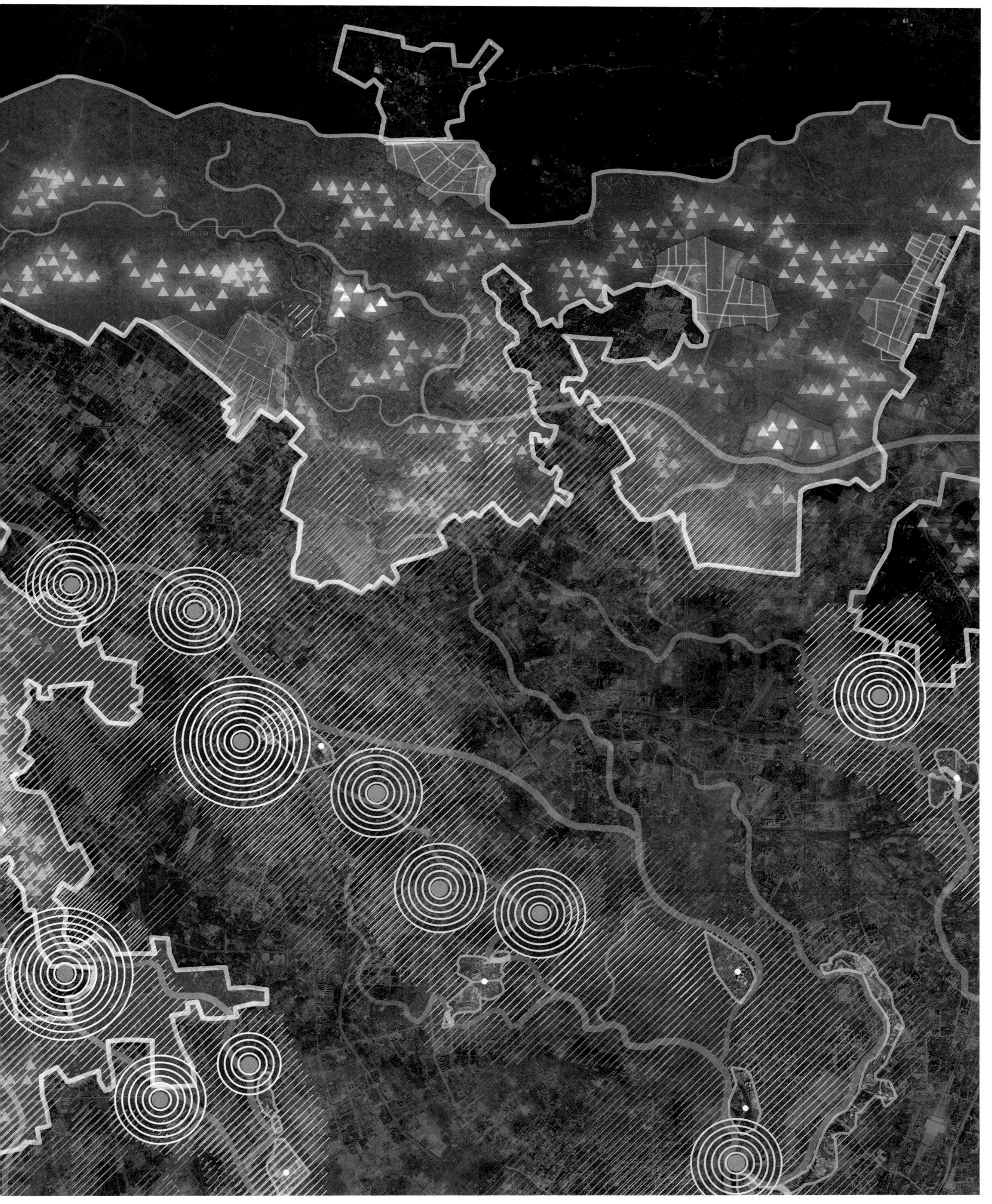

效果图及剖面图

效果图

剖面图

效果图及剖面分析

效果图

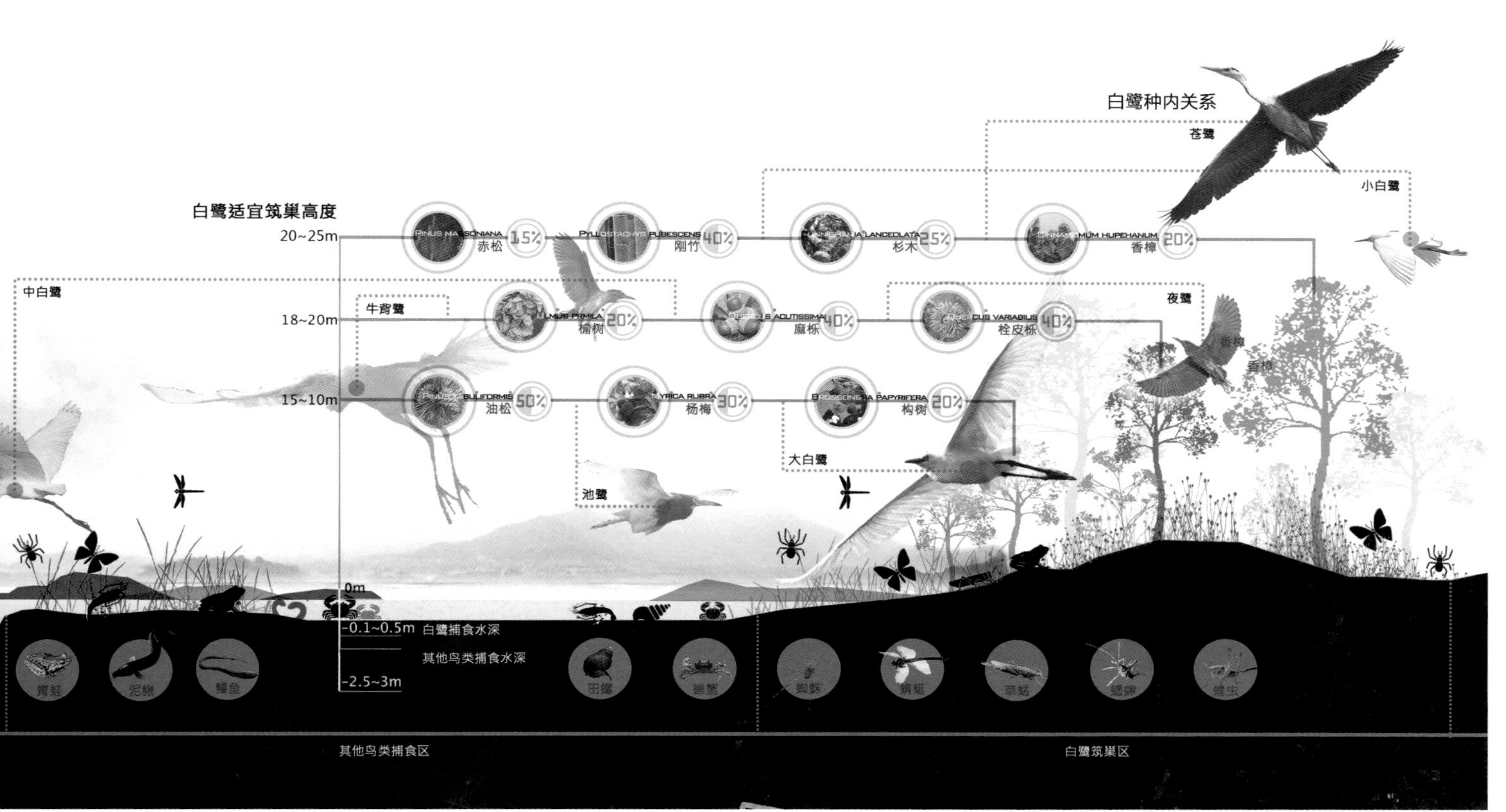

旧忆1980：工业社区邻里和睦，嘉陵江畔鱼跃鸟鸣
今容2017：老社区活力丧失，旧厂房年久失修，公共场所无人问津却蕴含巨大潜力
今容2017：消落带生态结构不稳定，但城市中的人们愈发向往滨水游憩活动

三等奖

重·修——重庆嘉陵江老工业街区复兴及消落带生态修复

作　　者：陈泓宇，解　爽，宋云珊，奚秋蕙，李艺琳
指导教师：李　雄
奖项名称：2017年中国风景园林学会大学生设计竞赛本科生组三等奖

设计场地位于重庆两江新区礼嘉片区大竹林镇、嘉陵江滨江地带，是重庆的老工业区之一。两江新区位于重庆主城区长江以北、嘉陵江以东，是中国内陆唯一的国家级新区，大竹林街道位于北部新区西南部，是重庆两江四岸总体战略规划中的重点地段，重庆滨水地带总生态宜居的重点地段，同时也是城市发展的生态门户。

设计尝试以嘉陵江一年的涨落规律为线索，为传统的生态敏感性分析增加时间的维度，以指导分季节进行的滨江活动，形成植物—动物—人的复合生态系统。利用江水的自然力结合风景园林的手段提升消落带生态系统的稳定性，同时对遗留的工业建构筑进行改造，重新赋予其多样化价值，为老社区注入新活力，与自然重归旧好，实现自然演替与文化存续之间的平衡。土植物资源以巴旦木为媒介，在物质经济层面进一步整合种植、贸易、游憩等多种业态，最终形成可持续社区发展模式。

场地活力提升

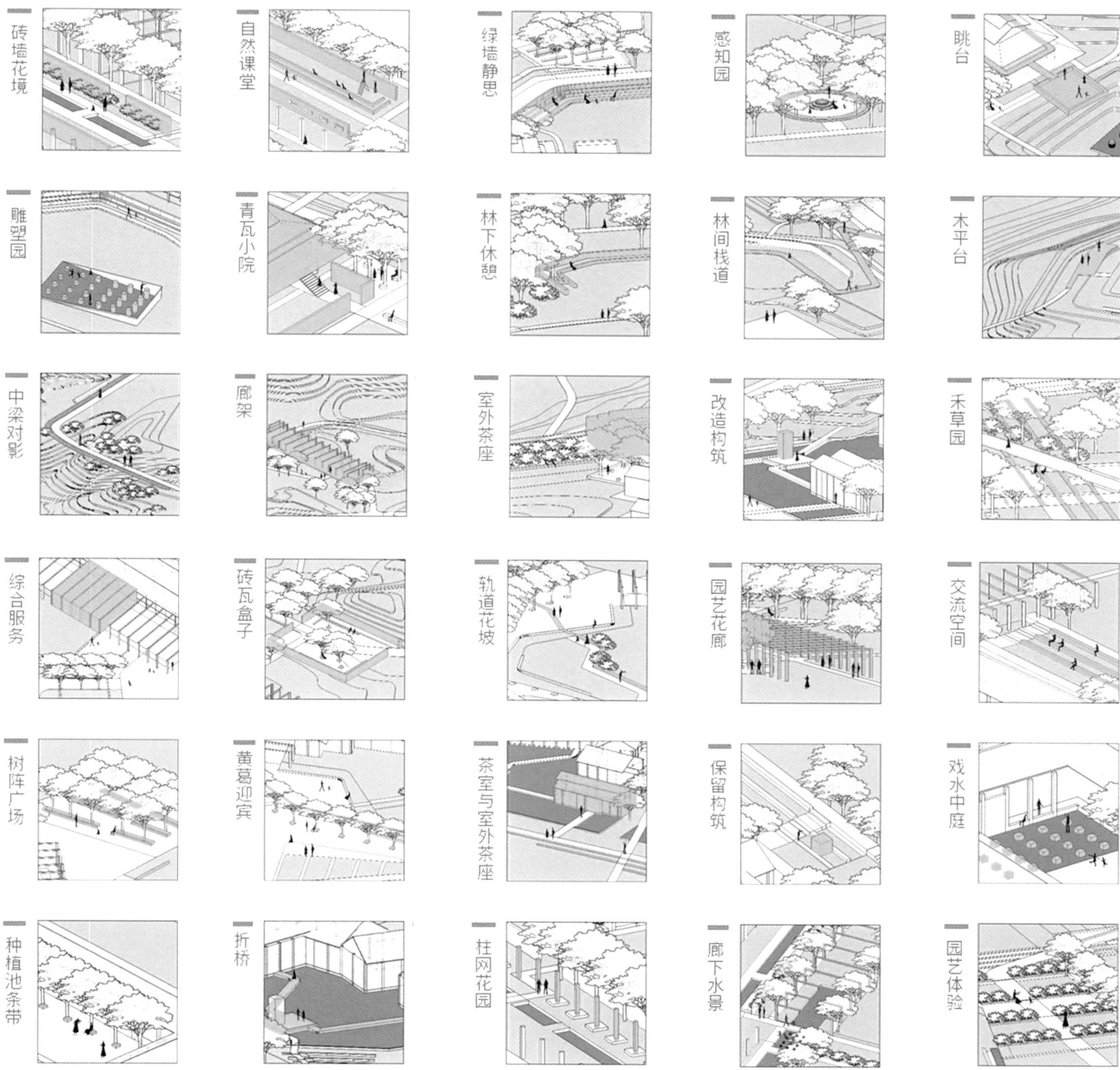

大面积的遗留建筑为场地提供了良好的空间肌理以及更多的空间利用可能，通过对建筑墙体、屋顶的局部改造，增加灰空间，提升场地空间的丰富度，同时也使场地的记忆得到了延续；植入科普教育、历史展示、园艺体验等一系列功能，并依据场地空间自然变化规划一定的滨水性节事活动，增强景观吸引力，从而提升场地的活力。

平面图

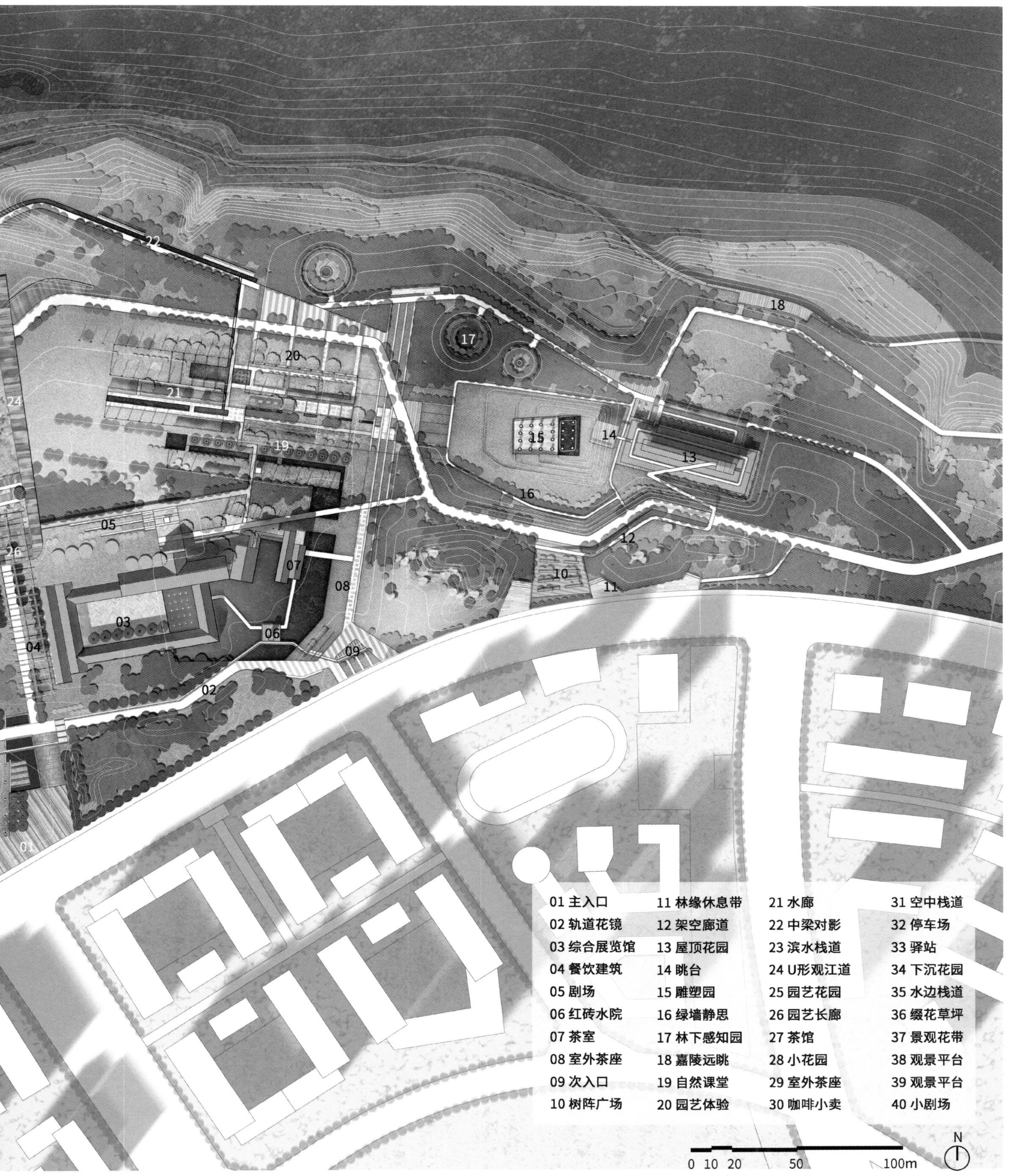

01 主入口
02 轨道花镜
03 综合展览馆
04 餐饮建筑
05 剧场
06 红砖水院
07 茶室
08 室外茶座
09 次入口
10 树阵广场
11 林缘休息带
12 架空廊道
13 屋顶花园
14 眺台
15 雕塑园
16 绿墙静思
17 林下感知园
18 嘉陵远眺
19 自然课堂
20 园艺体验
21 水廊
22 中梁对影
23 滨水栈道
24 U形观江道
25 园艺花园
26 园艺长廊
27 茶馆
28 小花园
29 室外茶座
30 咖啡小卖
31 空中栈道
32 停车场
33 驿站
34 下沉花园
35 水边栈道
36 缀花草坪
37 景观花带
38 观景平台
39 观景平台
40 小剧场
0 10 20 50 100m
N

城市海绵体系建立

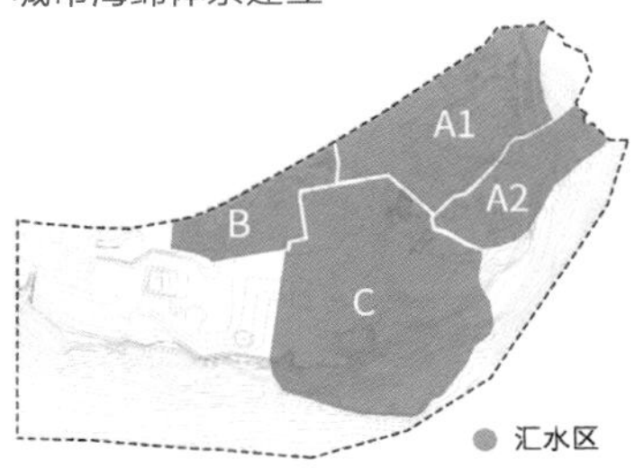

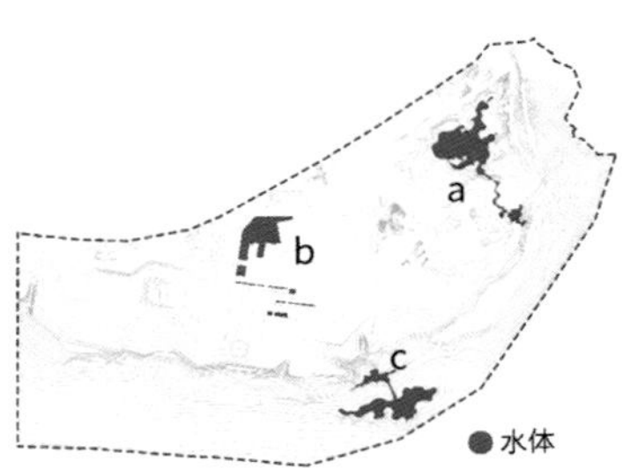

江水节律：供水期（1–5 月）江水水位：166m

无水 有水

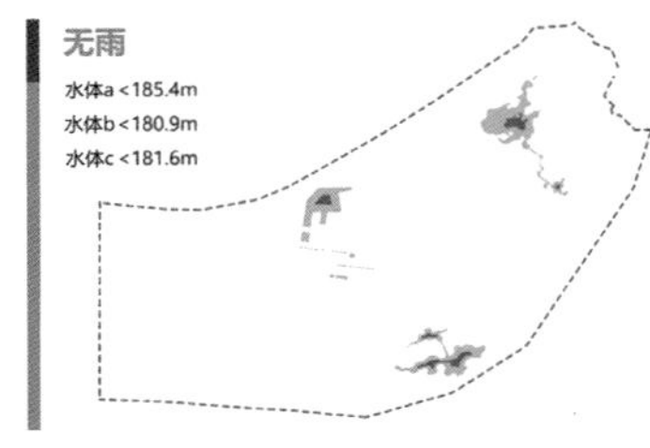

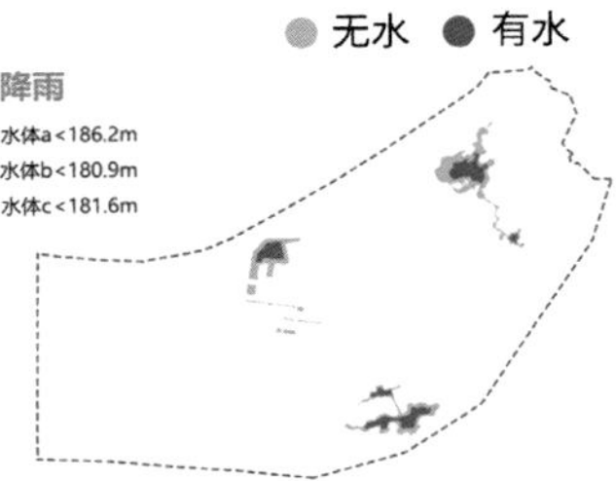

江水节律：汛期（6–9 月）江水水位：186m

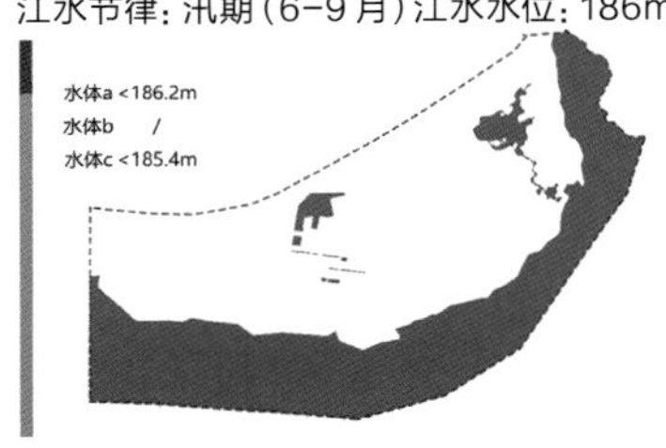

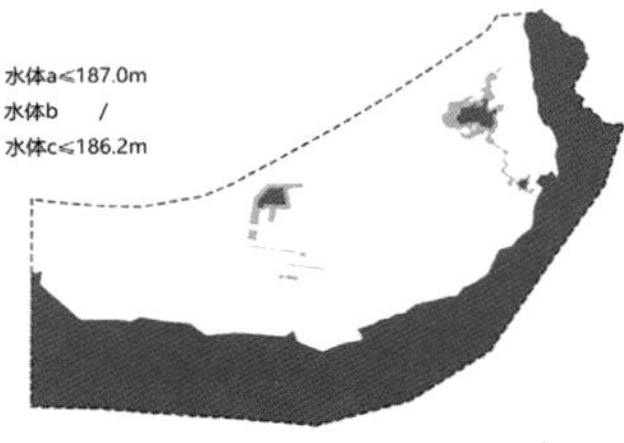

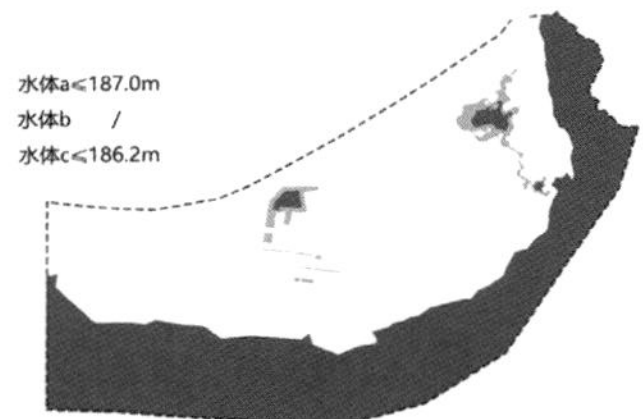

江水节律：供水期（10–12 月）江水水位：175m

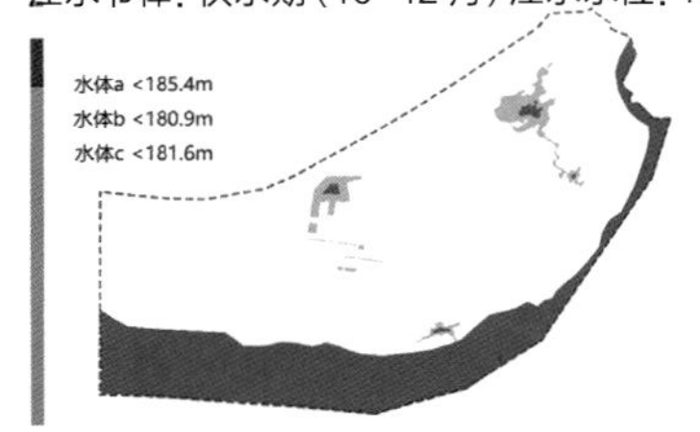

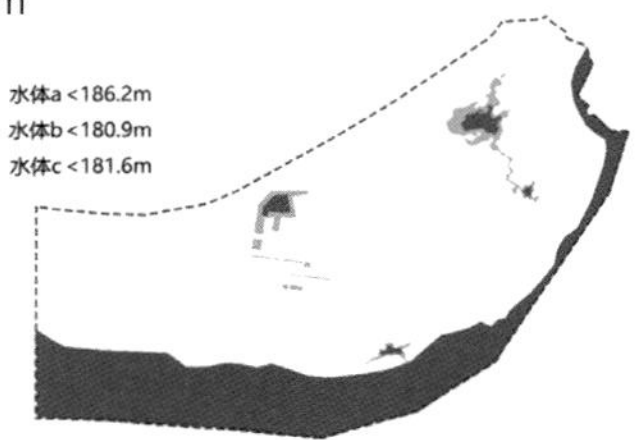

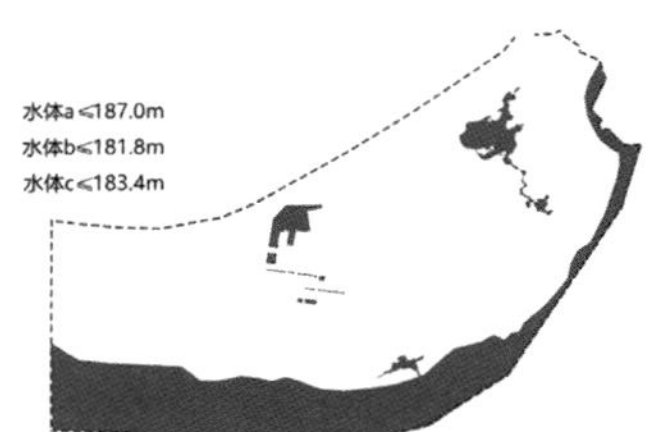

设计模拟了三个典型水位时期的降雨情景，通过定量分析得出各时期不同降雨情况下的场地积水情况，遵循现状地形，在现有汇水的基础上增大陆地调蓄空间、增设了季节性存水空间，构建了场地内完整、连贯、安全的汇水体系。

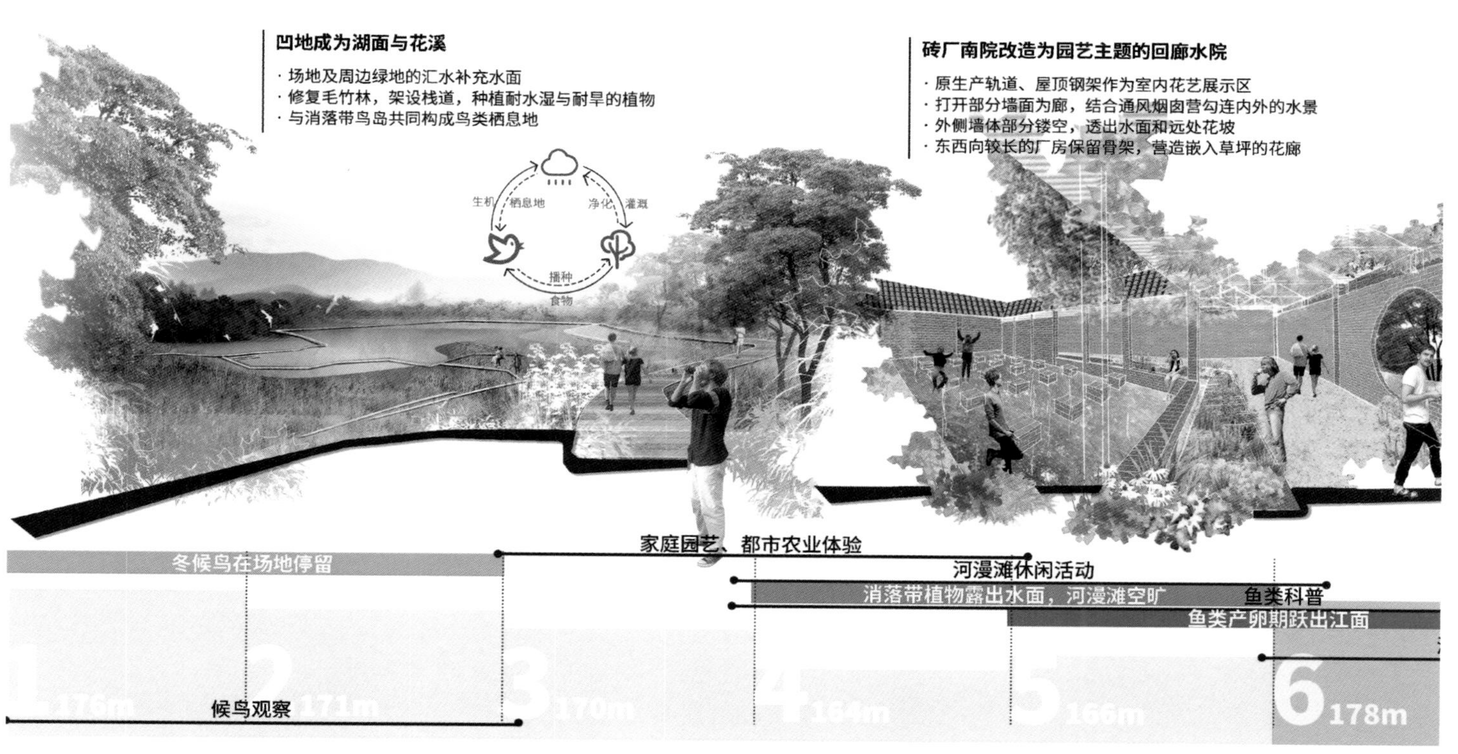
凹地成为湖面与花溪
· 场地及周边绿地的汇水补充水面
· 修复毛竹林，架设栈道，种植耐水湿与耐旱的植物
· 与消落带鸟岛共同构成鸟类栖息地
生机
栖息地
净化
灌溉
播种
食物
砖厂南院改造为园艺主题的回廊水院
· 原生产轨道、屋顶钢架作为室内花艺展示区
· 打开部分墙面为廊，结合通风烟囱营勾连内外的水景
· 外侧墙体部分镂空，透出水面和远处花坡
· 东西向较长的厂房保留骨架，营造嵌入草坪的花廊
家庭园艺、都市农业体验
冬候鸟在场地停留
河漫滩休闲活动
消落带植物露出水面，河漫滩空旷
鱼类科普
鱼类产卵期跃出江面
1 176m
候鸟观察
2 171m
3 170m
4 164m
5 166m
6 178m

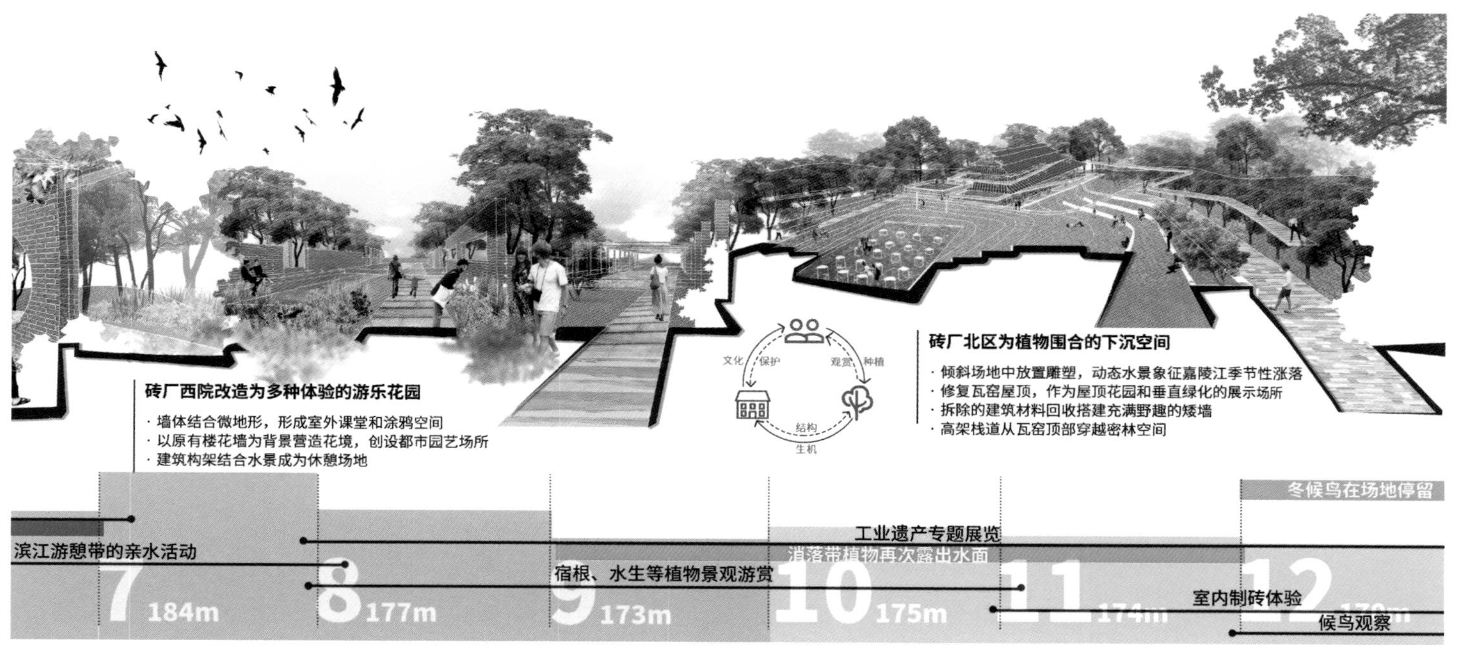
砖厂西院改造为多种体验的游乐花园
· 墙体结合微地形，形成室外课堂和涂鸦空间
· 以原有楼花墙为背景营造花境，创设都市园艺场所
· 建筑构架结合水景成为休憩场地
文化
保护
观赏
种植
结构
生机
砖厂北区为植物围合的下沉空间
· 倾斜场地中放置雕塑，动态水景象征嘉陵江季节性涨落
· 修复瓦窑屋顶，作为屋顶花园和垂直绿化的展示场所
· 拆除的建筑材料回收搭建充满野趣的矮墙
· 高架栈道从瓦窑顶部穿越密林空间
冬候鸟在场地停留
工业遗产专题展览
滨江游憩带的亲水活动
消落带植物再次露出水面
宿根、水生等植物景观游赏
室内制砖体验
候鸟观察
7 184m
8 177m
9 173m
10 175m
11 174m
12

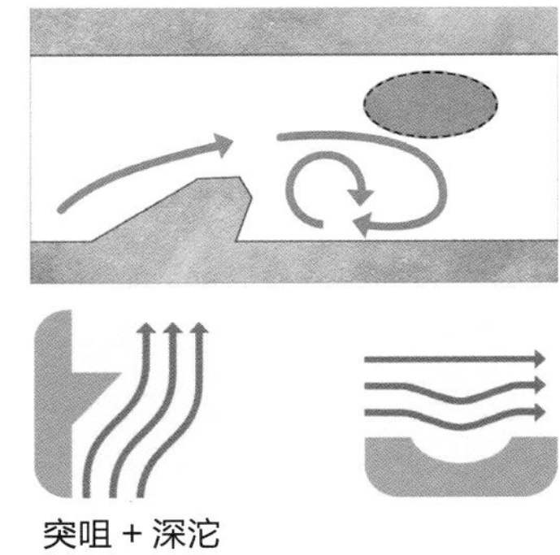
突咀 + 深沱

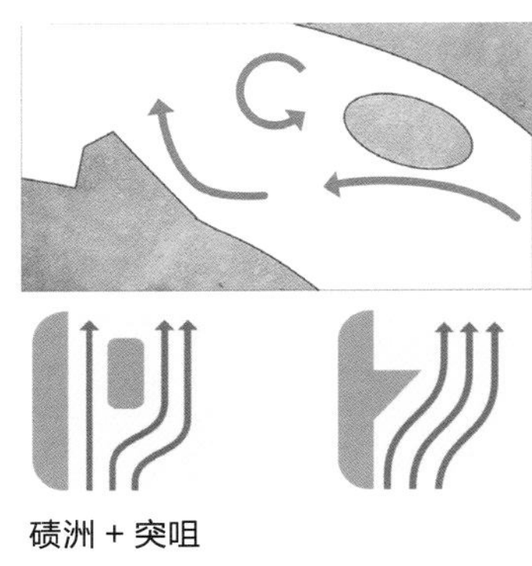
碛洲 + 突咀

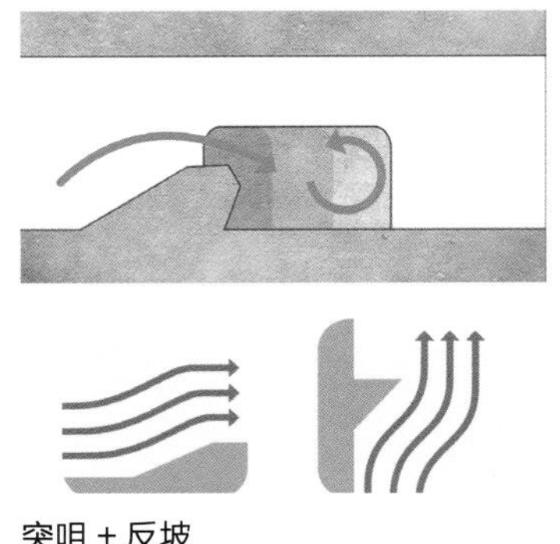
突咀 + 反坡

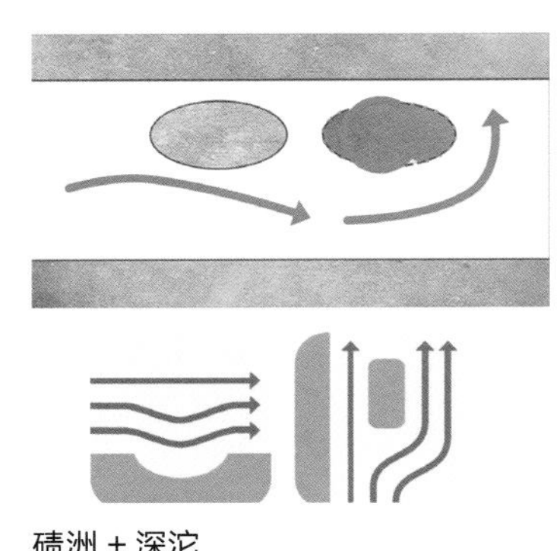
碛洲 + 深沱

从渔港到鱼港——以消落带生态鱼港为基础的城市滨河空间体系

作　　者：黄槟铭，刘煜彤，陆　叶，朱子敬，郭祖佳
指导教师：肖　遥
奖项名称：2017 年中国风景园林学会大学生设计竞赛本科生组三等奖

重庆万州位于长江上游，处于三峡核心腹地，是成渝城市群沿江城市带区域的中心城市。万州有着悠久的建县历史，城市的发展与江水息息相关，自近代万县开埠以来，一直是西南地区重要的物资集散地。

长江三峡水库建成后，带来巨大经济效益的同时，改变了原有的河流情势与水文条件，城市与江水的联系以及其生态环境也随之发生变化。绝大部分鱼类所需的生境不复存在，现有静态水库无法满足以动水作为产卵条件的鱼类进行繁殖，而“四大家鱼”作为长江重要的经济水产，均属于有急流产卵需求的鱼类。

我们着力于以风景园林的视角介入问题，从生态与社会两个层面同时进行思考，并充分利用三峡消落带的时空特征，提出独特并可行的设计策略，完成从“渔”到“鱼”的概念转化，通过渔民与居民的商业介入，最终实现生态修复与城市修补的并进双赢。

城市空间滨河体系

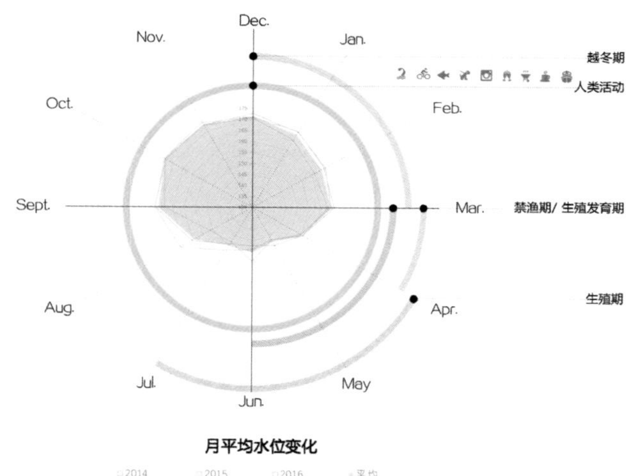

以生态鱼港作为城市与河流的联系点，多个鱼港斑块串联在一起，形成一个高参与性的城市滨河空间体系。

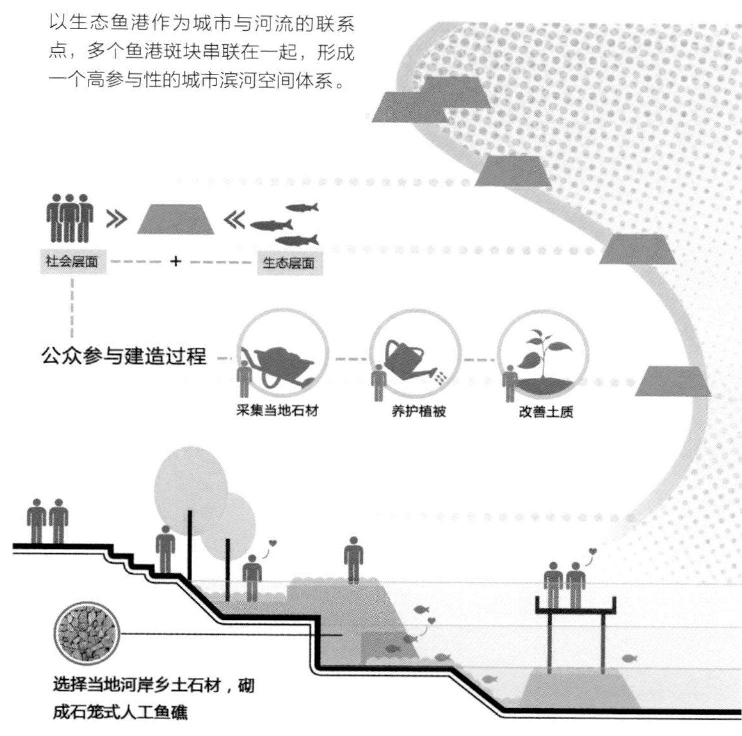

滨河空间模块

餐饮娱乐模块

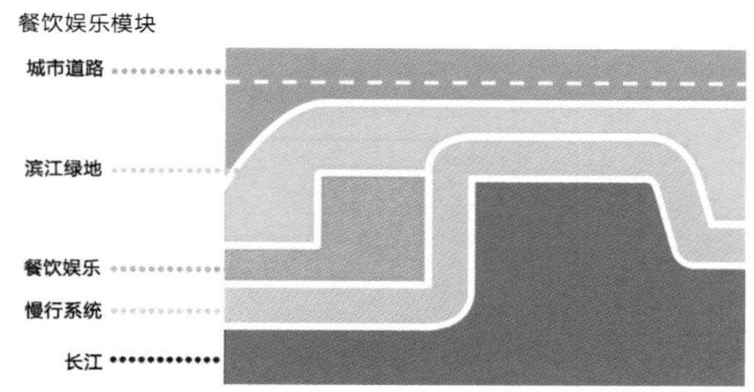

科教模块

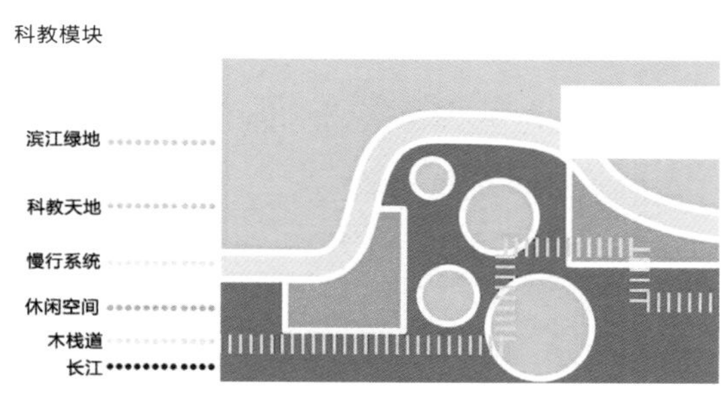

休闲竞技模块

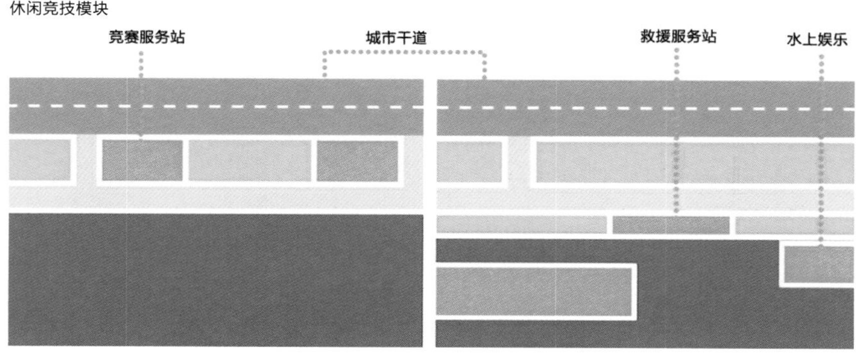

以生态鱼港作为城市与河流的联系点，并结合消落带季节性水位特征，创造多维度的滨河景观。同时多个鱼港斑块串联，形成高参与性的城市滨河空间体系，对不同鱼港斑块进行功能规划。

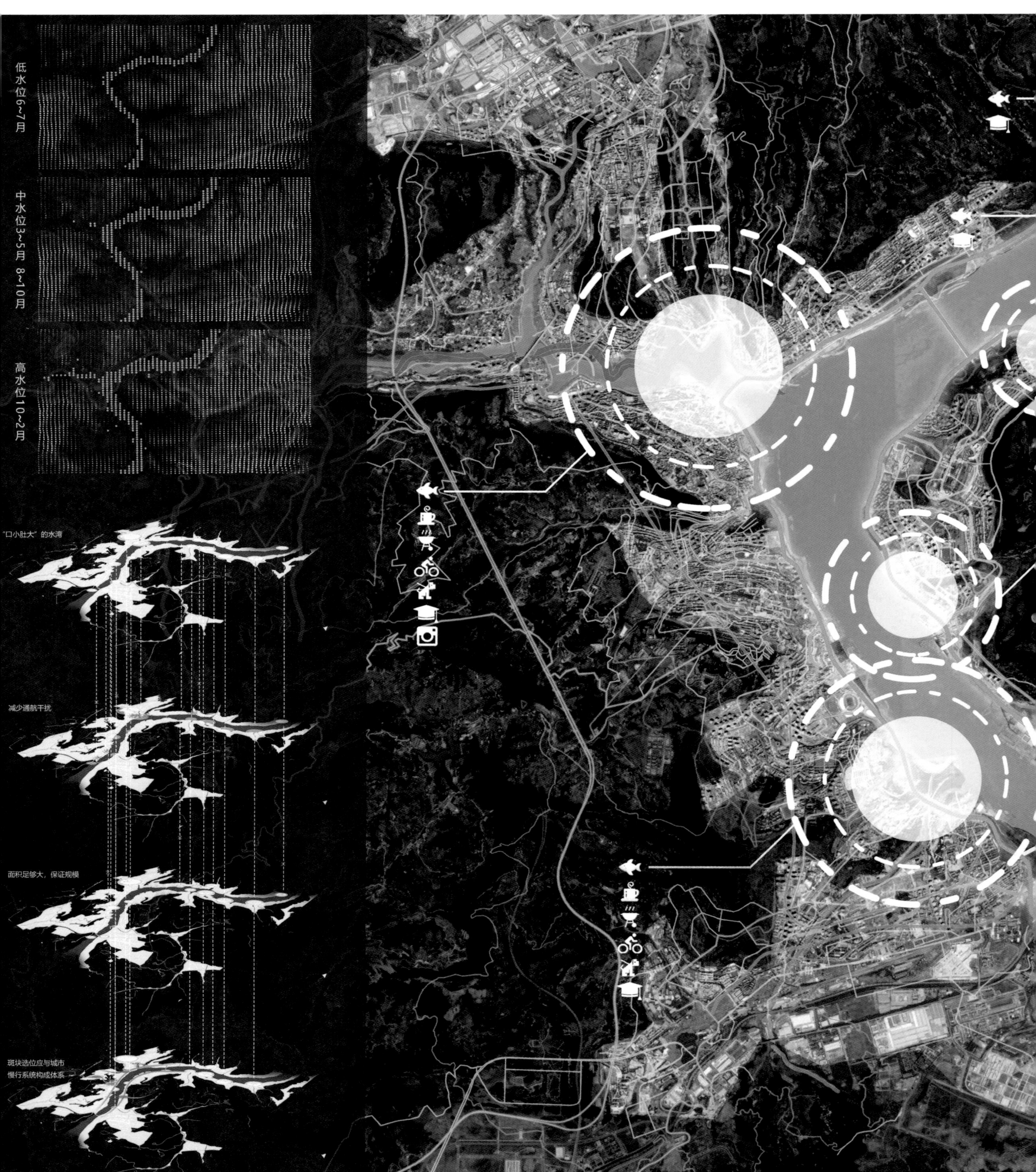
低水位6~7月
中水位3~5月 8~10月
高水位10~2月
"口小肚大"的水湾
减少通航干扰
面积足够大，保证规模
斑块选位应与城市
慢行系统构成体系

生态鱼港
场地功能
城市慢行系统
河流
城际公路
城市干道
Dec.
Nov.
Jan.
Oct.
Feb.
交通出行
喝茶
烧烤
聚会
摄影
散步
骑行
垂钓
Sept.
Mar.
Aug.
Apr.
游泳
Jul.
May
Jun.
N
0
400
2000m
200
1000

设计策略与回应

效果图

剖面图

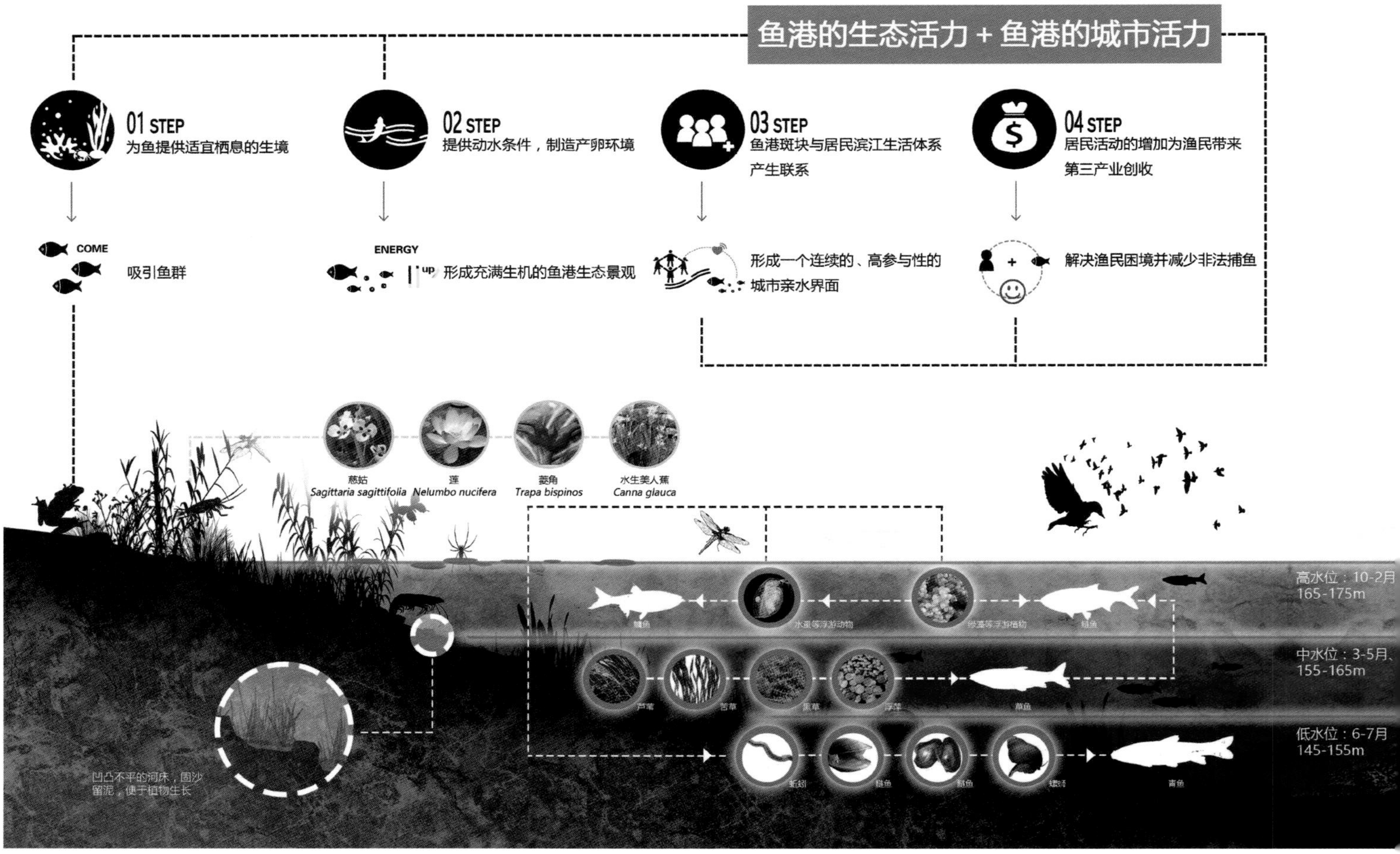

鱼港的生态活力 + 鱼港的城市活力

01 STEP
为鱼提供适宜栖息的生境
COME
吸引鱼群

02 STEP
提供动水条件，制造产卵环境
ENERGY
up
形成充满生机的鱼港生态景观

03 STEP
鱼港斑块与居民滨江生活体系产生联系
形成一个连续的、高参与性的城市亲水界面

04 STEP
居民活动的增加为渔民带来第三产业创收
解决渔民困境并减少非法捕鱼

慈姑 Sagittaria sagittifolia
莲 Nelumbo nucifera
菱角 Trapa bispinos
水生美人蕉 Canna glauca

水蚤等浮游动物
绿藻等浮游植物
芦苇
苦草
浮萍
草鱼
青鱼

高水位：10-2月
165-175m
中水位：3-5月、
155-165m
低水位：6-7月
145-155m

凹凸不平的河床，固沙留泥，便于植物生长

效果图

效果图

智慧集装箱——大连市五二三厂废弃海岸改造设计

作　　者：孙漪南，刘　玮，王瑞琦，李金泽
指导教师：姚　朋
奖项名称：2016 年中国风景园林学会大学生设计竞赛研究生组三等奖

本方案选址位于辽宁省大连市，大连市别称滨城，旧名达里尼、青泥洼，是辽宁省辽东半岛南端，地处黄渤海之滨，背依中国东北腹地，与山东半岛隔海相望，是中国东部沿海重要的港口、工业和旅游城市。现状场地内部工业用地及居住用地占 70%，绿地及公共服务设施用地面积占 30%。场地东部龙头山自然植被丰富，西侧及南侧部分山上区域绿地较好，其他地区以居住区绿地及道路绿地为主。场地南侧路网密集交通，北部交通较为疏散。本设计将集装箱改造成为不同类型的单体模块，包括净化土壤模块、净化海水模块、生态农业模块、社区服务模块、创意小屋模块等。并对这些模块进行同类或不同类组合，形成具有不同功能的集装箱功能组团。并布置在具有不同功能需求的区域，以解决不同的现状问题。最终形成和谐发展的智慧景观和智慧社会。

设计策略

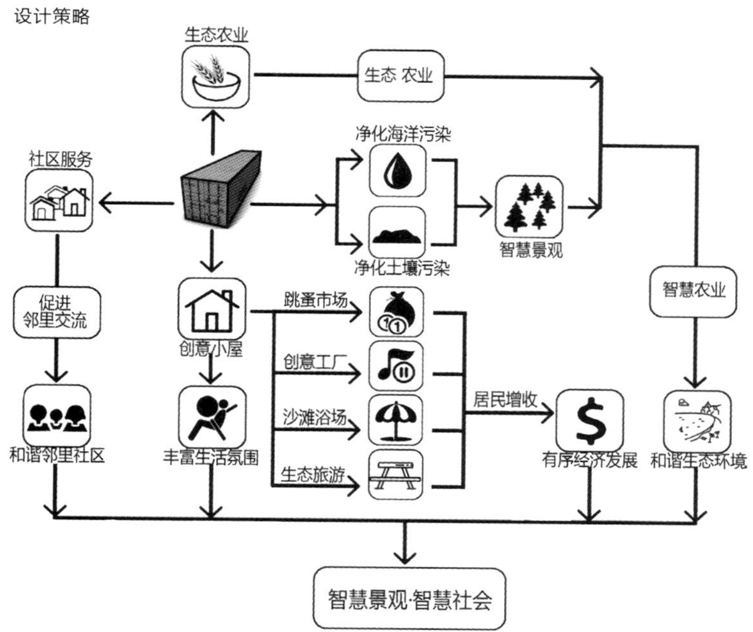

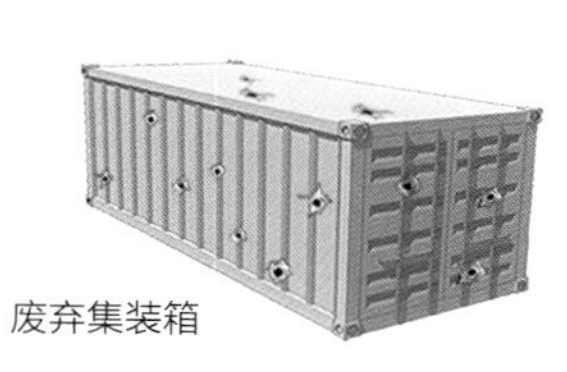
废弃集装箱

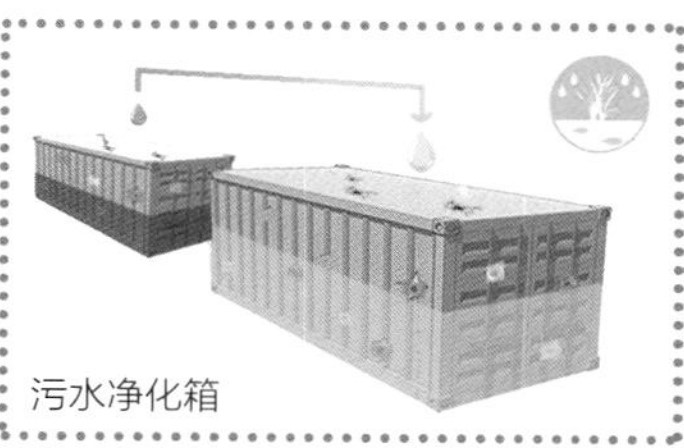
污水净化箱

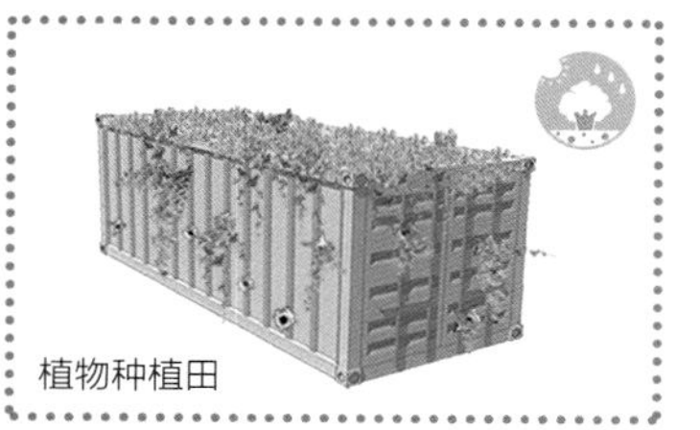
植物种植田

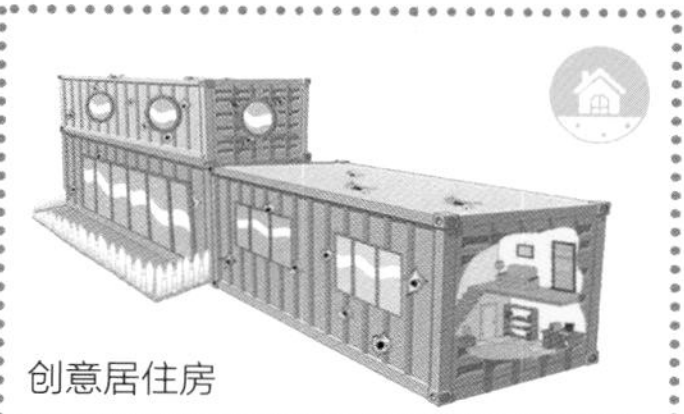
创意居住房

集装箱利用方式

具体的利用手段是整修废弃的集装箱，改造成为污水净化箱、植物种植池、创意居住房。也可以与农业生产、社区邻里、绿色环保及文化创意相结合，作为以下产业和活动的场地：农业堆肥、渔牧养殖，艺术中心、创意集市，污水净化、土壤净化、垃圾回收站，街头涂鸦墙、海滨更衣室、景区休息室。

根据现状的问题，我们选用智慧景观的概念来解决当地存在的环境、经济及社会问题。智慧景观包含环境净化、绿色生产景观、生态旅游开发和丰富邻里交流四个方面。使当地能够在环境保护、经济发展、农业生产和社区建设四个方面，形成一个有序的循环发展系统。

集装箱与产业及活动的结合方式

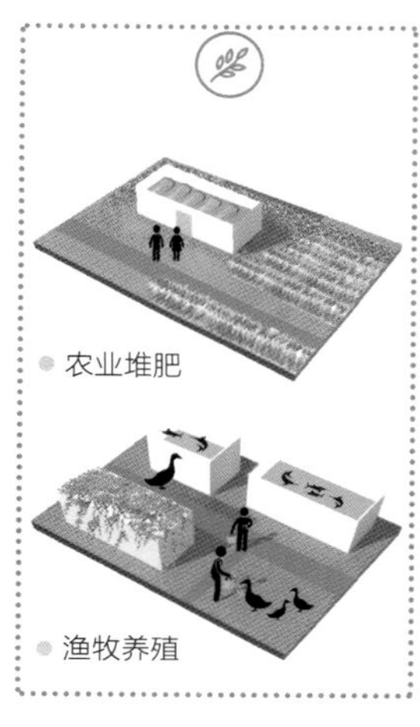
农业堆肥
渔牧养殖

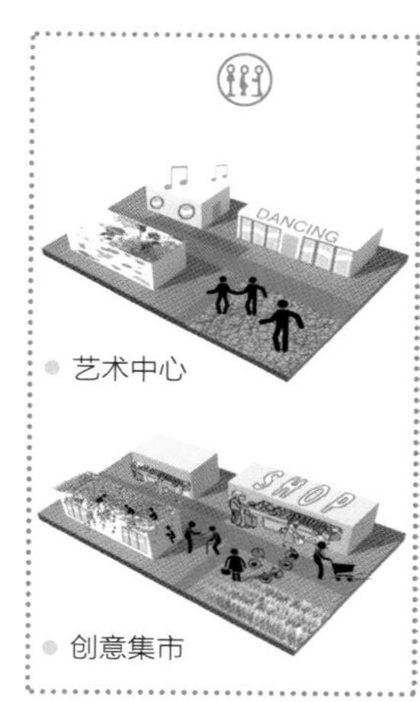

艺术中心
创意集市

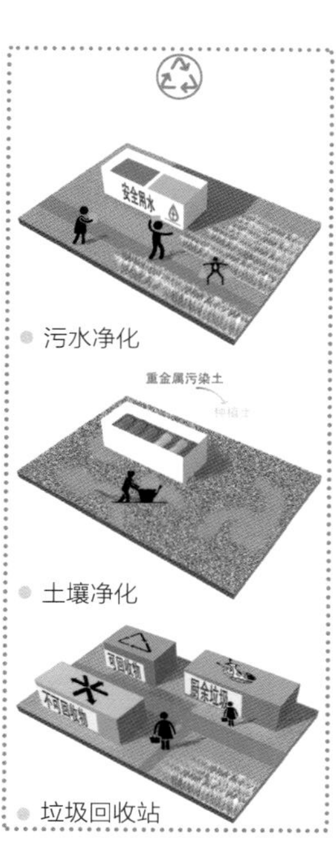

污水净化
土壤净化
垃圾回收站

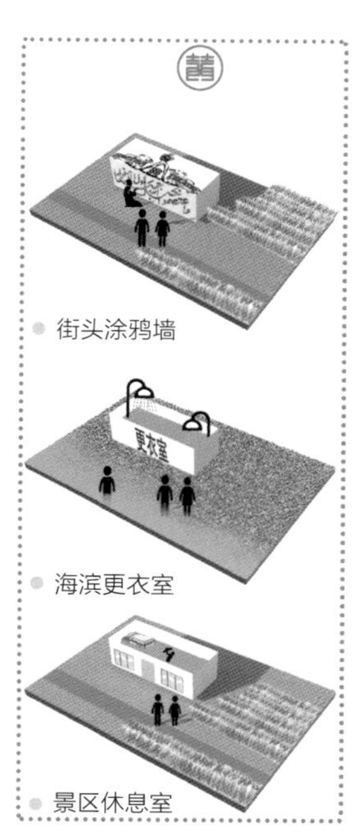

街头涂鸦墙
海滨更衣室
景区休息室

首先通过治理土壤污染，提高土壤肥力来改善土壤。集装箱农业发展促进集装箱住宅出现。与此同时，GDP 和人口开始增长。集装箱农业规模扩大，人们能满足自给自足。这个阶段废弃集装箱开始用于水产养殖业。以集装箱住宅为中心，形成小的社区组团。

在未来 5 年内，当地人口和 GDP 继续增长。随着农业技术的提高，农作物产量显著提高。集装箱鱼塘的数量也开始增长，并且逐渐出现集装箱集市。同时集装箱农业和集装箱水产养殖业发展到一定规模，通过农作物和海产品的出口增加经济收入，沿海区域逐步形成社区组团。

在未来 10 年内，利用低成本的集装箱来解决生活、生产和生态问题，通过就业和教育来维持社会稳定，农业、渔业和畜牧业来恢复经济，贸易、住房和景观解决后，社区活力也会得到恢复。自主激活本地人民的生产力，种植粮食、创建家园、组建社区，进而促进经济发展、优化生态环境、建立公共空间，创造自给自足、稳定发展的家园。

集装箱利用场景图
发展阶段
2016
2018
2020
2022
2024
未来
维持社会稳定
就业
教育
经济恢复
农业
渔业
畜牧业
社区恢复
贸易
住宅
景观
集装箱商店
集装箱鱼塘
开放空间
集装箱贸区
集装箱农业
集装箱住宅

HOME REBIRTH ALONG THE SEA——山东省烟台市鸟类栖息地生态重建计划

作　　者：李婉仪，闫少宁，魏翔燕

指导教师：姚　朋

奖项名称：2014 年中国风景园林学会大学生设计竞赛本科生组三等奖

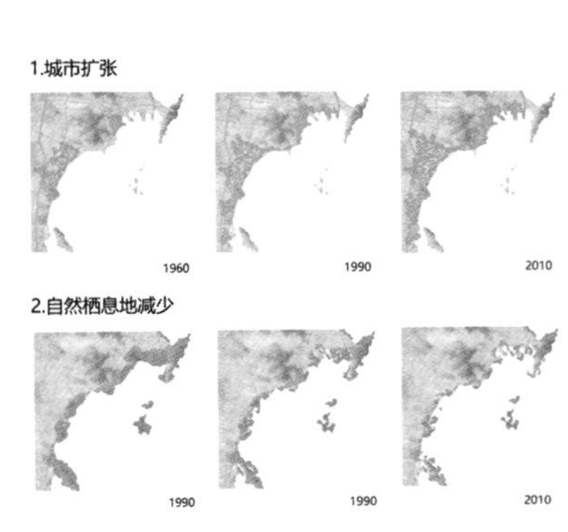

场地地处山东半岛东部、烟台市北部，包括了弧形滨海沿岸以及近海海域。烟台作为中国首批 14 个沿海开放城市之一，多年来经济快速发展，城市化脚步加快，但是也造成了城市远离自然、沿海滩涂被过度开发、岸线硬化、植被退化等问题。设计选址位于城市边缘，是鸟类繁殖期和过冬迁徙的必经之地，但是由于城市“摊大饼”式的扩张，原来沿海区域的自然滩涂逐渐消失，鸟类迁徙地的自然环境被钢筋混凝土替代，生态破坏严重。考虑到城镇化给鸟类带来了巨大的伤害，设计试图通过规划和技术手段为其营造一个全新的生态环境。希望通过这个计划来提倡土地与人重归和谐的生活方式，探寻如何更和谐地处理人类活动与土地利用之间的关系。

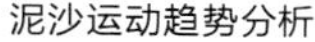

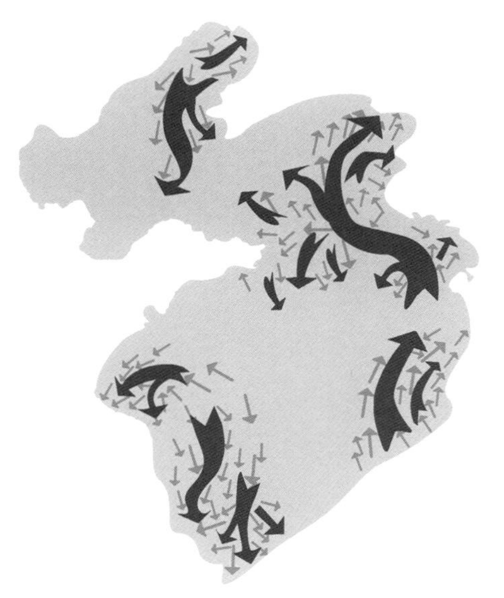

水深分析

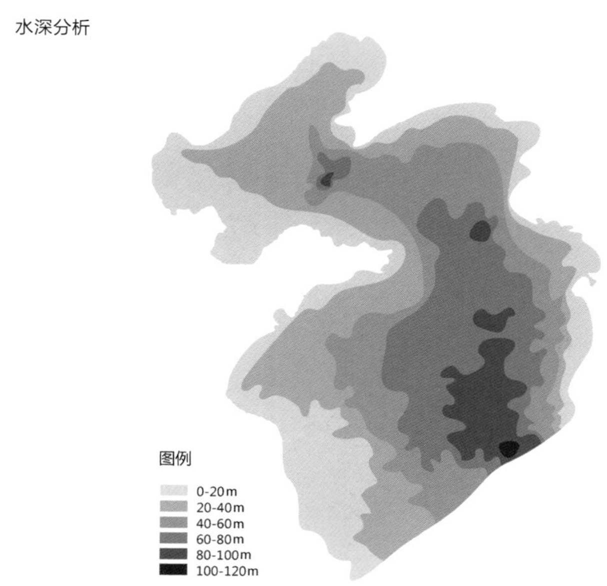

沉积区分析

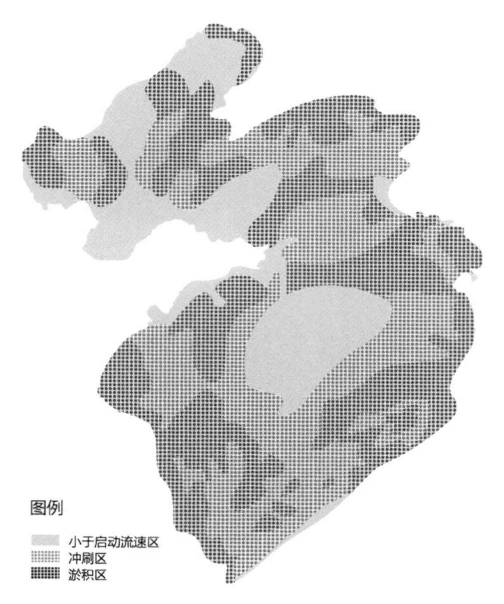

沉积物种类分析

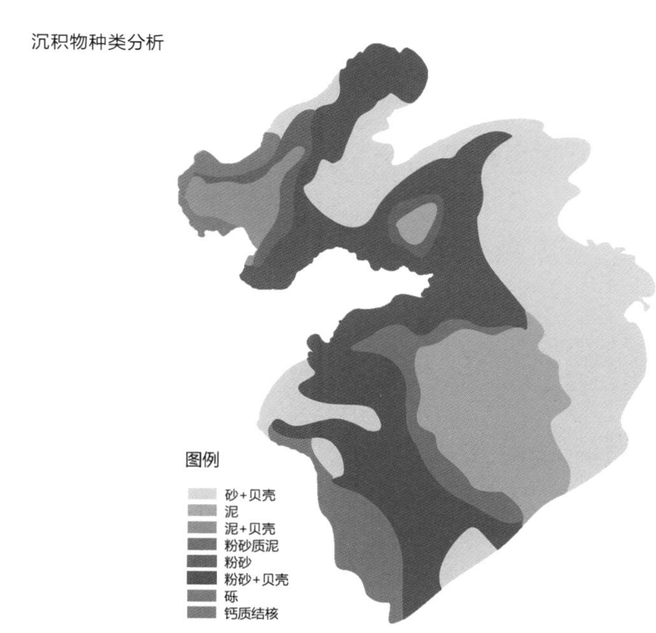

剖面图

设计策略

生态养殖计划

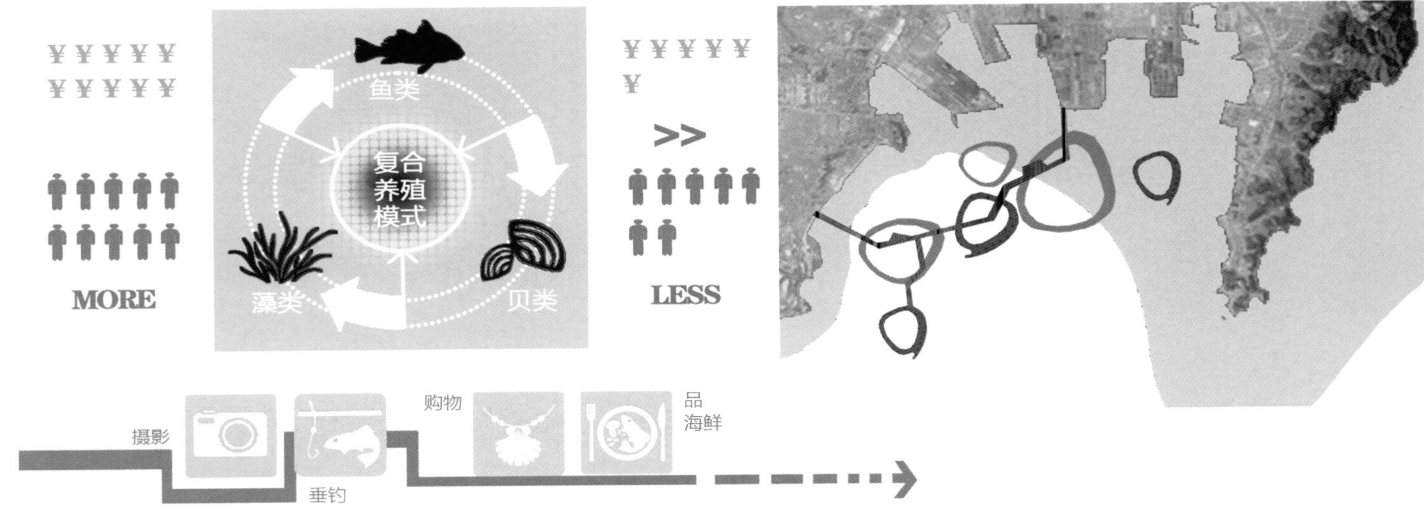

在浅海地带，构建复合养殖模式，并形成集会和观光场所。复合养殖模式是以浅滩和网兜群为生长环境，以阳光能、潮流能等自然能源和人工添加物质为能量来源，以鱼类、贝类和藻类自身生长所吸收和产出的物质为主要循环物质的新型养殖模式。

复合养殖模式流程图

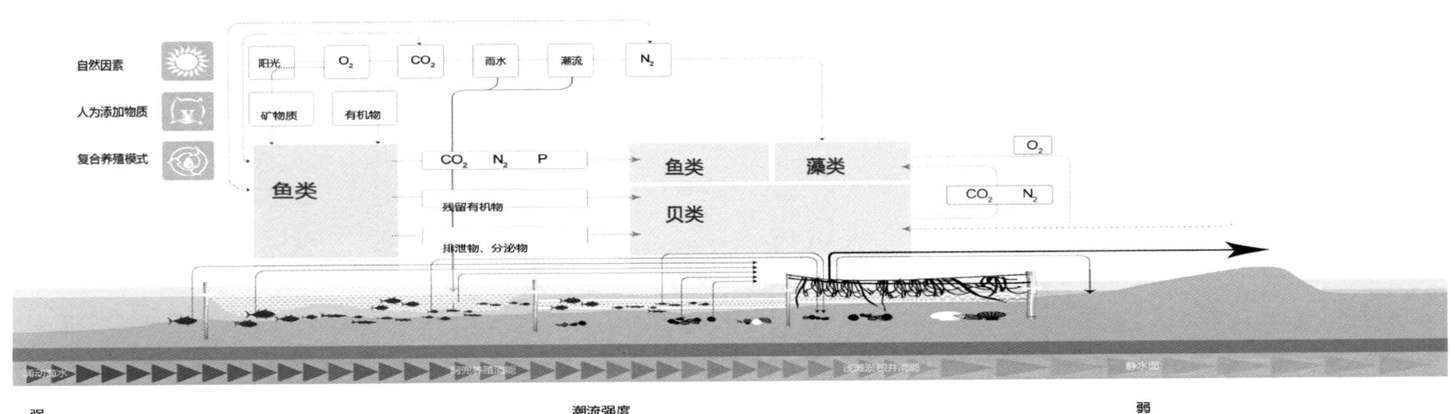

创新的复合养殖模式整合了过去分散的人力、物力，形成复层养殖，大大节约了物料成本和劳动力。
以浅滩网群形成复合养殖场，以水上浮桥、浮板形成栈道和场地，兼具旅游观光、采收体验、海鲜交易的功能。

效果图

工程促淤原理

在泥沙堆积区，利用工程及生态手段促淤造陆，形成冲击岛。优化现有的促淤结构，在六根混凝土杆件构成的四面体透水框架中填充贝壳、石块，并在框架四周以渔网维护。填充物取自当地、原料丰富、生态环保，填充后使框架更稳定，贝壳在海水冲刷下也将分解成砂质，而渔网有利于减缓流速、促进泥沙堆积，同时为动植物着生提供场所。将促淤引沙四面体沿潮流方向阵列排布，更能逐步分级消能、改变水流流态以达到促淤防冲的目的。

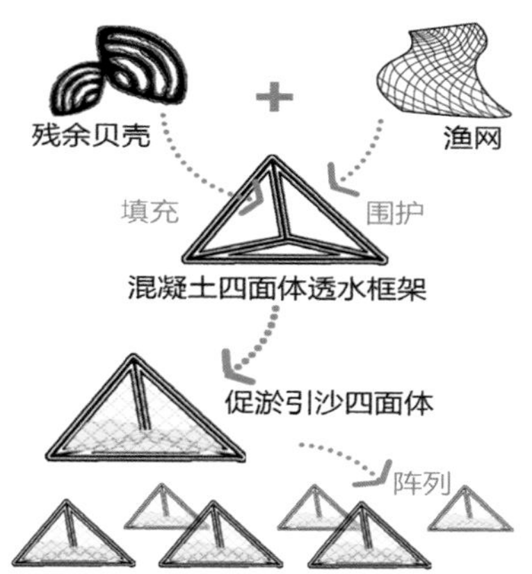

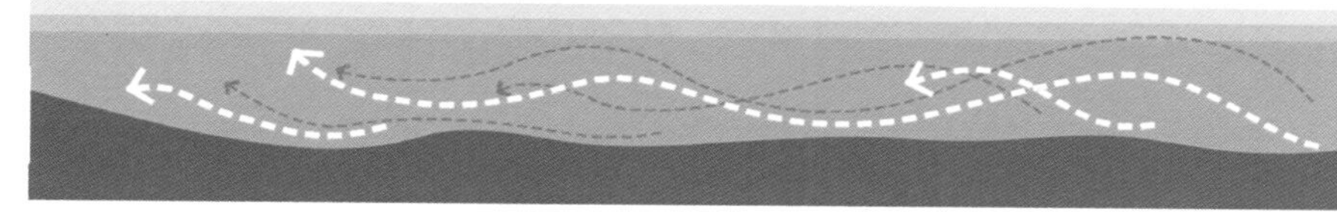

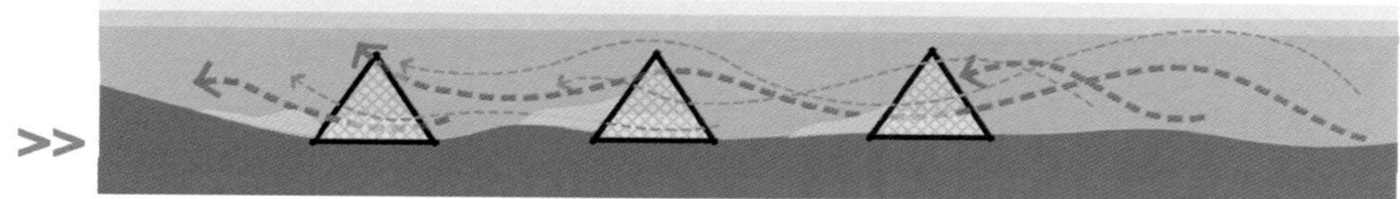

引种强根草本，促淤固沙

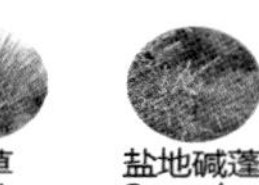

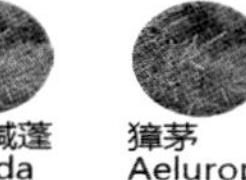

互花米草 Spartina alterniflora
大米草 Spartina anglica
盐地碱蓬 Suaeda salsa
獐茅 Aeluropus sinensis

引种耐盐碱水湿灌木，肥沃土质

大叶胡颓子 Elaeagnus macrophylla
单叶蔓荆 Vitex trifolia
白刺 Nitraria tangutorum
柽柳 Tamarix chinensis

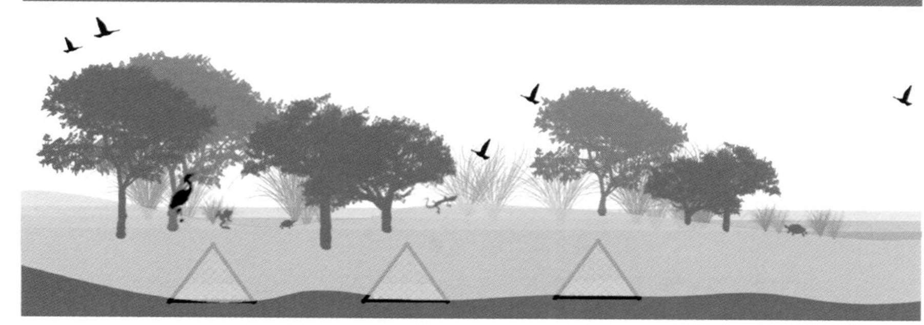

当泥沙堆积达一定厚度、滩面扰动减弱后，引种大米草、互花米草等根、茎强健的草本来滞沙促淤；在逐渐形成的浅滩上种植耐盐碱、耐水湿的灌木及少量乔木，使土壤更加密实、肥沃，最终形成形态较为稳定、物种较为丰富的冲击岛。

效果图

总平面图

共生互融——源自水稻田肌理的生长

作　　者：孙迪锋，杨　开，石志斌，李　荣
指导教师：李　雄，周　曦
奖项名称：2011 年中国风景园林学会大学生设计竞赛研究生组三等奖

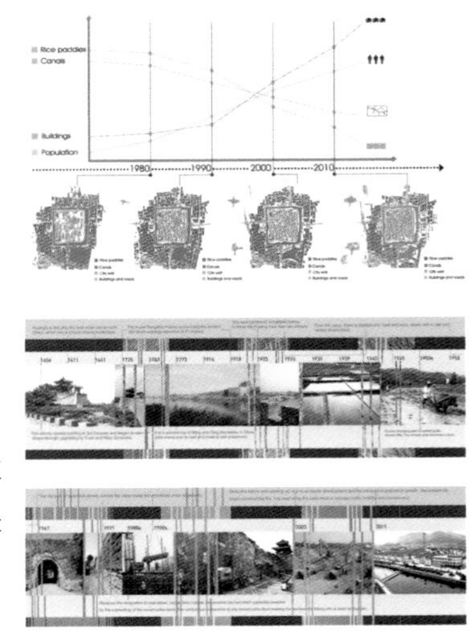

改革开放以来，由于经济和人口的快速发展，河北保定广府古城开始在外城墙之外建设环路，以提升交通可达性与便利性。与此同时，人口迁移、城市用地的扩展使得城市出现了诸多问题：古城外的水稻田逐渐被侵占、曾经用于灌溉的水道逐渐干涸、水稻田生态系统受到破坏，昔日的农田景观不复存在、城市边界和特征渐趋模糊。我们希望通过重新梳理水网结构，打造一个可持续的、拥有生物多样性的以及延续水稻田肌理的城市边界。

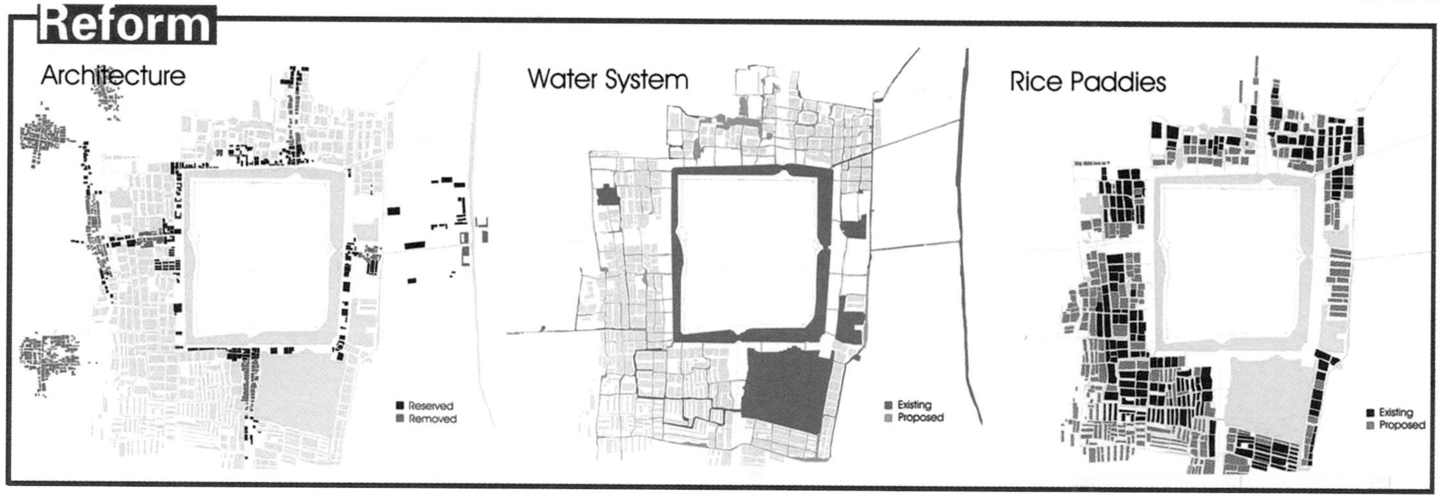

城镇空间革新

划定拆除建筑与保留建筑，恢复水系连通，对消失的水稻田区域进行保护。

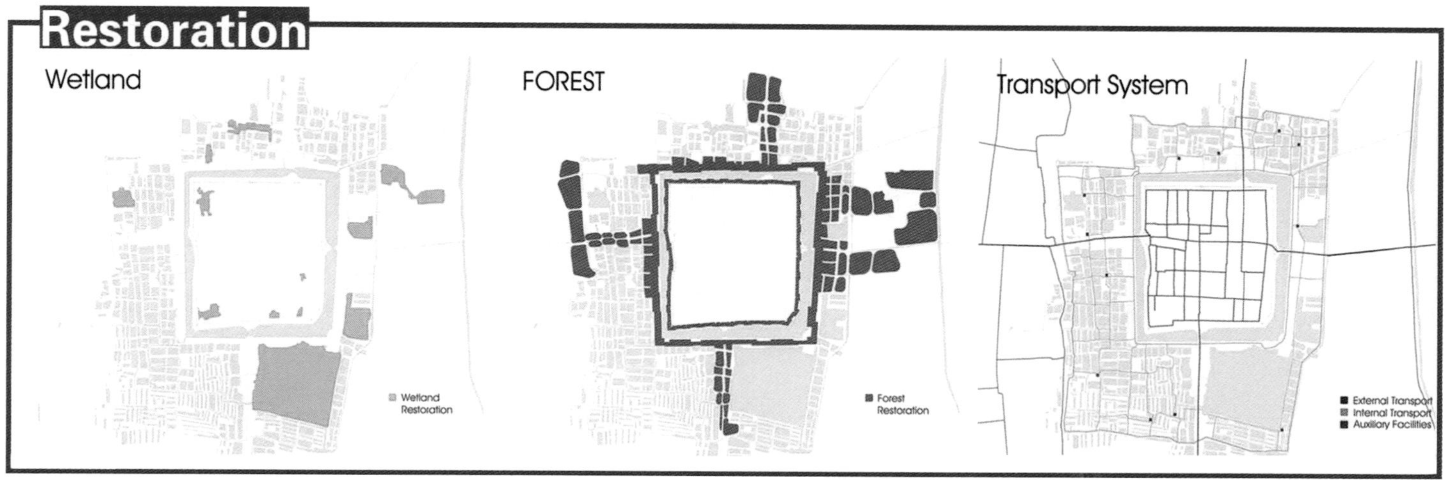

生态环境恢复

保护城镇内外的湿地、森林生态系统，通过构建良好的对外与对内交通联系和基础设施提升区域活力。

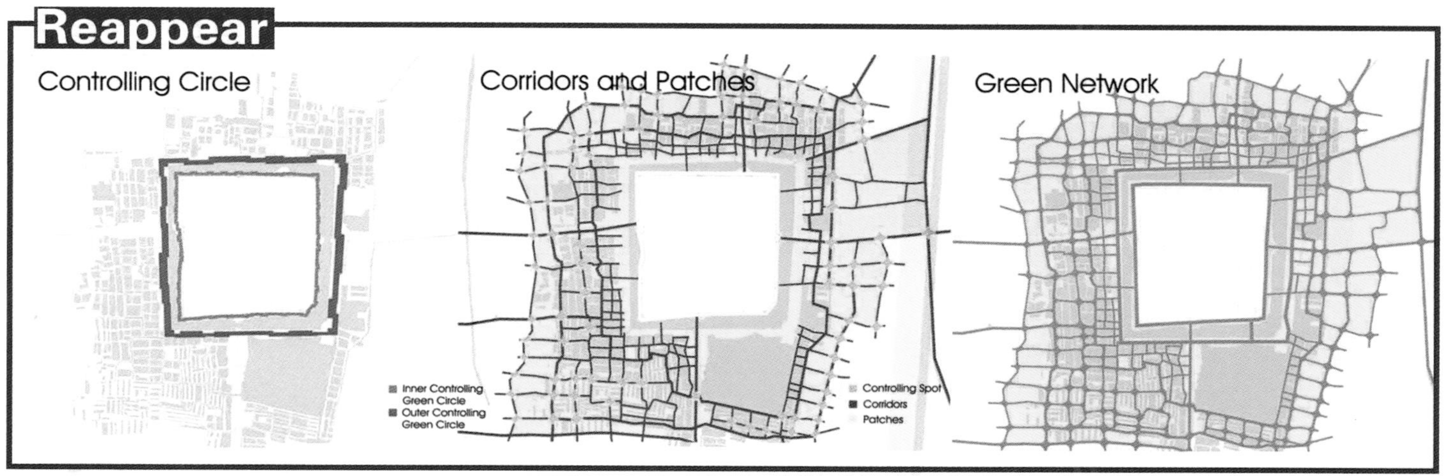

城市肌理重现

在古城内外构建绿环、绿廊绿道系统，串联风景优美的观景点。

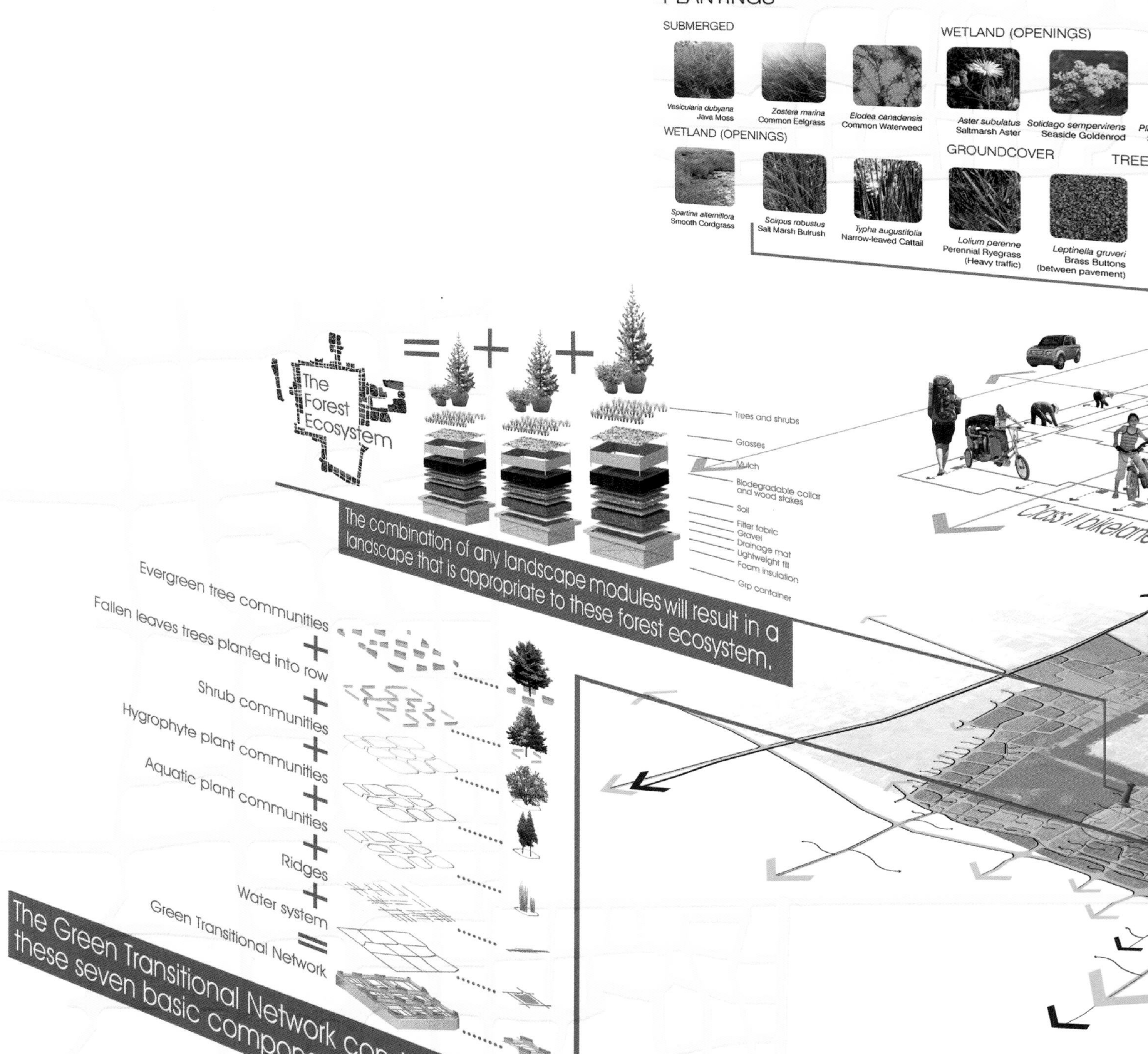
PLANTINGS
SUBMERGED
Vesicularia dubyana
Java Moss
Zostera marina
Common Eelgrass
Elodea canadensis
Common Waterweed
WETLAND (OPENINGS)
Aster subulatus
Saltmarsh Aster
Solidago sempervirens
Seaside Goldenrod
WETLAND (OPENINGS)
Spartina alterniflora
Smooth Cordgrass
Scirpus robustus
Salt Marsh Bulrush
Typha augustifolia
Narrow-leaved Cattail
GROUNDCOVER
Lolium perenne
Perennial Ryegrass
(Heavy traffic)
TREE
Leptinella gruveri
Brass Buttons
(between pavement)
The Forest Ecosystem
Trees and shrubs
Grasses
Mulch
Biodegradable collar and wood stakes
Soil
Filter fabric
Gravel
Drainage mat
Lightweight fill
Foam insulation
Grp container
The combination of any landscape modules will result in a landscape that is appropriate to these forest ecosystem.
Evergreen tree communities
Fallen leaves trees planted into row
Shrub communities
Hygrophyte plant communities
Aquatic plant communities
Ridges
Water system
Green Transitional Network
The Green Transitional Network consists of these seven basic components.
Class II bikelane

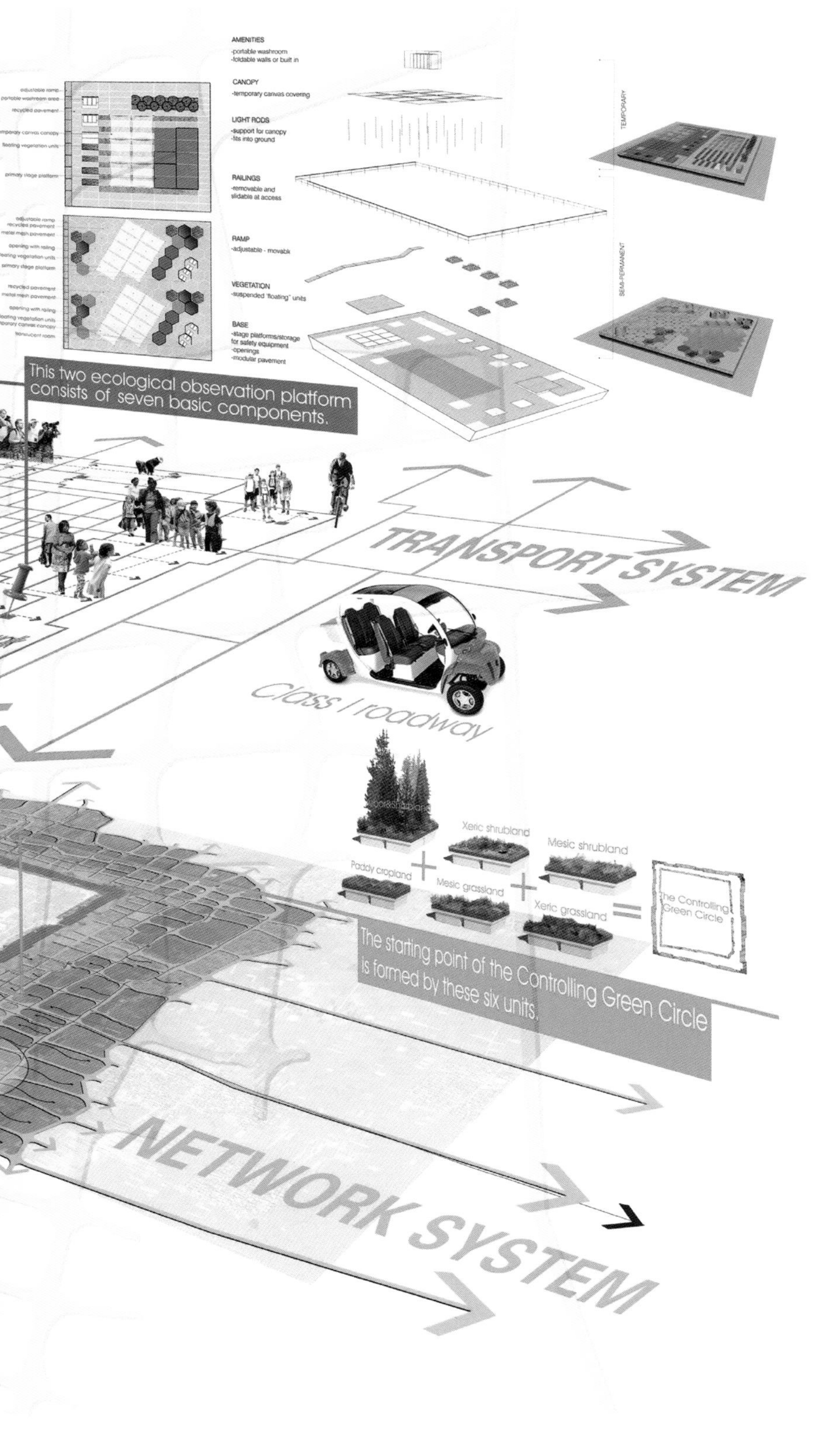

通过疏浚水网、构建绿色网络，恢复水稻田生态系统。绿色过渡网络对于抑制老城扩张、连接城市与自然起到重要作用，主要由三部分组成：

一是环绕城墙的控制性绿环。主要由乔－灌地、旱生灌丛、中生灌丛、湿生农田、中生草地、旱生草地六个单元组成。

二是交通系统，包括机动车道、自行车道和人行道，最大限度为不同人群亲近自然提供便利。

三是环绕稻田的水系统。由常绿树组团种植、落叶树行列式种植、灌木组团种植、浮水植物组团种植、沉水植物组团种植、田垄种植和水网系统七部分组成。

循环策略

水循环与能量流动

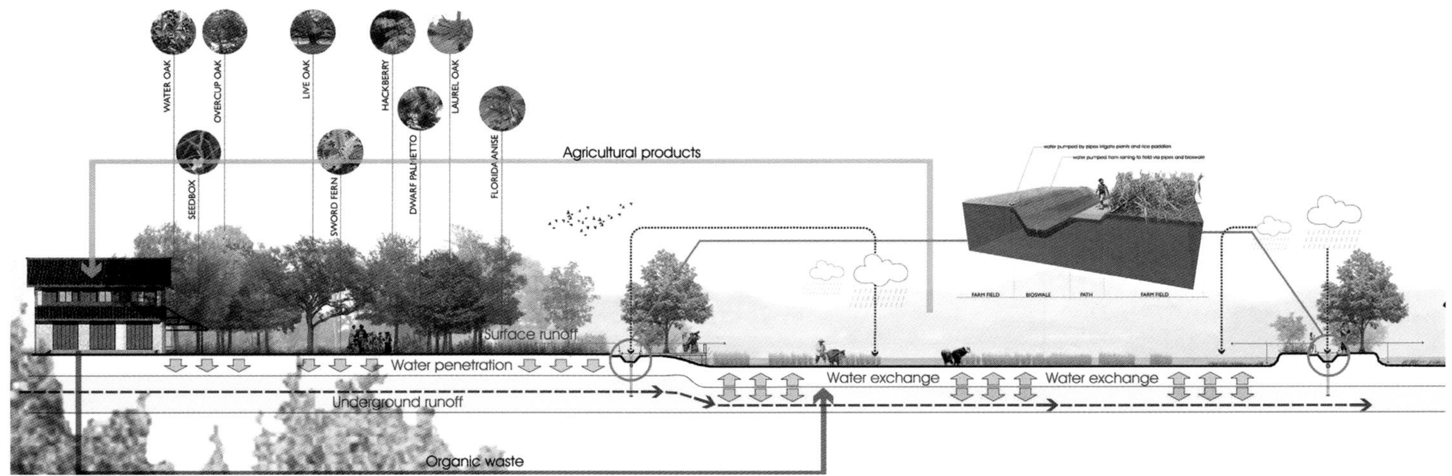

水是水稻田系统运作的最重要元素，为了提升水的利用效率，构建灌溉网络为稻田供水，同时采用透水路面让雨水以更加自然的方式下渗，城镇产生的有机废物可为稻田提供肥料。

剖面图

疏浚大型湖泊
由于长期疏于治理，部分水稻田已变成垃圾遍布的湖泊。清理大型湖泊周边的垃圾并在湖中构建生态岛。
恢复废弃的水稻田
保护水稻田肌理，恢复废弃河道，保障周边水稻田水源供给。
恢复被侵占的水稻田
通过腾退占用田地的建筑、重构水网系统、植树造
保护水稻田景观。

动物分布与物质交换

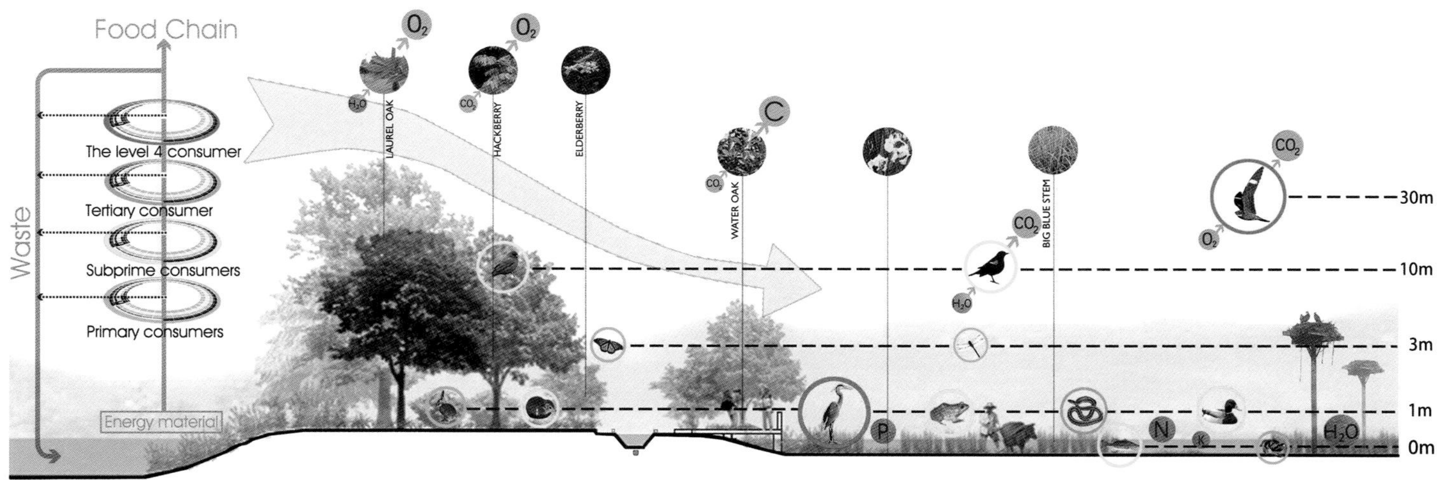

为保证水稻田系统的生态功能可持续性，我们采取生态友好型绿色系统构建方法。将鸟巢安置于稻田中的小岛上，避免人类活动影响，小型池塘主要供水生动植物生存活动，保证水稻田食物链的连通和生态系统的完整性。

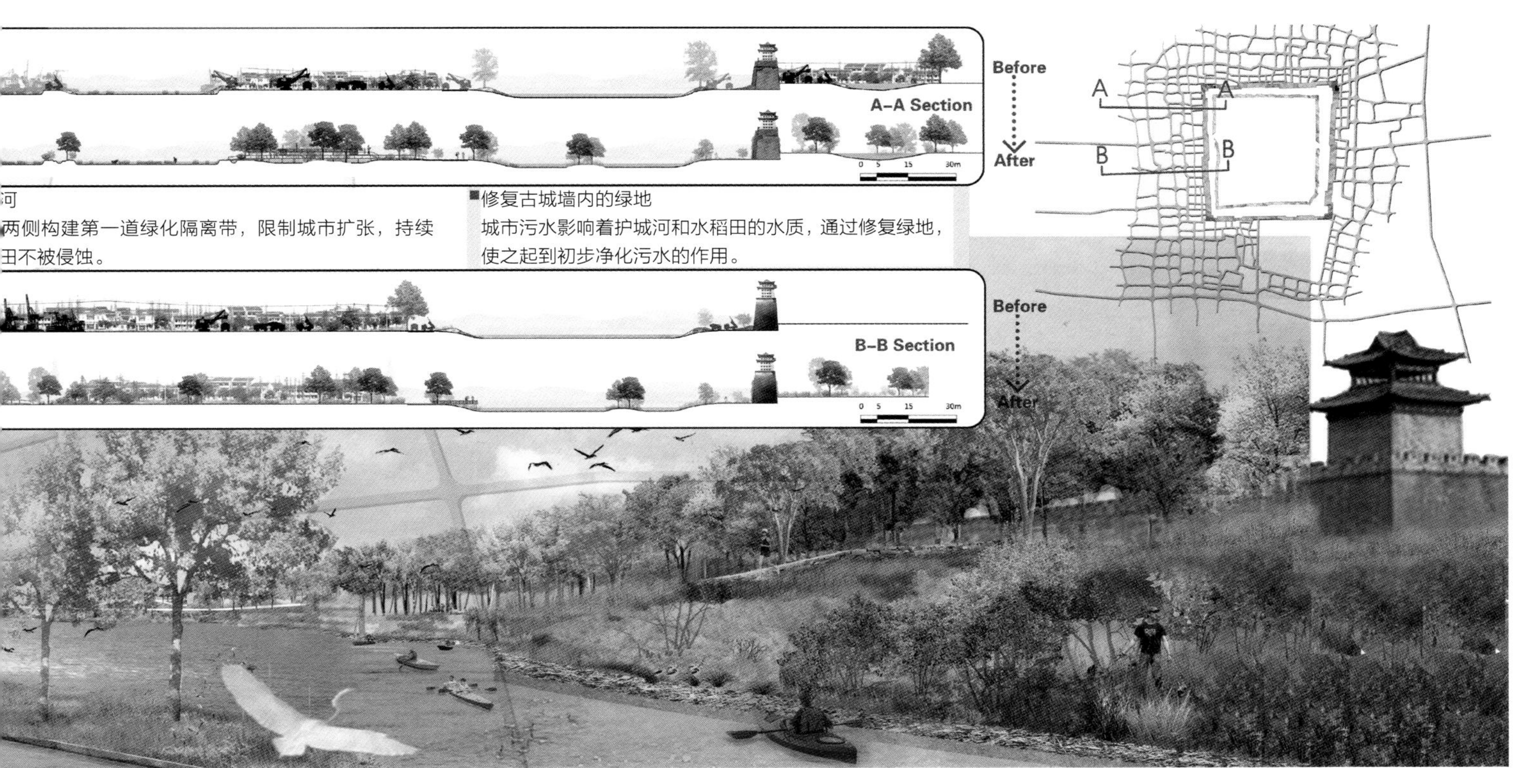

Before
A–A Section
After
Before
B–B Section
After
A
A
B
B
河
两侧构建第一道绿化隔离带，限制城市扩张，持续
田不被侵蚀。
修复古城墙内的绿地
城市污水影响着护城河和水稻田的水质，通过修复绿地，
使之起到初步净化污水的作用。

以水为鉴——借水营境，因韵而生

作　　者：林荣亮，张海天，刘家琳，白桦琳，杨忆妍
指导教师：李　雄
奖项名称：2011 年中国风景园林学会大学生设计竞赛研究生组三等奖

德胜门自古就是北京重要的交通枢纽，为了缓解当代北京城市巨大的交通压力，2000 年之后环绕德胜门箭楼架起一座大型立交桥。人字形立交桥的建立割裂了老城门与城市的景观和历史联系，多个方向的机动车与行人在这里汇聚，暴雨来临时成为积涝严重的区域，给城市带来诸多不利影响。针对德胜门历史文化意象弱化和立交桥积涝的现状，我们希望通过景观策略来缓解这一棘手问题，对立交桥绿地予以新的定位。

“以其不争，故天下莫能与之争，此乃水德也。”本案借鉴水德之道，以柔克刚，通过利用立交桥周边绿地建造海绵型绿地体系来缓解城市立交桥暴雨时期的积水问题，减少城市排水管道的负荷，起到雨水引导、消滞、过滤、蓄积的作用，并将积水这一不利因素转化基地造景的有利条件，为德胜门全新景观意境的生成带来契机，借力使力，实现文化和生态的可持续性。

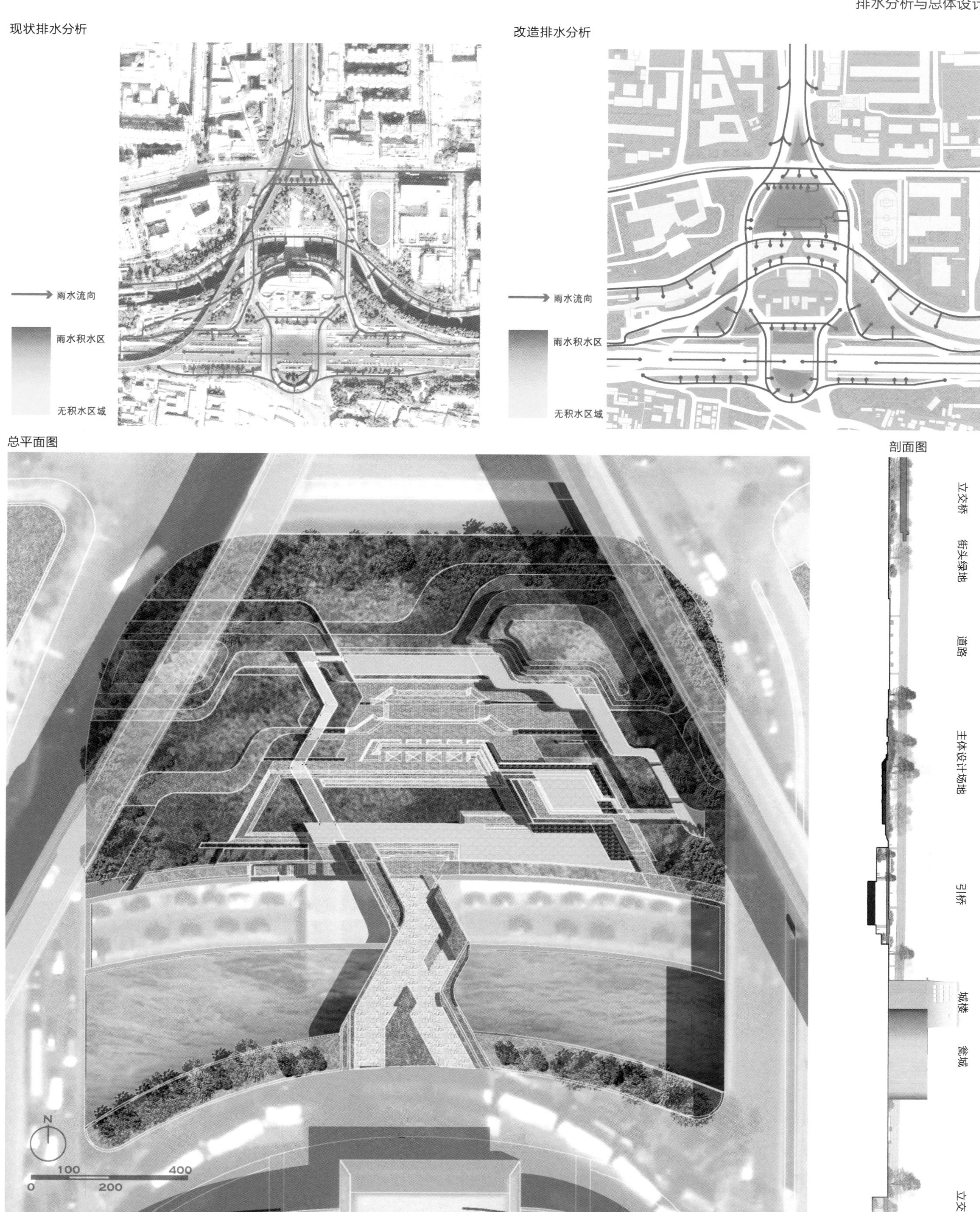
现状排水分析
雨水流向
雨水积水区
无积水区域
改造排水分析
雨水流向
雨水积水区
无积水区域
总平面图
N
100
400
0
200
剖面图
立交桥
街头绿地
道路
主体设计场地
引桥
城楼
瓮城
立交桥

场地透水技术策略

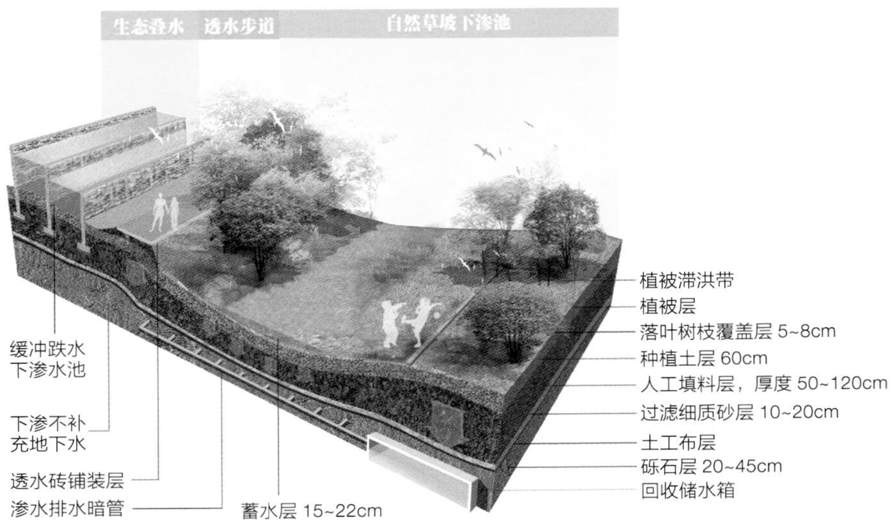

透水草坪 透水砖 生态土壤下渗池 透水砖

人工填层

种植土层 30cm

砾石层 20cm

砂层 20cm

下渗排水暗管

场地中央以赋有古韵生气的材质透水砖为主，城市旱季时节无雨水积蓄时可供使用者进行日常活动。

城市雨量稍大时，周边的城市积水流入下沉式绿地，并被引流入场地中央稍有下陷的地形当中。自德胜门城楼与立交桥中鸟瞰可形成图中所示的水景意向。

城市低洼地过度积水时，雨水在场地中形成镜面效果，雨过后倒映出德胜门形态与其墙面肌理，积水可逐渐下渗入土层与地下蓄水箱中。

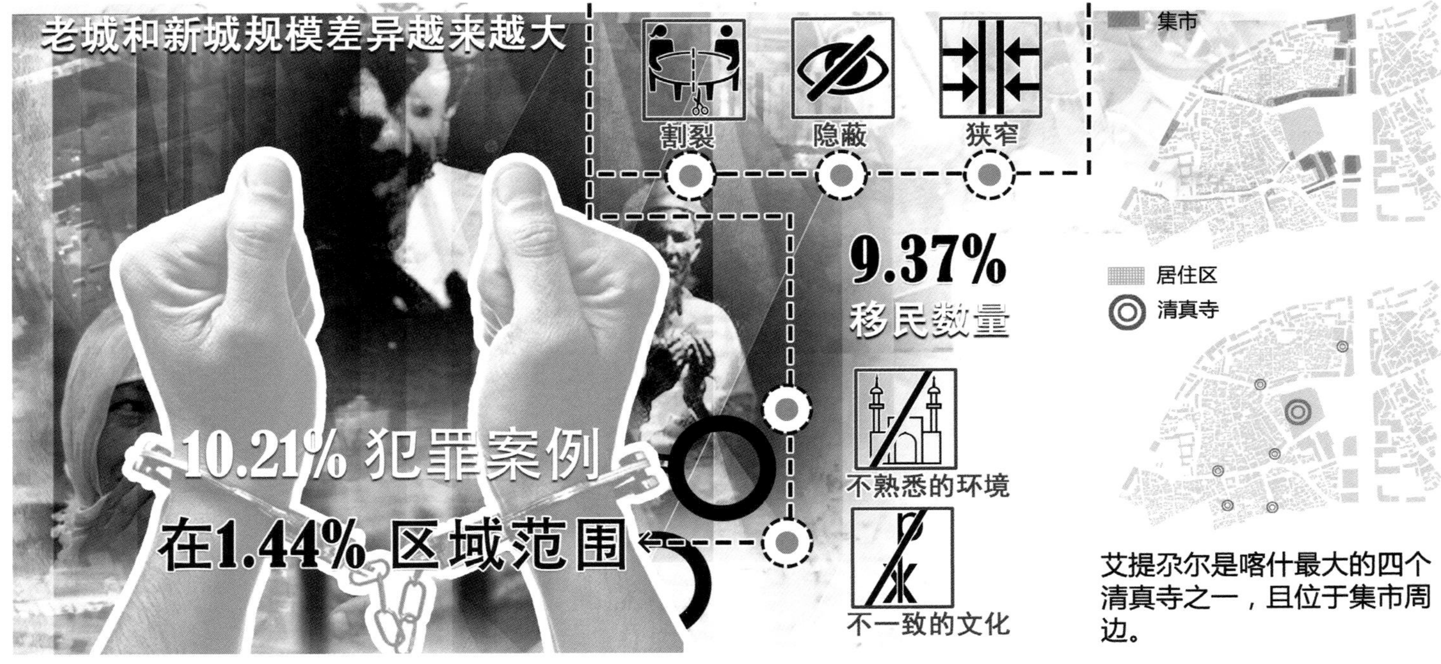

荣誉奖

修补犯罪空间——基于空间句法的喀什老城共享空间规划

作　　者：李方正，李凤仪，胡　楠，孙海燕，汤林子
指导教师：李　雄
奖项名称：2017 年中国风景园林学会大学生设计竞赛研究生组佳作奖

新疆喀什是中国西部边陲重镇，伴随改革开放和西部大开发，以经济获取为目的的新疆流动人口数量大幅度增长。但由于生活消费水平较高，流动人口的收入只能维持其基本生活。生存环境的陌生感、文化观念的差异感、经济压力的沉重感使他们铤而走险从事违法犯罪活动。

喀什的城市中心区是流动人口主要聚居的区域，传统高台民居的建筑形式空间狭小、隐蔽而又破碎，这些特点与犯罪行为有很强的相关性。我们希望从空间营造角度出发，通过发现城市易犯罪空间、转换为城市安全空间，逐渐构建为可持续发展的智慧空间。

应用“空间句法”，确定整合连接度低、视线聚合度低、控制度低的易犯罪空间节点，在节点处植入“治愈花园”改造原有易犯罪空间，并利用本土药用植物通过颜色、气味疗法逐步建立城市安全空间。城市安全空间同时以乡土植物资源巴旦木为媒介，在物质经济层面进一步整合种植、贸易、游憩等多种业态，最终形成可持续社区发展模式。我们希望在未来，智慧社区可以主动创造更多积极的生活场所，统筹环境、文化、经济，有利地促进人居环境的可持续发展。

方法：空间特征与犯罪空间的相关性分析

软件：UCL Depth map

数据粒度：5m×5m

空间句法是一种对人居空间结构进行量化描述来研究空间组织的理论和方法，并且认为空间构成能影响人的行为。Depth map 软件作为空间句法专用分析软件，在空间结构分析领域有着广泛的运用。使用 Depth map 软件对居住区进行控制度、连接度、深度值以及视线聚合系数的空间结构分析并结合 CPTED 理论预防犯罪的要点，为居住区景观设计与改造提供了新的角度和方法。

控制度

根据空间控制元素分析，高控制度的区域将会提升空间便利度，进而提升犯罪者逃跑几率，因此颜色区域成为潜在的犯罪逃跑线路。

连接度

连接度越低，人们越容易降低对犯罪行为的警惕性，因此，蓝色区域成为潜在的犯罪空间。

视线聚合系数

视线聚合系数越高，空间越容易形成视线盲区，因此暗色区域为城市犯罪易发生的区域。

深度值

深度值越低，人们越容易降低对犯罪行为的警惕性，因此，蓝色区域成为潜在的犯罪空间。

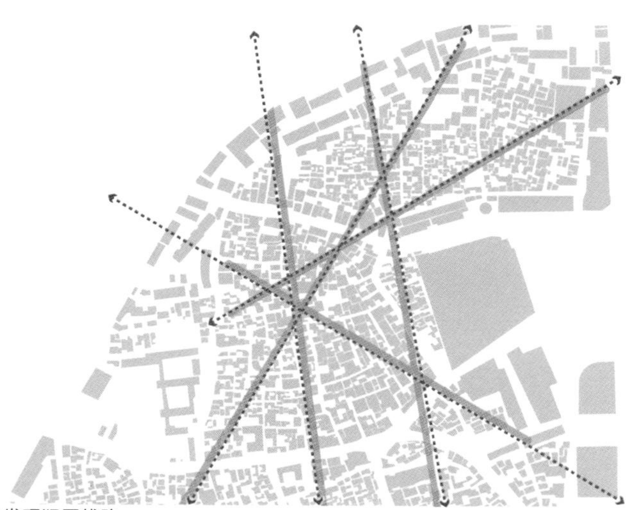
发现犯罪线路

根据点阵分析和四个空间结构因子分析，我们进行加权计算，确立了 5 条易犯罪空间构成的犯罪线路。

犯罪线路的空间句法深化分析

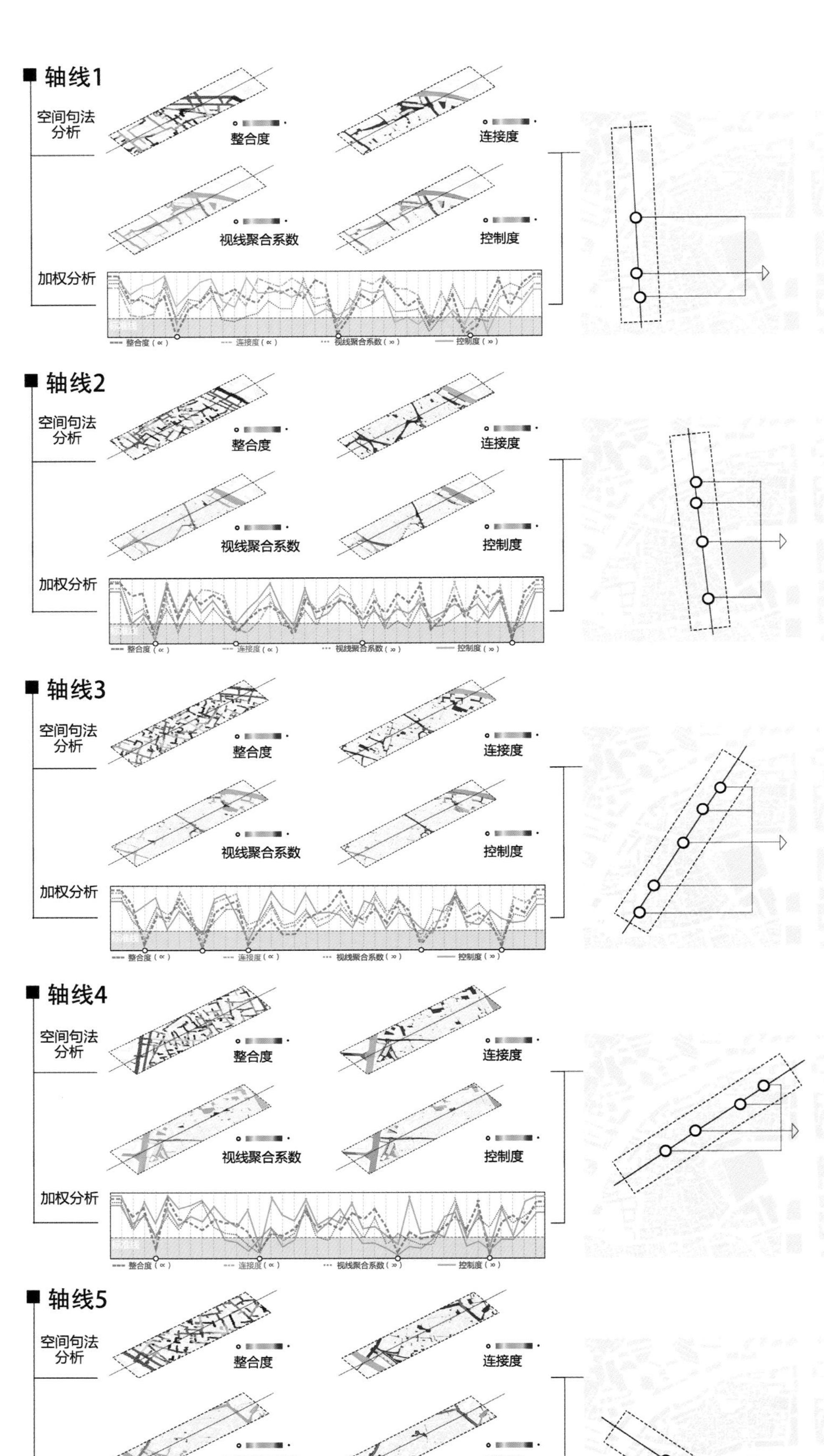

通过对线路 1 的 1m×1m 粒度的深入分析，发现线路 1VVC 值很高，导致犯罪容易发生。但是由于线路连接度较高，提升了犯罪的警惕性，最终确立了该线路三个犯罪空间。

通过对线路 2 的 1m×1m 粒度的深入分析，发现线路 2 控制率很高，导致犯罪容易发生。但是由于线路 VVC 值较低，最终该线路犯罪空间缩减为三个。

通过对线路 3 的 1m×1m 粒度的深入分析，发现线路 3 控制率和 VVC 值都很高，导致犯罪容易发生。最终该线路犯罪空间确定为五个。

通过对线路 4 的 1m×1m 粒度的深入分析，发现线路 3 控制率很高，导致犯罪容易发生。但改线路连接度值差异很大，规律性不强，最终该线路犯罪空间确定为四个。

通过对线路 5 的 1m×1m 粒度的深入分析，发现线路 5 控制率和 VVC 值具有空间差异性，犯罪空间点相对较少。最终该线路犯罪空间确定为三个。

图例
潜在犯罪空间
治愈花园
集市绿道
共享空间
轴线1
轴线2
轴线3
轴线4
轴线5
色满路
解放北路
控制区域
花园
绿色空间重建
儿童花园
街边咖啡屋
农业花园
游憩空间
集市花园
艾提尕尔清真寺
半径=150m
半径=500m
高台民居街路空间
农业花园&运动花园
集市步行街

治愈花园系统的形成与发展

空间句法分析

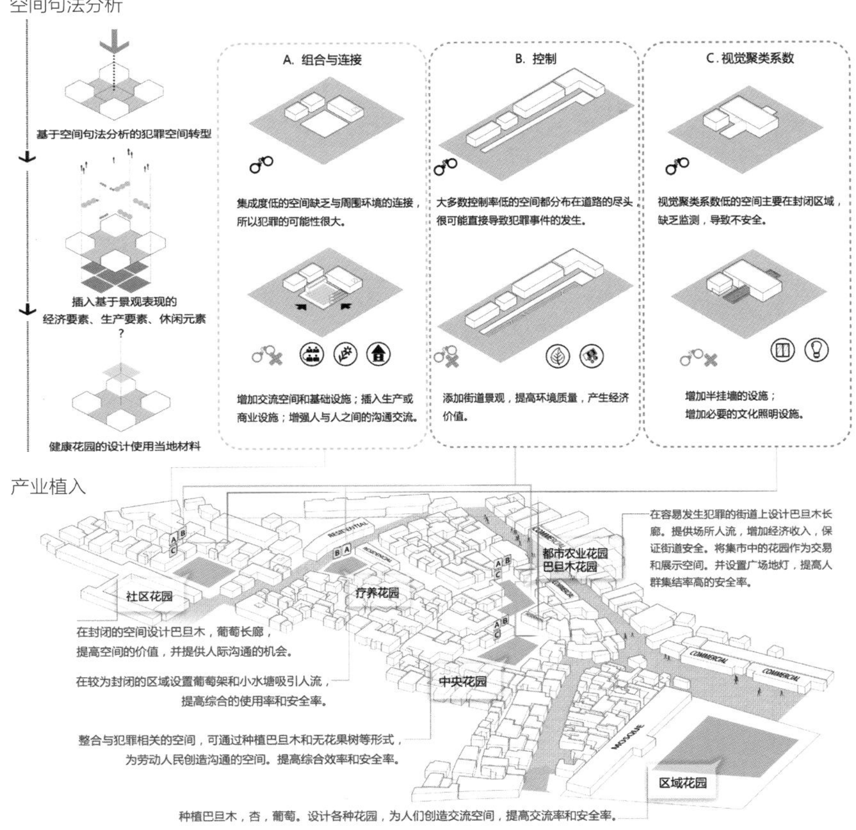

基于空间句法分析的犯罪空间转型
插入基于景观表现的
经济要素、生产要素、休闲元素
?
健康花园的设计使用当地材料
A. 组合与连接
集成度低的空间缺乏与周围环境的连接，所以犯罪的可能性很大。
增加交流空间和基础设施；插入生产或商业设施；增强人与人之间的沟通交流。
B. 控制
大多数控制率低的空间都分布在道路的尽头，很可能直接导致犯罪事件的发生。
添加街道景观，提高环境质量，产生经济价值。
C. 视觉聚类系数
视觉聚类系数低的空间主要在封闭区域，缺乏监测，导致不安全。
增加半挂墙的设施；
增加必要的文化照明设施。

产业植入

社区花园

疗养花园

都市农业花园
巴旦木花园

中央花园

区域花园

RESIDENTIAL

COMMERCIAL

MOSQUE

在容易发生犯罪的街道上设计巴旦木长廊。提供场所人流，增加经济收入，保证街道安全。将集市中的花园作为交易和展示空间。并设置广场地灯，提高人群集结率高的安全率。

在封闭的空间设计巴旦木，葡萄长廊，提高空间的价值，并提供人际沟通的机会。

在较为封闭的区域设置葡萄架和小水塘吸引人流，提高综合的使用率和安全率。

整合与犯罪相关的空间，可通过种植巴旦木和无花果树等形式，为劳动人民创造沟通的空间。提高综合效率和安全率。

种植巴旦木，杏，葡萄。设计各种花园，为人们创造交流空间，提高交流率和安全率。

治愈花园

邻里空间也可以用作商业空间

人们可以在花园里跳舞和玩耍。

人们可以在花园里跳舞和玩耍。

家庭和邻居一起做农场工作。

家庭和邻居一起做农场工作。

治理前

有大量负空间

犯罪及暴力无处不在

犯罪率

(每100人犯罪案件案件数量)

>390

2008/08/04

16人遇害16人受伤

2013/08/12

15人遇害

2015/04/23

15人遇害2人受伤

犯罪率

就业机会

人均收入

哈密瓜

商业步行街

雨水收集系统

暴力与犯罪

和平与发展

N
0 5 10 20 m
位置
COMMUNITY INSERT 社区植入
5-10个集会活动/月
≈10-15个家庭参与
游憩花园可结合果廊提供舒适的游憩空间
同时创造经济价值。
COMMUNITY INSERT 社区植入
5-10 个器械
≈100-120人/天
交往花园为居民提供游憩设施，增加场地人流量，提高安全性
COMMERCIAL INSERT 商业植入
巴扎花园可作为社区集会的场所，举办展览、聚会。为没有工作的流动人口提供就业机会。
5-10个职位/月
≈¥1万元-2万元
AGRICULTURE INSERT 农业植入
在花园中注入都市农业，在低矮植坛中种植无花果、哈密瓜等当地适宜的作物，另外以巴旦木种植为载体为公众共同劳作交流提供机会，增进邻里交流，增强社区安全性。
15kg/年
≈¥40万元
五年后
负空间转型
当地民族特色
犯罪率
（犯罪率整体下降
<2.2%
犯罪率
就业机会
人均收入
未来
犯罪率
更多的积极空间的建设，
将使社区居民的生活更加和谐
集市
商业街
高台传统民居
无花果
哈密瓜种植田
治愈花园
移动座椅
更好的喀什 更好的生活

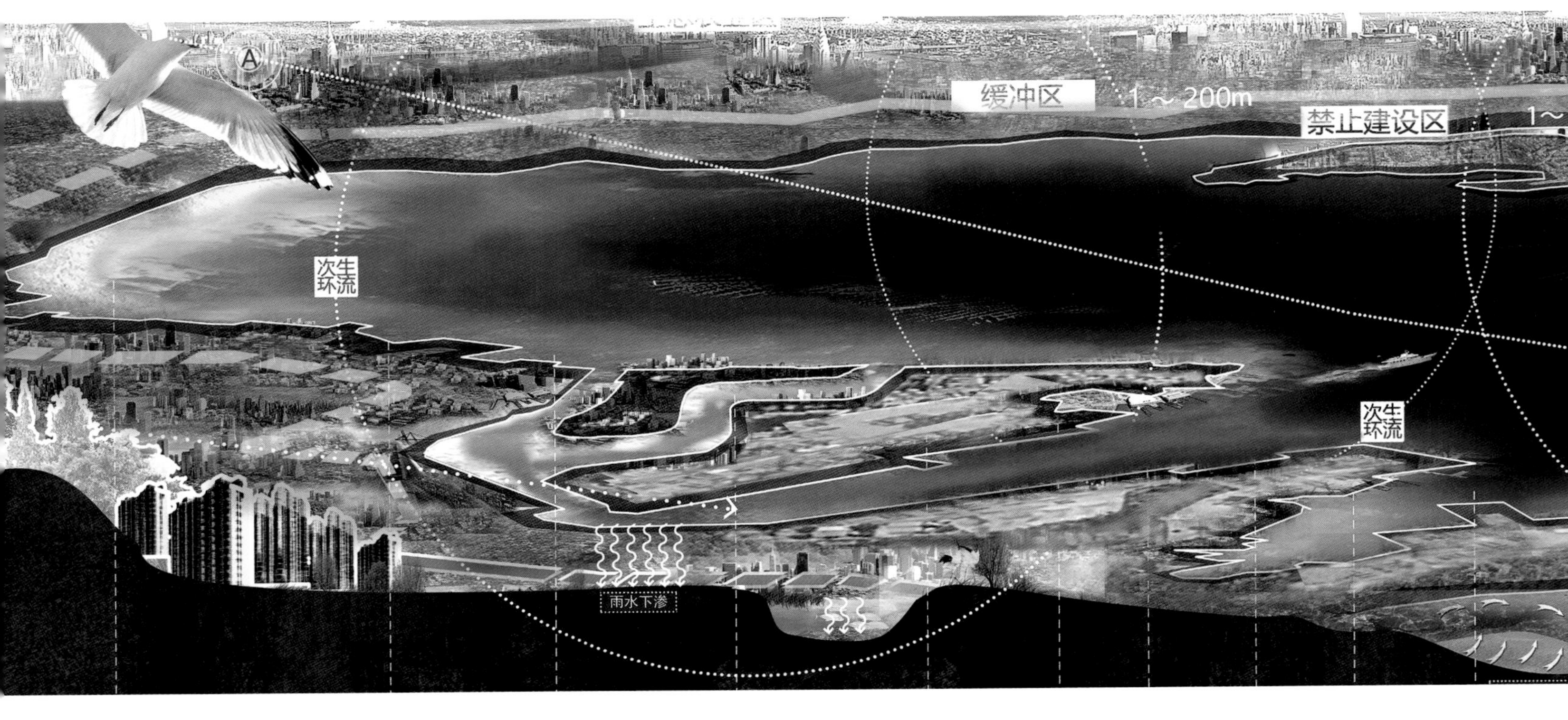

以海定城——青岛胶州湾生态修复设计

作　　者：林荣亮，姜云飞，郭轩佑，王思杰，王宇泓
指导教师：李　雄
奖项名称：2016 年中国风景园林学会大学生设计竞赛研究生组佳作奖

本方案的选址位于中国山东省青岛市胶州湾。青岛因胶州湾优越的自然地理及区位条件而产生并得到发展，然而由于陆海统筹不足，人类长期不合理的开发活动，胶州湾正在面临巨大的生态危机，在众多环境干扰因素中填海、输入性污染、海岸带的城市过度开发建设是制约胶州湾生态可持续发展的主要因素。原有的海岸带自然风貌和传统城市风貌特征被破坏殆尽，曾经老青岛的风貌和场所记忆被现如今千城一面的高楼大厦所取代，城市文脉被逐步侵蚀，滨海公共空间不足、不连贯也为市民的出行和自然体验造成了不便。

设计以陆海统筹的思路，结合海洋生态学、海洋沉积学原理，提出"以海定城·以绿兴海"的策略——以海湾生态承载力要求，控制入海排污总量，优化陆域风景园林生态空间网络结构。利用青岛胶州湾环湾区域废弃与低效的盐田、养殖池空间，实施退池还海、退田还海等一系列生态修复措施，增加海湾纳潮量，恢复海湾自净能力，破解胶州湾近年来由冲於恶化导致海湾寿命加速缩短的威胁、生态系统体制转变危机、生境退化以及陆海失去联系的主要问题。并通过设计实现经济模式、城市风貌、游憩功能、城市文化的整体提升和转变。

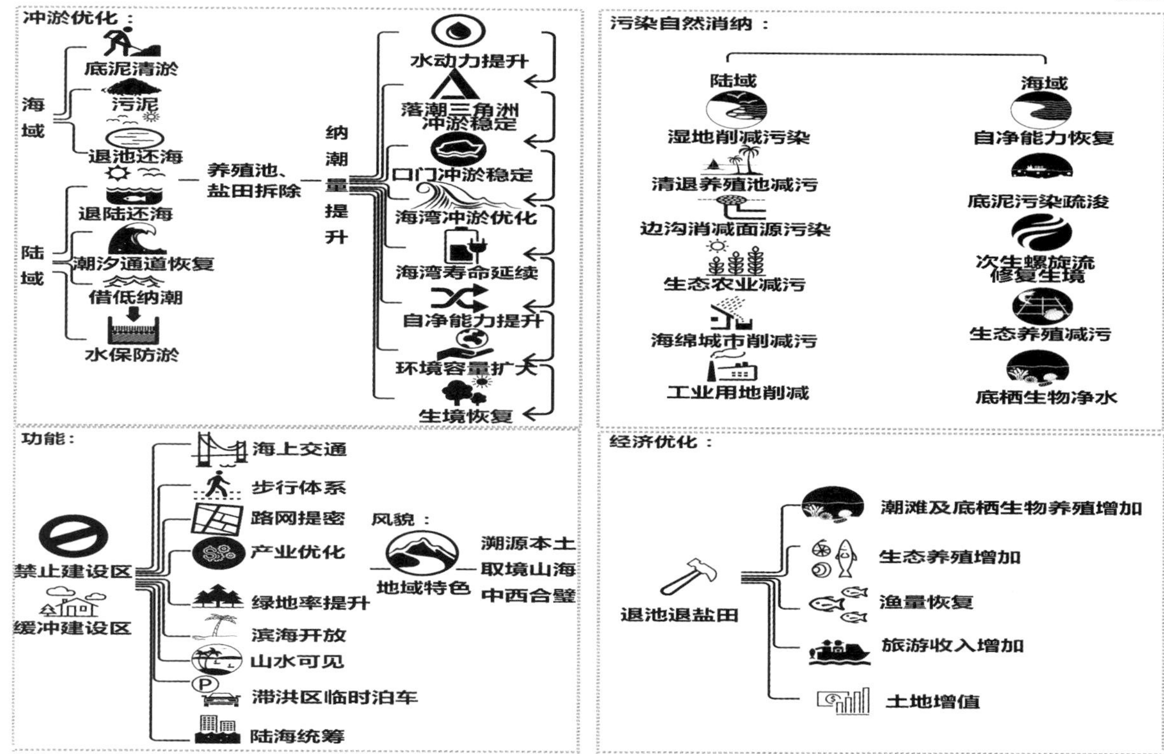

设计策略

主要设计策略是以海定城、以绿兴海、山水传城。

生态方面：冲淤优化、污染消纳和生境修复来扩大纳潮量。提高水交换能力，提高海湾环境容量和自净能力。

功能方面：以海定规。构建 100~200m 海岸带禁止建设区域，保护生态敏感区，设置海岸公共开放区和缓冲建设区。

经济方面：以少谋多。少：退池退盐田还海导致养殖、盐业收益降低；多：增加底栖养殖收益；缓冲区、禁止建设区建成后带动环湾大片城区土地增值，增加城市旅游产业。

风貌方面：山水传城。取境山海——保护城市山水风貌及视廊，塑造城市山海景观文化“意境”。

现状模式与改造模式对比

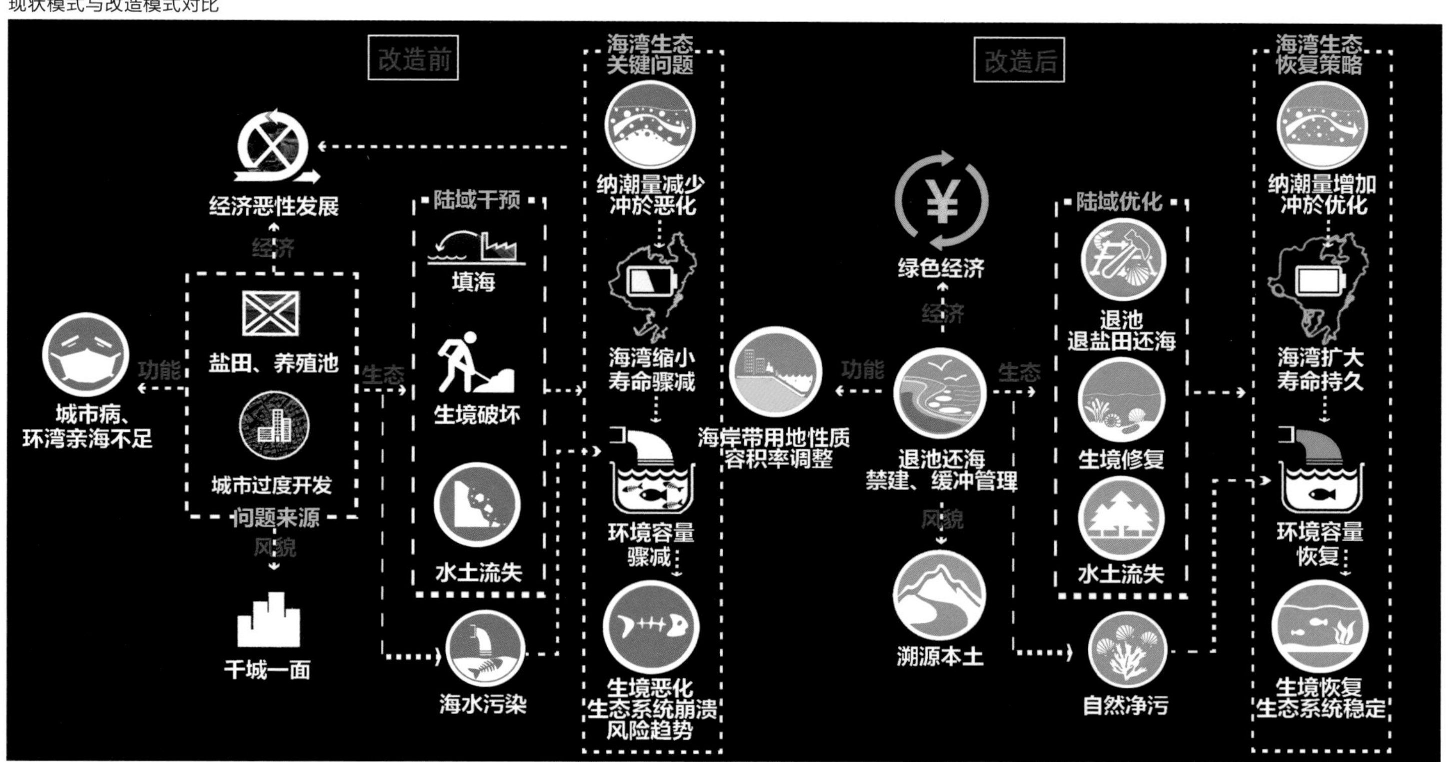

胶州湾生态修复平面设计图

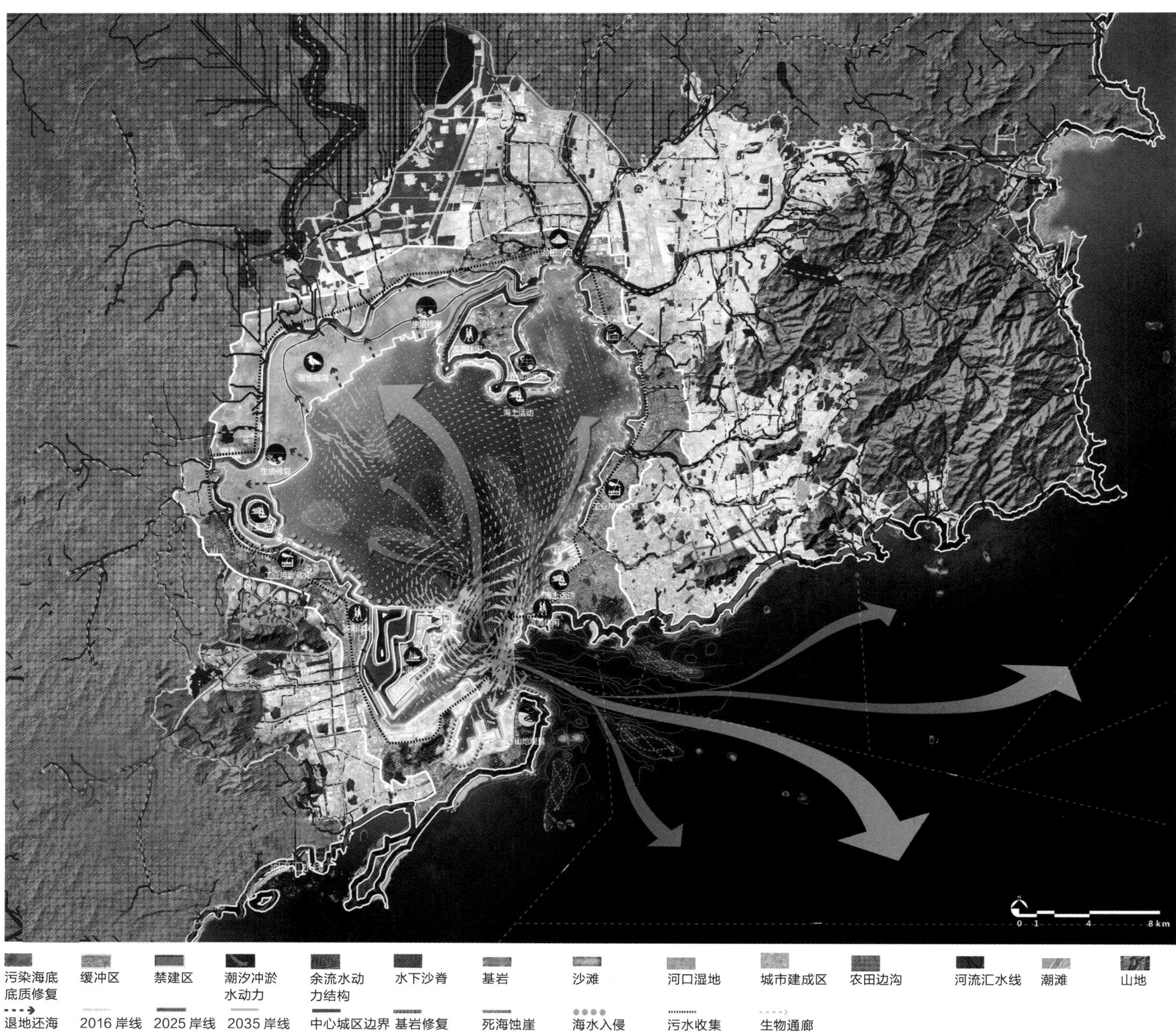

0 1 4 8 km
污染海底底质修复
缓冲区
禁建区
潮汐冲淤水动力
余流水动力结构
水下沙脊
基岩
沙滩
河口湿地
城市建成区
农田边沟
河流汇水线
潮滩
山地
退地还海
2016 岸线
2025 岸线
2035 岸线
中心城区边界
基岩修复
死海蚀崖
海水入侵
污水收集
生物通廊

改造原理

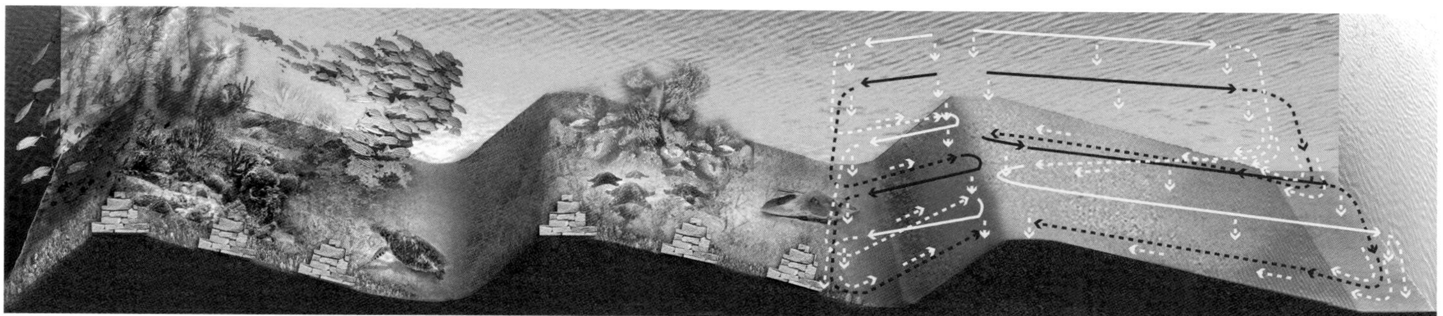

原理：次生螺旋流假说+底栖生境自然修复=海湾海水水质净化

由于水位和底摩擦的影响，在脊槽间形成流速梯度和水位梯度，形成两个大致对称的横向环流，向海底辅聚下降，然后沿海底向两岸辅散，再沿水面流到主流线。向海底辐聚的海流侵蚀沟底，侵蚀下来的泥沙，随两岸辐散的水流向沙脊的顶部搬运并趁机下沉。通常在力的作用下，沙脊两侧分别以涨、落潮流为主，造成脊坡两侧水质点向脊顶运动，从而使泥沙也向脊顶运动。利用该原理可以人工引导沙脊生境的优化，优化的生境将有利于海洋底栖生物的生长，底栖生物对海水具有过滤净化作用，运用该原理可净化海湾水质，达到生态修复的功效。

胶州湾历史演变

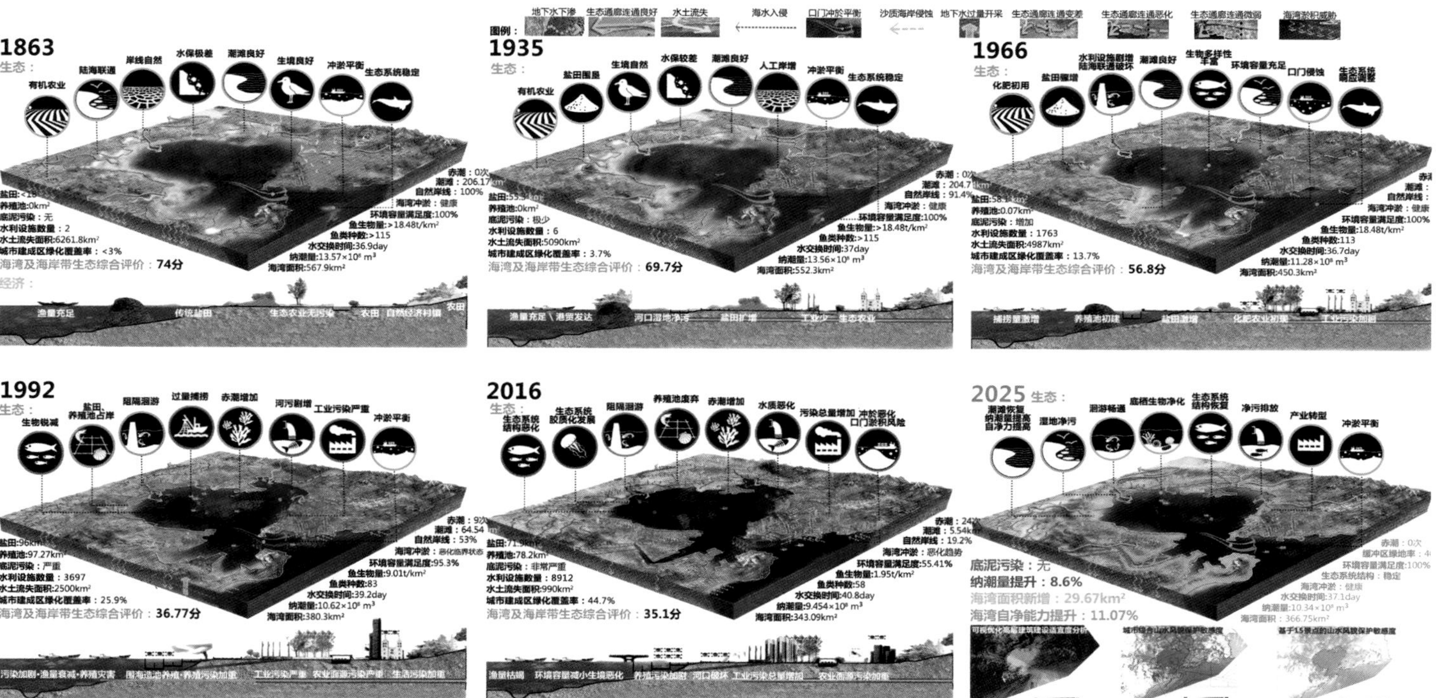

规划总平面图

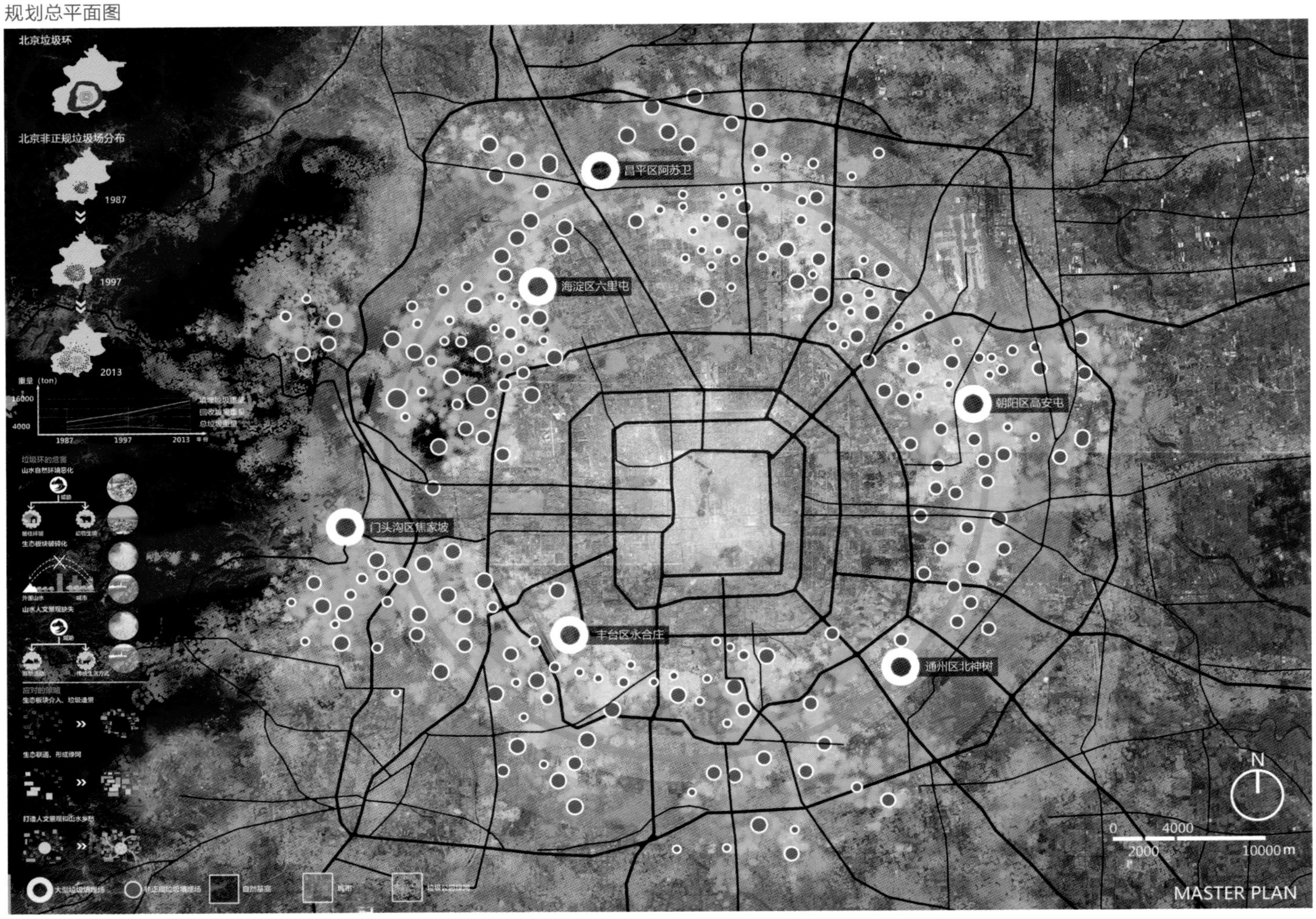

破·围——北京六环外垃圾堆填公园系统规划

作　　者：李方正，边　谦，刘　玮，李凤仪，张云璐
指导教师：李　雄
奖项名称：2014 年中国风景园林学会大学生设计竞赛研究生组鼓励奖

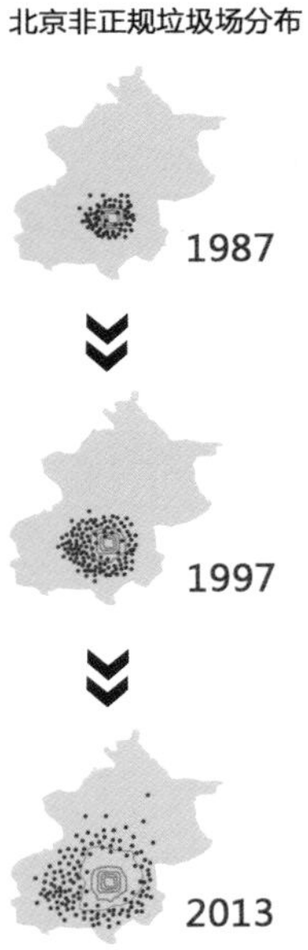

北京非正规垃圾场分布

据统计资料显示，北京市周边的非正规垃圾填埋场以城市中心为同心圆形成了围绕城市的环状包围带。随着城市的扩张发展，这条包围带逐步向远离城市中心的方向推移。20 世纪 70 年代，包围带主要分布在三环路周边，90 年代推移到四环路，近期转移到了六环路周围。以上诸多方面的现象说明，非正规垃圾场的持续存在使城市周边生态环境面临的威胁日益增加，土地的价值受到影响，人民的生活环境遭到破坏。因此“垃圾围城”的环境问题成为亟待解决的现实问题。拟通过对北京六环路以外的非正规垃圾场进行景观改造，打造六环外垃圾填埋公园系统。

垃圾填埋场改造过程

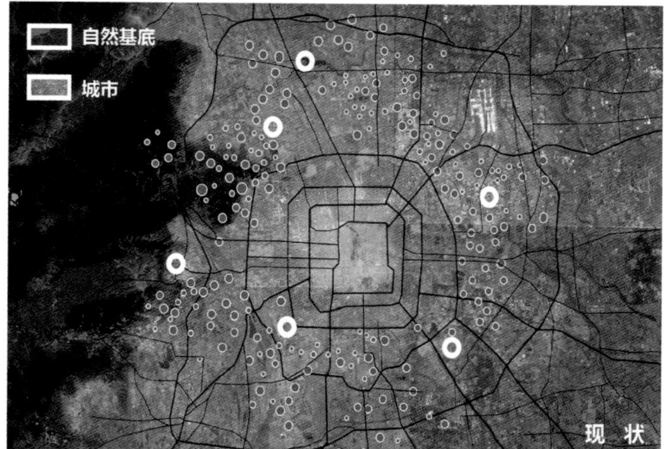

6个大型垃圾场与近200个非正规垃圾场形成环绕北京的环，与城市边缘相接形成垃圾七环。

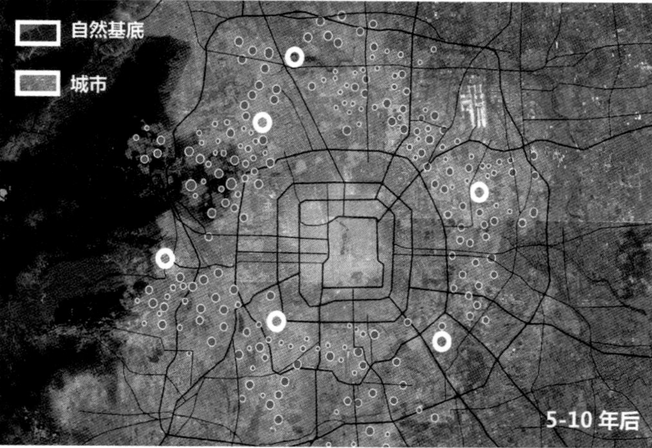

根据垃圾场分布情况和周围用地性质对现有垃圾场进行景观改造。

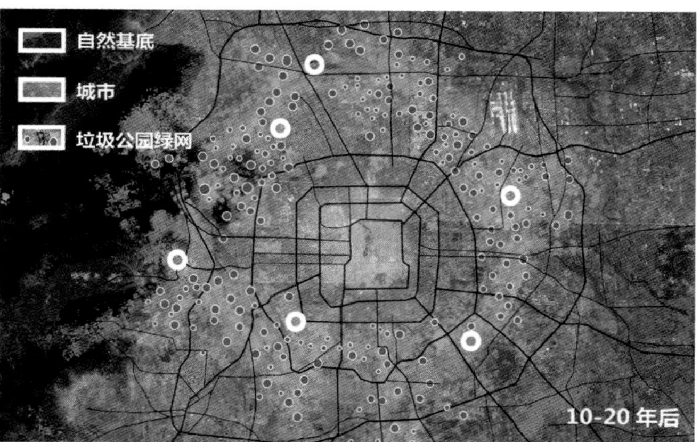

垃圾公园将和现有的公园绿地结合形成一个绿色的网络，促进北京垃圾高效回收和垃圾场公园的改造。

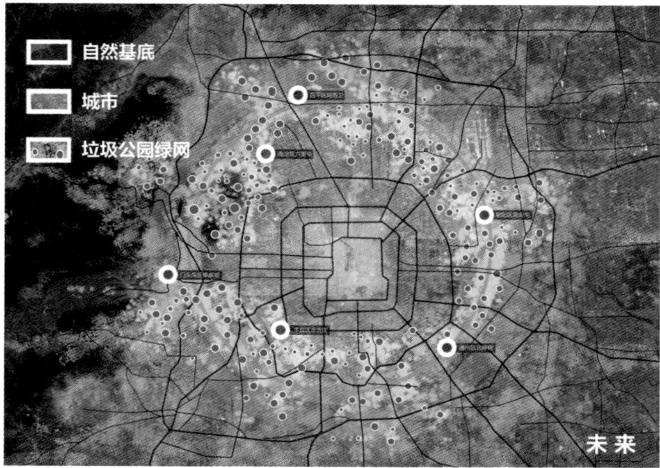

未来的垃圾区域将不再是北京的墙，而是一个不断改进的绿带，北京也将变回一个被绿色包围的城市。

设计概念及策略

垃圾回收处理流程图

生态斑块介入、垃圾造景

生态连通、形成绿色网络

打造人文景观与山水乡愁

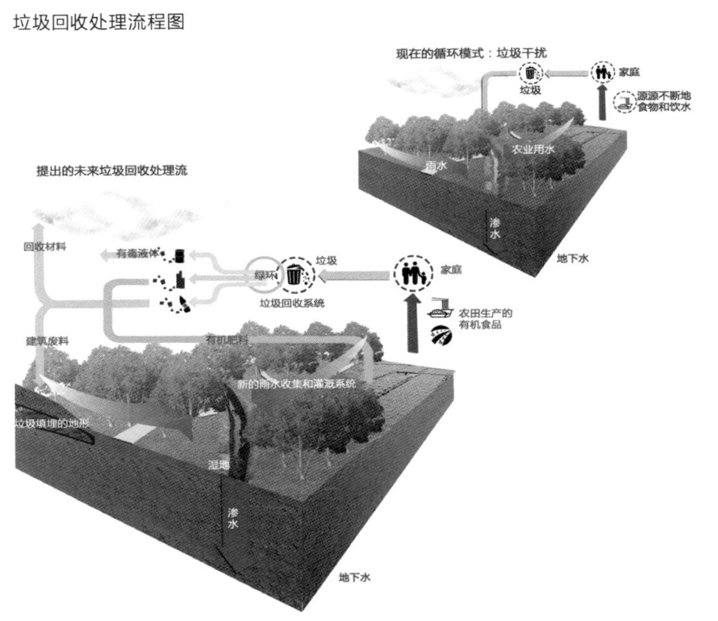

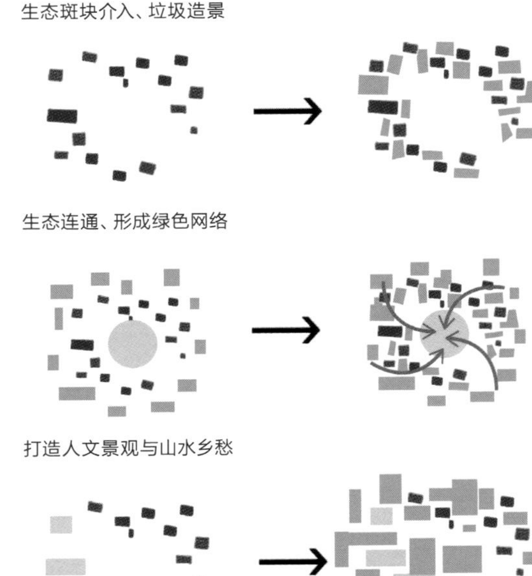

鸟瞰效果图

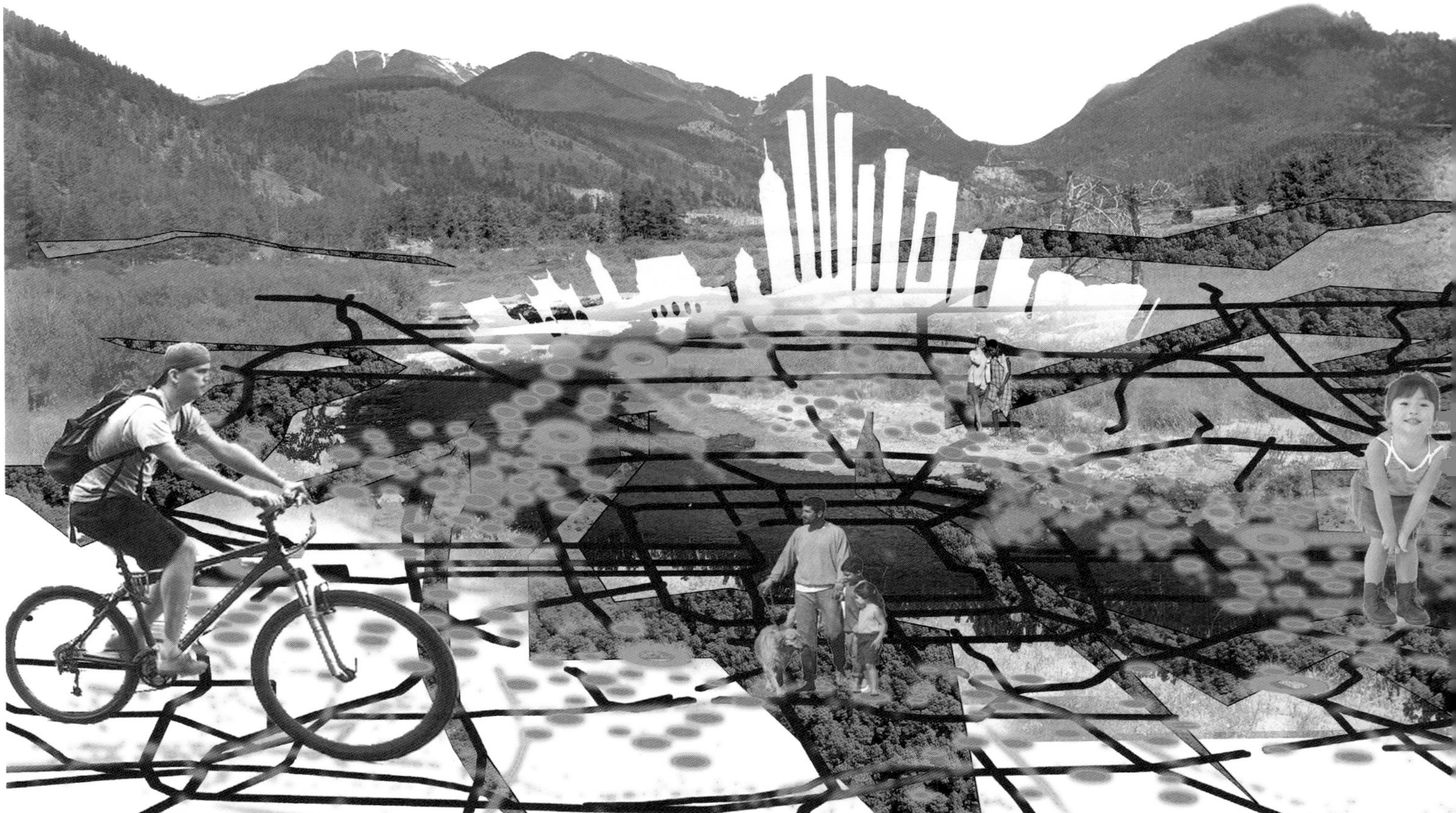

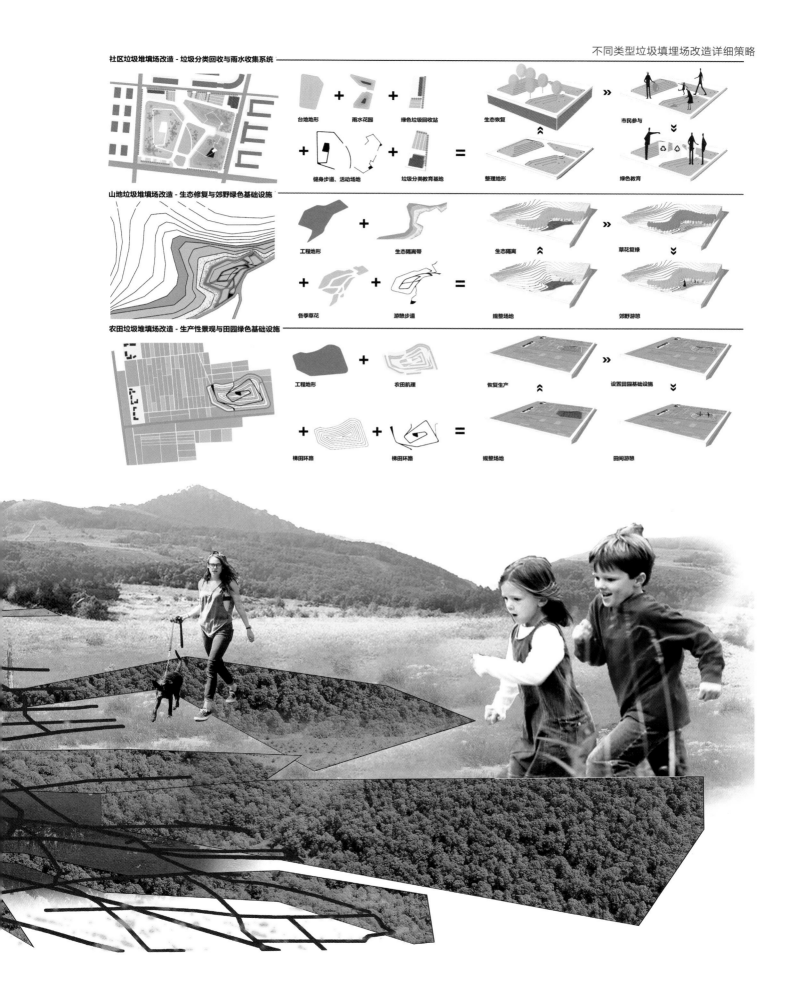

社区垃圾堆填场改造 - 垃圾分类回收与雨水收集系统

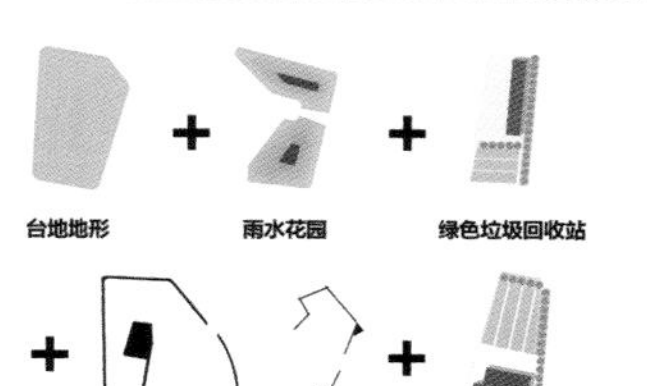

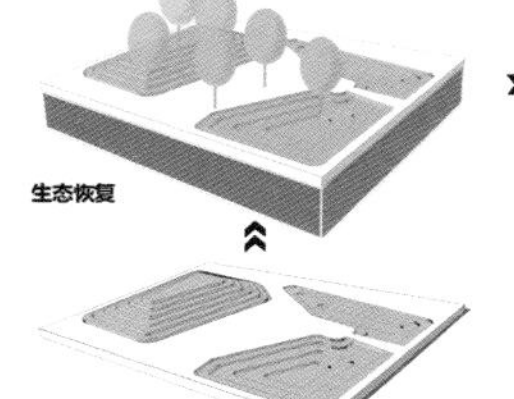

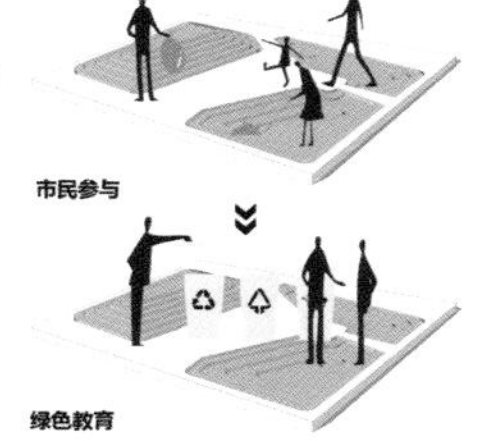

山地垃圾堆填场改造 - 生态修复与郊野绿色基础设施

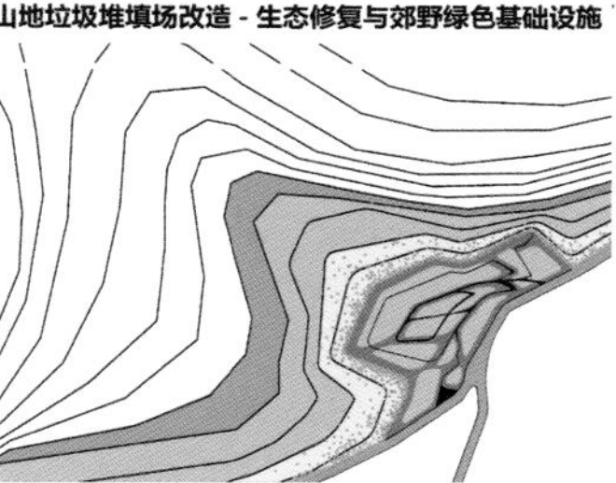

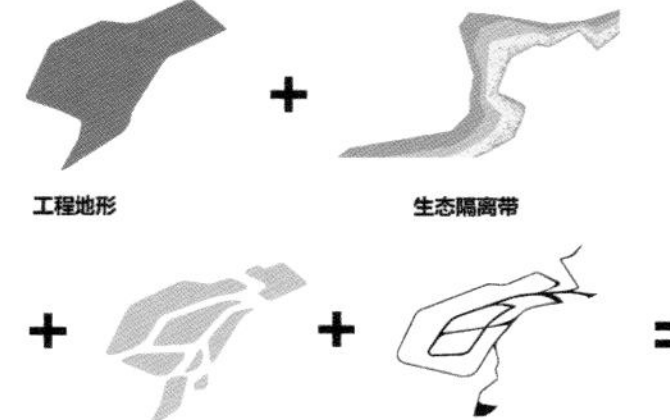

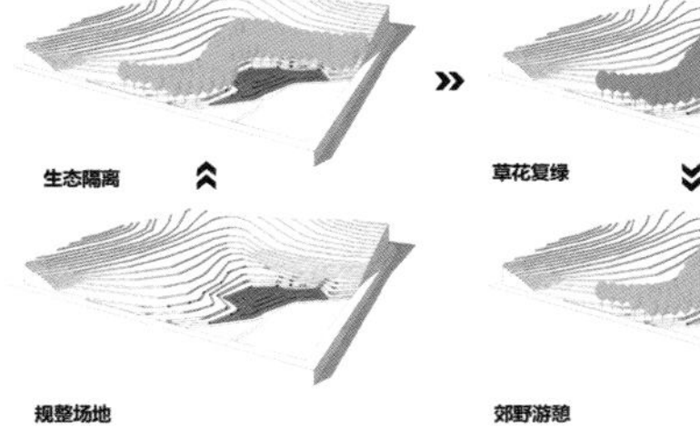

农田垃圾堆填场改造 - 生产性景观与田园绿色基础设施

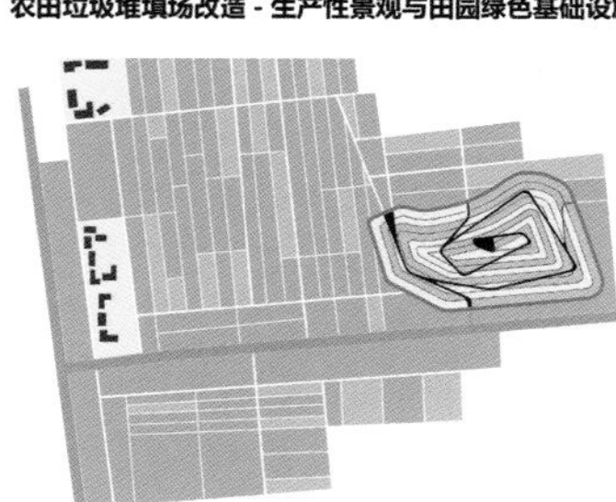

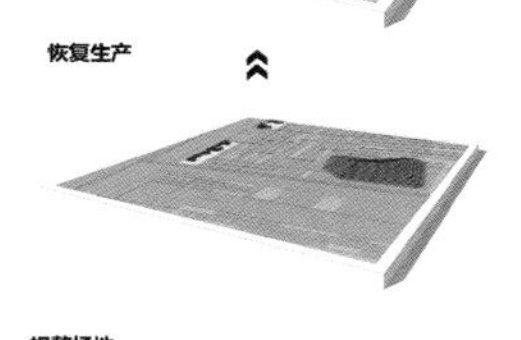

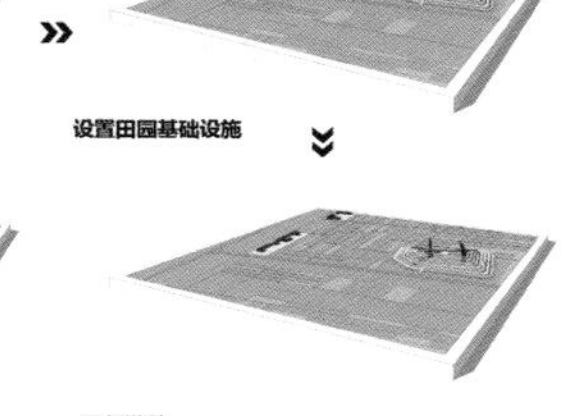

风吹麦浪——城市边缘风道及农业景观基础设施

作　　者：刘　玮，魏晓玉，谢韩诺娃，李雪珂，薛冰洁
指导教师：李　雄
奖项名称：2013 年中国风景园林学会大学生设计竞赛本科生组荣誉奖

本方案选址区域位于河北省唐山市迁安市。迁安市位于河北省东北部，燕山南麓，滦河岸边。迁安是一个资源型城市和钢铁大市，水系众多、地形复杂，在城市经济发展的过程中一度出现了矿区生态环境恶化、城市水质污染等问题。老城区用地限制、环境基础差，整个城市绿地建设参差不齐、绿地数量虽有增加但质量有待提升、绿地系统有待完善。

我们选取了迁安市城郊交界的区域，结合其特有的自然及人文现状。

运用风景园林规划设计的途径，建设了一个城市农业景观基础设施体系。通过植入城市农业景观基础设施体系，满足市民对多化绿色活动空间的需求，为居民提供休闲娱乐、交流、健身的空间。同时一定程度上缓解城市粮食短缺问题，解决一系列社会发展的矛盾。

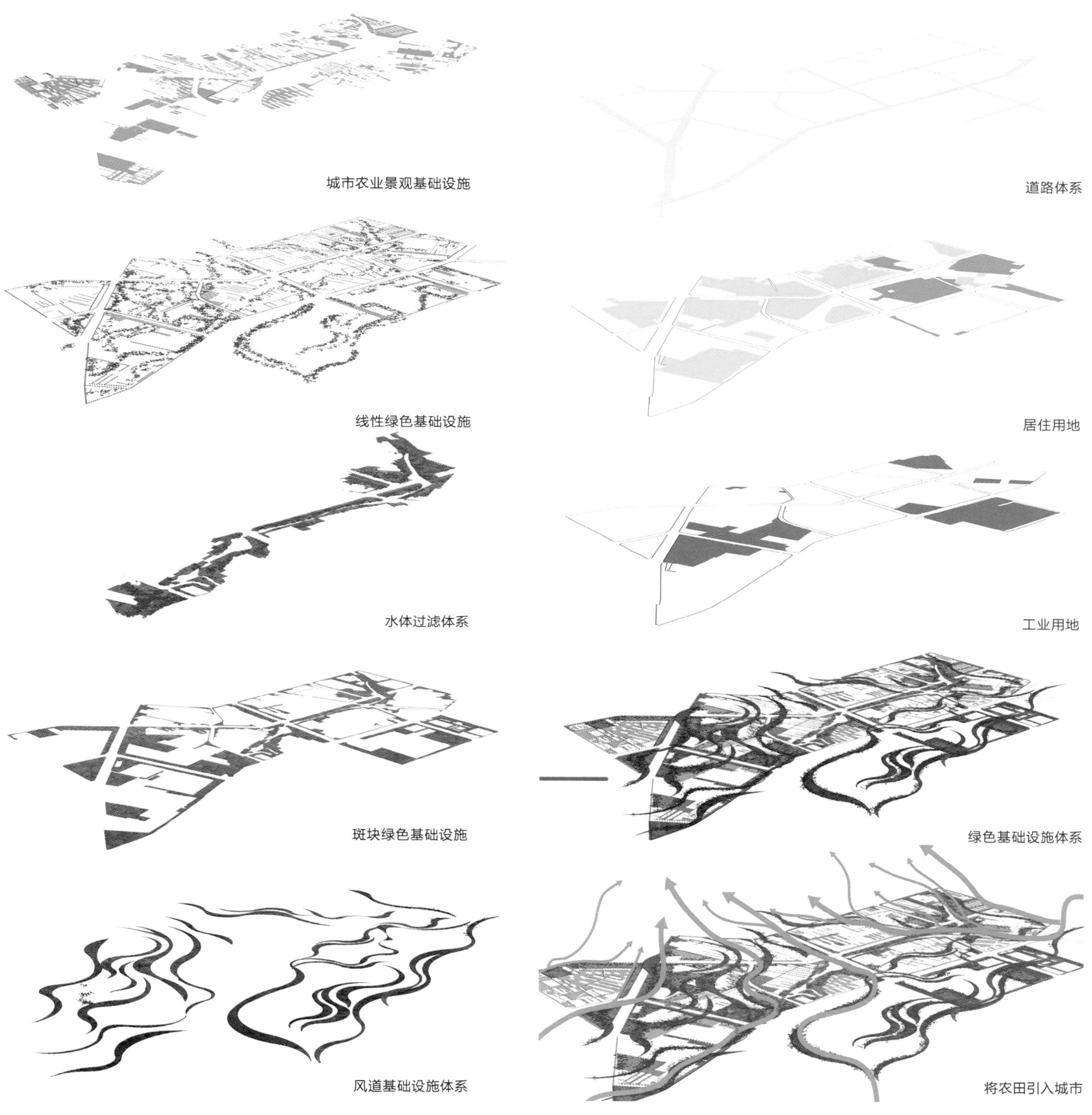

城市农业景观设施体系由农业公园、休闲农场、观光农园、教育农园、市民农园等类型组成，并与线性绿色基础设施、水体净化设施体系、城市公园、风道基础设施共同构成城市绿色基础设施体系。

城市周边工厂产生的工业废气，也通过绿廊组成的风道体系，进行合理的引导及过滤净化，进而引入城市，缓解城市热岛效应。工厂产生的工业废水经过过滤层，进入储水箱保存，在旱季可以用于灌溉并作为工业用水循环利用。农作物、绿色屋顶、绿色公交站台等设施，可以收集雨水，进行净化后，用于生活用水、洗车、灌溉等。农作物可以与娱乐空间、居住区、科普教育相结合，让居民充分体验农耕的乐趣。

效果图与剖面图

效果图

剖面图

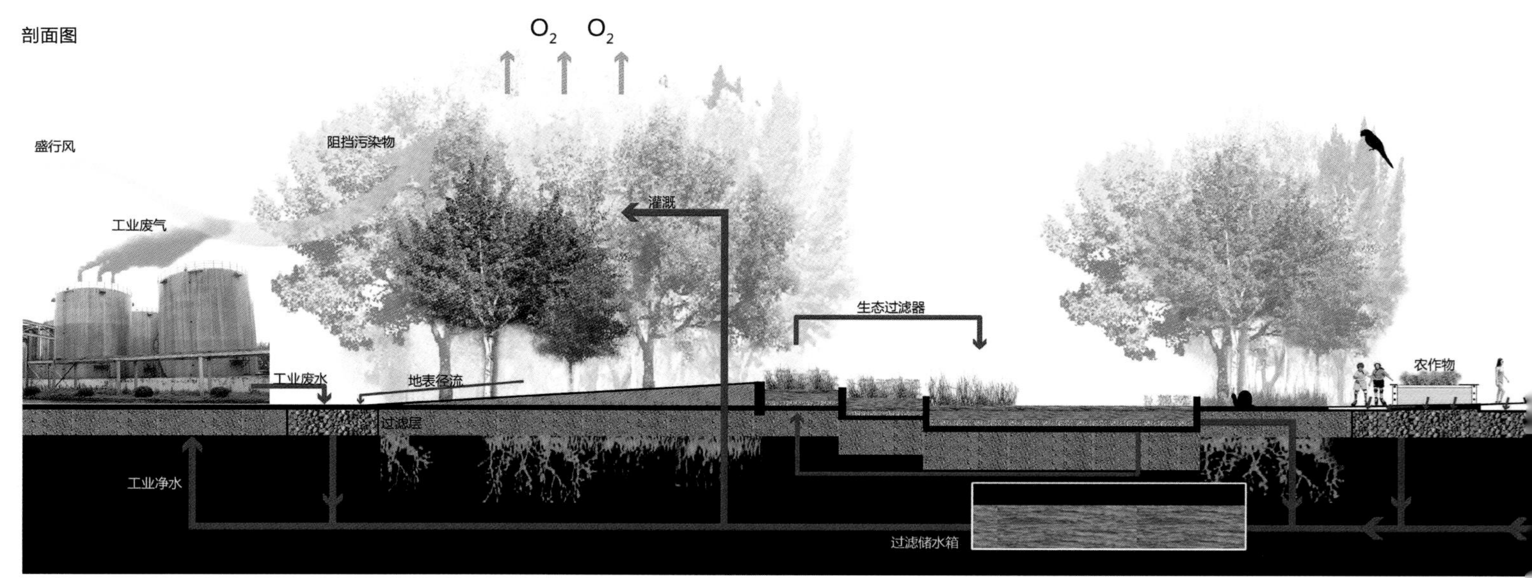

效果图

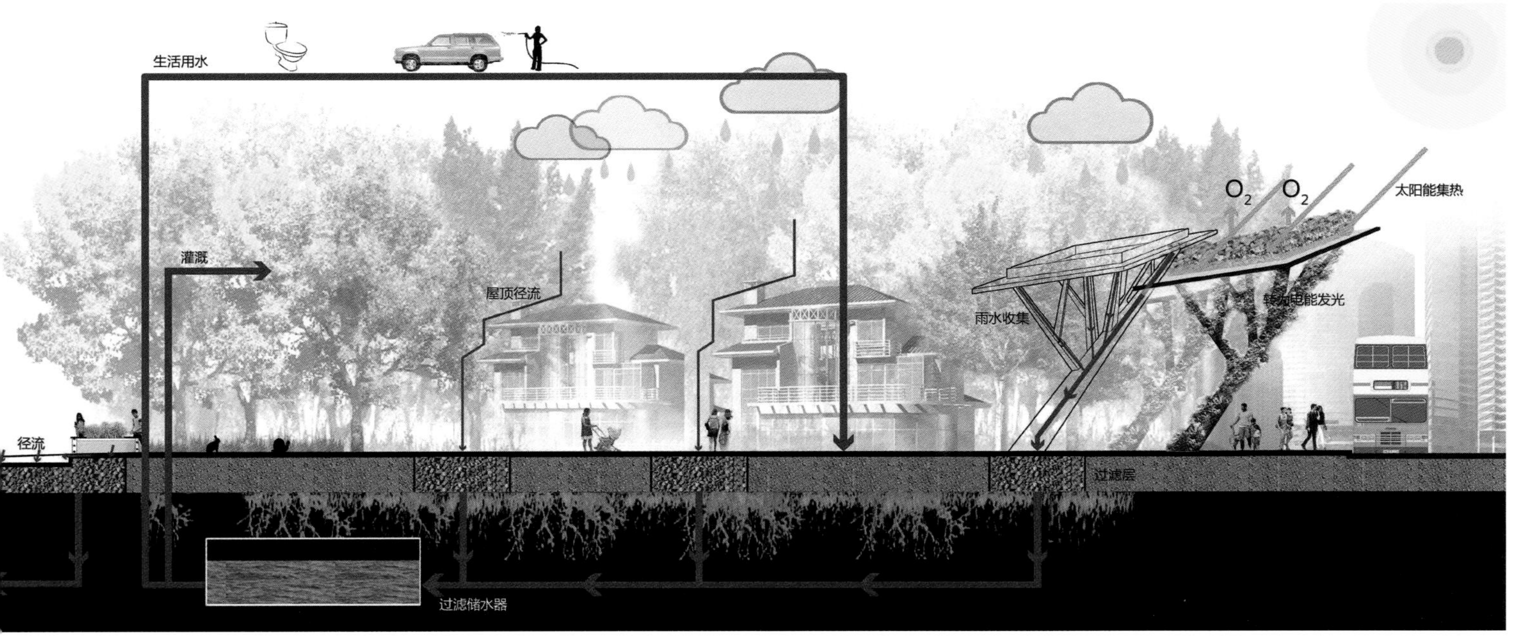

飘动的生命——北京市房山区孔家湾采石场生态恢复设计

作　　者：卢鹏舟，李　洋，文　钰，张千千，李　凡
指导教师：李　雄，曹礼昆
奖项名称：2013 年中国风景园林学会大学生设计竞赛本科生组荣誉奖

2012 年北京地区“7·21”特大暴雨事件中房山区的受灾情况较为严重，其中大部分为山体滑坡和大暴雨造成的泥石流导致灾情严重。通过对房山地区的地理地形特征分析，其地形多为山地，并且人为地开采山体较普遍，人类在获取自然资源的同时，对山体原有的肌理造成了破坏。

同时山谷间的大风导致其扬尘污染，周围城镇的生态环境造成影响。并且事后的采石场往往处于弃置状态，通过自然力恢复其遭受破坏的生态环境，遥遥无期。

场地位于北京市房山区孔家湾东侧山谷，是“7·21”事件中受灾较严重的地区，目前此山谷为一个开采中的采石场。山体生态环境遭受严重破坏。

方案希望通过利用山地间的风力，对采石场内遭受破坏的山体进行恢复。

风向植物生长分析

风速频率示意图

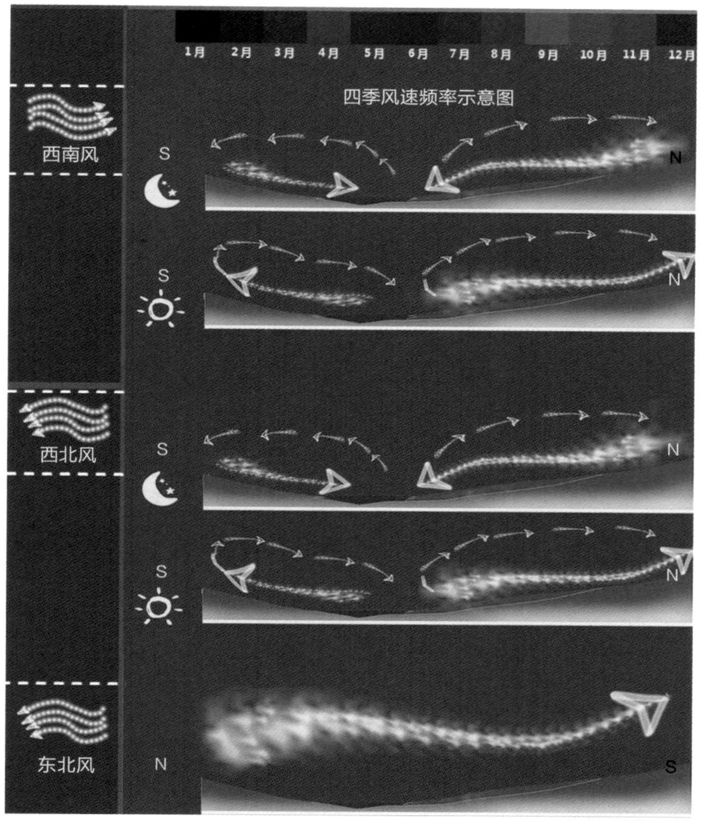

植物群落生长剖面示意图

5 年后

10 年后

20 年后

40 年后

（1）场地的原始景观环境是以自然生态植物基底为主的山地组群，山地连绵起伏。
（2）自然基底遭到破坏的原因以人为因素为主，房山区蕴藏大量矿产资源，长时间开采对矿区土地及生态环境造成严重破坏，点状分布的砂石厂造成生态断痕。
（3）房山区形成的局部环流山谷风白天以偏南风为主，晚上以偏北风为主，在山谷内形成风力环流体系，并与四季主导风向与风速相关。

通过本方案对废弃采石场的生态恢复，预计 5 年后基本改善土壤环境，优势物种为草本植物；10 年后，形成草本与灌木的复合群落；20 年后，具有乔木类优势物种；40 年后形成成熟的、丰富的乔 － 灌 － 草植物群落；80 年后，恢复形成当地潜在的稳定森林群落。

谷地植物生长演替示意图

初期

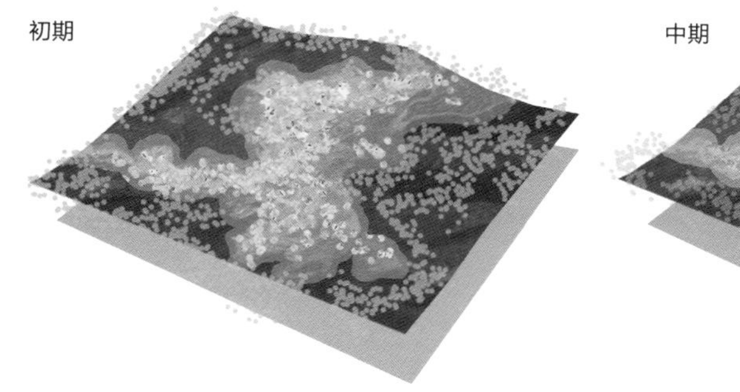

通过风力装置播撒种子，使先锋草本植物进入谷地遭受破坏的地表，为中期的植物演替营造良好的土壤环境。

中期

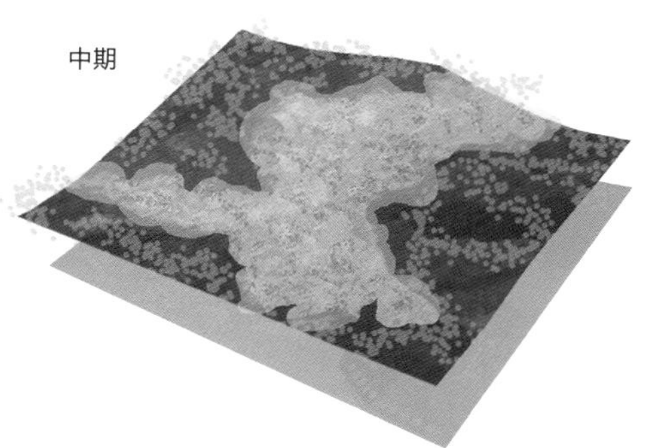

在相对适宜的土壤条件下，群落随着演替时间的延长而增加，植物总覆盖度和地上生物量呈不断增大的趋势。

后期

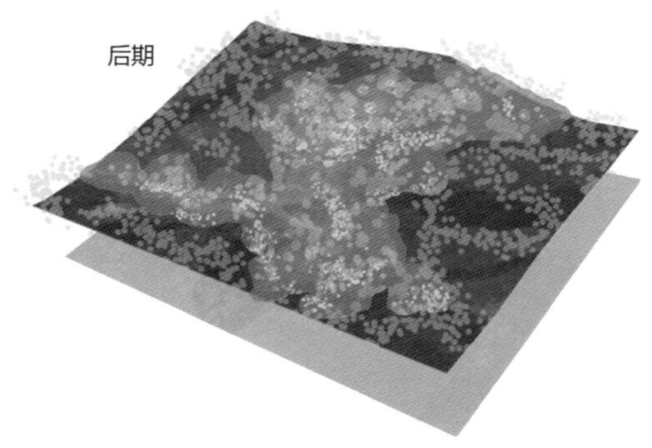

随着生态恢复，物种丰富度保持相对稳定，采取适当的人工辅助措施，恢复形成当地潜在的稳定森林群落。

效果图

绿源疗泽——引入自然过程的滨海湿地生态恢复

作　　者：于晓森，汪昕梦，张德娟，李振杰，王铭子
指导教师：李　雄
奖项名称：2009 年中国风景园林学会大学生设计竞赛表扬奖

本方案的选址位于中国浙江省台州市三门县。近些年，三门县东濒三门湾为适应城市空间增长，形成了功能完整的三门滨海新城：我们选取的基地正处于滨海新城的横港金湖，规划用地的功能分区中定位为“城市绿心”，它也是东海入海口、涧海交界处。基地属亚热带季风气候区，夏季常年东南风。三门历史悠久，民间艺术源远流长。当地居民以海为生，有着 500 年耕海牧渔历史，海洋文化积淀深厚。场地目前面临的问题是：土壤盐碱化严重，景观植被类型单一，尤其是滨海湿地植物群落，仅有大米草等几种。基地沿岸受海水侵蚀的影响日益恶化，滩涂不断减少。本方案融合生态与景观的工程做法改造该地块，使得其内的土壤条件和生态环境利于更多植物生长。同时加入“种子”台地，该台地融合当地特色人文景观，在其上人工种植适地且易于繁殖的植物，植物的种子通过风和鸟等又传播到更大的区域内，进而萌发、生长，有生命活力的绿色地带随之逐年扩展！

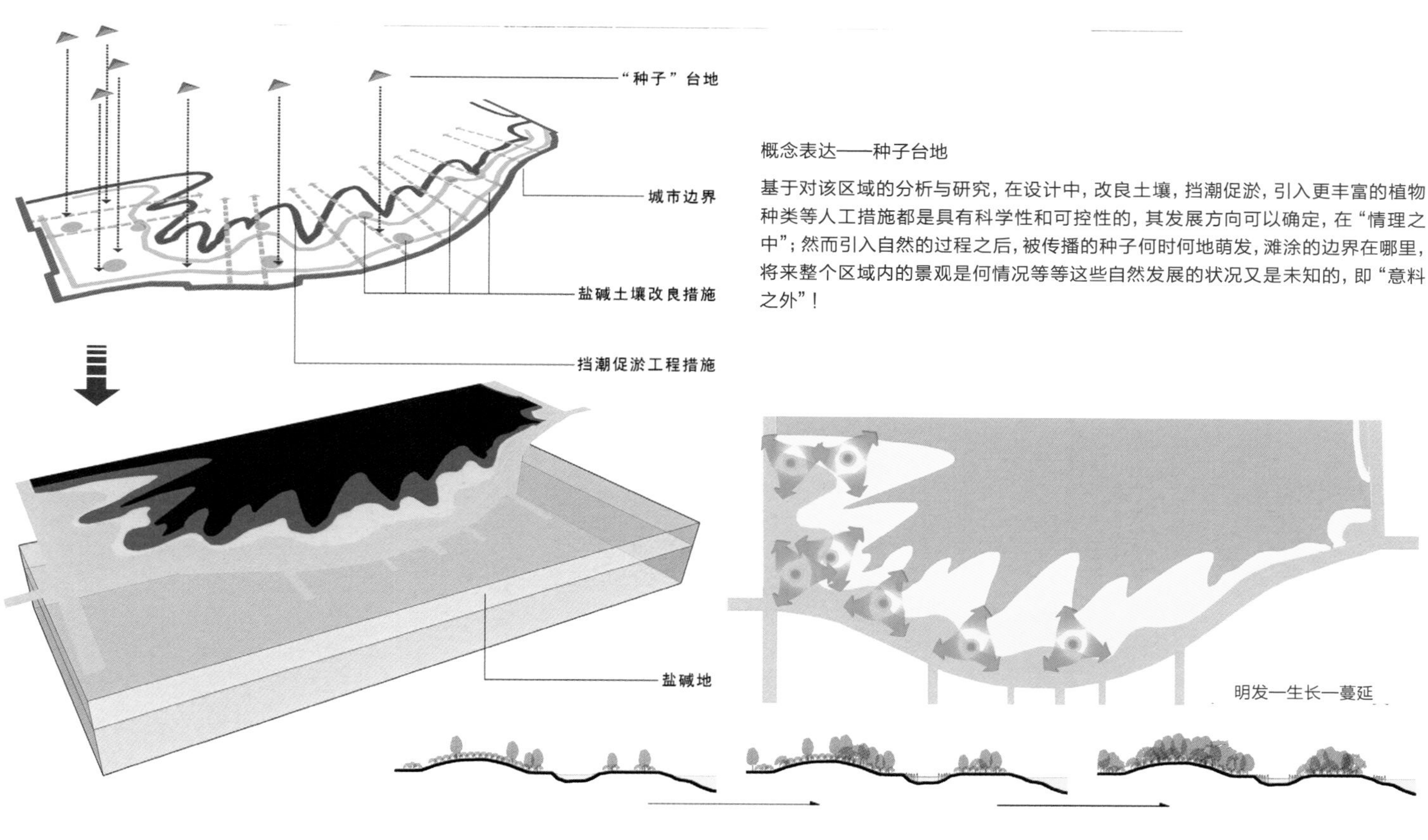

概念表达——种子台地

基于对该区域的分析与研究，在设计中，改良土壤，挡潮促淤，引入更丰富的植物种类等人工措施都是具有科学性和可控性的，其发展方向可以确定，在“情理之中”；然而引入自然的过程之后，被传播的种子何时何地萌发，滩涂的边界在哪里，将来整个区域内的景观是何情况等等这些自然发展的状况又是未知的，即“意料之外”！

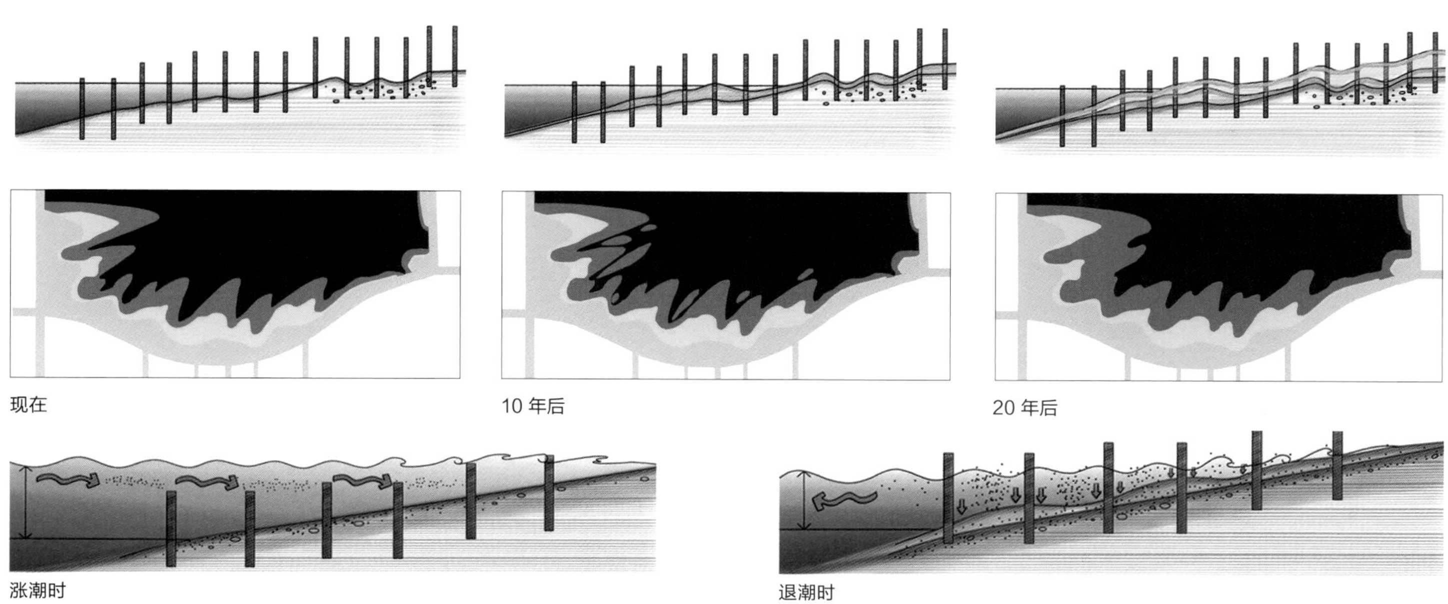

现在　10 年后　20 年后

涨潮时　退潮时

挡潮促淤——滩涂生长的生态设计策略

原理：海岸带的泥沙在波浪水流作用下，发生横向和纵向运动，沙动受阻或波浪水流动力减弱时，会产生堆积，经过长年积累，形成各种海积地貌。

海岸泥沙运动：涨潮时，泥沙随着波浪力的推动力作用被运到海岸带；退去过程中，由于泥沙自身重力影响和木桩的引入降低波浪的动能，使得一部分泥沙沉积下来。

挡潮促淤工程：依据原理，在规划用地沿岸以不破坏自然为前提进行一定程度人工干预，阻挡泥沙退回，经过一定年份的沉积，形成新的土。主要做法是：沿岸按 3m 等距阵列分布 5m 高的木桩，深埋入沿岸泥沙里。

盐碱土壤改良的概念及策略表达

概念表达——可控的融合

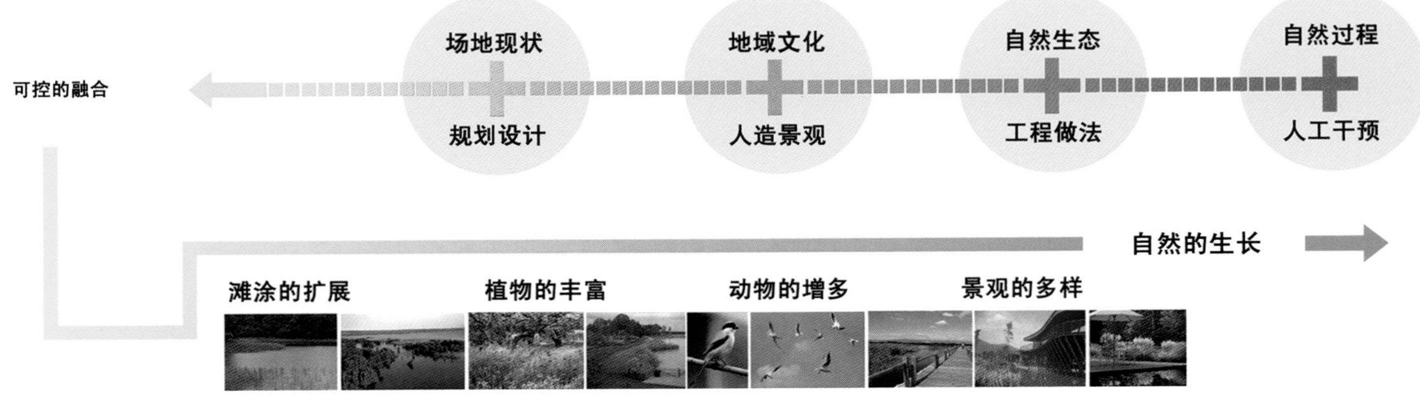

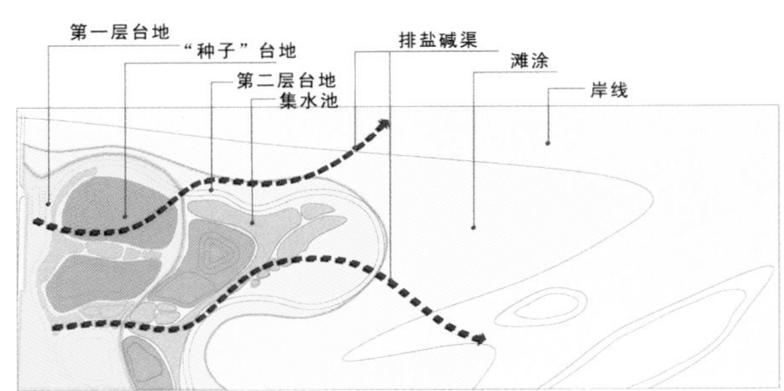

“种子”台地双层模式盐碱土壤改良的生态设计途径

地形系统——立体生态湿地开发模式，加大地面与地下水的距离，利用台田较高易淋盐碱地原理，使盐碱不能到达台地表面，且由于城市引水或天然降水的作用，使台地中的盐分下降并随排碱渠排走，实现改良土壤的目的，台地上的集水池将水存起来，让湿地植被得到恢复，形成良好的湿地景观体系。

第一层台地：土壤盐碱化相对较弱的区域，高程较高，通过台地模式的运用，使得植被可以较快恢复，乔、灌、草相互搭配，形成生态群落，创造出良好的风景园林效果。

第二层台地：土壤盐碱化相对较强的区域，高程较低，植被恢复相对缓慢，植被多为乡土类型，较富有滨海盐碱植被特色。

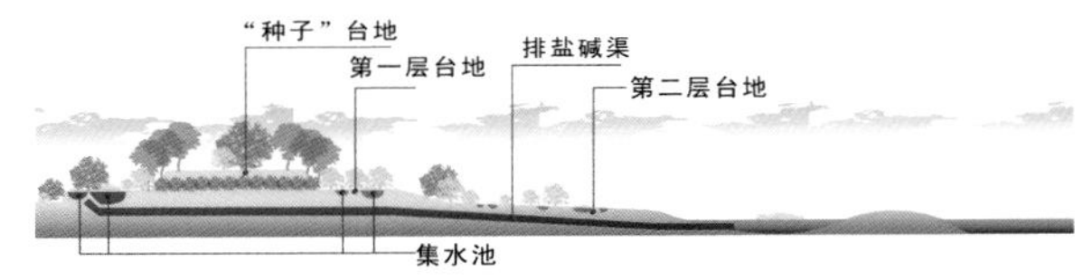

水系统——根据“盐随水来，盐随水去”的原理，降低土壤中盐分的含量，为植被的恢复提供良好的基质。

集水渠：位于台地之间，同时连接城市雨水管网。雨季时，可作为台地植被的主要浇灌水源和台地的洗盐排盐水源。旱季时，可引入部分城市用水，作为备用水源排盐碱渠：开挖于台地之间，收集台地上洗盐后的盐碱水，排入外围水体中，以此来防止种子台地次生盐碱。

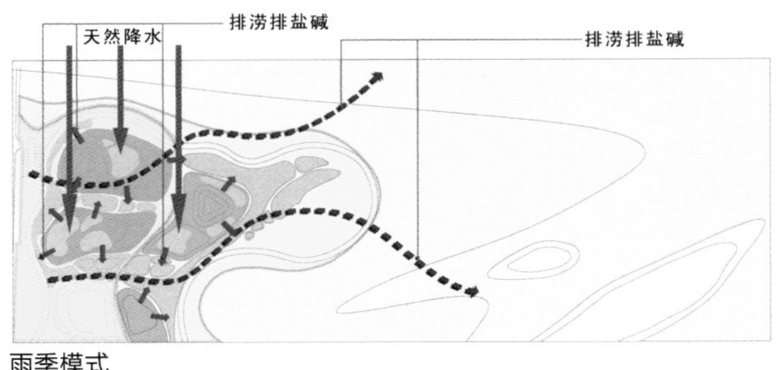

雨季模式

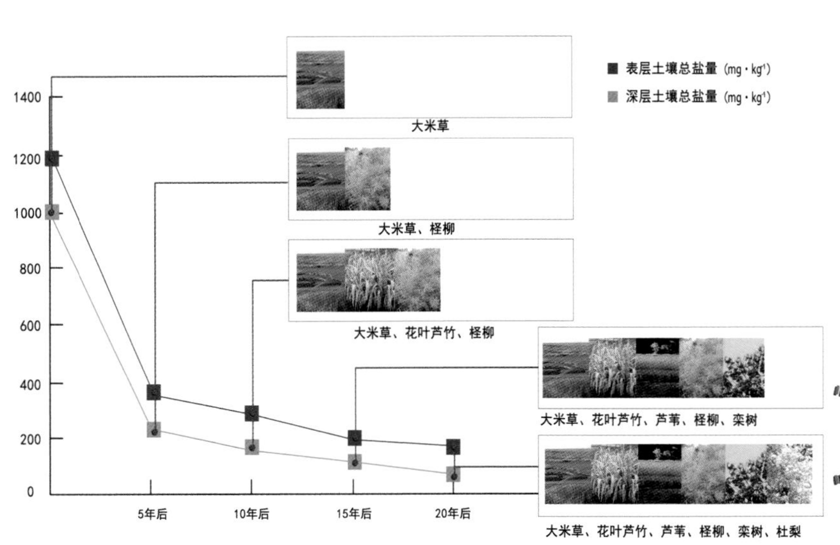

市政引水

排盐碱

旱季模式

设计平面图

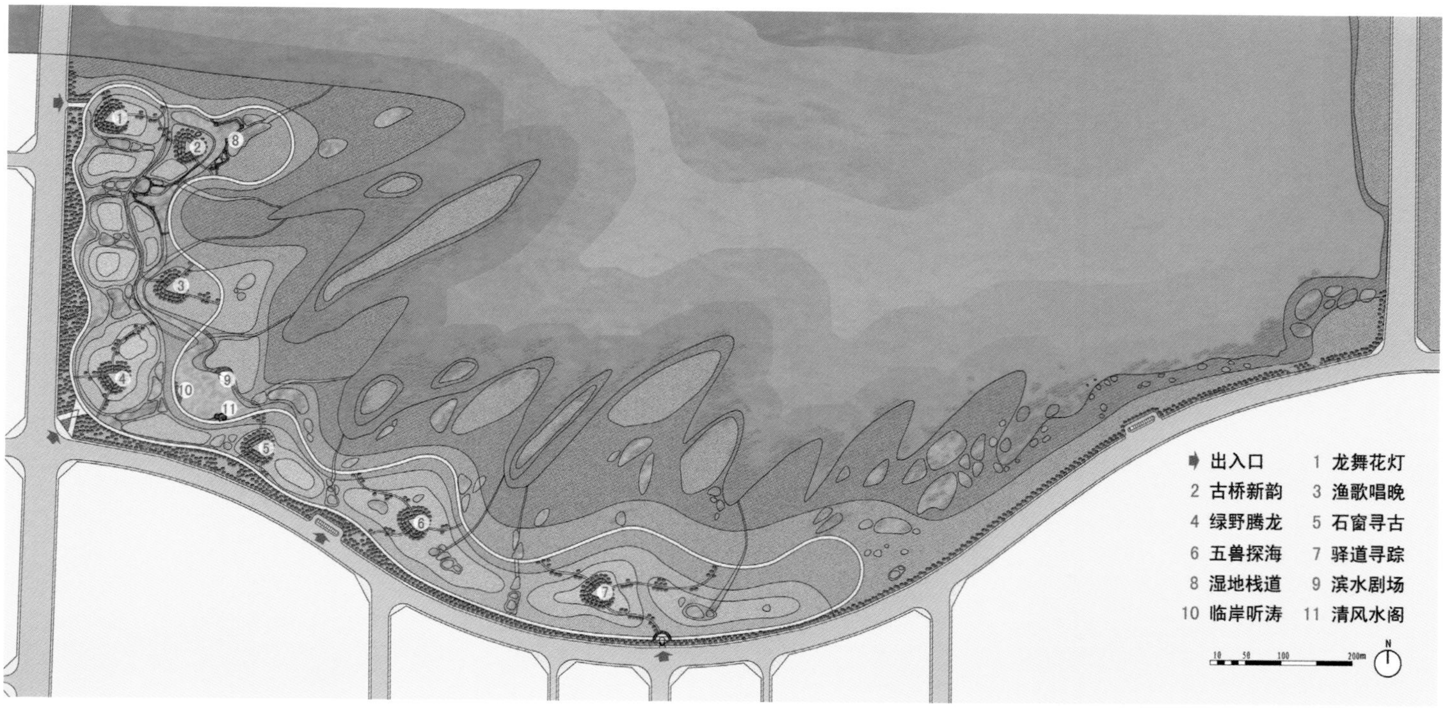

出入口
1 龙舞花灯
2 古桥新韵
3 渔歌唱晚
4 绿野腾龙
5 石窗寻古
6 五兽探海
7 驿道寻踪
8 湿地栈道
9 滨水剧场
10 临岸听涛
11 清风水阁
10 50 100 200m
N

结构分区图

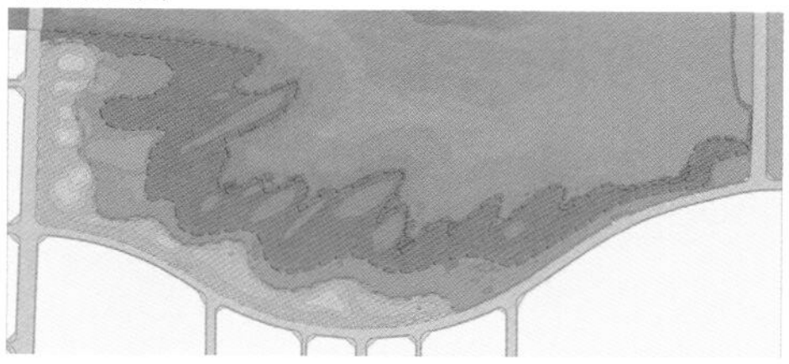

高程分布图

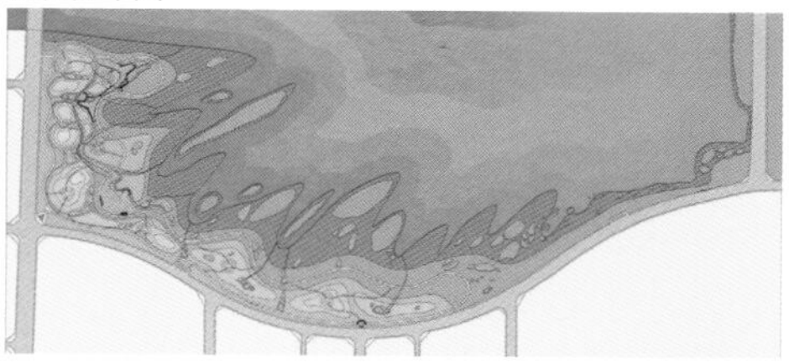

水系分布图

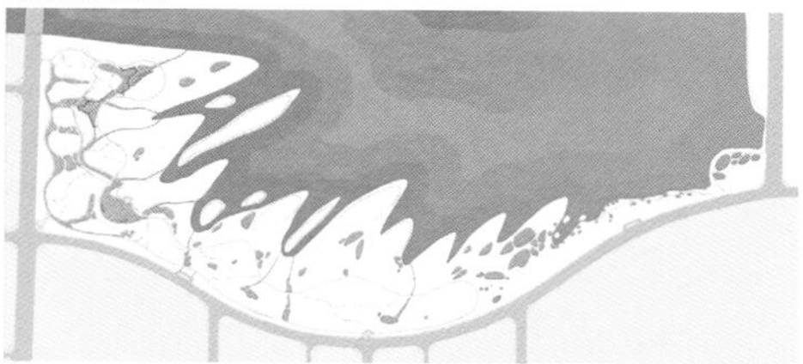

湿地公园分为湿地保护区、生态缓冲区、湿地游览区：经详细研究当地水文地质资料后，在湿地游览区和生态缓冲区，通过小范围的挖方和填方营造出各种类型的台地和滩地，丰富生境，并进行人为辅助下的自然修复，完善其生态结构，同时在历史、文脉等层面对该地域特征加以诠释。

源·“种子”台地
生·周边区域
融·新的生长源

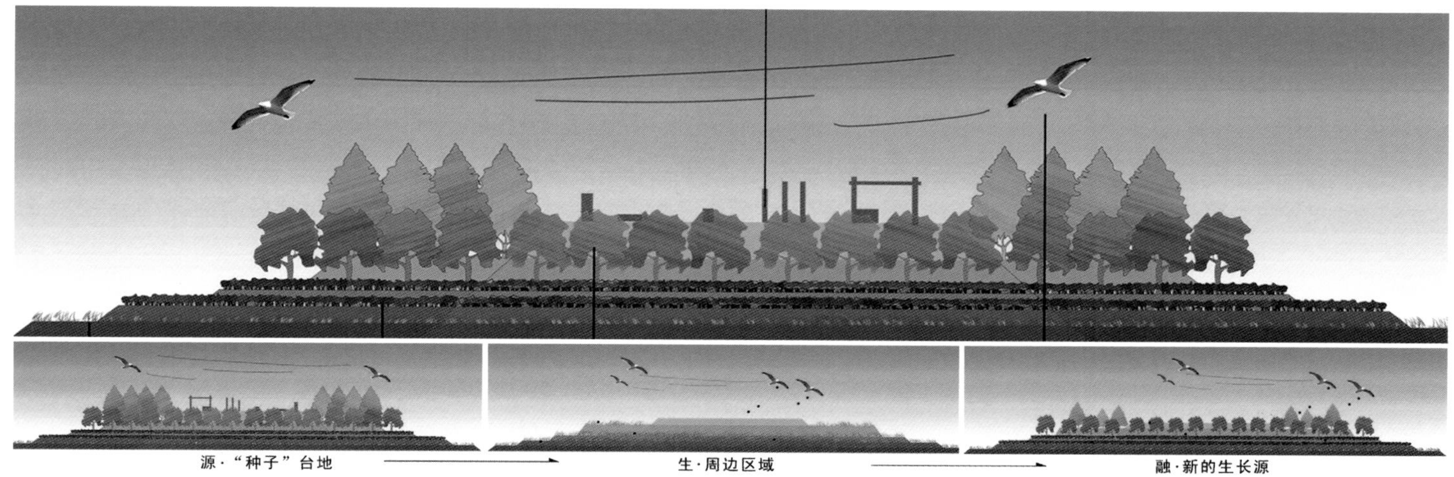

种子台地的生长模式图

“种子”台地的生态模式体现了一个引入自然变化的过程。在尽量减少人为干预的前提下，布置“种子”台地于该地块内，其位置位于场地中土壤条件较好的较高地段，台地最上端布置面积约 200m^2 的融合当地地域文化的景观场所，在台地周围的不同区域内布置适宜该区域生境生长的并且自繁能力较强的不同种类的植物，通过风能、鸟类等自然的力量将种子传播到其他经过改良的区域内，种子萌发生长后形成新的生长源，这样具有生命活力的绿色区域不断扩大，丰富了地块内的生态格局。

花园节

北林国际花园建造节

从图纸、模型到实物，通过材料建构和艺术表达相互交叠运用的建造体验，以激发园林学子创作热情，提高动手能力，弘扬工匠精神，为风景园林行业培养实践创新人才，北京林业大学（BFU，Beijing Forestry University）于 2018 年 9 月下旬举办首届“北林国际花园建造节”（BFU International Garden-making Festival）。

一等奖

Look Up The Moon
举头望明月

作　　者：宇都宫青流，胡博文，村上善明，佐佐木圭，酒井孝浩，田木日奈子，向吉真央，石　渠
指导教师：霜田亮祐，章俊华，李　雄
奖项名称：竹境・花园——2018 首届北林国际花园建造节一等奖

《竹取物语》的传说让日本文化中的“竹”与“月”成为两个相关联的意象。

以“竹境·花园”为主题的 2018 年首届北林国际花园建造节落成之时恰逢中秋时节，方案以“竹中月”为概念，将“望月”作为中日文化的契合点从而进行设计。采用日本庭师的打结技巧将各构件进行连接，以无形代替有形，将竹条交织、错落、穿插在一起，围合出圆柱形的空间。方案在设计时，呼应“举头望明月”的题目，并考虑到人赏月的视线角度，将空间呈斜向上开口，在园内摆放狼尾草，象征所在的大地与空中明月遥相对应。同时，园内设有坐凳，可供人们闲坐其中，远离尘嚣，独自赏月。

陈雨歌　摄

鱼小芸　摄

陈雨歌　摄

石渠　摄

陈雨歌 摄

陈雨歌　摄

陈雨歌　摄

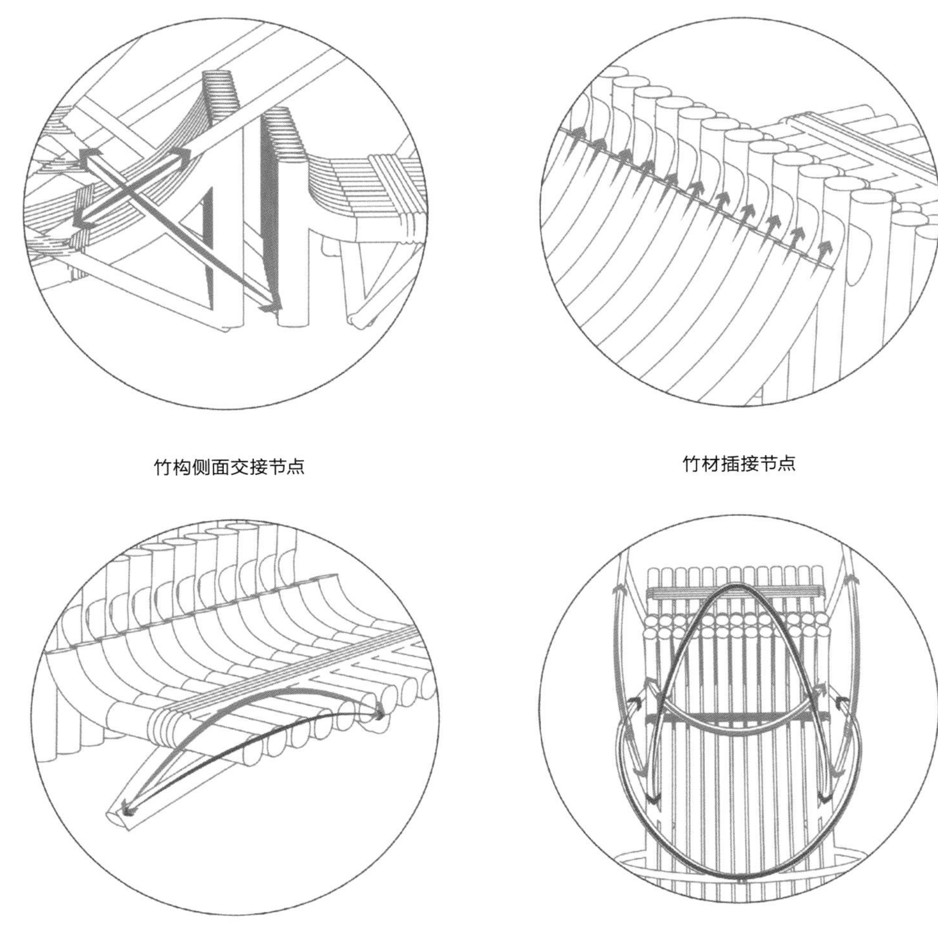

竹构侧面交接节点　　竹材插接节点

竹排座椅下拱形支撑　　双层骨架结构

优秀奖

Starry Dream
清梦

作　　者：王瑞琦，李艺琳，刘涵，吕硕，张欣，樊柏青，奚秋蕙，贺琪琳
指导教师：李　雄，王美仙
奖项名称：竹境・花园——2018 首届北林国际花园建造节优秀奖

“清梦”花园的设计构思以竹子的“隐逸”文化切入，以“江湖渔隐”为主旨，拟“清梦”为题，从古诗“醉后不知天在水，满船清梦压星河”中提取“船”、“星河”、“水”、“梦”等意象，营造“竹构・花园”意境。设计在深入研究竹材的特性和结构、小尺度花园的“漏”、“藏”空间营造以及植物配置方法的基础上，充分应用人体工程学，构建宜人的花园体验尺度；应用Rhino、Grasshopper等辅助参数化及模式化设计，完成序列式铺装及植物景观的花园基底设计；点缀表达“隐逸”文化的展陈设计，勾画独特创意。

花园中设计了根据竹材不同的特点而设计的展陈小品，如酒壶、鱼竿、竹刻等，既起到点景作用，又采用“托物言志”的手法体现出“隐逸”的意趣。倾倒的竹编酒壶放置竹构前，既是对竹材建造结构形式的补充，也呼应了主题——“醉后”；将黄金佛甲草放置其中，模拟流出的酒水，也营造植物蔓延生长之势。“垂钓”空间座椅靠背上模仿竹简形式，将设计主题及与隐逸文化相关的经典诗句刻于其上，起到点题的作用。在靠背上放置竹制鱼竿，使之探出竹构，不仅利用了竹材的抗弯特性，还使此“垂钓”空间更具象化。

竹岛建成后分析

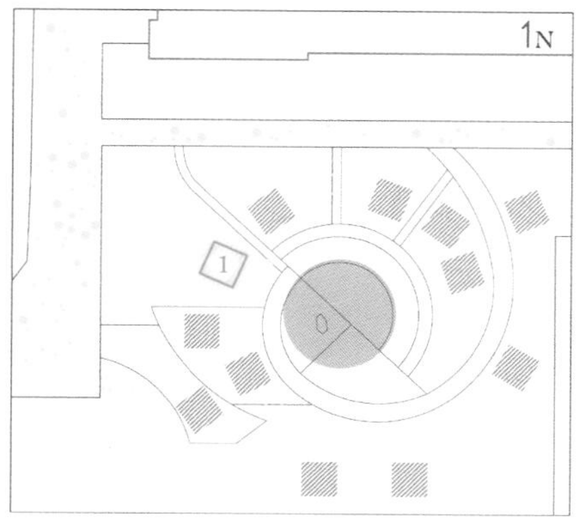

人流聚集点与场地关系

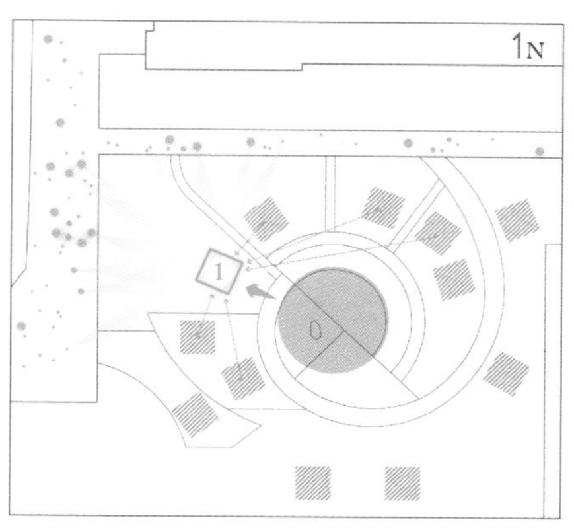

视线关系

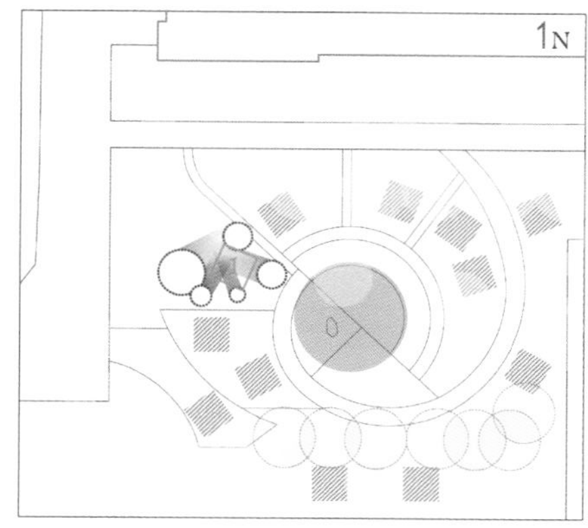

周围环境

逻辑导图

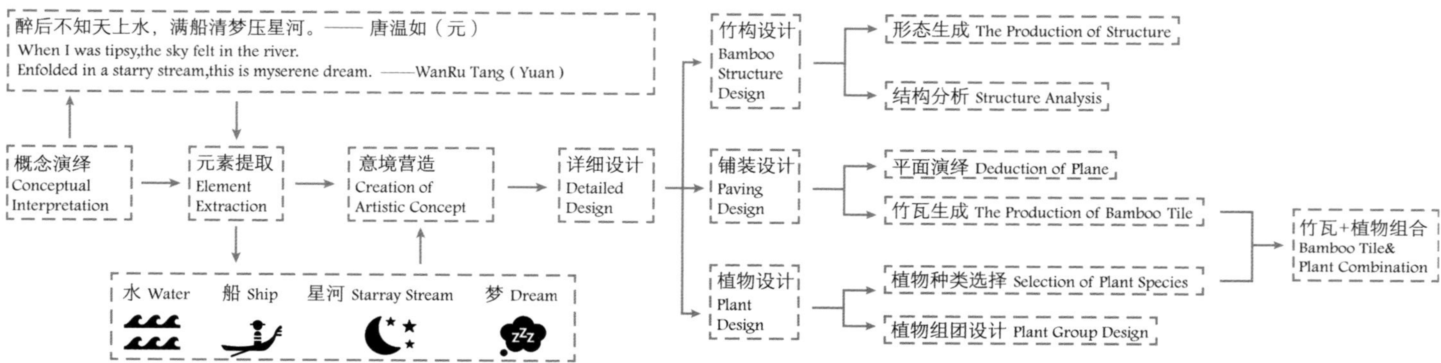

概念演绎

文人雅士泛舟水上，远离尘嚣羁绊、回归自然。与竹文化中的“隐逸”内涵正之契合。因此，设计充分融合“竹”、“水”、“园”中所蕴涵的“江湖渔隐”之意趣，使观景者体验“泛舟水上”，自在悠闲之雅趣。设计提取元朝诗人唐温如“醉后不知天在水，满船清梦压星河”的诗句中“船”、“星河”、“水”、“梦”的意象，转译成景观要素，在竹境花园中重新演绎诗中描绘的水上泛舟，徜徉星河的清幽场景。设计以“清梦”作为主要概念，不仅仅是引用了诗中“美梦”的原意，还是对高洁雅致、出尘脱俗“江湖渔隐”精神的凝练。设计中主体竹构为“船”意象的演绎，“星河”、“水”、“梦”则通过花卉、竹瓦、竹器体现。

竹构设计

形态生成

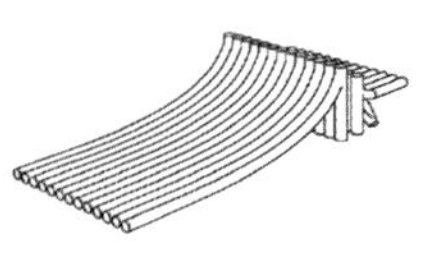
竹筏

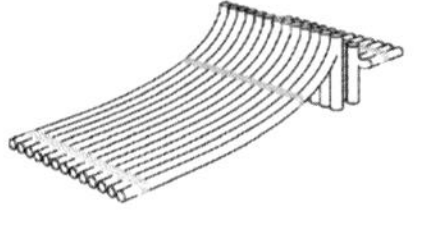
绑扎固定

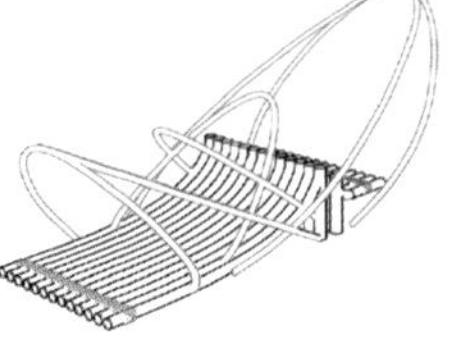
竹构框架

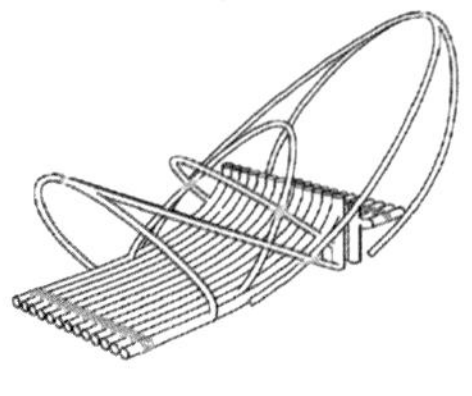
绑扎固定

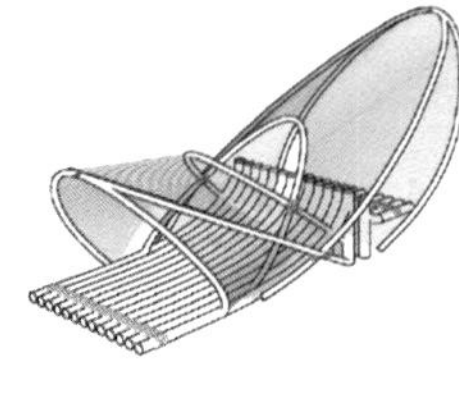
表面肌理

结构分析

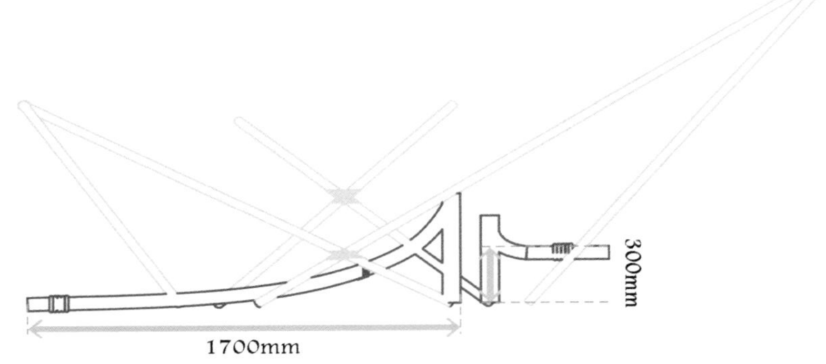

由人的坐高和躺下身长确定竹筏长度。

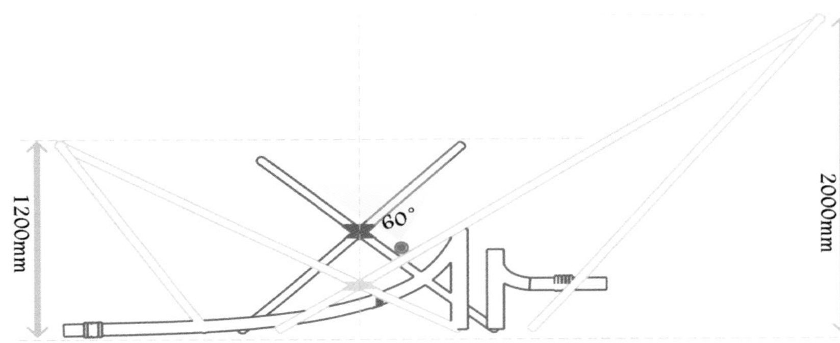

由人进入构筑的要求和仰视角度确定竹构骨架位置。

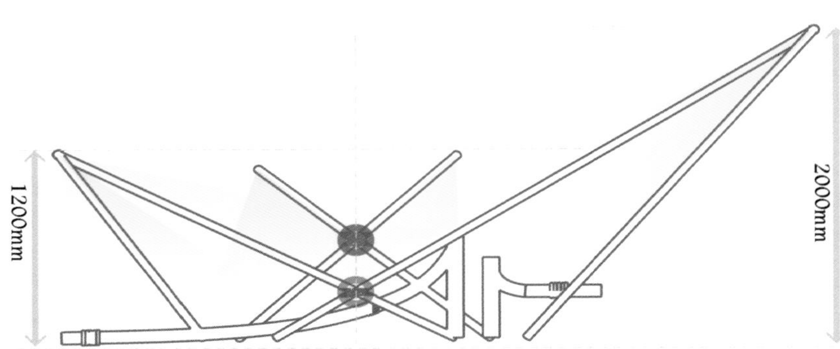

由结构力学原理确认其余竹构骨架位置。

竹构是花园的主体，设计以“江湖渔隐”中行于水上的“船”为原型，采用曲线型抽象成乌篷船造型。竹构“乌篷船”的“船”底是以微微翘起的竹筏演绎而成，“船篷”采用不对称设计，一边高一边低，向着花园的一侧较低。如此设计不仅使船和水波都有一定朝向，还与下方打断的船身、植物及竹筒，分隔出一大一小两个空间，成为停留的节点。较大的空间“船篷”较低，观景者可“醉卧”、“仰观”，此空间限定观景者必须“躺进来”。而两个船篷之间的顶界面与侧面的“开窗”设计，使“躺”下的观景者向上可望到天空，向前、两侧可看到花园的植物组团塑造的“水面”，演绎出“不知天在水”景象。较小的空间可坐下“垂钓”，垂钓是中国古代隐士情结的一种象征，此空间即是“渔隐”情怀的演绎。两个空间都借景“明月”：“醉卧”的一侧朝南，可观天上之月；“垂钓”的一侧朝北，可钓“水”中之月。

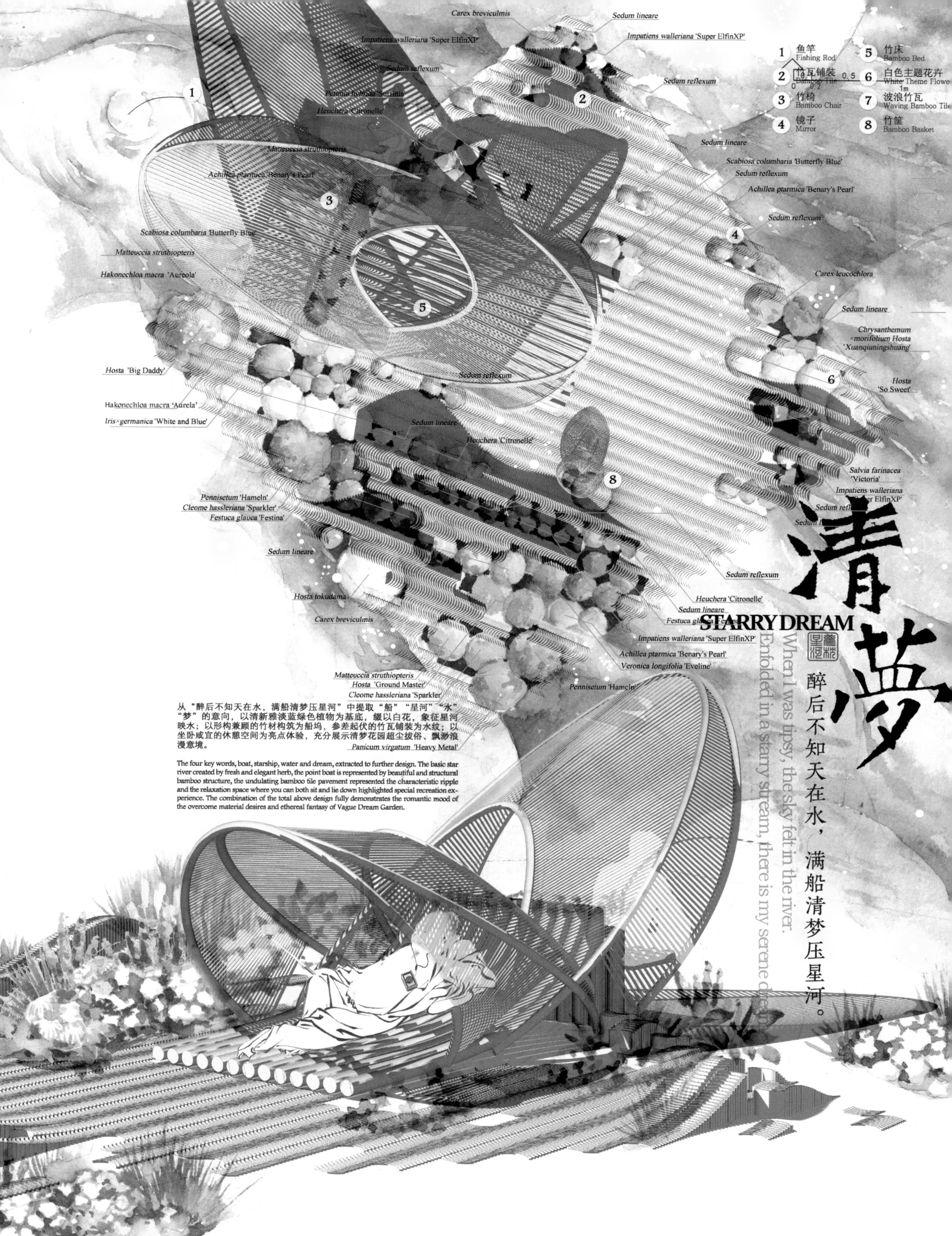

清梦
STARRY DREAM
醉后不知天在水，满船清梦压星河。
When I was tipsy, the sky felt in the river.
Enfolded in a starry stream, there is my serene dream.
1 鱼竿 Fishing Rod
2 竹瓦铺装 Bamboo Tile
3 竹椅 Bamboo Chair
4 镜子 Mirror
5 竹床 Bamboo Bed
6 白色主题花卉 White Theme Flowe
7 波浪竹瓦 Waving Bamboo Til
8 竹筐 Bamboo Basket
0 0.2 0.5 1m
Carex breviculmis
Sedum lineare
Impatiens walleriana 'Super ElfinXP'
Sedum reflexum
Heuchera 'Citronelle'
Matteuccia struthiopteris
Achillea ptarmica 'Benary's Pearl'
Scabiosa columbaria 'Butterfly Blue'
Hakonechloa macra 'Aureola'
Carex leucochlora
Chrysanthemum ×morifolium Hosta 'Xuanqiuningshuang'
Hosta 'So Sweet'
Hosta 'Big Daddy'
Hakonechloa macra 'Aurela'
Iris×germanica 'White and Blue'
Salvia farinacea 'Victoria'
Pennisetum 'Hameln'
Cleome hassleriana 'Sparkler'
Festuca glauca 'Festina'
Hosta tokudama
Veronica longifolia 'Eveline'
Hosta 'Ground Master'
Panicum virgatum 'Heavy Metal'
从“醉后不知天在水，满船清梦压星河”中提取“船”“星河”“水”“梦”的意向，以清新雅淡蓝绿色植物为基底，缀以白花，象征星河映水；以形构兼顾的竹材构筑为船坞，参差起伏的竹瓦铺装为水纹；以坐卧咸宜的休憩空间为亮点体验，充分展示清梦花园超尘拔俗、飘渺浪漫意境。
The four key words, boat, starship, water and dream, extracted to further design. The basic star river created by fresh and elegant herb, the point boat is represented by beautiful and structural bamboo structure, the undulating bamboo tile pavement represented the characteristic ripple and the relaxation space where you can both sit and lie down highlighted special recreation experience. The combination of the total above design fully demonstrates the romantic mood of the overcome material desires and ethereal fantasy of Vague Dream Garden.

铺装演绎及空间设计

铺装演绎

概念引入

构筑位置

植物引入

铺装高程

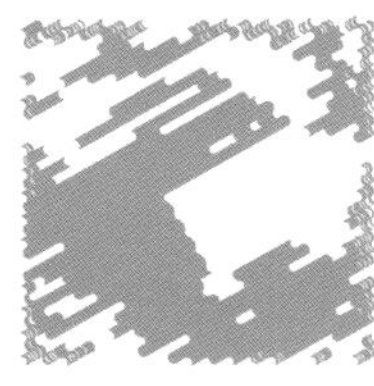

形态整合

形态生成

竹瓦·生成

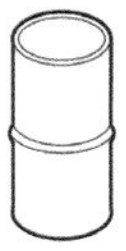

竹单体 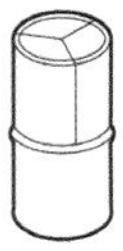　三等分 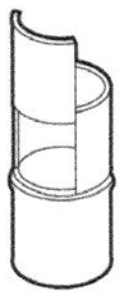　切割

竹瓦·排列

竹瓦单片 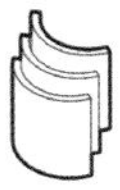　竹瓦排列 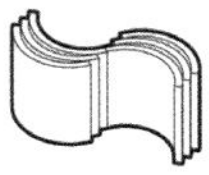　模拟水纹 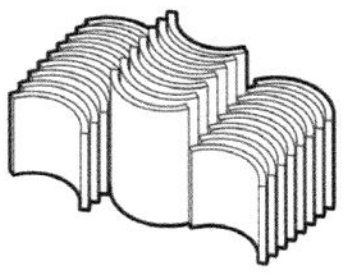　模拟水纹 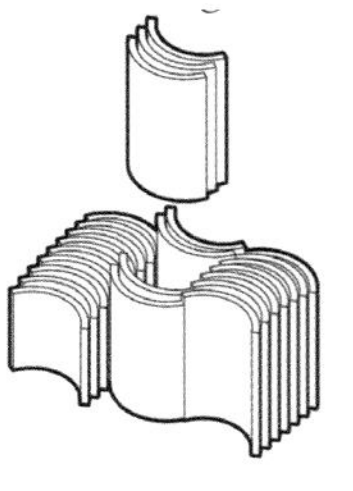　竹瓦抽离

竹瓦·组合植物

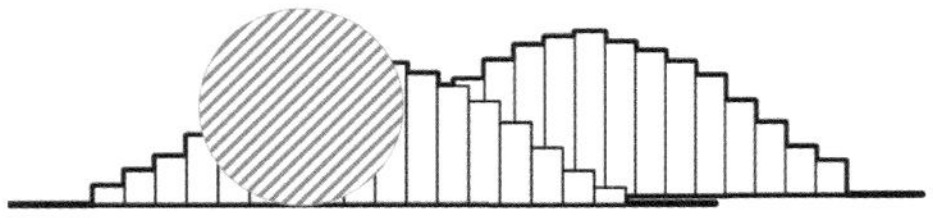

模式一 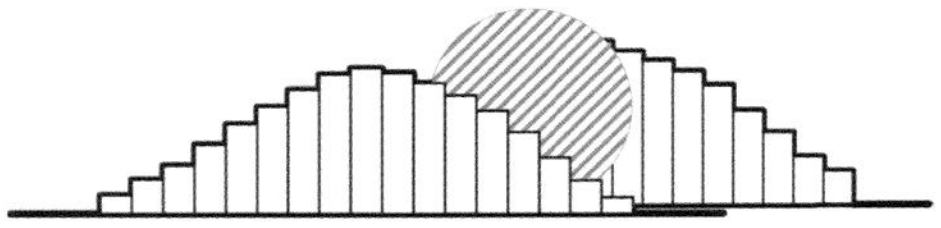　模式二 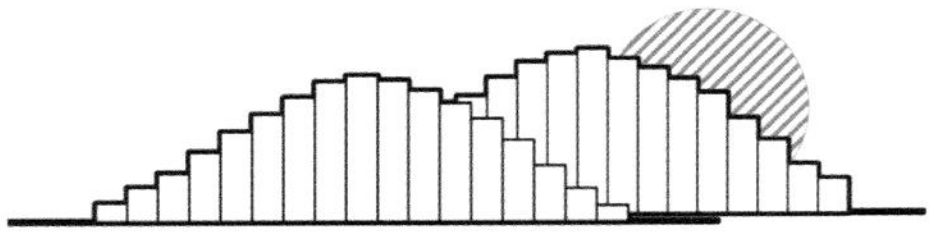　模式三

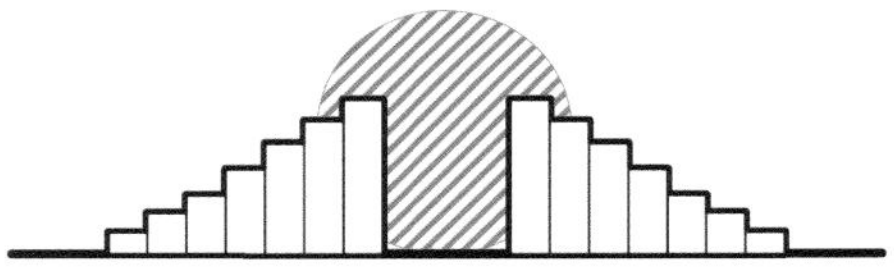

模式四 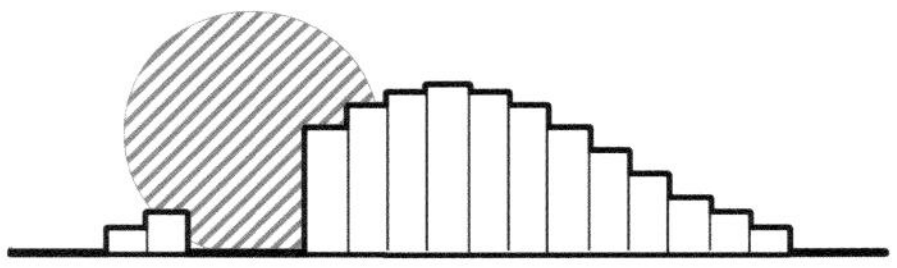　模式五 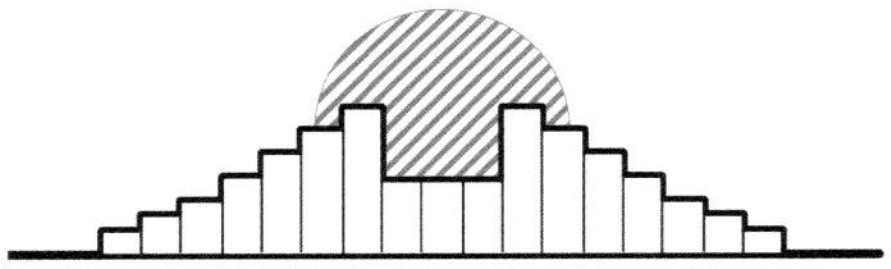　模式六

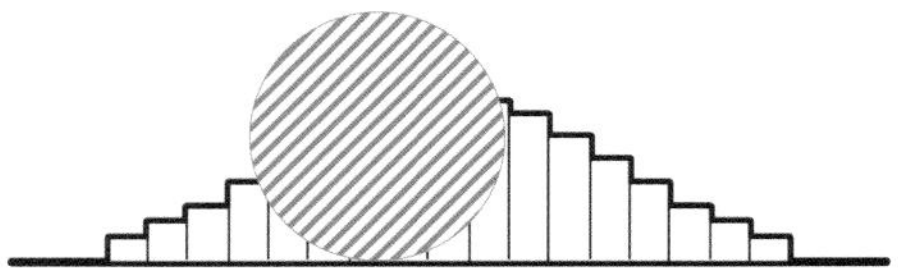

模式七 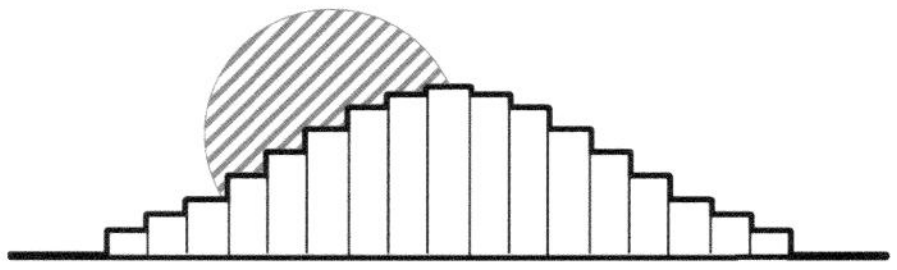　模式八 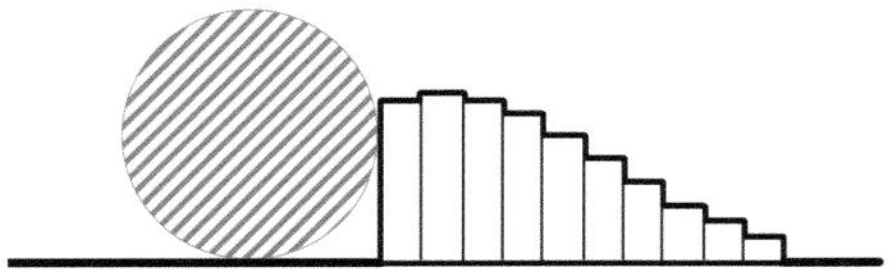　模式九

人身在舟中，但心在远方，竹构外的自然空间就是对“江湖”，即“水”的营造。因此在设计构图中，竹构并未占据画面的中心和大部分，而是把更多的场地留给纯粹统一的植物空间，模拟船行于水上时激起的浪花及水波。利用起伏的竹瓦和植物共同塑造水面及浪花；整齐排列的竹瓦铺装，营造粼粼水波。植物组团划分竹构外的花园空间，花园的一侧是开敞的，以竹瓦铺装为主，散置小的花卉组团；另一侧是封闭的，以植物为主，形成围合的界面，打造一片起伏的波涛，其中西南角的植物组团是全园最高的。在竹构“醉卧”空间的前方及两侧“漏窗”处，分别放置不同的植物组团，与之成为对景。所有花卉是平行排列的，但因为有高低错落，且与游径呈一定角度，游人看过去的时候是交错的。植物与铺装采用随机跳格的方式渐变组合，形成绿色向四面“蔓延生长”的动势，使人如同置身于竹海水泽之中。在 $16m^2$ 的花园中，实现了多个空间的布置，实现“以小见大”的效果。

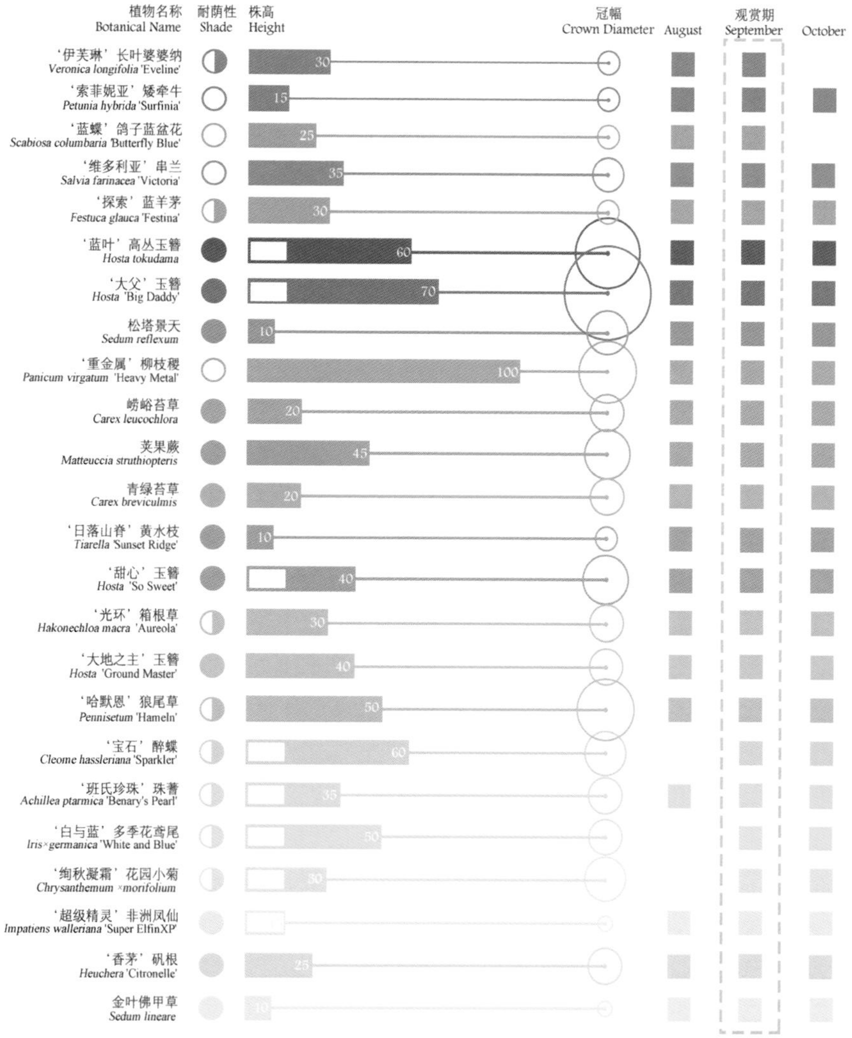

植物名称 Botanical Name
耐荫性 Shade
株高 Height
冠幅 Crown Diameter
观赏期
August
September
October
‘伊芙琳’长叶婆婆纳 Veronica longifolia 'Eveline'
30
‘索菲妮亚’矮牵牛 Petunia hybrida 'Surfinia'
15
‘蓝蝶’鸽子蓝盆花 Scabiosa columbaria 'Butterfly Blue'
25
‘维多利亚’串兰 Salvia farinacea 'Victoria'
35
‘探索’蓝羊茅 Festuca glauca 'Festina'
30
‘蓝叶’高丛玉簪 Hosta tokudama
60
‘大父’玉簪 Hosta 'Big Daddy'
70
松塔景天 Sedum reflexum
10
‘重金属’柳枝稷 Panicum virgatum 'Heavy Metal'
100
崂峪苔草 Carex leucochlora
20
荚果蕨 Matteuccia struthiopteris
45
青绿苔草 Carex breviculmis
20
‘日落山脊’黄水枝 Tiarella 'Sunset Ridge'
10
‘甜心’玉簪 Hosta 'So Sweet'
40
‘光环’箱根草 Hakonechloa macra 'Aureola'
30
‘大地之主’玉簪 Hosta 'Ground Master'
40
‘哈默恩’狼尾草 Pennisetum 'Hameln'
50
‘宝石’醉蝶 Cleome hassleriana 'Sparkler'
60
‘班氏珍珠’珠蓍 Achillea ptarmica 'Benary's Pearl'
35
‘白与蓝’多季花鸢尾 Iris×germanica 'White and Blue'
50
‘绚秋凝霜’花园小菊 Chrysanthemum ×morifolium
30
‘超级精灵’非洲凤仙 Impatiens walleriana 'Super ElfinXP'
‘香茅’矾根 Heuchera 'Citronelle'
25
金叶佛甲草 Sedum lineare
10

植物名录表

各部分的竹瓦与植物搭配剖面图

‘甜心’玉簪 Hosta 'So Sweet'
‘维多利亚’串兰 Salvia farinacea 'Victoria'
崂峪苔草 Carex leucochlora
‘超级精灵’非洲凤仙 Impatiens walleriana 'Super ElfinXP'
松塔景天 Sedum reflexum
金叶佛甲草 Sedum lineare
‘绚秋凝霜’花园小菊 Chrysanthemum ×morifolium 'Xuanqiuningshuang'

‘蓝蝶’鸽子蓝盆花 Scabiosa columbaria 'Butterfly Blue'
‘班氏珍珠’珠蓍 Achillea ptarmica 'Benary's Pearl'
松塔景天 Sedum reflexum

‘超级精灵’非洲凤仙 Impatiens walleriana 'Super ElfinXP'
青绿苔草 Carex breviculmis
松塔景天 Sedum reflexum
金叶佛甲草 Sedum lineare

‘重金属’柳枝稷 Panicum virgatum 'Heavy Metal'
‘宝石’醉蝶 Cleome hassleriana 'Sparkler'
‘蓝叶’高丛玉簪 Hosta tokudama
松塔景天 Sedum reflexum
‘哈默恩’狼尾草 Pennisetum 'Hameln'
‘伊芙琳’长叶婆婆纳 Veronica longifolia 'Eveline'
‘大地之主’玉簪 Hosta 'Ground Master'
‘班氏珍珠’珠蓍 Achillea ptarmica 'Benary's Pearl'
‘探索’蓝羊茅 Festuca glauca 'Festina'
金叶佛甲草 Sedum lineare

‘宝石’醉蝶 Cleome hassleriana 'Sparkler'
‘哈默恩’狼尾草 Pennisetum 'Hameln'
‘白与蓝’多季花鸢尾 Iris×germanica 'White and Blue'
‘大父’玉簪 Hosta 'Big Daddy'
‘光环’箱根草 Hakonechloa macra 'Aureola'
‘蓝蝶’鸽子蓝盆花 Scabiosa columbaria 'Butterfly Blue'
荚果蕨 Matteuccia struthiopteris

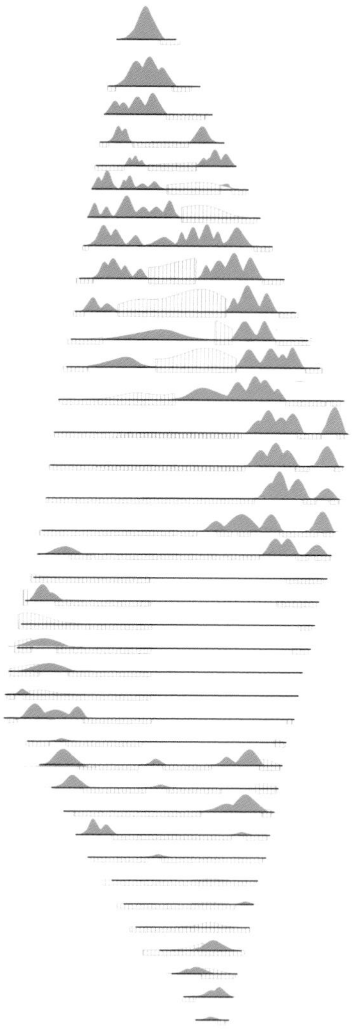

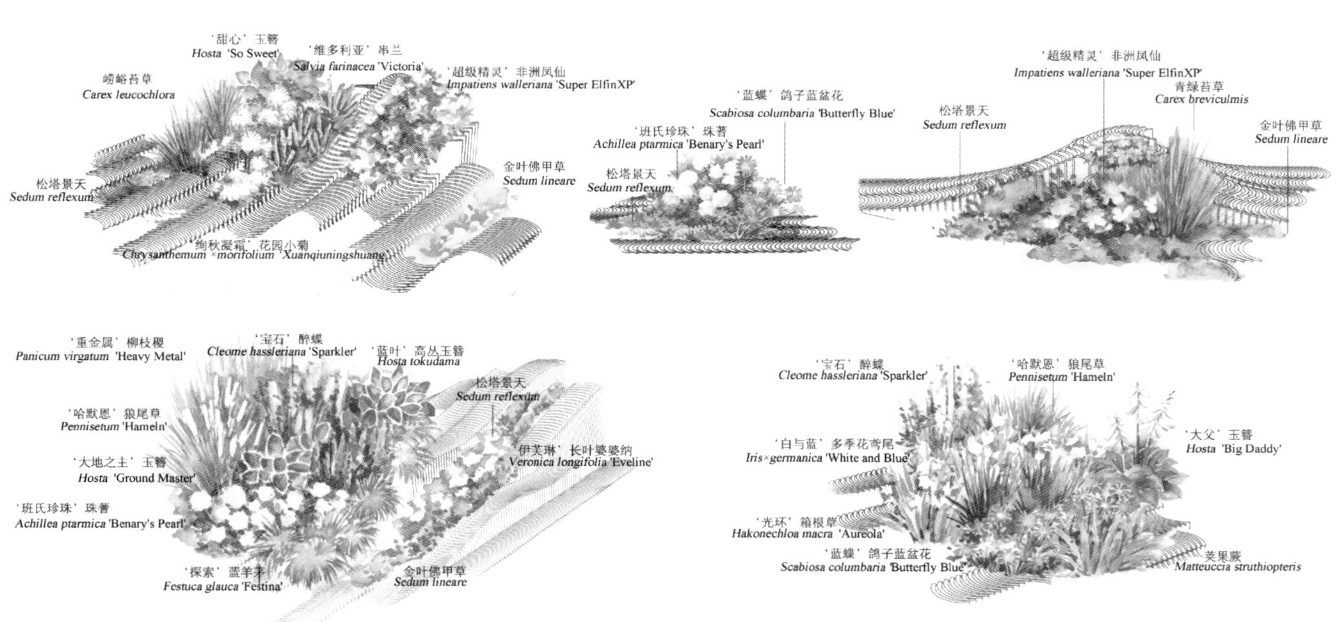

图录

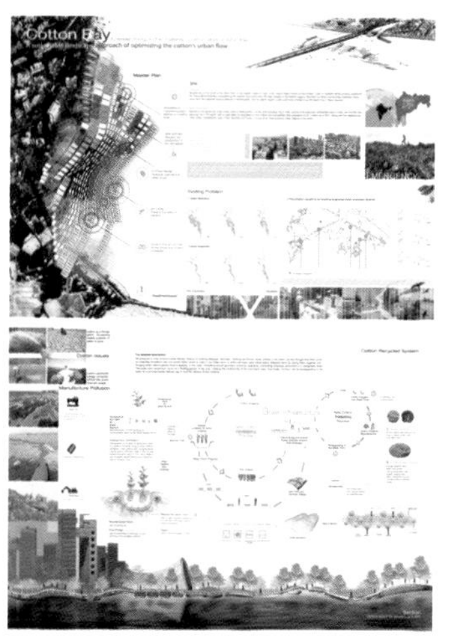

38 **棉花湾**

——棉花在印度孟买城市景观建设中的可持续利用模式探索

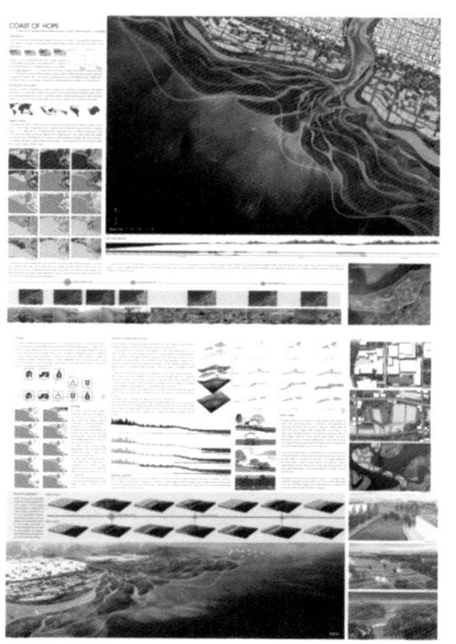

42 **希望的海岸**

——在印度尼西亚班达亚齐构建多功能的自我修复海岸

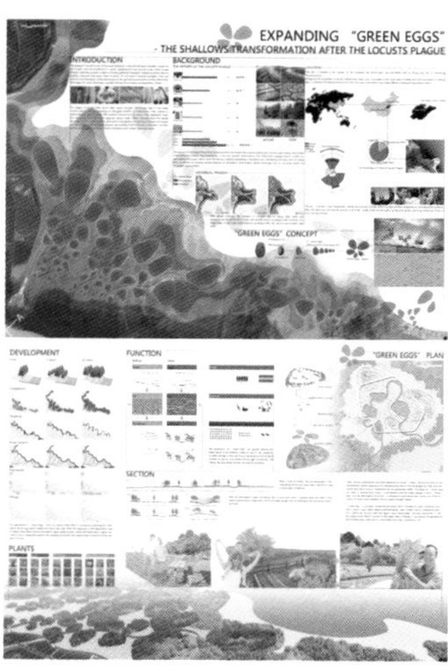

46 **“绿蛋”**

——蝗灾后的滩涂地改造

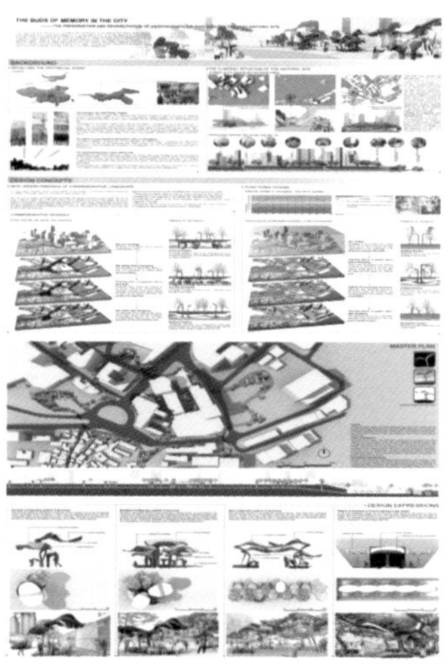

50 **消亡还是重生：**

缝合大地的裂痕，拯救我们的信仰

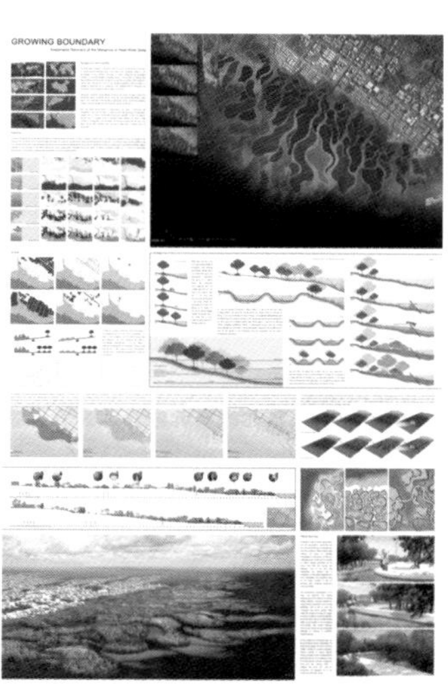

54 **生长的边界**

——珠江三角洲红树林可持续性修复

60 **城市中的记忆之芽**

——关于纪念性景观的一次全新探讨

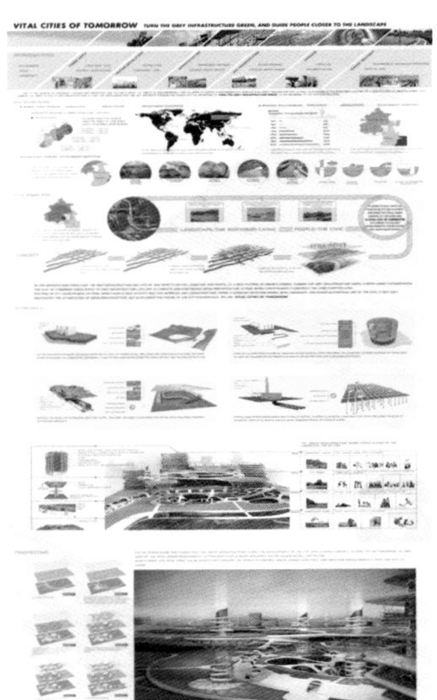

66 **明日的活力之城**

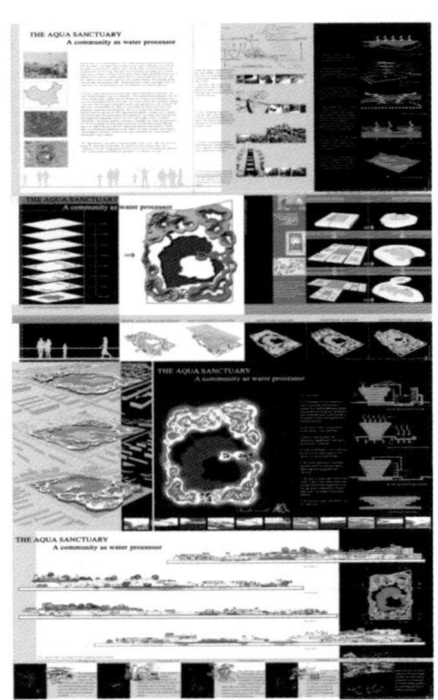

70 **水的庇护所**

——身为水处理器的社区

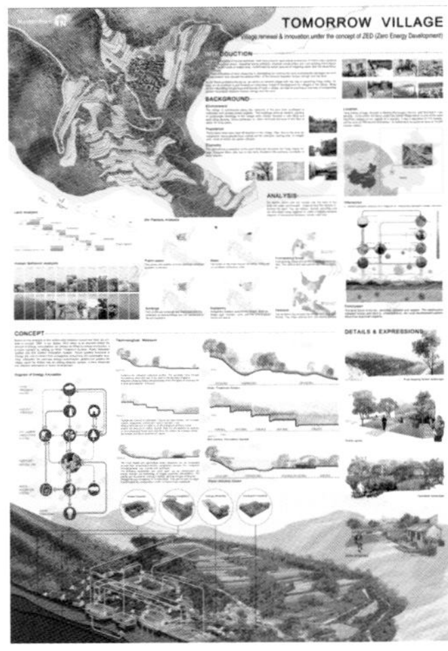

76 **未来的村庄**

——在“零能源消耗”理念下的村庄更新

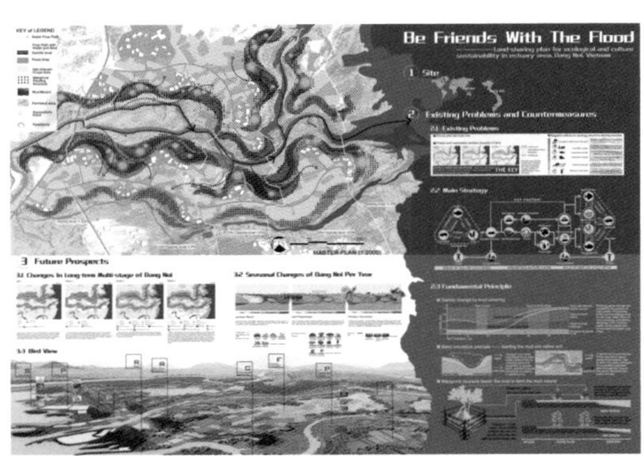

82 **与洪水为友**

——越南河口地区生态和文化可持续发展的土地共享计划

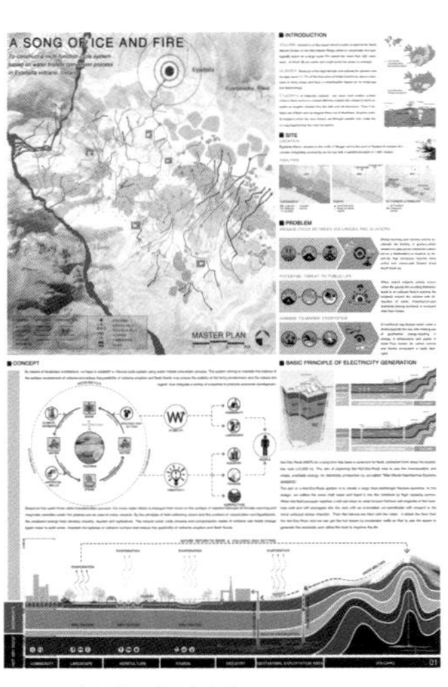

88 **冰与火之歌**

——利用水的三态转化在冰岛 Eyjafjalla 火山构建多功能循环系统

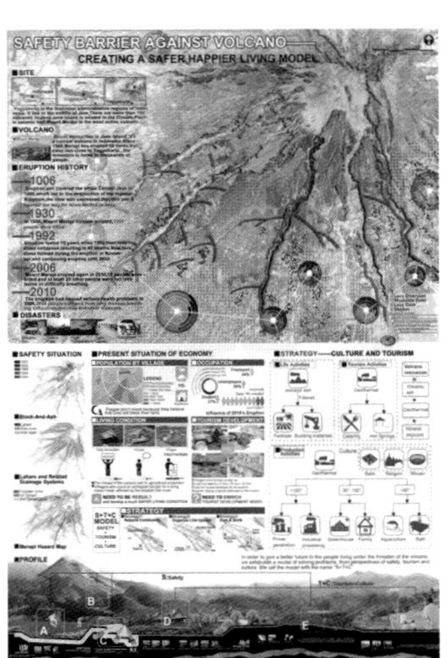

92 **生命的屏障**

——创造一种安全健康的生活模式

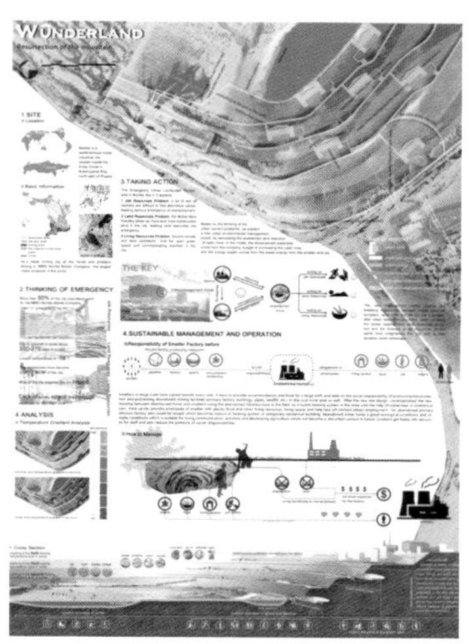

98　**乐土**

——一座矿山的新生

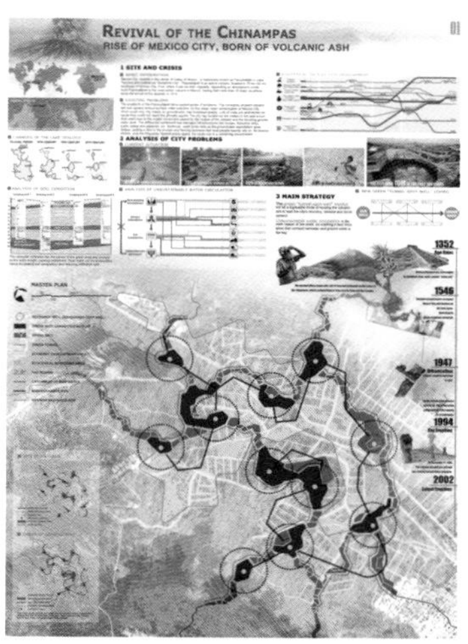

102　**浮田的复兴**

——墨西哥城的涅槃，火山灰的重生

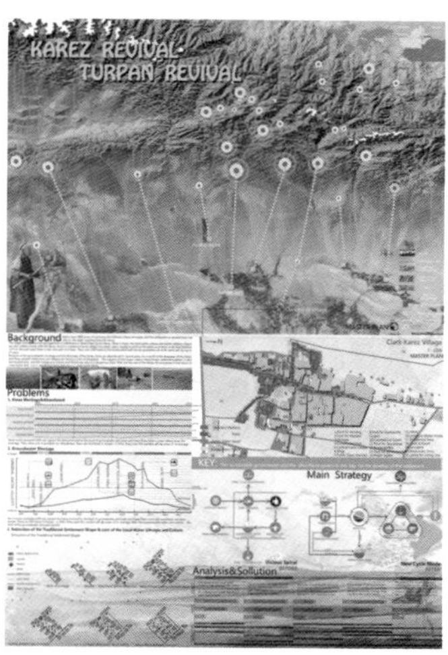

108　**吐鲁番的未来**

——构建人与山之间更佳的平衡

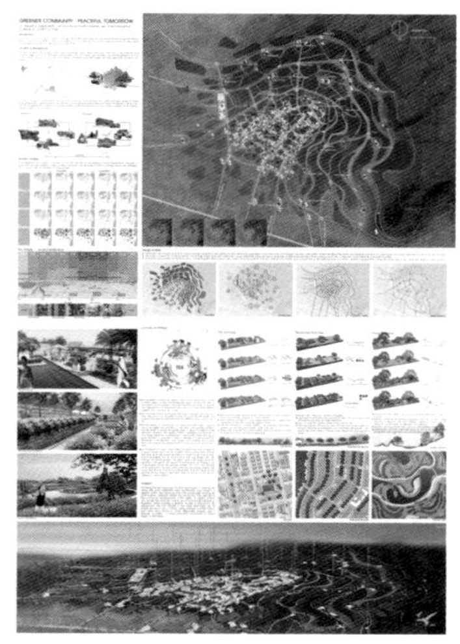

114　**绿色的社区，和平的明天**

——以“茶”资源多功能利用重建印度的可持续社区

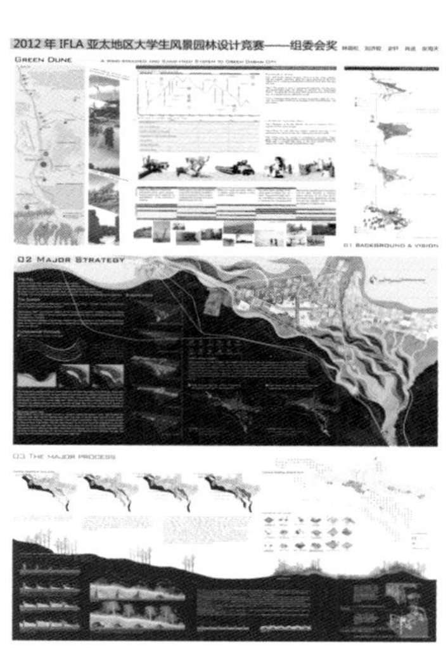

118　**绿丘**

——达坂城稳风固沙绿色生态系统的构建

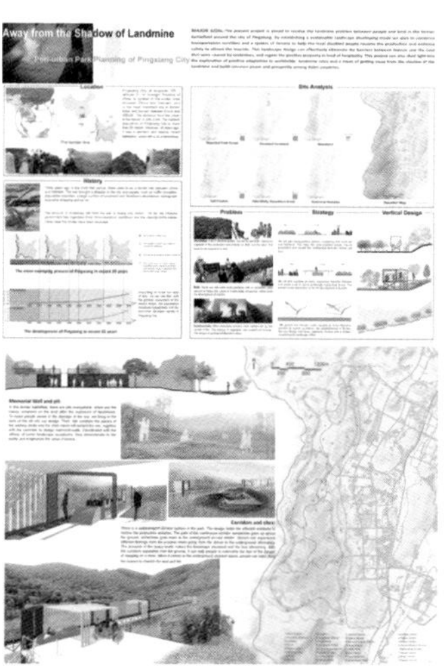

126　**逃离地雷的阴影**

——凭祥市郊野公园规划设计

Introduction
Concept
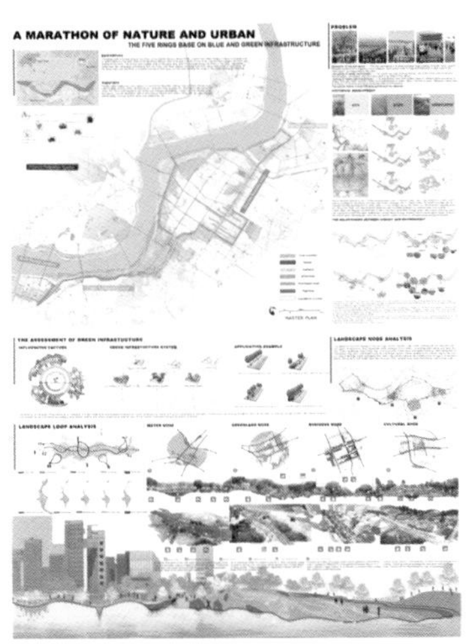
A MARATHON OF NATURE AND URBAN
THE FIVE RINGS BASE ON BLUE AND GREEN INFRASTRUCTURE
LANDSCAPE LOOP ANALYSIS
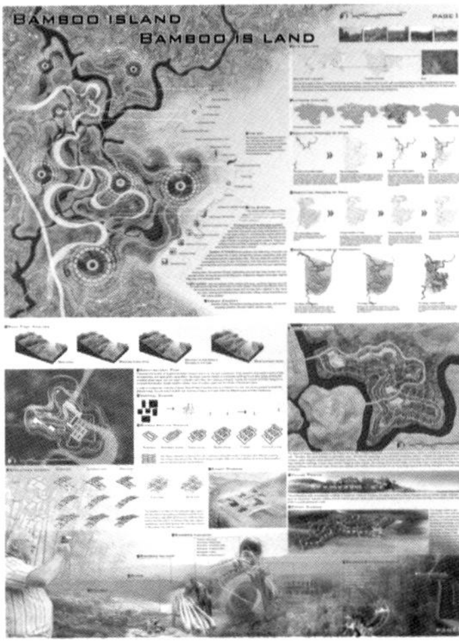
BAMBOO ISLAND
BAMBOO IS LAND

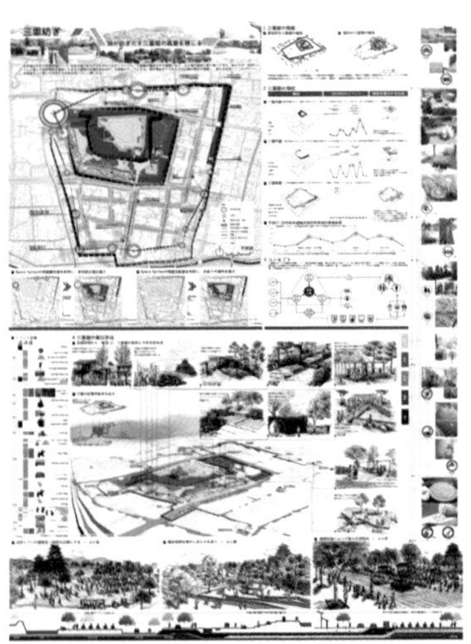
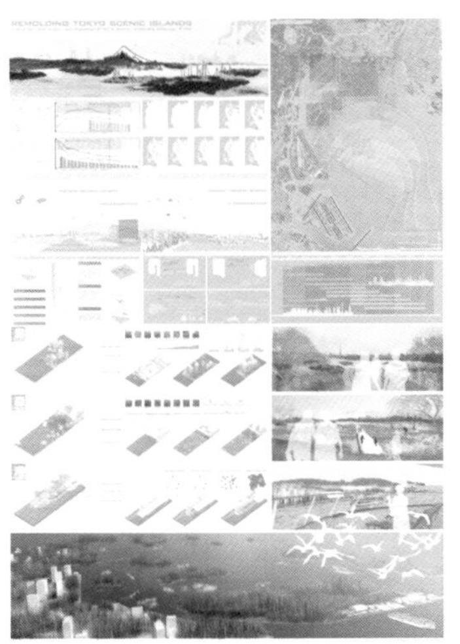
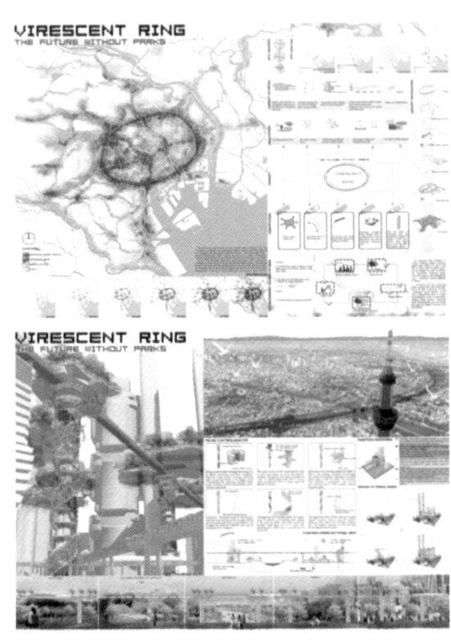
VIRESCENT RING
THE FUTURE WITHOUT PARKS
VIRESCENT RING
THE FUTURE WITHOUT PARKS

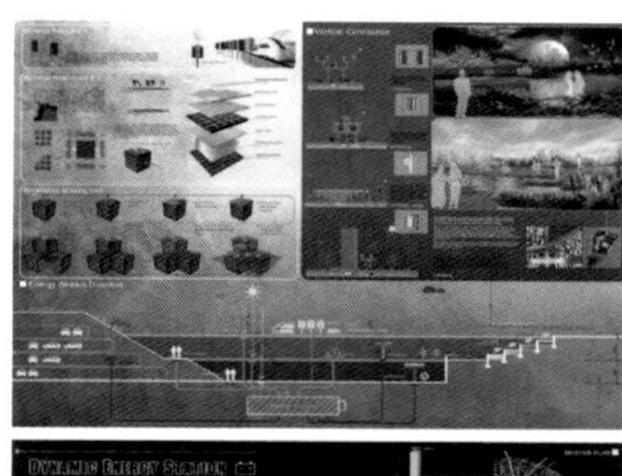

168 **动态能量站**

——穿梭在东京的立体绿网

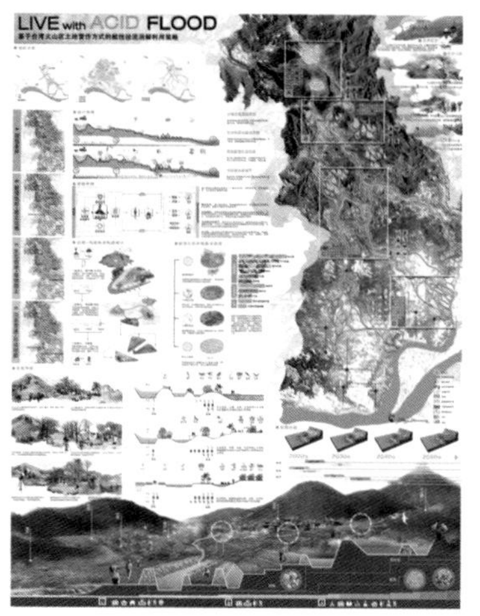

174 LIVE with ACID FLOOD

——基于台湾火山区土地营作方式的酸性径流消解利用策略

178 Revival of Land

——基于广西本土种植模式再利用的城市地下水回灌策略

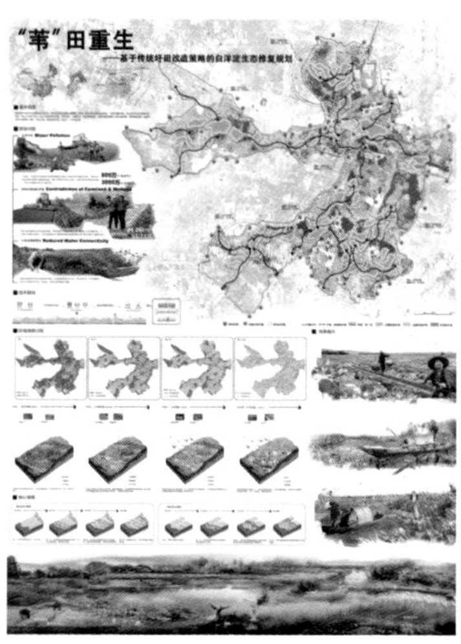

184 **“苇”田重生**

——基于传统圩田改造策略的白洋淀生态修复规划

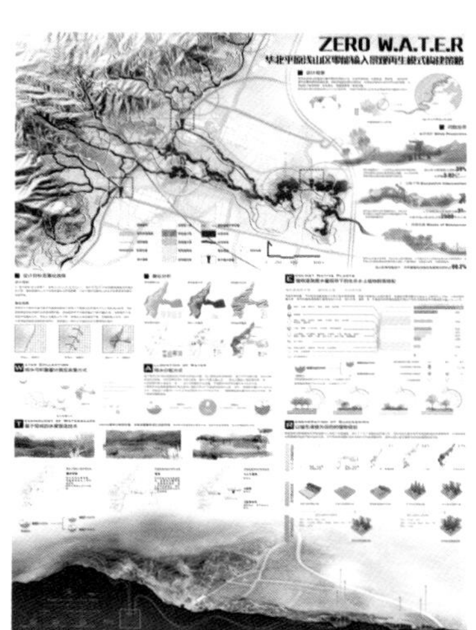

190 ZERO W.A.T.E.R

——华北平原浅山区零能输入景观再生模式构建策略

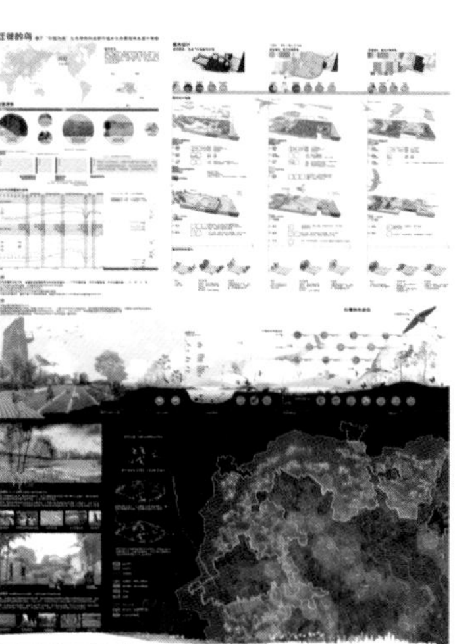

196 **迁徙的鸟**

——基于“引留为候”生态理念的成都市城乡生态景观体系提升策略

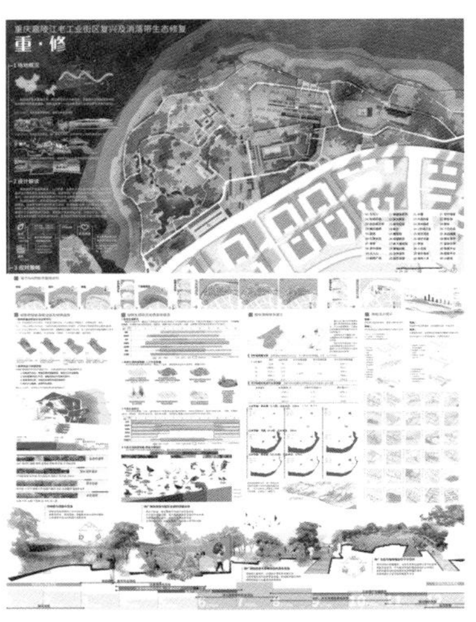

202　**重·修**

——重庆嘉陵江老工业街区复兴及消落带生态修复

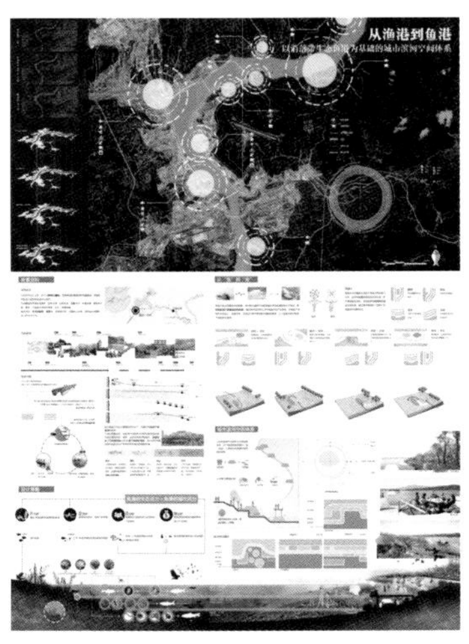

208　**从渔港到鱼港**

——以消落带生态鱼港为基础的城市滨河空间体系

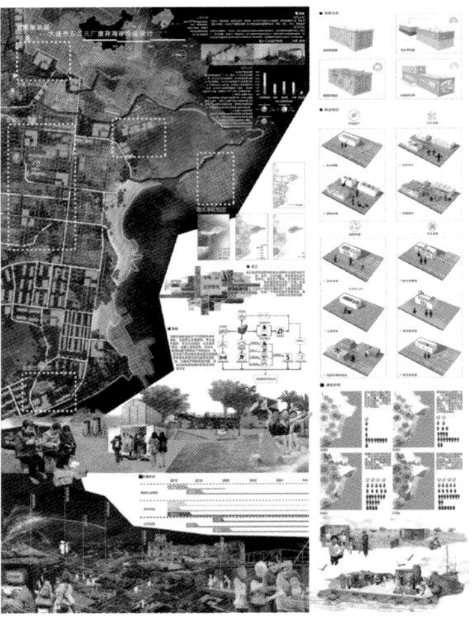

214　**智慧集装箱**

——大连市五二三厂废弃海岸改造设计

218　HOME REBIRTH ALONG THE SEA

——山东省烟台市鸟类栖息地生态重建计划

222　**共生互融**

——源自水稻田肌理的生长

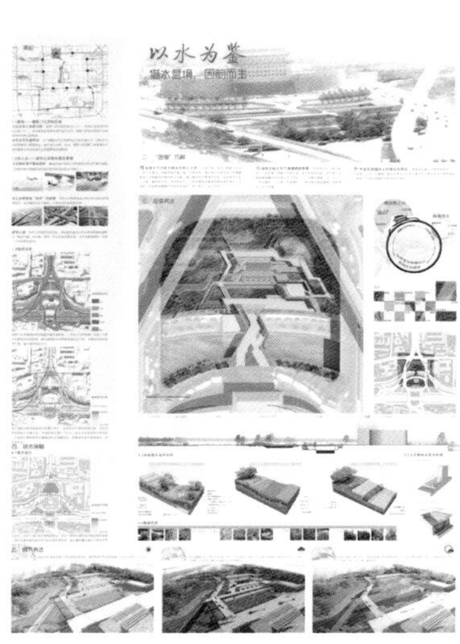

228　**以水为鉴**

——借水营境，因韵而生

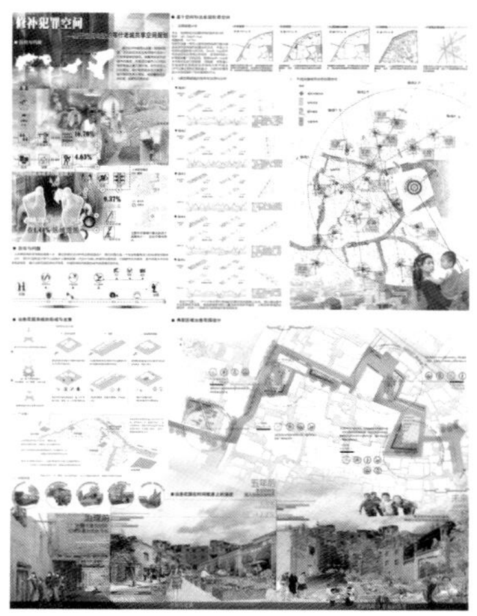

232 **修补犯罪空间**

——基于空间句法的喀什老城共享空间规划

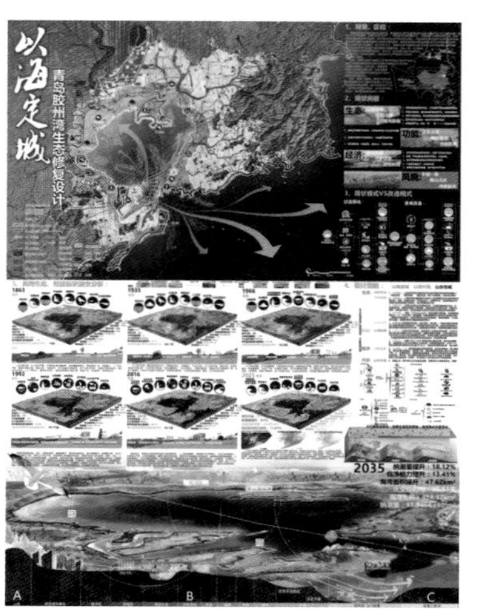

238 **以海定城**

——青岛胶州湾生态修复设计

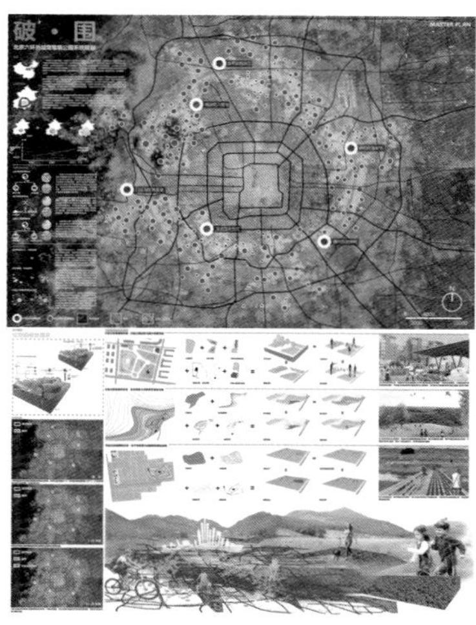

242 **破·围**

——北京六环外垃圾堆填公园系统规划

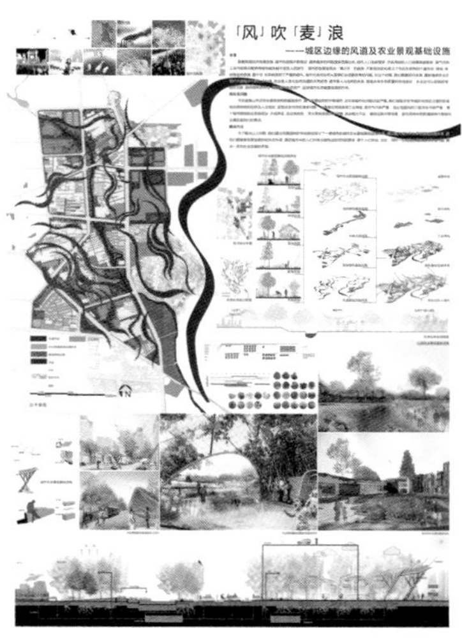

246 **风吹麦浪**

——城市边缘风道及农业景观基础设施

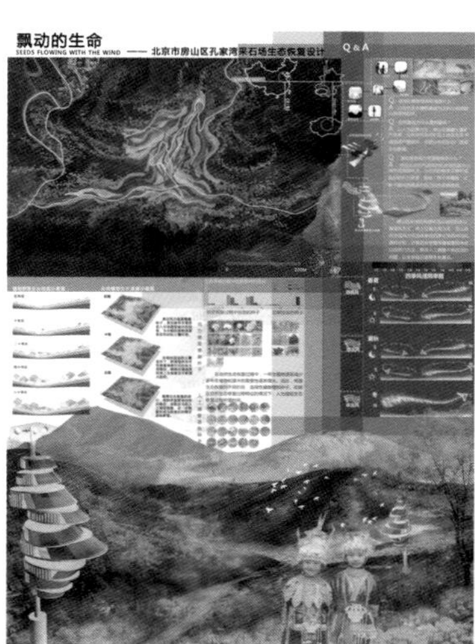

250 **飘动的生命**

——北京市房山区孔家湾采石场生态恢复设计

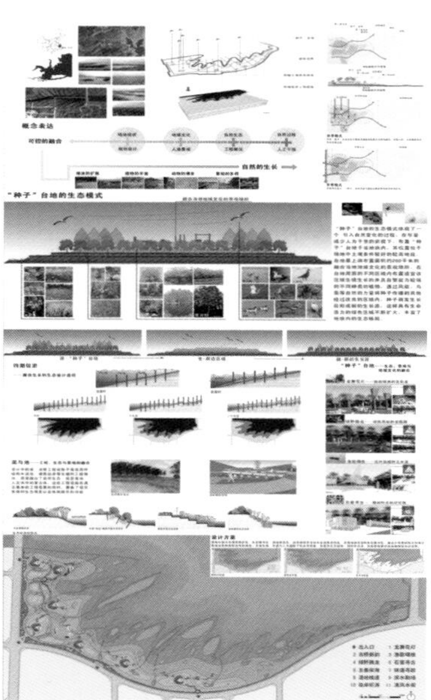

254 **绿源疗泽**

——引入自然过程的滨海湿地生态恢复

260　举头望明月

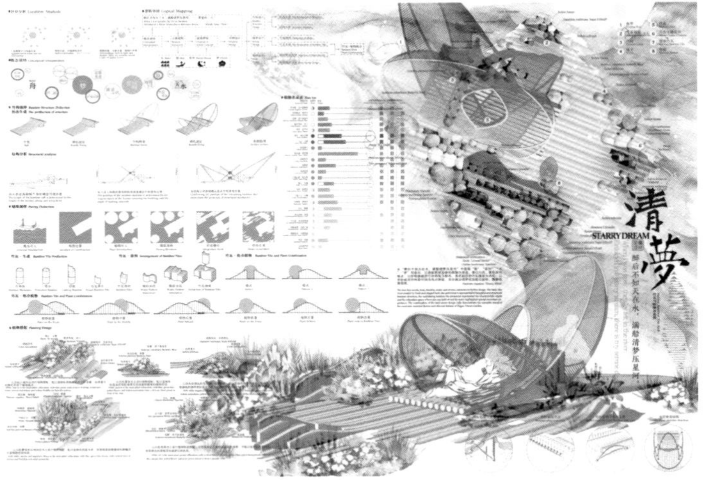

266　清梦